21世纪高校机电类系列教材

工程制图

第2版

主　编　冯秋官　仝基斌

副主编　胡曼华　刘亚娟

参　编　邱志荣　晋　萍　薛天跃　郑雄胜

主　审　陆国栋　董国耀

机械工业出版社

本书是在第1版的基础上，由21世纪高校机电类系列教材编审委员会组织修订而成。

本书除保证基本的教学内容外，努力体现应用型本科教学的特色；加强组合体构型设计及使用造型软件进行基本体和简单组合形体造型；重视读图、测绘和徒手画图能力训练；适当降低截交线、相贯线和机械图的难度要求；贯彻了最新的制图国家标准。书中计算机绘图采用了AutoCAD2009版本。与本书配套使用的《工程制图习题集》（第2版）同时出版。

本书可作为应用型高等工程教育近机械类、非机械类各专业基础课教材，也可供电视、函授等其他类型学校有关专业使用，还可供其他专业师生和有关工程技术人员参考。

图书在版编目（CIP）数据

工程制图/冯秋官，仝基斌主编．—2版．—北京：机械工业出版社，2010.9（2025.6重印）

ISBN 978-7-111-31864-4

Ⅰ.①工…　Ⅱ.①冯…②仝…　Ⅲ.①工程制图-高等学校-教材　Ⅳ.①TB23

中国版本图书馆CIP数据核字（2010）第176483号

机械工业出版社（北京市百万庄大街22号　邮政编码100037）
策划编辑：刘小慧　责任编辑：刘小慧　刘远星
责任校对：李秋荣　封面设计：张　静
责任印制：单爱军
北京盛通数码印刷有限公司印刷
2025年6月第2版第12次印刷
184mm×260mm · 17印张 · 418千字
标准书号：ISBN 978-7-111-31864-4
定价：39.80元

电话服务	网络服务
客服电话：010-88361066	机　工　官　网：www.cmpbook.com
010-88379833	机　工　官　博：weibo.com/cmp1952
010-68326294	金　　书　　网：www.golden-book.com
封底无防伪标均为盗版	机工教育服务网：www.cmpedu.com

21世纪高校机电类系列教材

编 审 委 员 会

序

为了适应我国制造业迅速发展的需要，培养大批素质高、应用能力与实践能力强的应用综合型人才已成为当务之急。这同时对高等教育的办学理念、体制、模式、机制和人才培养等方面也提出了全新的要求。

为了打通新形势下高等教育和社会需求之间的瓶颈，中国机械工业教育协会机电类学科教学委员会和机械工业出版社联合成立了“21 世纪高校机电类系列教材”编审委员会，本着“重基本理论、基本概念，淡化过程推导，突出工程应用”的原则，组织教材编写工作，并力求使本套教材突出以下特点：

（1）科学定位。本套教材主要面向应用综合型人才的培养，既不同于培养研究型人才的教材，也不同于一般应用型本科的教材；在保持高学术水准的基础上，突出工程应用，强调创新思维。

（2）品种齐全。这套教材设有“力学”“制图”“设计”“数控”“控制”“实训”“材料”等模块，可以方便学校选用。

（3）立体化程度高。教材均要求配备 CAI 课件和相关的教辅材料，以方便教师和学生使用。

机械工业出版社是我国成立最早、规模最大的科技出版社之一，是国家级优秀出版社，是国家高等教育教材出版基地之一，在机电类教材出版领域具有很高的地位。相信这套教材在中国机械工业教育协会机电类学科教学委员会和机械工业出版社的精心组织下，通过全国几十所学校老师的认真编写，一定能够为我国高等教育应用综合型人才的培养提供更好用、更实用的教材。

教育部·机械工程及自动化专业分教学指导委员会·主任

中国机械工业教育协会·高等学校机械工程及自动化学科教学委员会·主任

李培根　院士

于华中科技大学

第 2 版前言

本书是在 21 世纪高校机电类系列教材《工程制图》的基础上，根据教育部工程图学教学指导委员会制定的“普通高等院校工程图学课程教学基本要求”修订而成的。与此同时，还修订出版了《工程制图习题集》（第 2 版），与本书配套使用。

本书修订时，注意了高等教育改革和发展对非机械类专业群的制图教学要求，征求了读者的意见和建议，继续坚持应用型本科“重基本理论、基本概念，淡化过程推导，突出工程应用”的原则；注重学生的投影基础和读图能力的培养，弃旧更新，以必需、够用为度，精简部分内容，突出重点，加强绘制和阅读工程图样的能力训练，体现应用型本科教学的特色，培养学生的创新思维能力；计算机绘图采用 AutoCAD 2009 版本重新编写；全面贯彻最新的《技术制图》《机械制图》国家标准和相关标准。

参加本书修订的有：冯秋官（绪论，第三、五章，附录），胡曼华（第一章）、晋萍（第二、六章），刘亚娟（第四章），邱志荣（第七章），仝基斌（第八、九章），郑雄胜（第十章），薛天跃（第十一章）。由冯秋官、仝基斌任主编，胡曼华、刘亚娟任副主编，陆国栋教授、董国耀教授任主审。

本书修订过程中得到许多同志的帮助，在此表示衷心感谢。

限于编者水平，书中难免存在缺点和错误，恳请读者批评指正。

编者的联系方式：fengqiuguan@ sina. com。

编 者

第1版前言

本书是根据教育部工程图学教学指导委员会新制定的“普通高等院校工程图学课程教学基本要求”，总结多年来教学改革的经验和成果，并吸取许多兄弟院校教材的长处编写而成。

本书编写时，注意高等教育改革和发展对制图教学的新要求，广泛听取了读者的意见和建议，努力体现应用型本科教学的特色，深化课程改革，更新课程体系，精选教材内容。本书加强组合体的构型设计及使用造型软件进行基本体和简单组合形体造型，培养学生的创新思维能力；重视读图、测绘和徒手画图的能力训练；适当降低截交线、相贯线和机械图的难度要求；为适应不同专业、学时的教学需要，将一些偏而难的题例和拓宽加深的内容作为选学（用*表示）；贯彻了最新的《技术制图》和《机械制图》国家标准。书中计算机绘图内容采用了AutoCAD2004版本编写。本书文字叙述简练通俗，便于学生自学。

参加本书编写工作的有：福建工程学院胡曼华（第一章）、安徽工业大学晋萍（第二、六章），福建工程学院冯秋官（绪论，第三、五章，附录），黑龙江工程学院刘亚娟（第四章），福建工程学院邱志荣（第七章），安徽工业大学仝基斌（第八、九章），浙江海洋学院郑雄胜（第十章），太原科技大学薛天跃（第十一章）。本书由冯秋官、仝基斌任主编，胡曼华、刘亚娟任副主编。

本书由浙江大学陆国栋教授、北京理工大学董国耀教授主审，并经21世纪高校机电类系列教材审稿会审阅通过。

本书编写过程中得到许多同志的帮助，福建工程学院和安徽工业大学工程图学教研室的许多教师对本书稿提出了许多宝贵的意见和建议，在此表示衷心感谢。

限于编者水平，书中难免存在错误和不足，恳请广大读者批评指正。

编　者

目　录

绪论

一、本课程的性质和任务

根据投影原理、标准或有关规定，表示工程对象，并有必要的技术说明的图，称为图样。

现代工业生产中，无论是机器、仪器的设计、制造与维修，还是工程建筑的设计与施工，都是通过图样来进行的。设计者通过图样来表达设计意图和要求；制造者根据图样来了解设计要求，从而进行制造与施工；使用者通过图样了解产品的构造和性能，以及正确的使用和维护方法。因此，图样是表达设计意图、交流技术思想的重要工具，是工业生产中的重要技术文件，是工程界的技术语言。每个工程人员都必须具备阅读和绘制图样的基本能力。

工程制图主要用来研究绘制和阅读工程图样的基本原理和方法，培养学生的形象思维能力，是一门既有系统理论又有较强实践性的技术基础课。

本课程的主要任务是：

1）学习正投影法的基本理论及其应用。

2）培养学生用仪器、计算机、徒手三种方法绘制工程图样的基本能力。

3）培养学生具有初步的空间想象和思维能力、构型设计能力，以及阅读常见工程图样的基本能力。

4）学习、贯彻制图国家标准及其有关规定。

5）培养学生认真、负责的工作态度和严谨细致的工作作风。

二、本课程的学习方法

1）既要认真听课，又要及时、认真、独立地完成一定量的练习和作业。

2）要坚持理论联系实际。应通过多参观生产现场，观察产品，借助模型、立体图、实物等，增加生产实践知识和表象积累。

3）要注意物体与图样相结合，画图与读图相结合，构型与表达相结合，不断由物画图，由图想物，多画、多想，由浅入深，反复实践，不断培养和发展空间想象和思维能力。

4）必须严格遵守、认真贯彻制图国家标准及相关规定。

5）要正确地使用绘图工具和仪器，还要熟练地掌握计算机绘图和徒手绘图的方法。

6）不断改进学习方法，提高自学能力。

第一章　制图的基本知识和技能

工程图样是现代化工业生产中必不可少的技术资料，规范性要求高，因此对图样画法、尺寸注法等都必须作出统一的规定。本章主要介绍国家标准《技术制图》和《机械制图》中的基本规定，并对绘图工具的使用、几何图形的作图方法和绘图技能等作简要介绍。

第一节　制图国家标准的基本规定

为了便于生产、管理和技术交流，国家标准《技术制图》和《机械制图》对图纸的幅面和格式、比例、字体、图线和尺寸注法等，作了统一的规定。本节介绍其中的部分内容。

一、图纸幅面和格式（GB/T 14689—2008）

1. 图纸幅面尺寸

绘制技术图样时，应优先采用表 1-1 所规定的基本幅面。必要时，也允许选用加长幅面，但加长后的幅面尺寸须符合标准规定，由基本幅面的短边成整数倍增加后得出。

表 1-1　图纸基本幅面代号和图框尺寸　　（单位：mm）

幅面代号	A0	A1	A2	A3	A4
$B \times L$	841 × 1189	594 × 841	420 × 594	297 × 420	210 × 297
e	20		10		
c	10			5	
a	25				

2. 图框格式

在图纸上必须用粗实线画出图框，其格式分为无装订边和有装订边两种，如图 1-1、图 1-2 所示，其尺寸见表 1-1。但同一产品的图样只能采用一种格式。

3. 标题栏的方位

每张图纸上都必须在右下角画出标题栏（图 1-1、图 1-2）。GB /T10609. 1—2008 中规定了标题栏的格式和尺寸。学生制图作业中的零件图标题栏，建议采用图 1-3 所示的简化标题栏，也可以自定。把图 1-3 中的“数量”改为“质量”，“材料”改为“共　张”，其下方的空格改为“第　张”后，可作为简化装配图标题栏。

有些图纸上还具有对中符号、方向符号、剪切符号、投影符号等附加符号，需要时可查阅 GB/T 14689—2008。

二、比例（GB/T 14690—1993）

比例是指图中图形与其实物相应要素的线性尺寸之比。绘制图样时，应在表 1-2 规定的系列中选取适当的比例。必要时，也允许选取表 1-3 所列的比例。

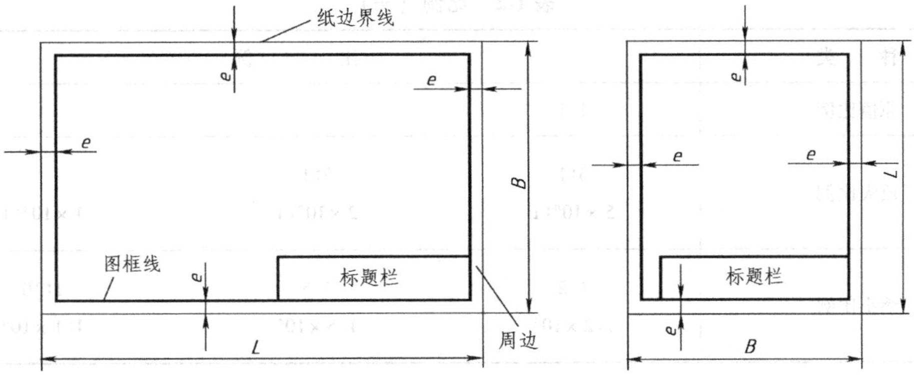

a)　　b)

图 1-1　无装订边图纸的图框格式

a) X 型　b) Y 型

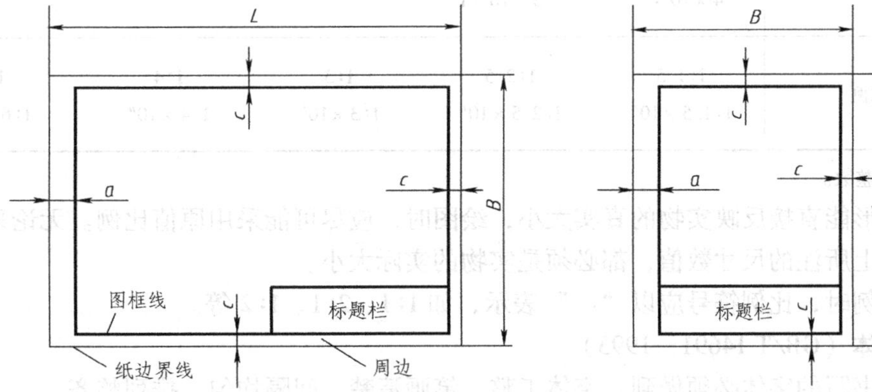

a)　　b)

图 1-2　有装订边图纸的图框格式

a) X 型　b) Y 型

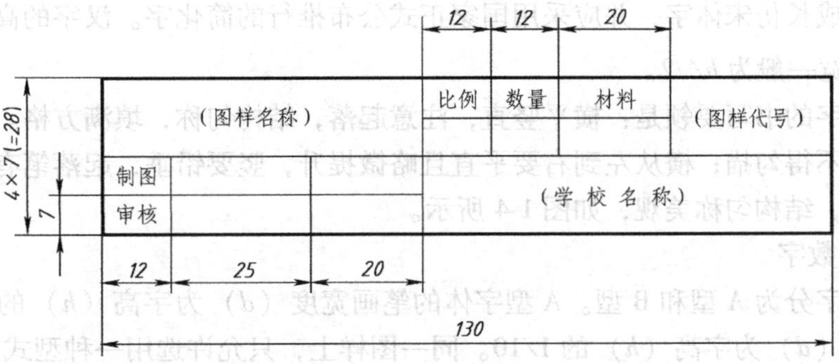

图 1-3　制图作业用简化零件图标题栏

表 1-2 比例（一）

种类	比例		
原值比例	1:1		
放大比例	5:1 $5\times10^n:1$	2:1 $2\times10^n:1$	 $1\times10^n:1$
缩小比例	1:2 $1:2\times10^n$	1:5 $1:5\times10^n$	1:10 $1:1\times10^n$

注：n 为正整数。

表 1-3 比例（二）

种类	比例				
放大比例	4:1 $4\times10^n:1$	2.5:1 $2.5\times10^n:1$			
缩小比例	1:1.5 $1:1.5\times10^n$	1:2.5 $1:2.5\times10^n$	1:3 $1:3\times10^n$	1:4 $1:4\times10^n$	1:6 $1:6\times10^n$

注：n 为正整数。

为使图形能直接反映实物的真实大小，绘图时，应尽可能采用原值比例。无论采用何种比例，图形上所注的尺寸数值，都必须是实物的实际大小。

标注比例时，比例符号应以“：”表示，如 1:1、2:1、1:2 等。

三、字体（GB/T 14691—1993）

图样中书写的字体必须做到：字体工整，笔画清楚，间隔均匀，排列整齐。

字体高度（用 h 表示）的公称尺寸系列为：1.8，2.5，3.5，5，7，10，14，20（单位为 mm）。如需要书写更大的字，其字体高度应按 $\sqrt{2}$ 的比率递增。字体高度代表字体的号数。

1. 汉字

汉字应写成长仿宋体字，并应采用国家正式公布推行的简化字。汉字的高度 h 不应小于 3.5mm，其字宽一般为 $h/\sqrt{2}$。

长仿宋体字的书写要领是：横平竖直，注意起落，结构匀称，填满方格。书写时，笔画要一笔写成，不得勾描；横从左到右要平直且略微提升，竖要铅垂，起落笔有力露锋；偏旁部首比例适当，结构匀称美观，如图 1-4 所示。

2. 字母和数字

字母和数字分为 A 型和 B 型。A 型字体的笔画宽度（d）为字高（h）的 1/14，B 型字体的笔画宽度（d）为字高（h）的 1/10。同一图样上，只允许选用一种型式的字体。

字母和数字可写成斜体和直体。斜体字字头向右倾斜，与水平基准线成 75°，如图 1-5 所示。

10 号字

字体工整　笔画清楚　间隔均匀　排列整齐

7 号字

横平竖直　注意起落　结构均匀　填满方格

5 号字

技术制图机械电子汽车航空船舶土木建筑矿山井坑港口纺织服装

3.5 号字

螺纹 齿轮 端子 接线 飞行指导 驾驶舱位 挖填施工 引水通风 闸阀坝 棉麻化纤

图 1-4　长仿宋体字示例

ABCDEFGHIJKLMNOPQRSTUVWXYZ

abcdefghijklmnopqrstuvwxyz

12345678910

I II III IV V VI VII VIII IX X

R3　$2\times\Phi5$　M24-7H　$\Phi60H7$　$\Phi30g6$

$\Phi20^{+0.021}_{0}$　$\Phi25^{-0.007}_{-0.020}$　Q235　HT200

图 1-5　拉丁字母和数字示例（B 型字体）

四、图线（GB/T 4457.4—2002，GB/T 17450—1998）

1. 线型及其应用

国家标准 GB/T 17450—1998《技术制图　图线》规定了绘制各种技术图样的基本线型、基本线型的变形及其相互组合。在机械图样中，国家标准 GB/T 4457.4—2002《机械制图　图样画法　图线》规定，只采用粗线和细线两种线宽，它们之间的比例为 2∶1。图线宽度和图线组别见表 1-4。制图中应优先采用的图线组别为 0.5 和 0.7。

表 1-4　图线宽度和图线组别　（单位：mm）

图线组别	0.25	0.35	0.5	0.7	1	1.4	2
粗线宽度	0.25	0.35	0.5	0.7	1	1.4	2
细线宽度	0.13	0.18	0.25	0.35	0.5	0.7	1

机械图样上常用的几种图线的名称、型式和一般应用见表 1-5。

表1-5　线型及其应用

图线名称	线　型	图线宽度	一般应用
粗实线		粗	可见棱边线 可见轮廓线 相贯线 螺纹的牙顶线及螺纹长度终止线 齿顶圆（线） 剖切符号用线
细虚线		细	不可见棱边线 不可见轮廓线
细实线		细	尺寸线和尺寸界线 剖面线 过渡线 指引线和基准线 重合断面的轮廓线 螺纹的牙底线及齿轮的齿根线 辅助线 投影线
细点画线		细	轴线 对称中心线 分度圆（线） 孔系分布的中心线 剖切线
波浪线		细	断裂处的边界线 视图与剖视图的分界线
双折线		细	断裂处的边界线 视图与剖视图的分界线
细双点画线		细	相邻辅助零件的轮廓线 可动零件的极限位置的轮廓线 剖切面前的结构轮廓线 轨迹线
粗点画线		粗	限定范围表示线
粗虚线		粗	允许表面处理的表示线

以下将细虚线、细点画线和细双点画线分别简称为虚线、点画线和双点画线。

图线应用示例如图1-6所示。

2. 图线的画法（图1-7）

1）在同一图样中，同类图线的宽度应一致。各类线素（不连续的独立部分，如点、画、间隔）的长度应各自大致相等，符合国家标准的规定（表1-6）。

表 1-6　常用线素的长度

线　素	长　度	线　素	长　度
点	≤0.5d	画	12d
短间隔	3d	长画	24d

注：d 为图线的宽度。

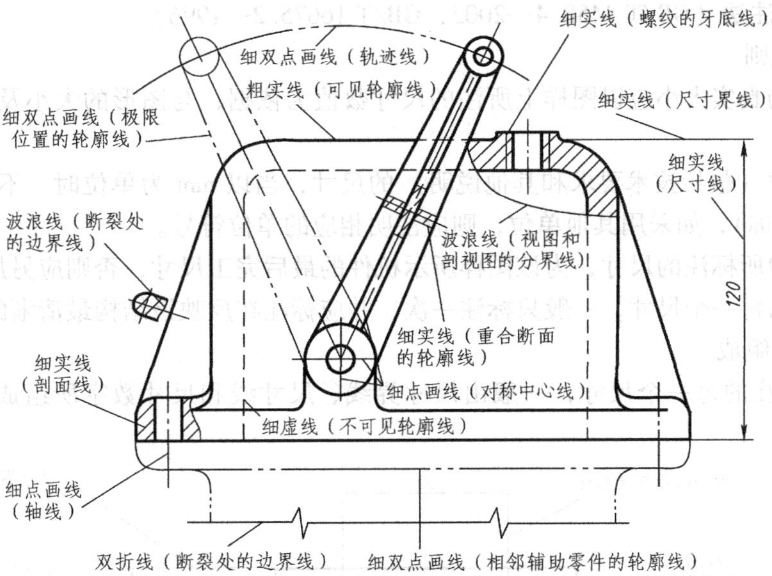

图 1-6　图线应用示例

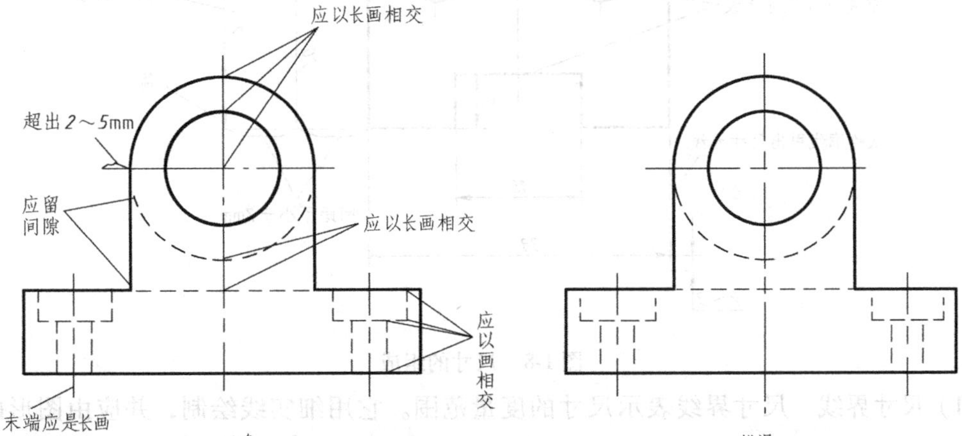

图 1-7　图线画法

实际作图时，通常虚线画长 4～6mm，间隔约 1mm；点画线长画长 15～30mm，两长画间间隔约 3mm；双点画线长画长 15～30mm，两长画间间隔约 5mm。

2）图线相交时，都应以画或长画相交，而不应该交于点或间隔。

3）虚线直线在实线延长线上相接时，虚线应留出间隔；虚线圆弧与实线相切时，虚线圆弧应留出间隔。

4）实际绘图时，图线的首末端应是长画或画，而不应是点或间隔。点画线的两端应超出轮廓线2～5mm。

5）画圆的中心线时，圆心应是长画的交点；当圆的图形较小（直径小于12mm）时，允许用细实线代替点画线。

6）当图线重合时，优先选择的绘制顺序是：可见轮廓线→不可见轮廓线→尺寸线→各种用途的细实线→轴线和对称中心线→假想线。

五、尺寸注法（GB/T 4458.4—2003，GB/T 16675.2—1996）

1. 基本规则

1）机件的真实大小应以图样上所注的尺寸数值为依据，与图形的大小及绘图的准确度无关。

2）图样中（包括技术要求和其他说明）的尺寸，当以mm为单位时，不需标注计量单位符号（或名称），如采用其他单位，则应注明相应的单位符号。

3）图样中所标注的尺寸，为该图样所示机件的最后完工尺寸，否则应另加说明。

4）机件的每一个尺寸，一般只标注一次，并应标注在反映该结构最清晰的图形上。

2. 尺寸的组成

图样上标注的每一个尺寸，一般由尺寸界线、尺寸线和尺寸数字所组成，如图1-8所示。

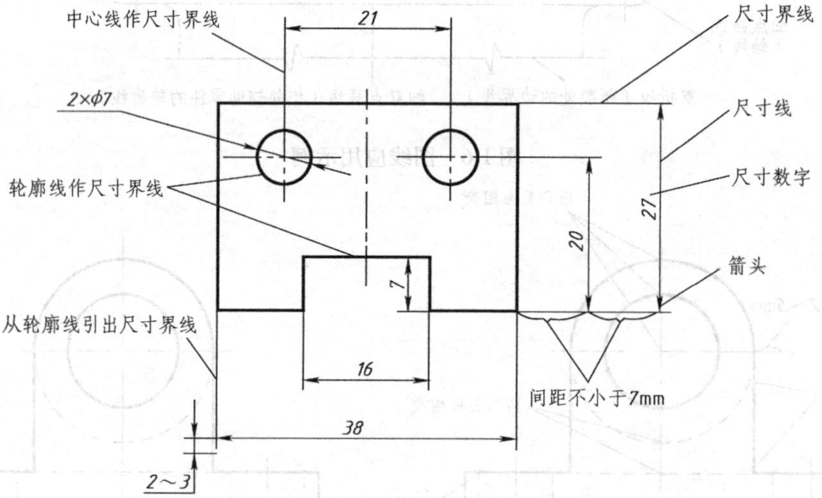

图1-8 尺寸的组成

（1）尺寸界线 尺寸界线表示尺寸的度量范围。它用细实线绘制，并应由图形的轮廓线、轴线或对称中心线处引出，也可利用轮廓线、轴线或对称中心线作尺寸界线。

尺寸界线一般应与尺寸线垂直，必要时才允许倾斜。在光滑过渡处标注尺寸时，应用细实线将轮廓线延长，从它们的交点处引出尺寸界线，如图1-9所示。

（2）尺寸线 尺寸线表示尺寸的度量方向。它用细实线绘制，不能用其他图线代替，一般也不得与其他图线重合或画在其延长线上。标注线性尺寸时，尺寸线应与所注的线段平行。图1-10为尺寸线错误画法示例。

尺寸线的终端有箭头和斜线两种形式，如图1-11所示。箭头形式适用于各种类型的图样。当尺寸线的终端采用斜线（用细实线绘制）形式时，尺寸线与尺寸界线应相互垂直。

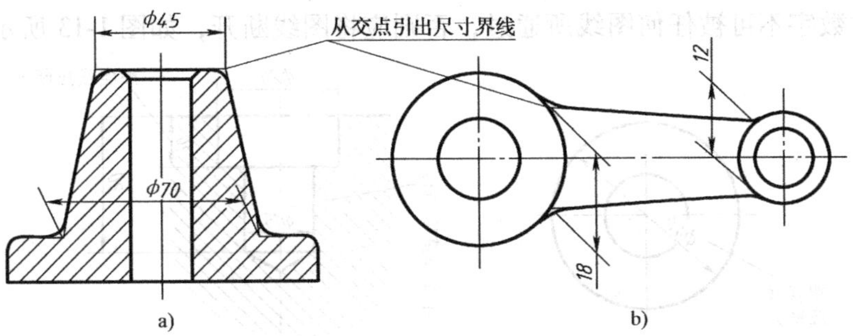

图 1-9 光滑过渡处尺寸界线的画法

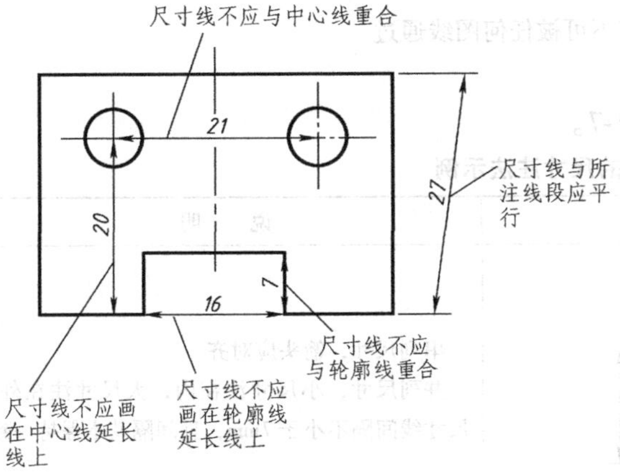

图 1-10 尺寸线错误画法示例

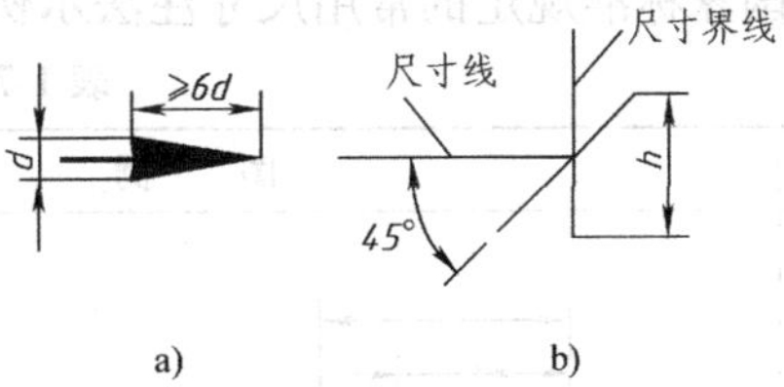

图 1-11 尺寸线的两种终端形式

a）箭头形式（已放大） b）斜线形式

d—粗实线的宽度 *h*—字体高度

同一张图样中只能采用一种尺寸线终端形式。机械图样中一般采用箭头作为尺寸线的终端。

(3) 尺寸数字 尺寸数字表示尺寸度量的大小。线性尺寸的数字一般应注写在尺寸线的上方，也允许注写在尺寸线的中断处。同一张图样上注写方法应一致。

线性尺寸数字一般应按图 1-12a 所示的方向注写，即水平方向字头朝上，铅垂方向字头朝左，倾斜方向字头保持朝上趋势，并尽可能避免在图示 30°范围内标注。当无法避免时，可按图 1-12b 的形式标注。

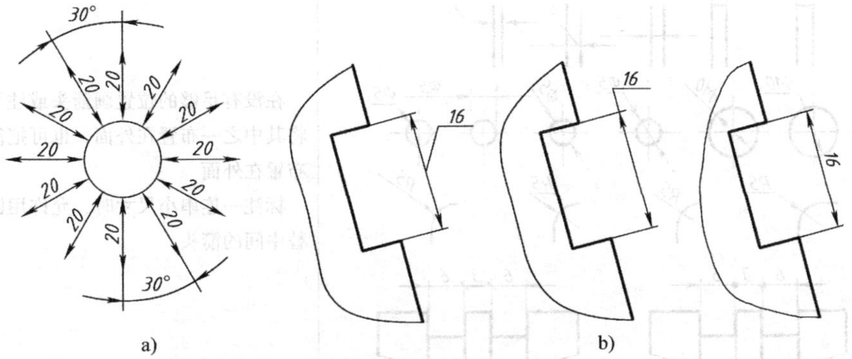

图 1-12 线性尺寸数字的注写方向

尺寸数字不可被任何图线所通过，否则应将图线断开，如图1-13所示。

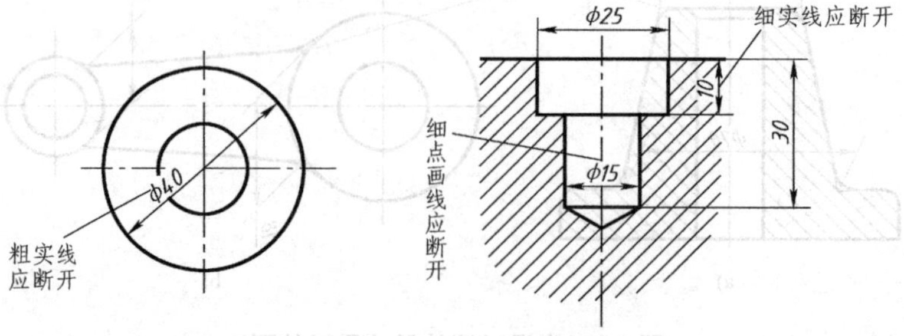

a)　　　　　　　　b)

图1-13　尺寸数字不可被任何图线通过

3. 常用的尺寸注法

国家标准规定的常用尺寸注法示例见表1-7。

表1-7　常用的尺寸注法示例

项目	图　　例	说　　明
线性尺寸	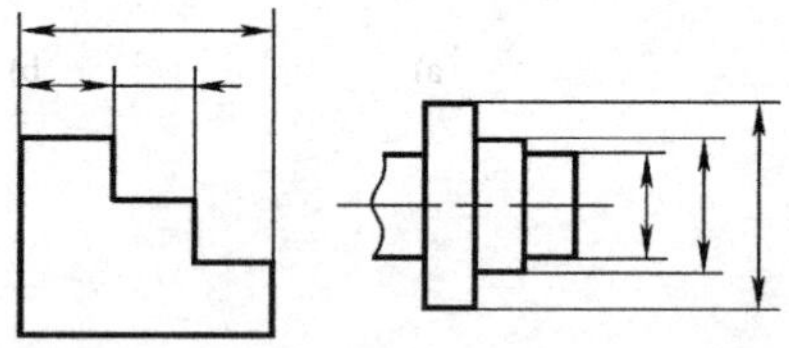	串列尺寸，箭头应对齐 并列尺寸，小尺寸注在内，大尺寸注在外，尺寸线间隔不小于7mm，且间隔基本保持一致
圆和圆弧	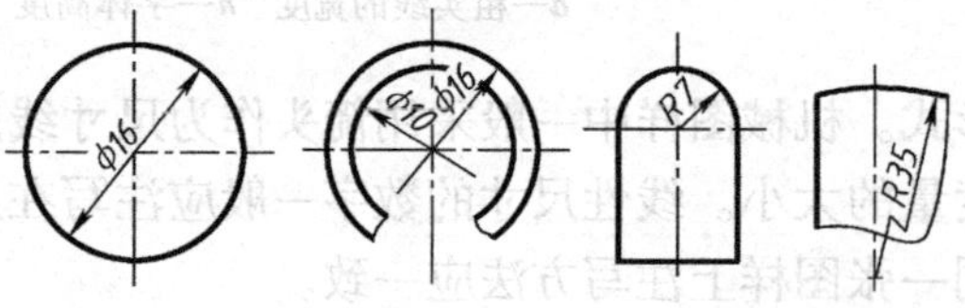	圆和大于半圆的圆弧尺寸应标注直径，尺寸线通过圆心，箭头指在圆周上，且应在尺寸数字前加注符号“φ” 小于和等于半圆的圆弧尺寸一般标注半径，只在指向圆弧的一端尺寸线上画出箭头，尺寸线指向圆心，且在尺寸数字前加注符号“*R*”
小尺寸	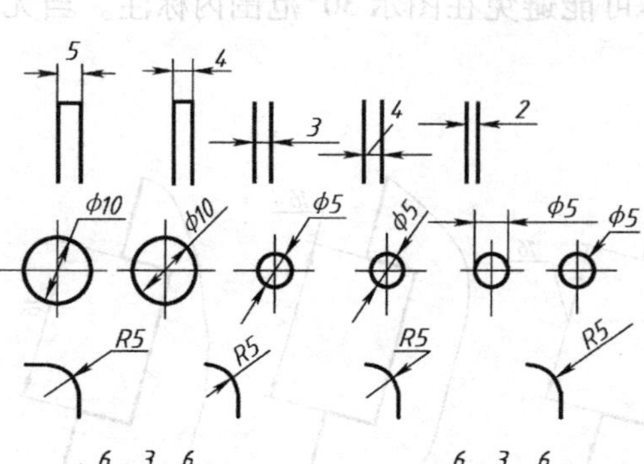	在没有足够的位置画箭头或注写数字时，可将其中之一布置在外面，也可把箭头和数字都布置在外面 标注一连串小尺寸时，允许用圆点或斜线代替中间的箭头

（续）

项目	图　例	说　明
角度	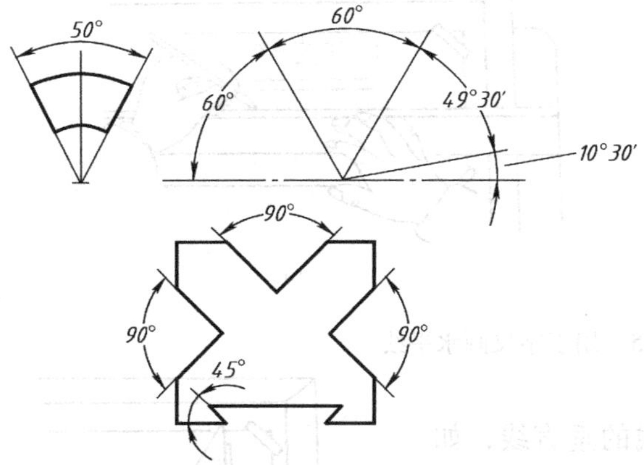	角度的尺寸界线沿径向引出，尺寸线应画成圆弧，其圆心是该角的顶点 角度的数字一律写成水平方向，一般注写在尺寸线的中断处，必要时也可注写在尺寸线的上方、外面或引出标注
对称图形	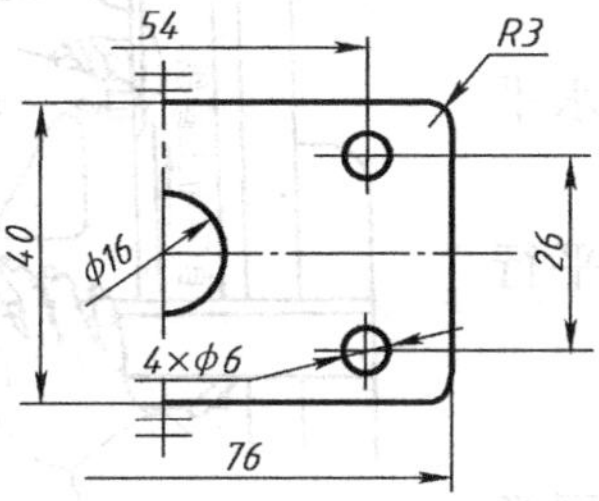	对称图形，应把尺寸标注为对称分布 当对称图形只画出一半或略大于一半时，尺寸线应略超过对称中心线或断裂处的边界线，此时仅在尺寸线的一端画出箭头
球面	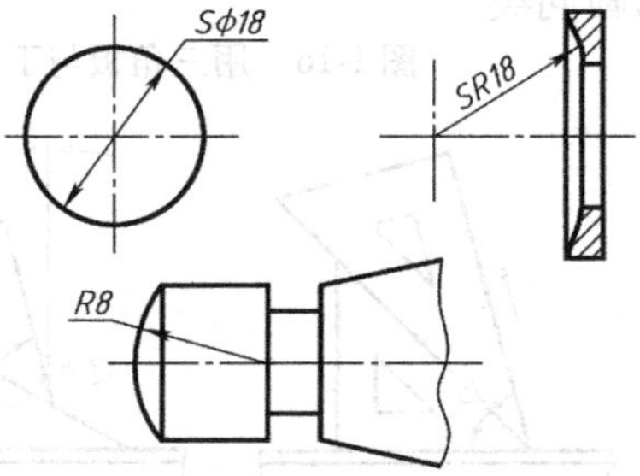	标注球面的直径或半径时，应在符号“ϕ”或“R”前再加注符号“S” 对于轴、螺杆、铆钉以及手柄等的端部，在不致引起误解的情况下，可省略符号“S”

第二节　常用绘图工具及其用法

为了提高手工绘图的质量和效率，必须正确地使用各种绘图工具。本节介绍常用的手工绘图工具及其用法。

一、图板

图板是用来固定图纸并进行绘图的。板面要求平整、光滑，左侧导边必须光滑、平直，如图 1-14 所示。

二、丁字尺

丁字尺主要用来画水平线，还常与三角板配合画铅垂线。使用时，需用左手扶住尺头，并使尺头工作边紧靠图板左导边，上下滑移到画线位置（图 1-15a），然后压住尺身，沿工作边自左

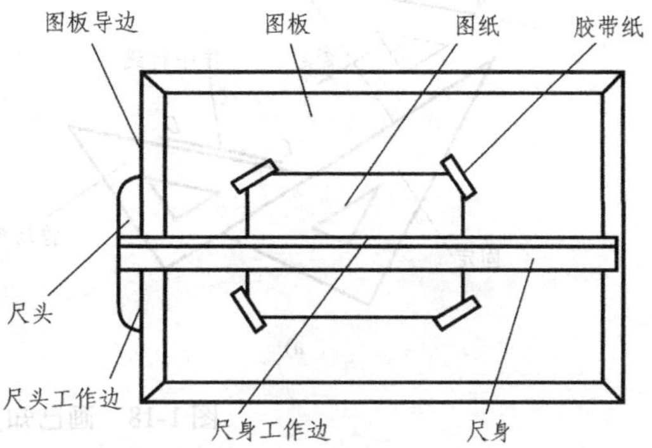

图 1-14　图板、丁字尺和图纸

向右画水平线（图 1-15b）。禁止直接用丁字尺画铅垂线，也不能用尺身下缘画水平线。

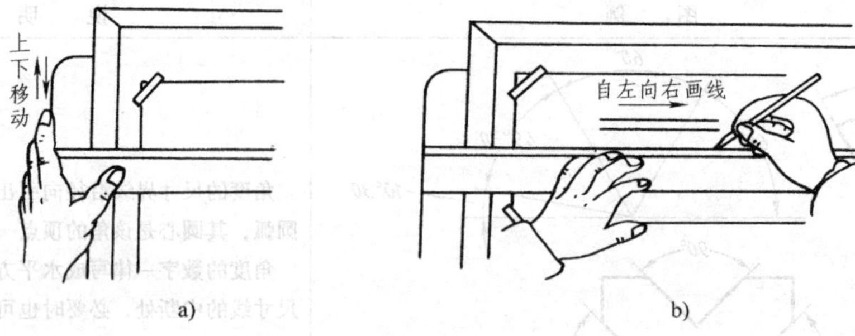

图 1-15 用丁字尺画水平线

三、三角板

三角板常与丁字尺配合，画水平线的垂直线，如图 1-16 所示。

三角板与丁字尺或直尺配合使用，可以画与水平线成 15°倍数角的斜线，如图 1-17 所示。

两块三角板配合，还可以画任意已知直线的平行线或垂直线，如图 1-18 所示。

四、圆规

圆规用来画圆和圆弧。圆规上的铅芯应比画同类直线的铅芯软一号。

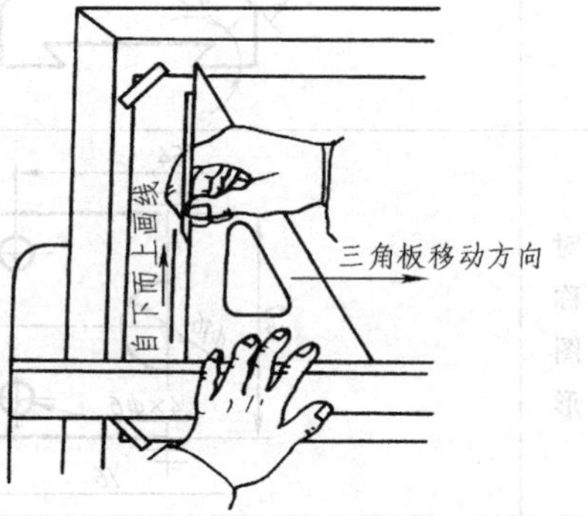

图 1-16 用三角板与丁字尺画垂直线

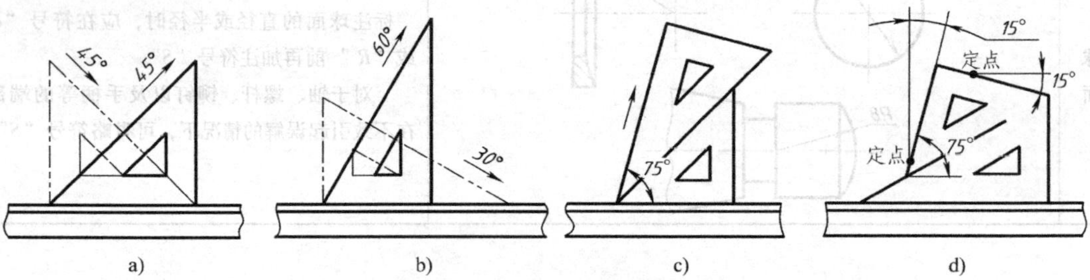

图 1-17 用三角板画 15°倍数角的斜线

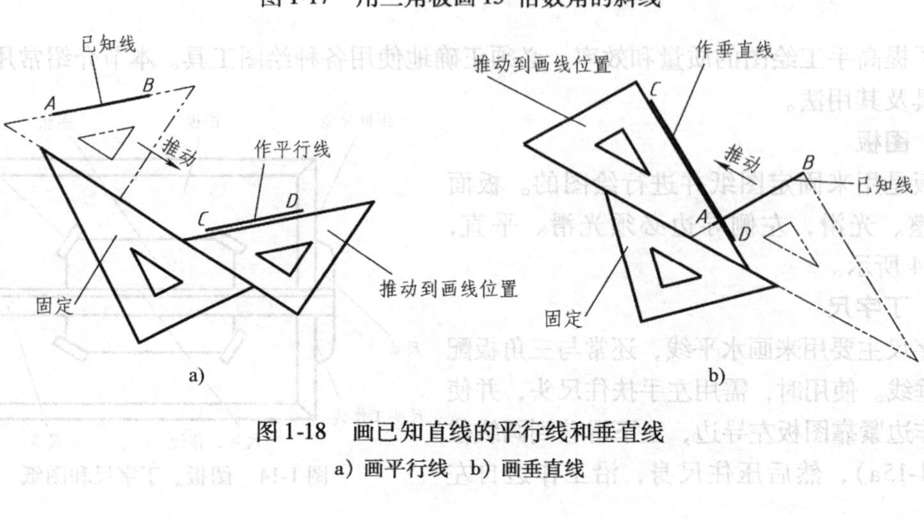

图 1-18 画已知直线的平行线和垂直线

a）画平行线 b）画垂直线

画圆时，应将圆规钢针有台肩端朝下，并使台肩面与铅芯尖端平齐，两脚与纸面垂直，按顺时针方向画圆，并向前进方向稍微倾斜（图 1-19a）；画较大圆时，应调整钢针与铅芯插脚，保持与纸面垂直（图 1-19b）；画小圆时，圆规两脚应向里弯曲（图 1-19c）；画大圆时，应接上接长杆（图 1-19d）。

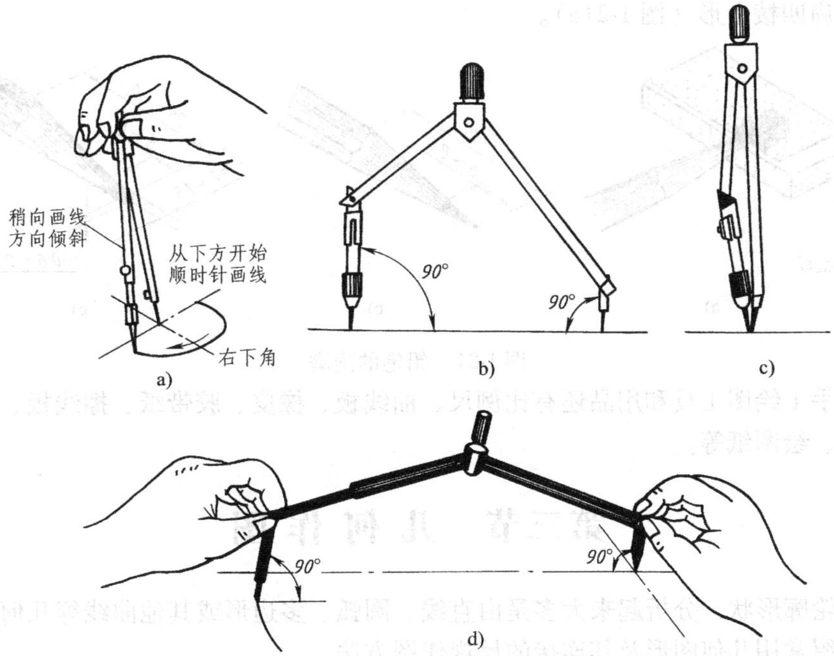

图 1-19　圆规的使用

五、分规

分规用来量取尺寸和等分线段。当两腿并拢时，两针尖应对齐，其用法如图 1-20 所示。

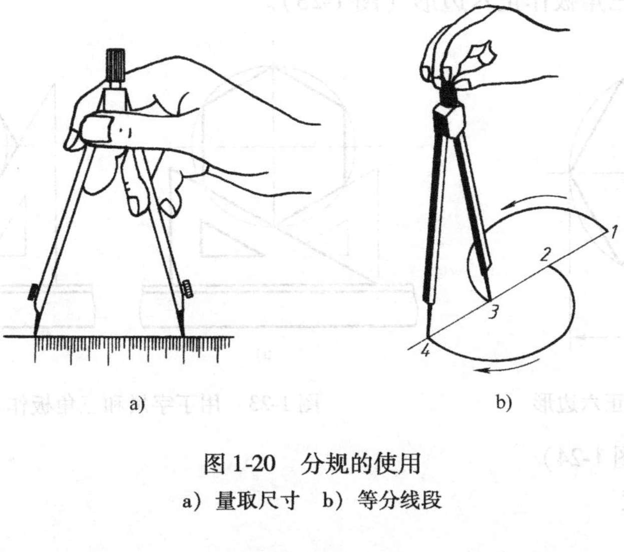

图 1-20　分规的使用

a）量取尺寸　b）等分线段

六、铅笔

绘图铅笔的铅芯有软硬之分，用标号 B 或 H 表示。B 前数字越大，铅芯越软；H 前数字越大，铅芯越硬；HB 铅芯软硬适中。

绘图时，一般用H或2H铅笔画底稿线，用HB或B铅笔加深粗线，用H铅笔加深细线；圆规用相应软一号的铅芯；用HB铅笔写字，画箭头。

铅笔应从没有标号的一端开始削起，铅芯的修磨，可在砂纸上进行（图1-21a）。用于画底稿线、细线和写字的铅笔，其铅芯宜磨成圆锥形（图1-21b）；用于画粗线的铅笔，其铅芯可磨成扁四棱台形（图1-21c）。

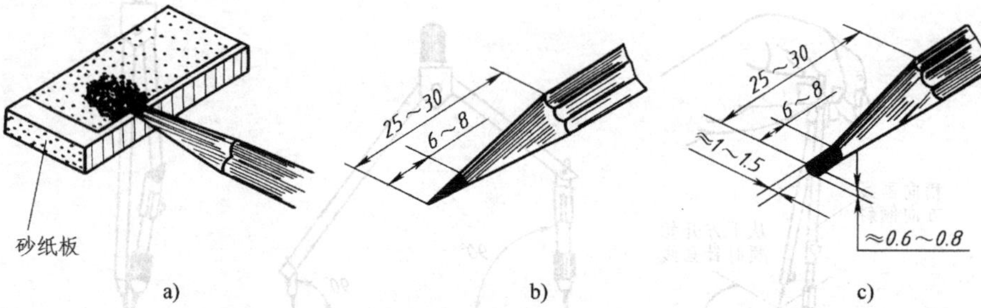

图1-21 铅笔的削磨

常用的手工绘图工具和用品还有比例尺、曲线板、橡皮、胶带纸、擦线板、小刀、墨线笔、软毛刷、绘图纸等。

第三节 几 何 作 图

机件的轮廓形状，分析起来大多是由直线、圆弧、多边形或其他曲线等几何图形所组成的。本节介绍常用几何图形及其连接的尺规作图方法。

一、等分圆周，作正多边形

1. 正六边形

1）用圆规等分圆周并作正六边形（图1-22）。

2）用丁字尺和三角板作正六边形（图1-23）。

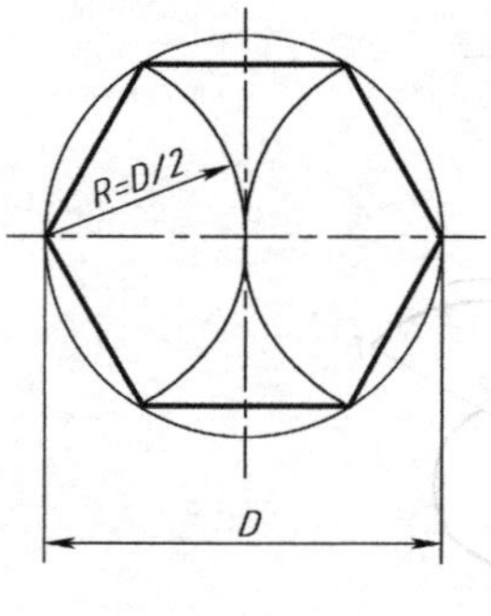

图1-22 用圆规作正六边形

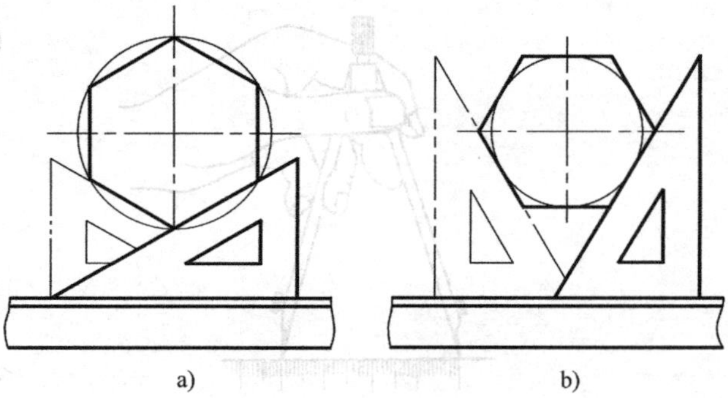

图1-23 用丁字尺和三角板作正六边形

2. 正五边形（图1-24）

二、斜度和锥度

1. 斜度

斜度是指一直线或平面对另一直线或平面的倾斜程度，一般以两者之间夹角的正切来表示（图1-25a），即斜度 $=H/L=\tan\alpha$。习惯上把比例前项化为1，写成 $1:n$ 的形式。

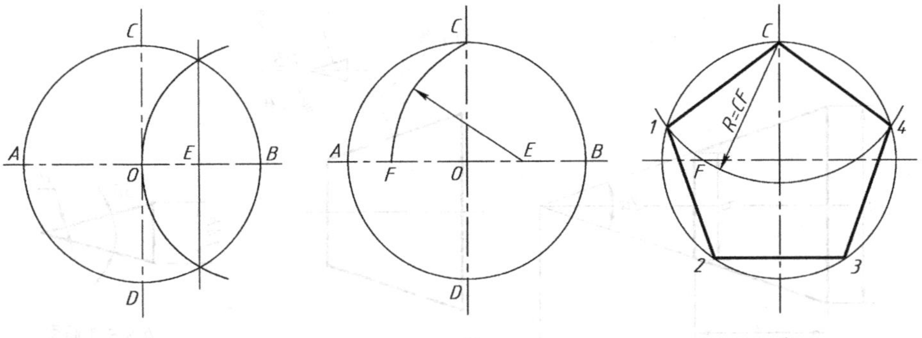

a)　　b)　　c)

图 1-24　五等分圆周并作正五边形

a）作出 *OB* 的中点 *E*　b）以 *E* 为圆心，*EC* 为半径作圆弧交 *OA* 于 *F*，*CF* 即为五边形的边长　c）以 *CF* 长依次截取圆周得五个等分点，连接相邻各点即为正五边形

标注斜度时，用图 1-25c 所示的图形符号表示。符号的倾斜方向应与斜度的方向一致，如图 1-25b 所示。

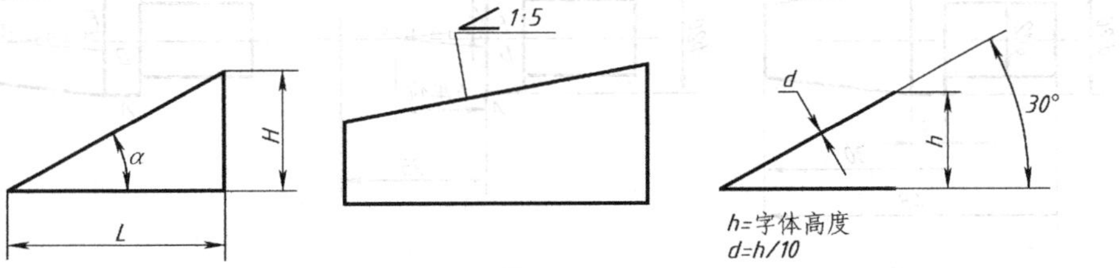

a)　　b)　　c)

图 1-25　斜度及其标注

斜度的画法如图 1-26 所示。

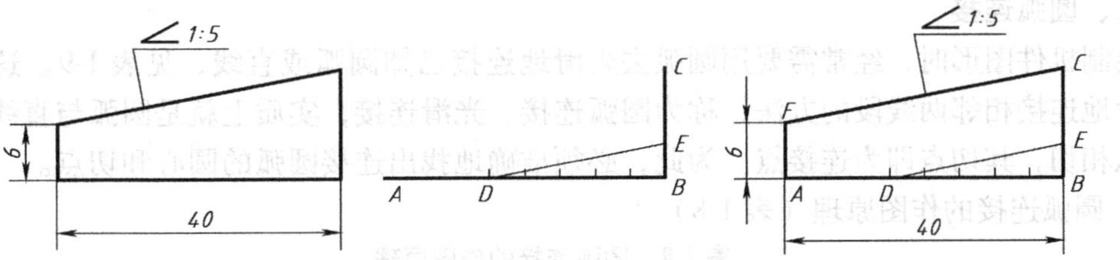

a)　　b)　　c)

图 1-26　斜度的画法

a）已知图形　b）作 *BC* 垂直 *AB*，在 *AB* 上取五等分得 *D*，在 *BC* 上取 1 等分得 *E*，连 *DE* 即为 1:5 参考斜度线　c）按尺寸定出 *F* 点，过 *F* 作 *DE* 的平行线，即为所求

2. 锥度

锥度是指圆锥底圆直径与高度之比。如果是圆锥台，则为两底圆直径之差与高度之比（图 1-27a），即：锥度 $= D/L = (D-d)/l = 2\tan\alpha$，通常以 1:*n* 的形式表示。

在图样上采用图 1-27c 所示的图形符号表示锥度。该符号应配置在基准线上，基准线应与圆锥的轴线平行，图形符号的方向应与圆锥方向一致，如图 1-27b 所示。

锥度的画法如图 1-28 所示。

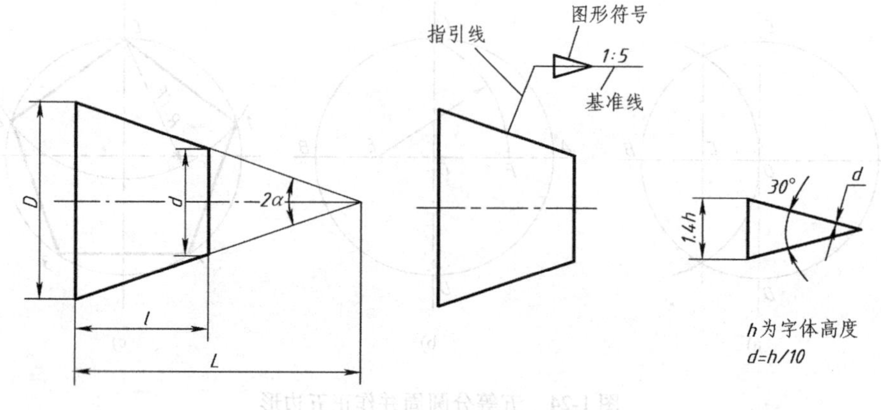

a)　　　　b)　　　　c)

图 1-27　锥度及其标注

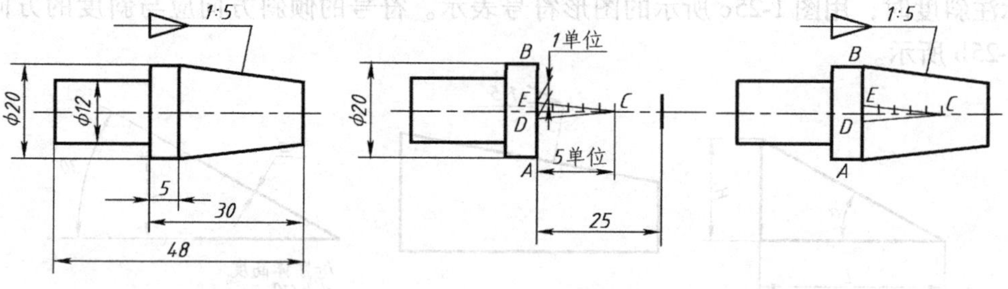

a)　　　　b)　　　　c)

图 1-28　锥度的画法

a）已知锥度 1:5 图形　b）按尺寸画出已知部分，在轴线上取五个单位长，在 AB 上取一个单位长，得 1:5 两条参考锥度线 CD、CE　c）过 A、B 分别作 CD、CE 的平行线，即为所求

三、圆弧连接

绘制机件图形时，经常需要用圆弧去光滑地连接已知圆弧或直线，见表 1-9。这种用圆弧光滑地连接相邻两线段的方法，称为圆弧连接。光滑连接，实质上就是圆弧与直线或圆弧与圆弧相切，其切点即为连接点。为此，必须准确地找出连接圆弧的圆心和切点。

1. 圆弧连接的作图原理（表 1-8）

表 1-8　圆弧连接的作图原理

类别	圆弧与直线连接（相切）	圆弧与圆弧外连接（外切）	圆弧与圆弧内连接（内切）
图例	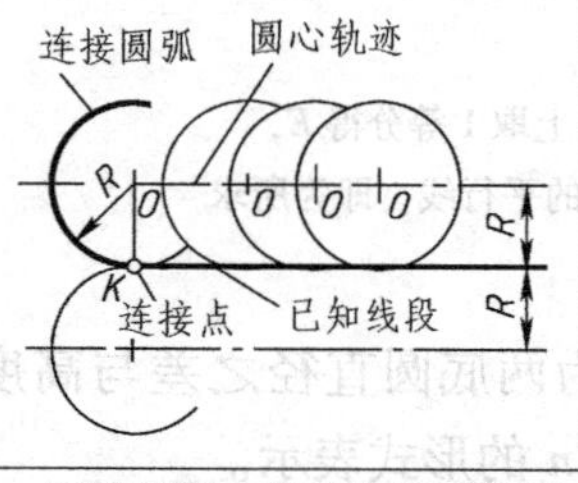	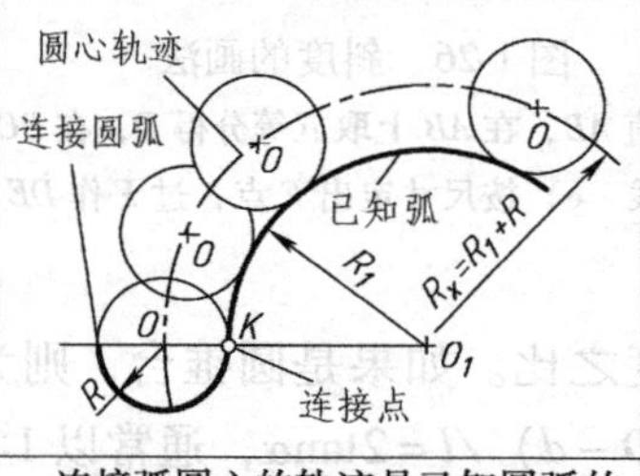	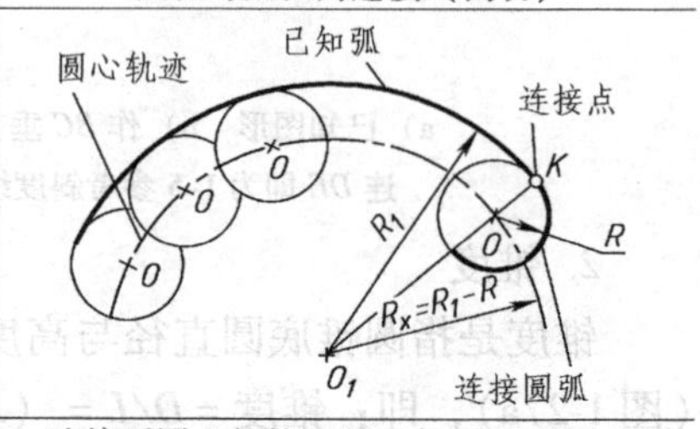
连接圆弧心轨迹及切点位置	连接弧圆心的轨迹是平行于已知直线且相距为 R 的直线 连接弧圆心向已知直线作垂线，垂足 K 即为切点	连接弧圆心的轨迹是已知圆弧的同心圆弧，其半径为 R_1+R 两圆心连线与已知圆弧的交点 K 即为切点	连接弧圆心的轨迹是已知圆弧的同心圆弧，其半径为 R_1-R 两圆心连线的延长线与已知圆弧的交点 K 即为切点

2. 圆弧连接的作图方法

作圆弧连接，先求出连接弧的圆心，再找出连接点（切点），最后画连接弧。作图步骤见表 1-9。

表 1-9　圆弧连接的作图步骤

形式	实　例	作　图	步　骤
两直线间的圆弧连接	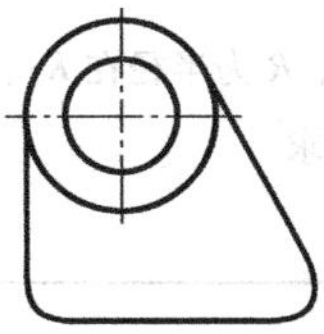	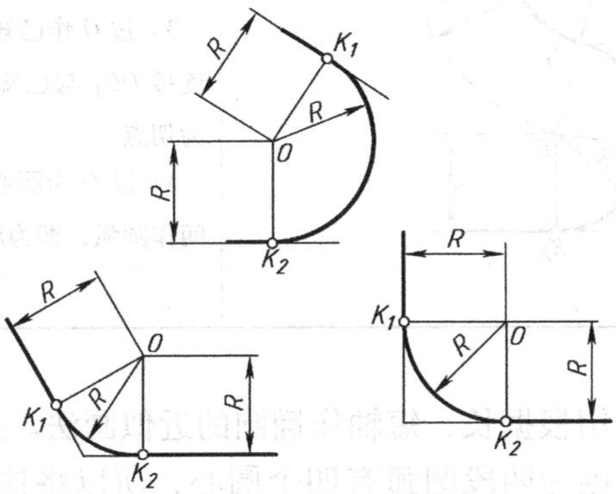	1）分别作与两已知直线距离为 R 的平行线，其交点 O 即为连接圆弧的圆心 2）过 O 点分别作两已知直线的垂线，得垂足 K_1 和 K_2，即为切点 3）以 O 为圆心、R 为半径在两切点 K_1、K_2 之间作圆弧，即为所求
两圆弧间的圆弧连接　外连接	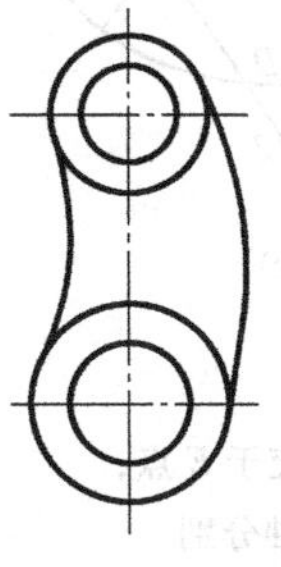	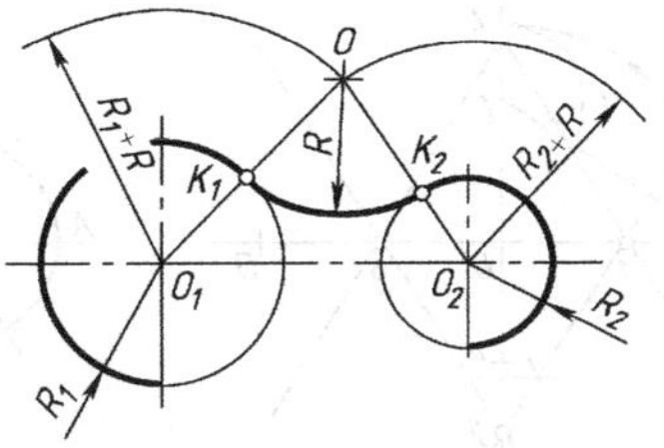	1）分别以 O_1、O_2 为圆心、R_1+R 和 R_2+R 为半径画圆弧得交点 O，即为连接圆弧的圆心 2）连接 OO_1、OO_2 与已知圆弧分别交于 K_1、K_2，即为切点 3）以 O 为圆心、R 为半径在两切点 K_1、K_2 之间作圆弧，即为所求
两圆弧间的圆弧连接　内连接		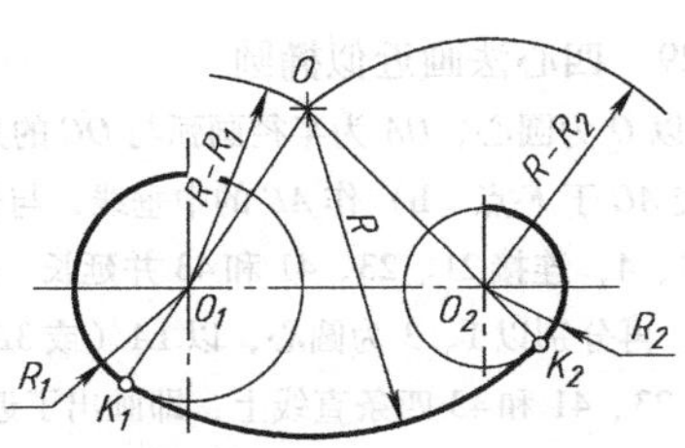	1）分别以 O_1、O_2 为圆心、$R-R_1$ 和 $R-R_2$ 为半径画圆弧得交点 O，即为连接弧的圆心 2）连接 OO_1、OO_2 并延长，与已知圆弧分别交于 K_1、K_2，即为切点 3）以 O 为圆心、R 为半径在两切点 K_1、K_2 之间作圆弧，即为所求
混合连接	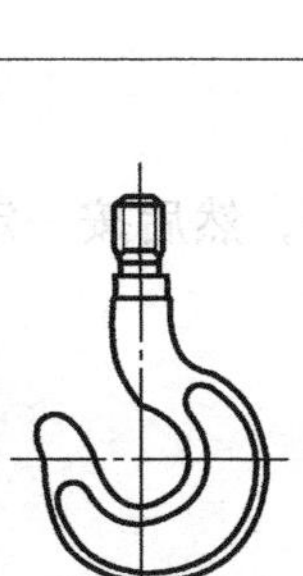	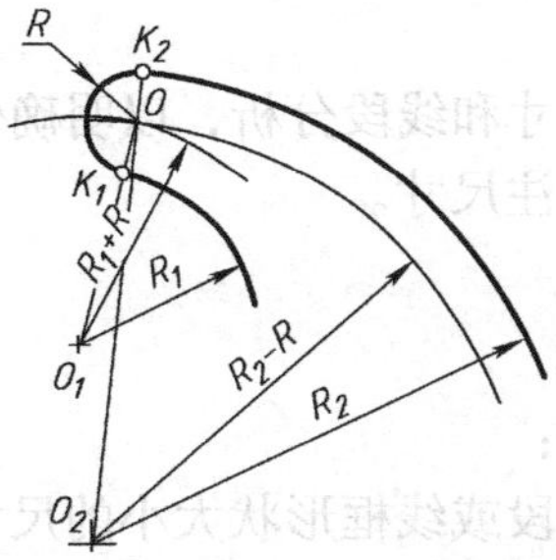	1）分别以 O_1、O_2 为圆心、R_1+R 和 R_2-R 为半径画圆弧得交点 O，即为连接弧圆心 2）连接 OO_1、OO_2 并延长 O_2O 与已知圆弧分别交于 K_1、K_2，即为切点 3）以 O 为圆心、R 为半径在两切点 K_1、K_2 之间作圆弧，即为所求

（续）

形式	实　例	作　图	步　骤
直线和圆弧间的圆弧连接	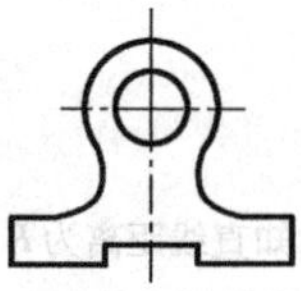	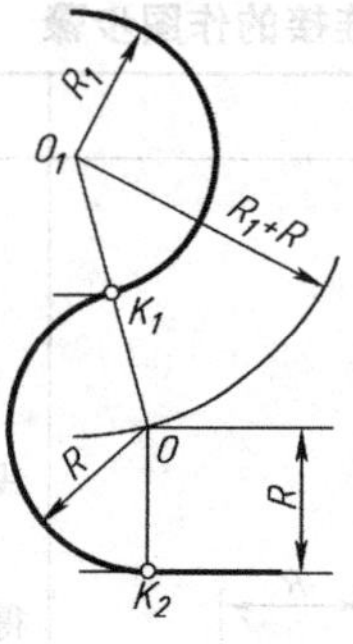	1）作与已知直线距离为 R 的平行线 2）以 O_1 为圆心、R_1+R 为半径画圆弧与平行线交于 O，即为连接圆弧圆心 3）过 O 作已知直线的垂线，得垂足 K_2，连接 OO_1 与已知圆弧交于 K_1，则 K_1、K_2 为切点 4）以 O 为圆心、R 为半径在 K_1、K_2 之间作圆弧，即为所求

四、椭圆的近似画法

非圆曲线种类很多，这里仅介绍根据长、短轴作椭圆的近似画法。这种近似画法是以四段圆弧依次连接代替椭圆曲线的。因为四段圆弧有四个圆心，所以将这种画法称为四心法。作图步骤如图 1-29 所示。

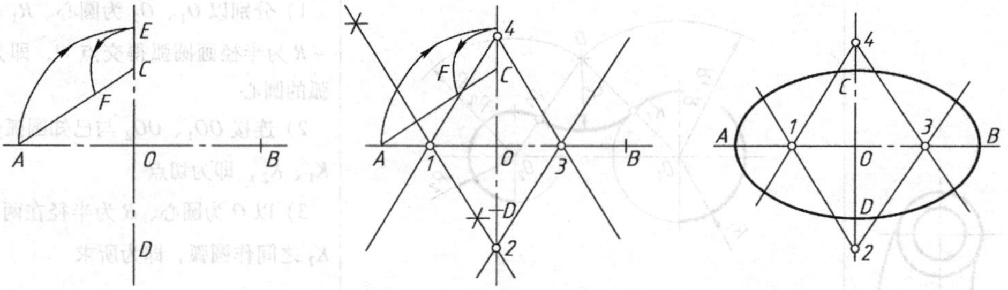

a)　　b)　　c)

图 1-29　四心法画近似椭圆

a）画长、短轴 AB、CD，连接 AC。以 O 为圆心、OA 为半径画弧与 OC 的延长线交于 E 点；以 C 为圆心、CE 为半径作圆弧交 AC 于 F 点　b）作 AF 的中垂线，与长、短轴分别交于 1、2 两点，作出 1、2 的对称点 3、4，连接 21、23、41 和 43 并延长　c）分别以 2、4 为圆心、以 $2C$（或 $4D$）为半径作圆弧，再分别以 1、3 为圆心，以 $1A$（或 $3B$）为半径作圆弧，这四段圆弧两两相切于 21、23、41 和 43 四条直线上，即画出了近似椭圆

第四节　平面图形的画法

画平面图形前，首先要对图形进行尺寸和线段分析，以明确作图顺序，然后按一定的绘图方法和步骤，正确快速地画出图形并标注尺寸。

一、平面图形的尺寸和线段分析

1. 平面图形的尺寸

平面图形的尺寸按其作用可分为两类：

(1) 定形尺寸　确定平面图形中各线段或线框形状大小的尺寸称为定形尺寸。如线段长度、圆的直径、圆弧半径以及角度大小等，例如，图 1-30 中的 15、ϕ20、ϕ5、R15、R12、

R50、R10等均为定形尺寸。

(2) 定位尺寸　确定平面图形中线段或线框间相对位置的尺寸称为定位尺寸。如线段、圆心的位置尺寸等，例如，图1-30中的8是确定ϕ5位置的尺寸。

有时，同一个尺寸既是定形尺寸又是定位尺寸。如图1-30的尺寸75、ϕ30。

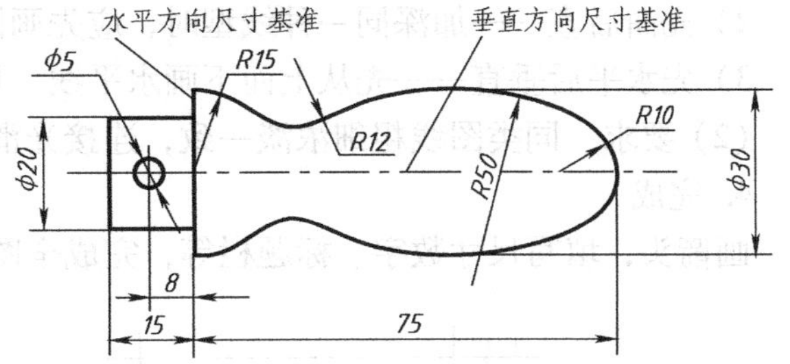

图1-30　手柄

确定平面图形中尺寸位置的几何元素称为尺寸基准。通常以对称线、较长的直线或圆的中心线作为尺寸基准，如图1-30所示。平面图形中，水平和垂直方向应各有一个主要基准，复杂的图形还可能有一个或几个辅助基准。

标注平面图形尺寸时，应分析图形各部分的构成，选定尺寸基准，先注出定形尺寸，再注出定位尺寸，使所注尺寸正确、完整、清晰。

2. 平面图形的线段

平面图形的线段通常根据所注尺寸分为三类：

(1) 已知线段　即注有齐全的定形尺寸和定位尺寸的线段。已知线段不依靠与其他线段的连接关系即可画出。注有圆弧半径和圆心的两个定位尺寸的圆弧为已知圆弧，如图1-30中的R15、R10。

(2) 中间线段　即标注尺寸不齐全，需待与其一端相邻的线段作出后才能画出的线段。具有圆弧半径和圆心的一个定位尺寸的圆弧为中间圆弧，如图1-30中的R50。

(3) 连接线段　即标注尺寸不完全或不标注尺寸，需待与其两端相邻的线段作出后才能画出的线段。只有圆弧半径没有圆心定位尺寸的圆弧为连接圆弧，如图1-30中的R12。

画图时，应先画已知线段，再画中间线段，最后画连接线段。

二、仪器绘图的方法和步骤

1. 准备

1) 分析图形的尺寸与线段，拟订作图步骤。

2) 确定比例，选取图幅，固定图纸。

3) 画出图框和标题栏。

2. 绘制底稿

(1) 画底稿步骤（图1-31）

1) 画作图基准线，确定图形位置。

2) 依次画出已知线段、中间线段和连接线段，完成图形。

3) 画尺寸界线和尺寸线。

4) 检查底稿，修正错误，擦去多画的图线。

(2) 要求　图形位置适当，图线细淡、准确、清晰，图面整洁。

3. 加深

(1) 加深步骤

1) 先粗后细——先加深、描粗全部粗实线，再加深全部虚线、点画线和细实线等。

2）先曲后直——加深同一种线型时，应先画圆弧，后画直线。

3）先水平后垂直——先从上而下画水平线，再从左到右画垂直线，最后画倾斜线。

（2）要求　同类图线粗细浓淡一致，连接光滑，图面整洁。

4. 完成

画箭头，填写尺寸数字、标题栏等，完成全图。

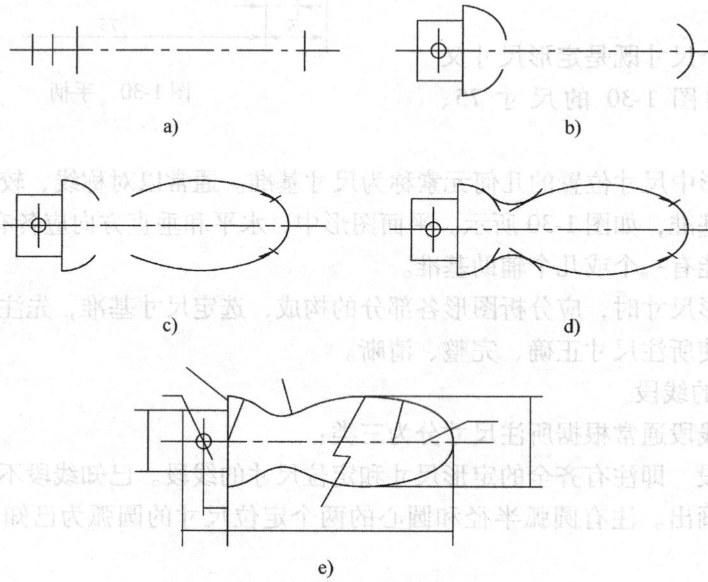

图 1-31　画底稿的步骤

a）画作图基准线　b）画已知线段　c）画中间线段

d）画连接线段　e）检查修正图形，画尺寸界线和尺寸线

三、徒手绘图

徒手图也称草图。它是以目测估计图形与实物的比例，按一定画法要求徒手（或部分使用绘图仪器）绘制的图。

在设计、维修、仿造、计算机绘图等场合，经常需要借助草图来记录或表达技术思想。因此，徒手绘图也是工程人员必备的一种基本技能。

徒手绘图一般用 HB 或 B 铅笔。为了能随时转动图纸方便画图，提高徒手绘图速度，草图图纸一般不固定。

1. 图线的徒手画法

（1）直线的画法　小手指靠着纸面，画短线以手腕运笔，画长线以手臂动作，眼睛注视着线段终点，以眼睛的余光控制运笔方向，移动手腕使笔尖沿要画线的方向作直线运动。为使欲画的直线成顺手方向，可将图纸斜放，或侧转身体，其运笔方向如图 1-32 所示。

（2）常用角度的画法　画 30°、45°、60°等常用角度时，如图 1-33 所示，可按两直角边的近似比例关系，定出两端点后，连成直线。

（3）圆的画法　画较小圆时，先在中心线上按半径目测定出四点，然后徒手将各点连接成圆（图 1-34a）。画较大圆时，通过圆心加画两条约 45°的斜线，按半径目测定出八点，连接成圆（图 1-34b）。

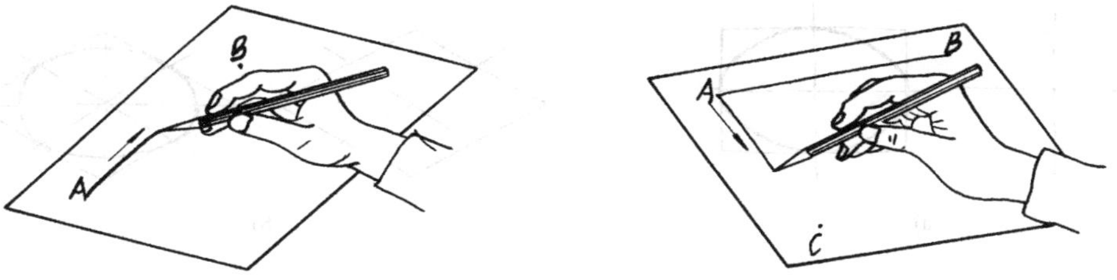

a)　　b)

图 1-32　直线的徒手画法

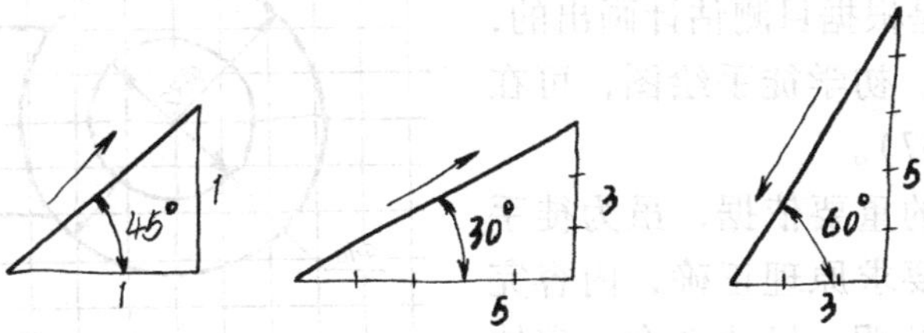

a)　　b)　　c)

图 1-33　30°、45°、60°斜线的徒手画法

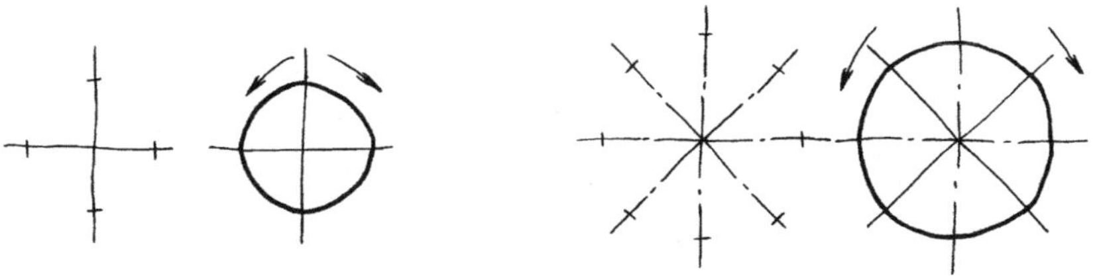

a)　　b)

图 1-34　圆的徒手画法

（4）圆角和圆弧连接的画法　画圆角和圆弧连接时，根据圆角半径大小，在分角线上定出圆心位置，从圆心向分角两边引垂线，定出圆弧的两连接点，并在分角线上定出圆弧上的点，然后过这三点作圆弧（图 1-35a）。也可以利用其与正方形相切的特点画出（图 1-35b）。

a)　　b)

图 1-35　圆角和圆弧连接的徒手画法

（5）椭圆的画法　画椭圆时，先画椭圆长、短轴，定出长、短轴顶点，过四个顶点画矩形，然后作椭圆与矩形相切（图 1-36a）。或者利用其与菱形相切的特点画椭圆（图 1-36b）。

2. 平面图形的草图画法

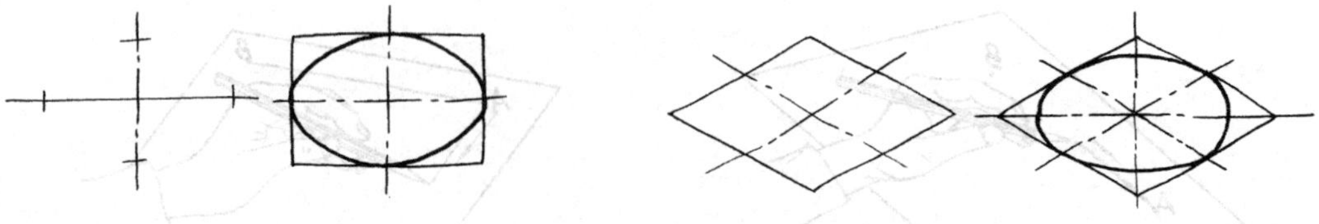

图 1-36　椭圆的徒手画法

绘制平面图形草图的步骤与仪器绘图的步骤相同。

草图图形的大小是根据目测估计画出的，目测尺寸比例要准确。初学徒手绘图，可在方格纸上进行（图 1-37)。

草图是画正规图的重要依据，虽为徒手绘制，但不能马虎。要求原理正确，内容完整，比例匀称，线型分明，尺寸齐全，字体工整，图面整洁。

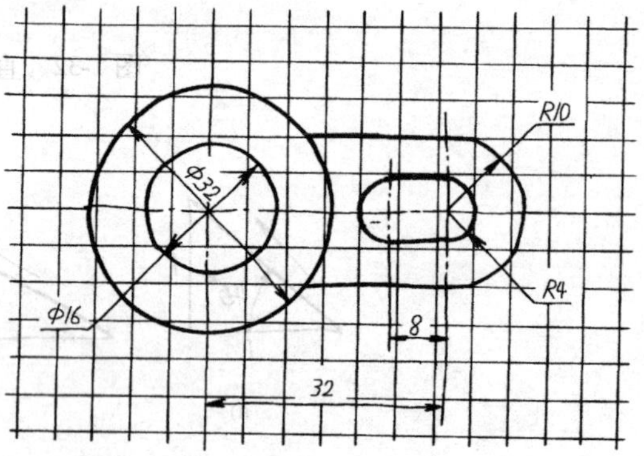

图 1-37　徒手画平面图形示例

第二章　正投影基础

人们在生产与生活实践中，经常用图来表达设计思想和设计结果，例如机械图样、建筑图样是指导生产的重要技术文件。每种图样都是用不同的投影方法绘制出来的，本章将概括介绍投影法的基本概念和工程中常用的投影图。

工程上的物体，通常可看作由各种几何形体组合而成，而任何几何形体又可看成由点、线、面等几何元素所组成。在初步掌握物体的投影方法之后，对组成物体的几何元素点、线、面的投影特性进行深入的分析和讨论，将有助于进一步揭示物体的投影规律，为以后更好地培养各种空间形体的表达和想象能力打下扎实的基础。

第一节　投影法和三视图

一、投影法

1. 投影法的概念

物体在灯光的照射下会在地面或墙壁上产生阴影，人们在抽象这种自然现象的基础上建立了投影法。

投射线通过物体向选定的面投射，并在该面上得到图形的方法称为投影法。

根据投影法所得的图形，称为投影（投影图）。

投影法中得到投影的面，称为投影面。

投影法分为中心投影法（图 2-1a）和平行投影法（分为斜投影法和正投影法，见图 2-1b、c）两类。

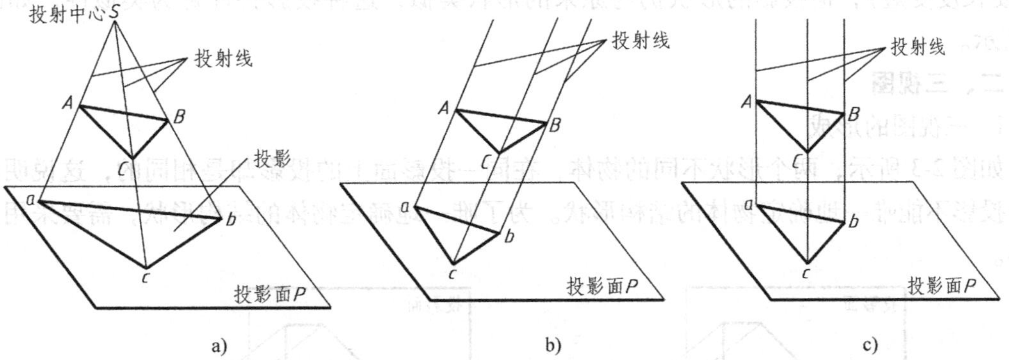

图 2-1　投影法及其分类

a）中心投影法　b）斜投影法　c）正投影法

如图 2-1a 所示，投射线 SA、SB、SC 分别与投影面 P 相交于 a、b、c；直线 ab、bc、ca 分别为直线 AB、BC、CA 的投影；三角形 abc 就是三角形 ABC 在投影面 P 上的投影。因为所有的投射线都是从中心 S 出发的，所以叫做中心投影。中心投影常用于画建筑视图。

如果将投射中心 S 移至距投影面 P 无限远处，如图 2-1b、c 所示，这时所有的投射线都相互平行，这种投影方法称为平行投影法。根据投射线与投影面所成的夹角不同，平行投影法又分为正投影法和斜投影法。

如图2-1b所示，投射线*Aa*、*Bb*、*Cc*倾斜于投影面*P*，这种投射方向倾斜于投影面*P*的投影方法称为斜投影法。如图2-1c所示，投射线*Aa*、*Bb*、*Cc*垂直于投影面*P*，这种投射方向垂直于投影面的投影方法称为正投影法。

由于正投影法所得到的正投影图能真实地表达空间物体的形状和大小，作图也比较方便，因此国家标准“图样画法”中明确规定，机件的图样按正投影法绘制。本书后面各章节中所说的投影法，如无特别说明，都是指正投影法。

2. 正投影的基本特性

（1）实形性　当物体上的平面（或直线）与投影面平行时，投影反映实形（或实长），这种投影特性称为实形性，如图2-2a所示。

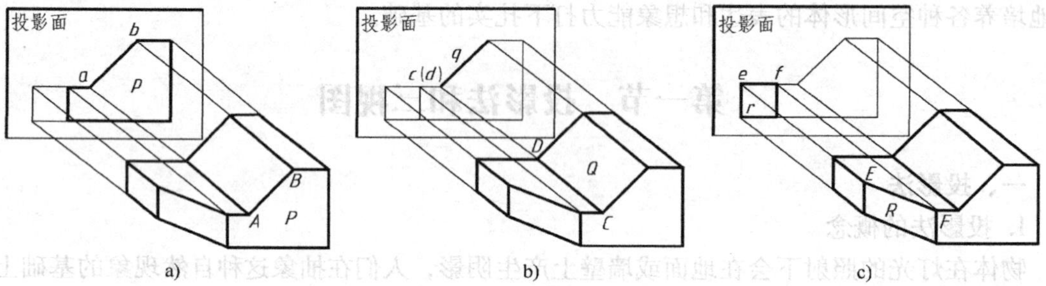

图2-2　正投影的基本特性
a）实形性　b）积聚性　c）类似性

（2）积聚性　当物体上的平面（或柱面、直线）与投影面垂直时，则在投影面上的投影积聚为一条直线（或曲线，或一个点），这种投影特性称为积聚性，如图2-2b所示。

（3）类似性　当物体上的平面（或直线）与投影面倾斜时，则会使其投影的面积变小（或使长度变短），但投影的形状仍与原来的形状类似，这种投影特性称为类似性，如图2-2c所示。

二、三视图

1. 三视图的形成

如图2-3所示，两个形状不同的物体，在同一投影面上的投影却是相同的，这说明仅有一个投影不能唯一地确定物体的结构形状。为了唯一地确定物体的结构形状，需要采用多面投影。

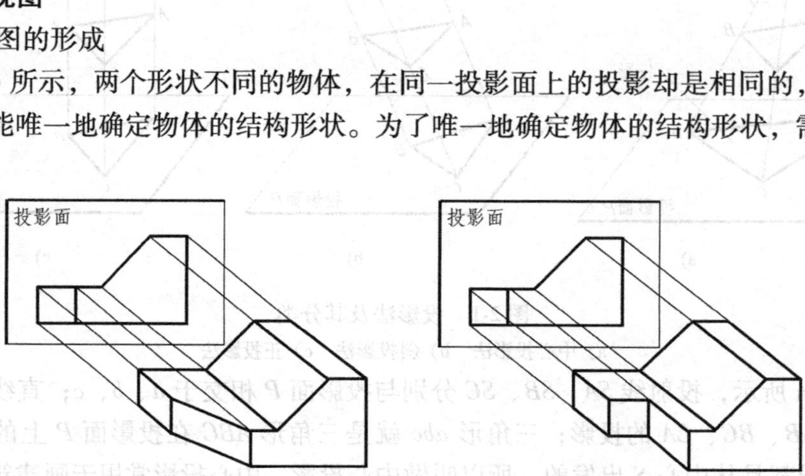

图2-3　一个投影不能唯一确定物体的结构形状

通常选用三个互相垂直相交的投影面，建立一个三投影面体系，如图2-4a所示。三个投影面分别称为正立投影面（简称正面，用 V 表示）、水平投影面（简称水平面，用 H 表示）和侧面投影面（简称侧面，用 W 表示）。物体在这三个投影面上的投影分别称为正面投影、水平投影和侧面投影。三个投影面之间的交线 OX、OY、OZ 称为投影轴。三根互相垂直的投影轴的交点 O 称为原点。

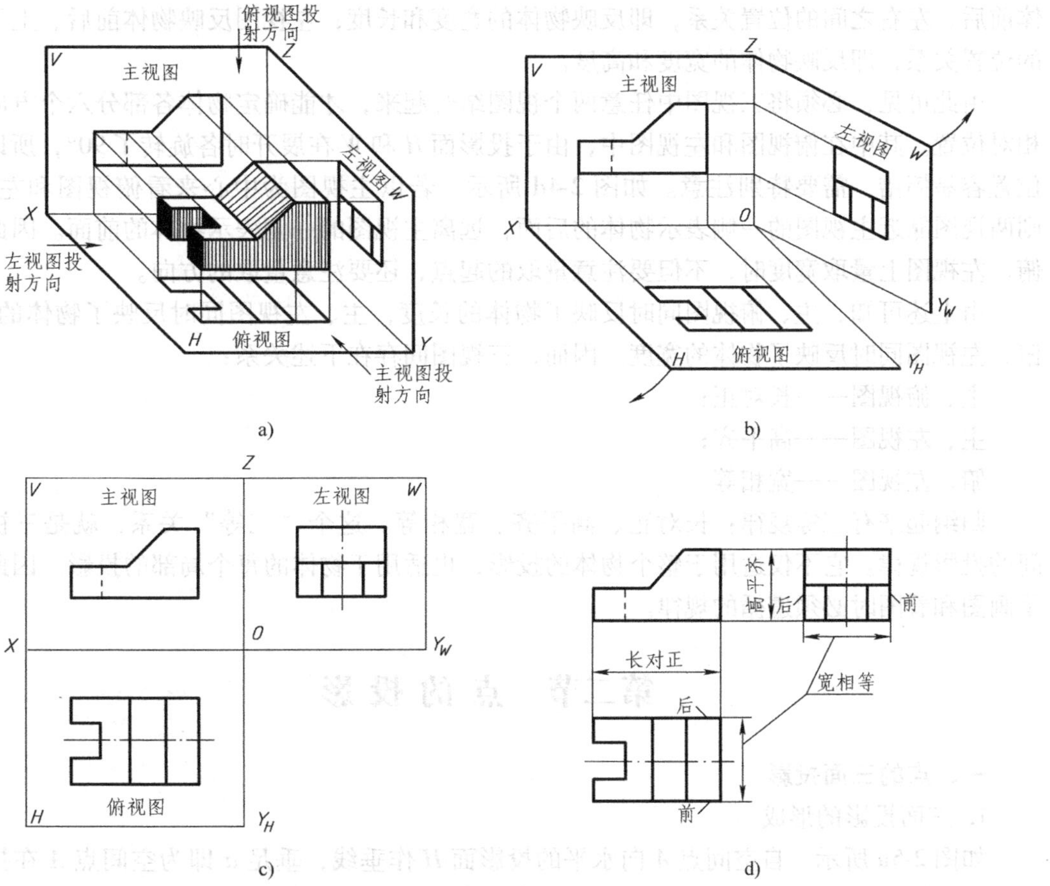

图2-4 三视图的形成和投影规律

a）物体在三投影面体系中的投影 b）三投影面的展开方法

c）展开后的三视图 d）三视图之间的投影规律

根据有关标准和规定，按正投影法投射所得到的图形称为视图。将物体置于观察者与投影面之间，用正投影法分别向三个投影面投射。从前往后投射所得到的视图称为主视图；从上往下投射所得到的视图称为俯视图；从左往右投射所得到的视图称为左视图。通过这三个视图就能唯一地确定物体的结构形状。

为了在同一张图上画出三视图，以方便画图和看图，三个投影面必须展开、摊平在一个平面上。按规定正面 V 不动，水平面 H 绕 OX 轴向下旋转90°，侧面 W 绕 OZ 轴向右旋转90°，如图2-4b、c所示。以主视图为准，俯视图在主视图的正下方，左视图在主视图的正右方。

在三视图中，因投影面可以无限扩大，因此投影面边框线不必画出，又因为物体离投影面远近不影响投影，因此投影轴也不必画出；另外，视图按上述方法展开时，即按投影关系配置视图时，视图名称可省略，如图 2-4d 所示。

2. 三视图之间的对应关系

物体有上下、左右、前后六个方向的位置关系。而每个视图只能反映四个方向的位置关系：规定物体左右方向的尺寸称为长度，前后方向的尺寸称为宽度，上下方向的尺寸称为高度。主视图反映物体上下、左右之间的位置关系，即反映物体的高度和长度；俯视图反映物体前后、左右之间的位置关系，即反映物体的宽度和长度；左视图反映物体前后、上下之间的位置关系，即反映物体的宽度和高度。

由此可见，必须将三视图中任意两个视图结合起来，才能确定物体各部分六个方向上的相对位置。其中在俯视图和左视图中，由于投影面 H 和 W 在展开时各旋转了 90°，所以前后位置容易搞错，需要特别注意。如图 2-4d 所示，若以主视图为中心来看俯视图和左视图，则两视图靠近主视图的一侧表示物体的后面，远离主视图的一侧表示物体的前面。因此，在俯、左视图上量取宽度时，不但要注意量取的起点，还要注意量取的方向。

由上述可知，主、俯视图同时反映了物体的长度，主、左视图同时反映了物体的高度，俯、左视图同时反映了物体的宽度。因而，三视图间存在下述关系：

主、俯视图——长对正；

主、左视图——高平齐；

俯、左视图——宽相等。

归纳起来有三等规律：长对正、高平齐、宽相等。这个“三等”关系，就是三视图之间的投影规律。它不仅适用于整个物体的投影，也适用于物体的每个局部的投影。因此，它是画图和看图时必须遵循的规律。

第二节 点的投影

一、点的三面投影

1. 三面投影的形成

如图 2-5a 所示，自空间点 A 向水平的投影面 H 作垂线，垂足 a 即为空间点 A 在投影面 H 上的正投影。图 2-5b 中，A_1、A_2、A_3…各点都可能是对应的空间点。所以，点的一个投影不能唯一确定点的空间位置。

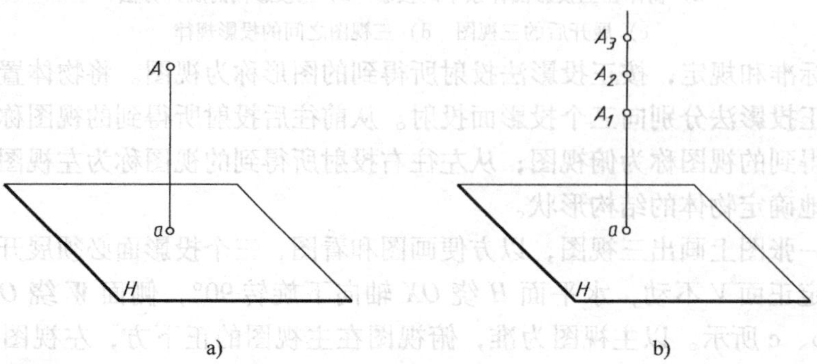

图 2-5 点的单面投影

为了确定点的空间位置，以相互垂直的两平面作为投影面，组成两投影面体系。如图 2-

6a 所示，铅直放置的投影面称为正立投影面（简称正面），用 V 表示；水平放置的投影面称为水平投影面（简称水平面），用 H 表示。V 面与 H 面的交线 OX 称为投影轴。规定：空间点用大写字母表示，在水平面 H 上的投影用相应的小写字母表示；在正面 V 上的投影用相应的小写字母加“′”表示。

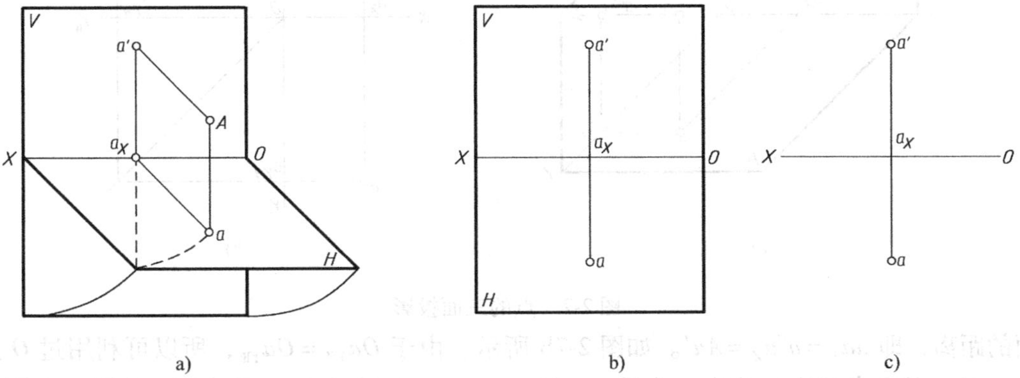

图 2-6　点的两面投影

为了实际应用，需要把互相垂直的 V 面和 H 面展开摊平到同一平面上。为此，规定 V 面保持不动，将 H 面绕 OX 轴向下旋转 90°，与 V 面展开摊平成一平面。展开后的点的两面投影如图 2-6b 所示。

投影面可以认为是无边界的，所以在投影图上不必画出它们的边框，也不标记字母 H 和 V，如图 2-6c 所示。

尽管点的两面投影已能确定该点的空间位置，但为了清楚地表达某些较复杂的形体，常常需要采用三投影面体系上的三个投影来表示。

三投影面体系就是在两投影面体系的基础上，加上一个侧立投影面 W（简称侧面），使之同时垂直于 V 面和 H 面。

设 A 是三投影面体系中的一点，它在 H 面和 V 面上的投影分别为 a 和 a'。自点 A 向 W 面作垂线，其垂足 a'' 即为空间点 A 在 W 面上的投影。图 2-7a 表示了三个投影面的空间关系及空间点 A 的三个投影。规定点的侧面投影用相应的小写字母加两撇“″”表示。

在实际应用中，仍需把三个投影面展开在一个平面上。这里 OY 轴展开后出现了两个位置，随 H 面展开的 OY 轴用 OY_H 表示，随 W 面展开的 OY 轴用 OY_W 表示。最后，去掉投影面的边框和名称（标记字母），得到图 2-7b 所示的点 A 的三面投影图。

2. 点的投影规律

从图 2-7a 可知，因 $Aa \perp H$，$Aa' \perp V$，所以由 Aa 和 Aa' 决定的平面同时垂直于 V 面和 H 面，也必垂直于 V、H 的交线 OX。a_X 就是 OX 与平面 $Aa a_X a'$ 的交点。$a'a_X$ 和 aa_X 都是过 a_X 而位于平面 $Aa a_X a'$ 上的直线，所以 $a'a_X \perp OX$，$aa_X \perp OX$。当投影面展开时，$aa_X \perp OX$ 的关系不变，因此在投影图上 a、a_X、a' 三点共线，且 $a'a \perp OX$。同理可证，$a'a'' \perp OZ$。

根据以上点的投影过程，可以得出如下投影规律：

1）点的正面投影和水平投影的连线垂直于 OX 轴，即 $a'a \perp OX$。点的正面投影和侧面投影的连线垂直于 OZ 轴，即 $a'a'' \perp OZ$。

2）点的水平投影到 OX 轴的距离，等于点的侧面投影到 OZ 轴的距离，都反映空间点到

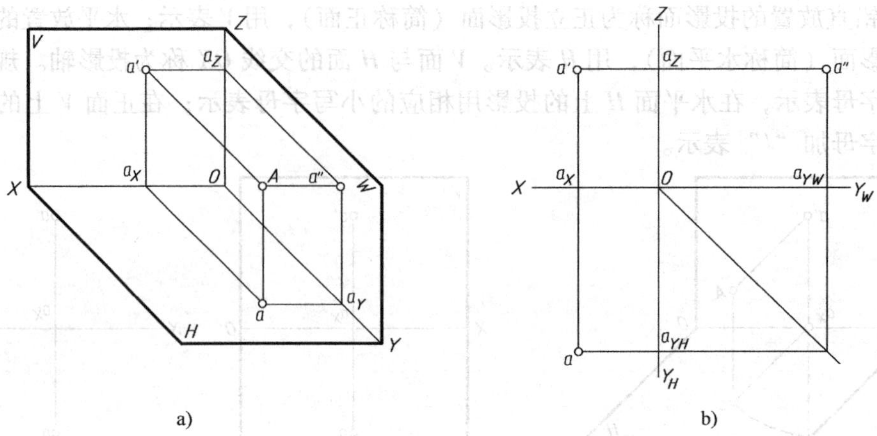

图 2-7　点的三面投影

V 面的距离，即 $aa_X = a''a_Z = Aa'$。如图 2-7b 所示，由于 $Oa_{YH} = Oa_{YW}$，所以可利用过 O 点的 Oa_{YH}、Oa_{YW}的分角线来反映这一关系，当然，a_{YH}、a_{YW}两点也在以 O 为圆心的同一个圆上。

3）点的侧面投影到 OY_W 轴的距离，等于点的正面投影到 OX 轴的距离，都反映空间点到 H 面的距离，即 $a''a_{YW} = a'a_X = Aa$。

4）点的水平投影到 OY_H 轴的距离，等于点的正面投影到 OZ 轴的距离，都反映空间点到 W 面的距离，即 $aa_{YH} = a'a_Z = Aa''$。

3. 根据点的两个投影求第三投影

根据上述点的投影规律，只要已知点的两个投影，就能很方便地求出其第三投影。

例 2-1　如图 2-8a 所示，已知点 A 的水平投影 a 和正面投影 a'，求作侧面投影 a''。

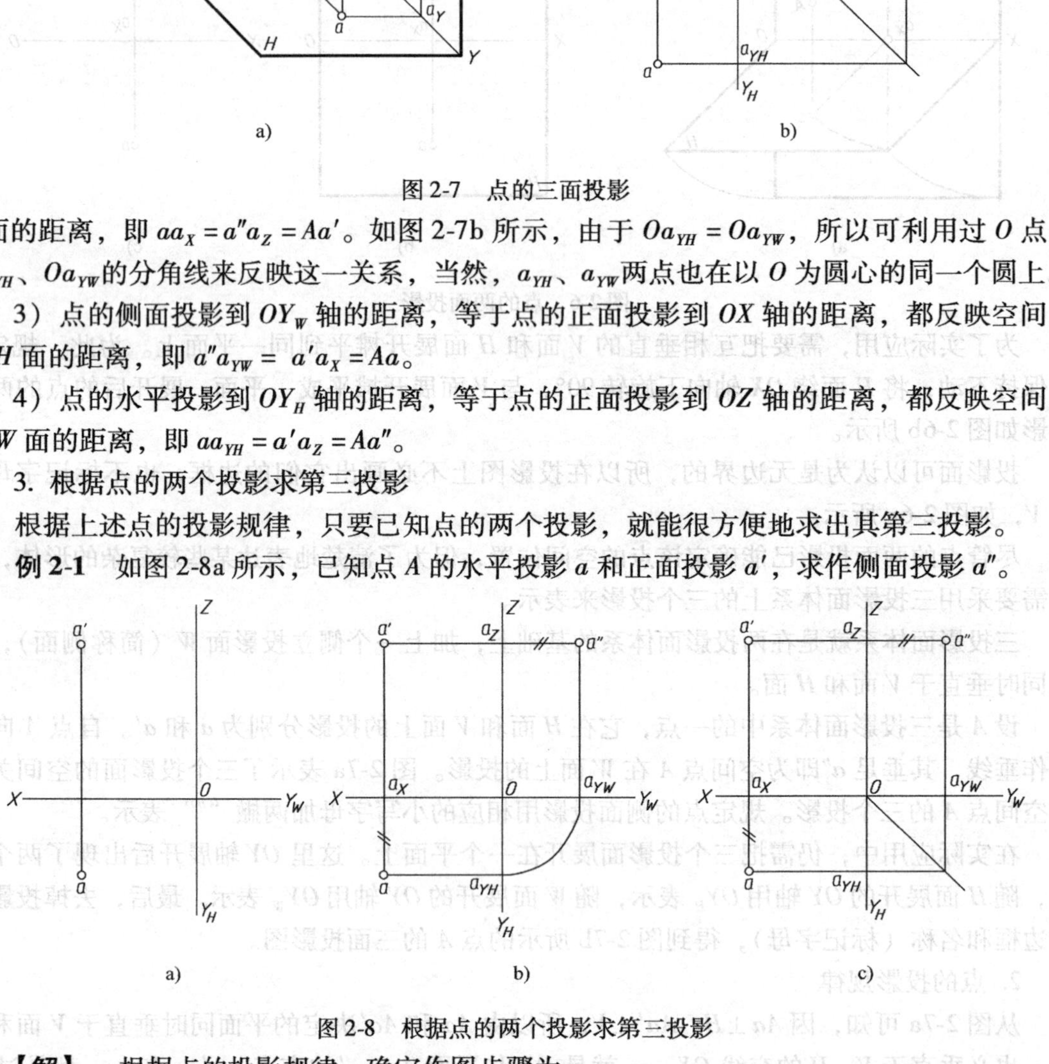

图 2-8　根据点的两个投影求第三投影

【解】　根据点的投影规律，确定作图步骤为：

1）过 a'作 OZ 轴的垂线交 OZ 于 a_Z。

2）过 a 作 $aa_{YH} /\!/ OX$。

3）以 O 为中心，Oa_{YH}为半径作圆弧交 OY_W 于 a_{YW}。

4）过 a_{YW}作 OZ 轴的平行线，与 $a'a_Z$ 的延长线相交，交点即为 a''（图 2-8b）。

也可以不用作圆弧的方法，而是过 O 作一 45°斜线，延长 aa_{YH}与斜线相交，由交点作 OZ 轴的平行线，与 $a'a_Z$ 的延长线相交，即得 a''。结果是相同的，如图 2-8c 所示。

另外，也可直接采用下面的作图步骤：

1）过 a' 作 OZ 轴的垂线交 OZ 于 a_Z。

2）在 $a'a_Z$ 的延长线上截取 $a''a_Z=aa_X$，a'' 即为所求。

【思考】点 A 离哪个面最近?

二、点的投影与直角坐标之间的关系

如果把投影面视为坐标面，投影轴视为坐标轴，交点 O 视为坐标原点，则三投影面体系就是一个空间直角坐标系，如图 2-9a 所示。

如果空间点 A 在空间直角坐标系中的三个坐标分别为 x、y、z，这些坐标值反映在点的三投影中，就是点的投影到投影轴的距离。图 2-9b 为 A（x，y，z）的三面投影，其中

$x=a'a_Z=aa_{YH}=$ 空间点 A 到 W 面的距离

$y=aa_X=a''a_Z=$ 空间点 A 到 V 面的距离

$z=a'a_X=a''a_{YW}=$ 空间点 A 到 H 面的距离

点的三个投影的坐标应分别为：a（x，y，0），a'（x，0，z），a''（0，y，z）。

利用点的投影与直角坐标之间的关系，可以将已知坐标值的点画出三投影，也可由投影量出空间点的坐标值。

例 2-2　如图 2-9c 所示，已知点 A 的坐标为（15，10，20），求作点 A 的三面投影。

【解】　根据点的投影与直角坐标之间的关系，作图过程如下（图 2-9c）：

1）画出投影轴，并标出相应的符号。

2）由原点 O 沿 OX 轴向左量取 $x=15$，得 a_X；然后过 a_X 作 OX 的垂线，由 a_X 沿该垂线向下量取 $y=10$，即得点 A 的水平投影 a；向上量取 $z=20$，即得点 A 的正面投影 a'。

3）由 a' 作 OZ 的垂线交 OZ 轴于 a_Z，由 a_Z 沿该垂线向右量取 $y=10$，即得点 A 的侧面投影 a''（也可用由点的两投影求第三投影的方法求得）。

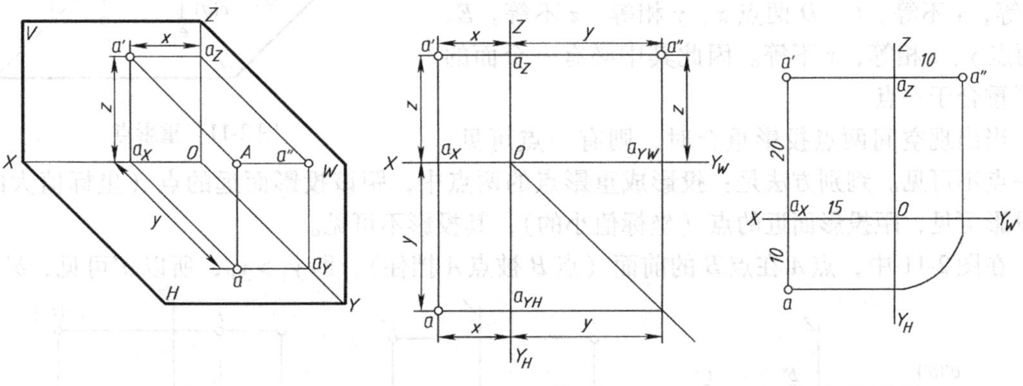

a)　b)　c)

图 2-9　点的投影和直角坐标之间的关系

三、两点的相对位置

空间两点的相对位置是指两点间的上下、左右、前后关系。它由两点相对于各投影面的距离决定，即由两点的坐标值决定。因此比较两点各坐标的大小，就可判定两点的相对位置。x 坐标大的点在左，y 坐标大的点在前，z 坐标大的点在上。

由图 2-10a 可知，$a'a_Z>b'b_Z$，即 $x_A>x_B$，所以点 A 在点 B 之左；$aa_X>bb_X$，即 $y_A>y_B$，

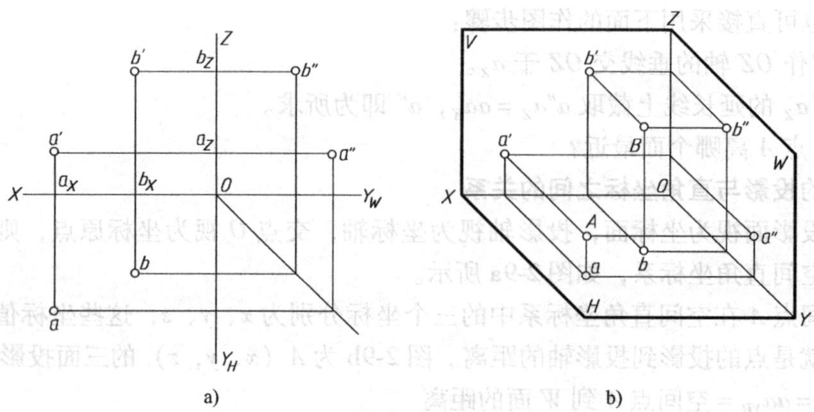

图 2-10 判别空间点的相对位置

所以点 A 在点 B 之前；$a'a_X < b'b_X$，即 $z_A < z_B$，所以点 A 在点 B 之下。其空间相对位置如图 2-10b 所示。

通过以上分析可以看出，由已知两点的三投影判断两点的相对位置时，可根据正面投影或侧面投影判断上下；根据正面投影或水平投影判断左右；根据水平投影或侧面投影判断前后。

当空间两点位于投影面的同一条投射线上时，它们在该投影面上的投影重合为一个点，该投影称为重影点。图 2-11 中 a'（b'）、c（d）、e''（f''）都是重影点。

重影点对应的空间两点的坐标值中有两个相等，另一个不相等。如图 2-11 所示，A、B 两点 x、z 相等，y 不等。C、D 两点 x、y 相等，z 不等。E、F 两点 y、z 相等，x 不等。因此其中必有一个面的投影重合于一点。

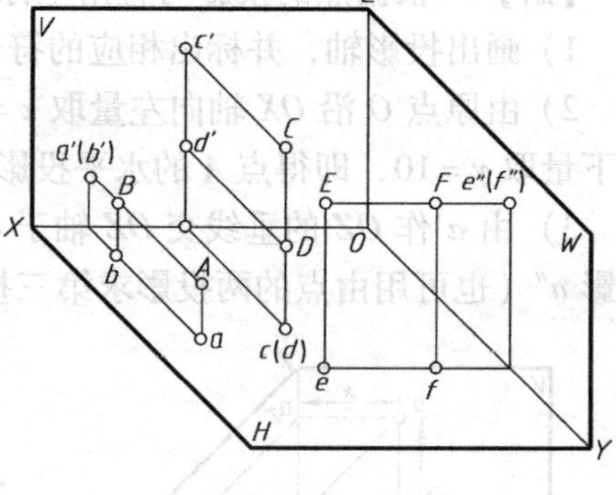

图 2-11 重影点

当出现空间两点投影重合时，则有一点可见，另一点不可见。判别方法是：投影成重影点的两点中，距该投影面远的点（坐标值大的），其投影可见，距投影面近的点（坐标值小的），其投影不可见。

在图 2-11 中，点 A 在点 B 的前面（点 B 被点 A 挡住），即 $y_A > y_B$，所以 a' 可见，b' 不可

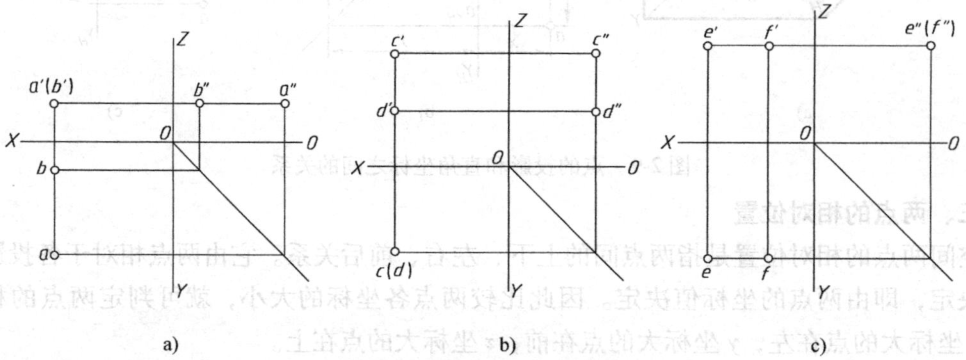

图 2-12 重影点三面投影图

见。同理，点 C 在点 D 的上面（点 D 被点 C 挡住），即 $z_C > z_D$，所以 c 可见，d 不可见。点 E 在点 F 的左边（点 F 被点 E 挡住），即 $x_E > x_F$，所以 e'' 可见，f'' 不可见。

一般把不可见的投影加一括弧，如（b'）、（d）、（f''）等。图 2-12 是上述各点的三面投影图。

第三节　直线的投影

一、直线的三面投影

直线由两点所决定，因此直线的投影即由该线上两点的同面投影（或称同名投影）所决定。所以直线的投影问题仍可归结为点的投影问题。如已知直线上两点的投影，那么将两点的同面投影用直线连接，就得到该直线的同面投影。

直线对单一投影面的相对位置有如下三种情况：垂直于投影面、平行于投影面以及倾斜于投影面，如图 2-13 所示。

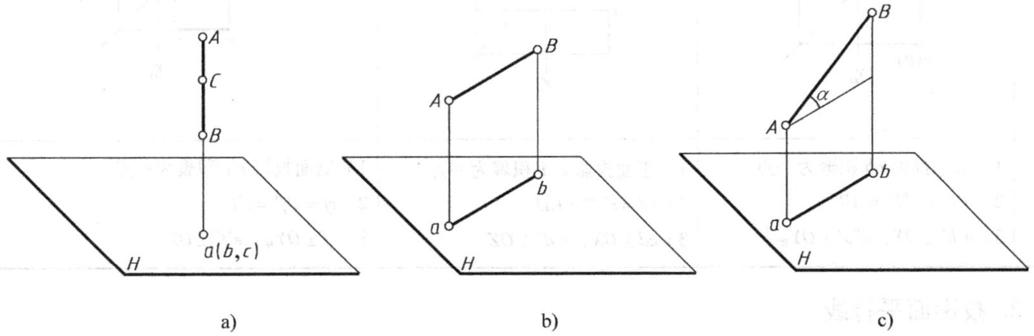

图 2-13　直线对单一投影面的相对位置

1）当直线垂直于投影面时，在该投影面上的投影重合成一点，线段上所有点的投影都重叠在这一点上，如图 2-13a 所示。

2）当直线平行于投影面时，该投影面上的投影反映空间线段的实长，如图 2-13b 所示。

3）当直线倾斜于投影面时，该投影面上的投影是比空间线段缩短了的线段，如图 2-13c 所示。

二、各种位置直线的投影

在三投影面体系中，直线对投影面的相对位置，可以分为三种情况：投影面垂直线、投影面平行线和一般位置直线。投影面平行线和投影面垂直线统称为特殊位置直线。

1. 投影面垂直线

垂直于某一投影面，且同时平行于另两个投影面的直线称为该投影面的垂直线。垂直于 V 面时称为正垂线，垂直于 H 面时称为铅垂线，垂直于 W 面时称为侧垂线，见表 2-1。

投影面垂直线的投影特性如下：

1）在直线所垂直的投影面上，投影积聚成一点。

2）在另外两个投影面上，其投影反映线段实长，且垂直于相应的投影轴。

表 2-1 投影面垂直线的投影特性

<table>
<tr><th>名称</th><th>铅垂线（⊥H，//V 和 W）</th><th>正垂线（⊥V，//H 和 W）</th><th>侧垂线（⊥W，//H 和 V）</th></tr>
<tr><td>立体图</td><td>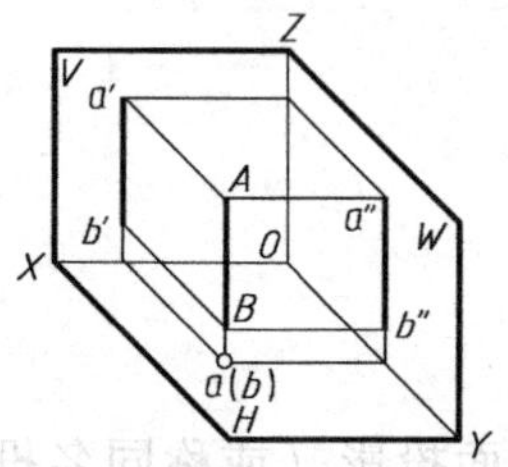</td><td>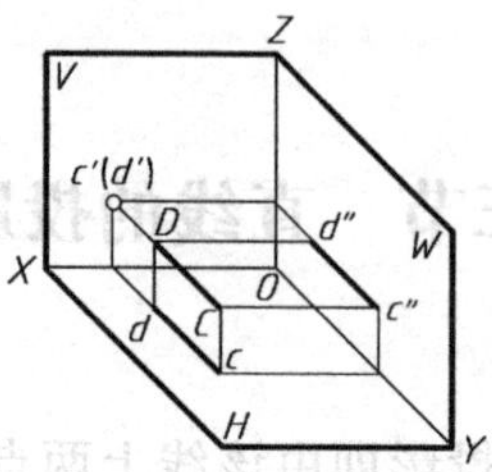</td><td>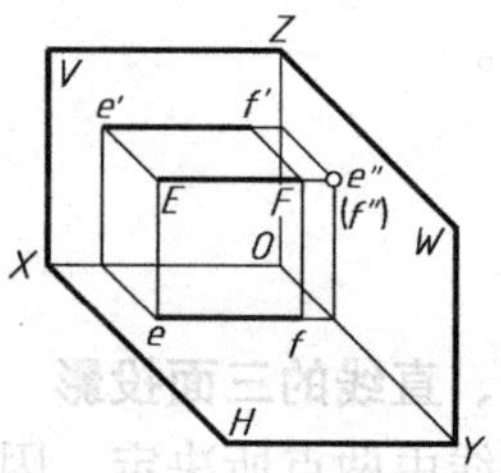</td></tr>
<tr><td>投影图</td><td>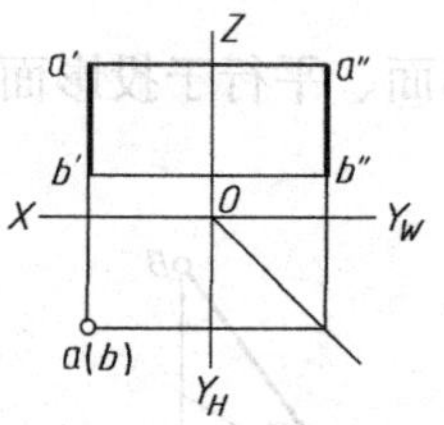</td><td>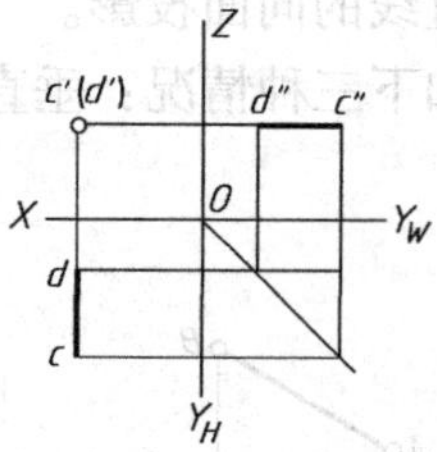</td><td>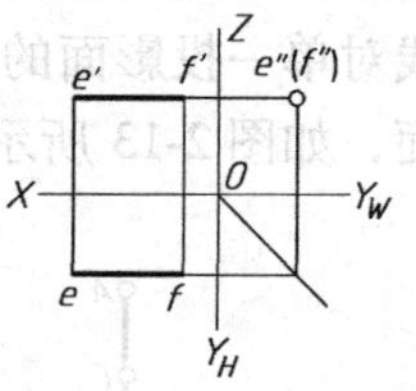</td></tr>
<tr><td>投影特性</td><td>1）水平投影 ab 积聚为一点
2）$a'b' = a''b'' = AB$
3）$a'b' \perp OX$，$a''b'' \perp OY_W$</td><td>1）正面投影 $c'd'$ 积聚为一点
2）$cd = c''d'' = CD$
3）$cd \perp OX$，$c''d'' \perp OZ$</td><td>1）侧面投影 $e''f''$ 积聚为一点
2）$ef = e'f' = EF$
3）$ef \perp OY_H$，$e'f' \perp OZ$</td></tr>
</table>

2. 投影面平行线

平行于某一投影面，且与另外两个投影面倾斜的直线，称为该投影面的平行线。平行于 V 面时称为正平线，平行于 H 面时称为水平线，平行于 W 面时称为侧平线，见表 2-2。

表 2-2 投影面平行线的投影特性

<table>
<tr><th>名称</th><th>水平线（//H，对 V、W 倾斜）</th><th>正平线（//V，对 H、W 倾斜）</th><th>侧平线（//W，对 H、V 倾斜）</th></tr>
<tr><td>立体图</td><td>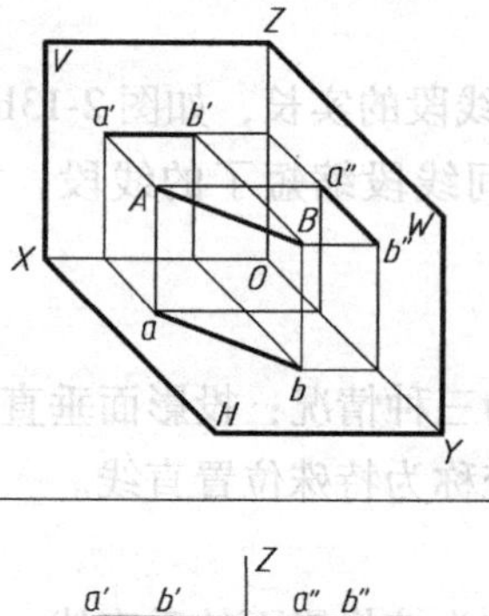</td><td>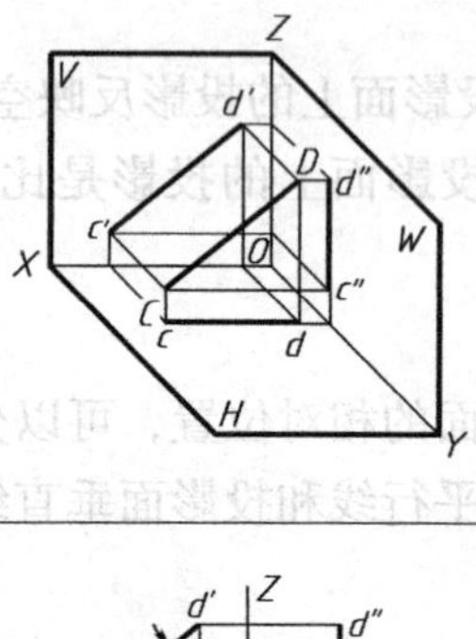</td><td>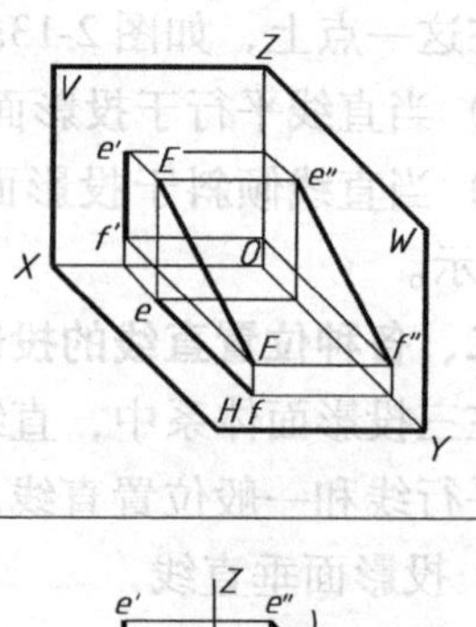</td></tr>
<tr><td>投影图</td><td>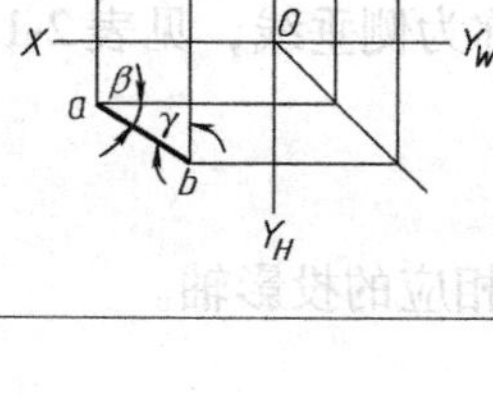</td><td>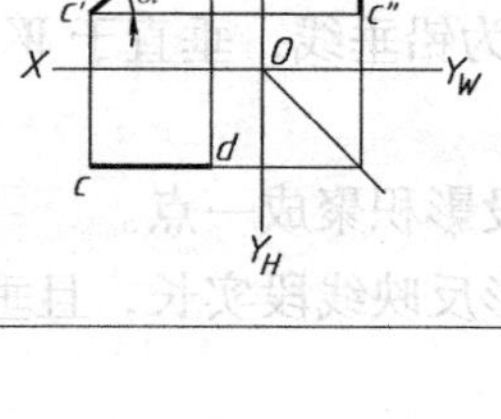</td><td>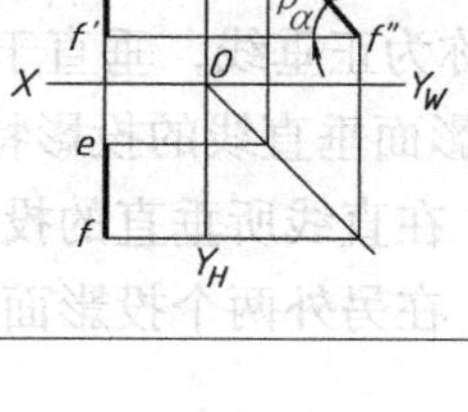</td></tr>
</table>

（续）

名称	水平线（$//H$，对 V、W 倾斜）	正平线（$//V$，对 H、W 倾斜）	侧平线（$//W$，对 H、V 倾斜）
投影特性	1）水平投影 $ab=AB$ 2）正面投影 $a'b'//OX$，侧面投影 $a''b''//OY_W$ 3）ab 与 OX、OY_H 的夹角 β、γ 等于 AB 对 V、W 面的倾角	1）正面投影 $c'd'=CD$ 2）水平投影 $cd//OX$，侧面投影 $c''d''//OZ$ 3）$c'd'$ 与 OX、OZ 的夹角 α、γ 等于 CD 对 H、W 面的倾角	1）侧面投影 $e''f''=EF$ 2）水平投影 $ef//OY_H$，正面投影 $e'f'//OZ$ 3）$e''f''$ 与 OY_W、OZ 的夹角 α、β 等于 EF 对 H、V 面的倾角

投影面平行线的投影特性如下：

1）直线所平行的那个投影面上的投影反映线段的实长，与投影轴的夹角等于直线与相应投影面的真实倾角。

2）在另外两个投影面上的投影，其长度小于直线段的实长，且平行于相应的投影轴。

3. 一般位置直线

与三个投影面都倾斜的直线，称为一般位置直线。

如图 2-14 所示，直线 AB 即为一般位置直线，它与 H 面、V 面和 W 面的倾角均大于 0°，小于 90°，所以 ab、$a'b'$、$a''b''$ 都小于直线段本身的实长。又由于一般位置直线上各点对某一投影面的距离都不相等，因此，其三面投影均倾斜于投影轴。

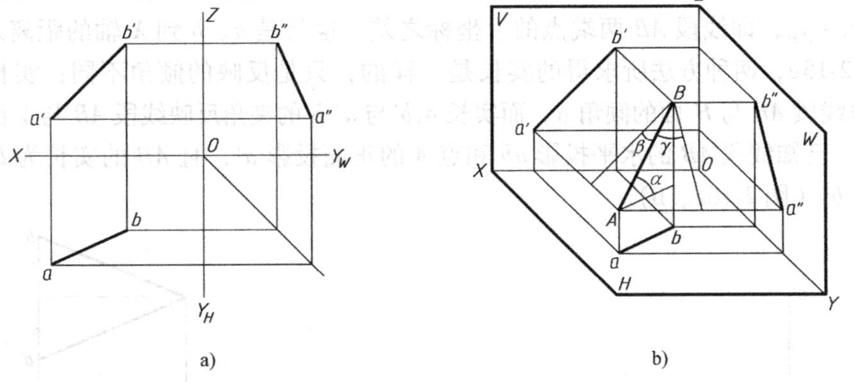

图 2-14　一般位置直线

一般位置直线的投影特性如下：

1）直线的三面投影均与投影轴倾斜，且长度小于直线段的实长。

2）各投影与投影轴的夹角均不反映一般位置直线对投影面的真实倾角。

*4. 一般位置线段的实长及其对投影面的倾角

由前述可知，一般位置直线的三个投影，既不反映直线段的实长，也不反映其对投影面的真实倾角。下面介绍根据投影求一般位置线段的实长及其对投影面倾角的直角三角形法。

如图 2-15a 所示，AB 为一般位置线段，过点 B 作 $BC//ba$，得直角三角形 ABC。线段 AB 是它的斜边，即为实长；直角边 $BC=ba$，$AC=z_A-z_B$，即线段 AB 两端点的 z 坐标之差，也就是 a'、b'到 X 轴的距离差；$\angle ABC$ 即为线段 AB 对 H 面的倾角 α。从图中可见，已知线段 AB 的两个投影，就相当于给定了直角三角形 ABC 的两个直角边，因而可以求出 AB 的实长及对 H 面的倾角 α。

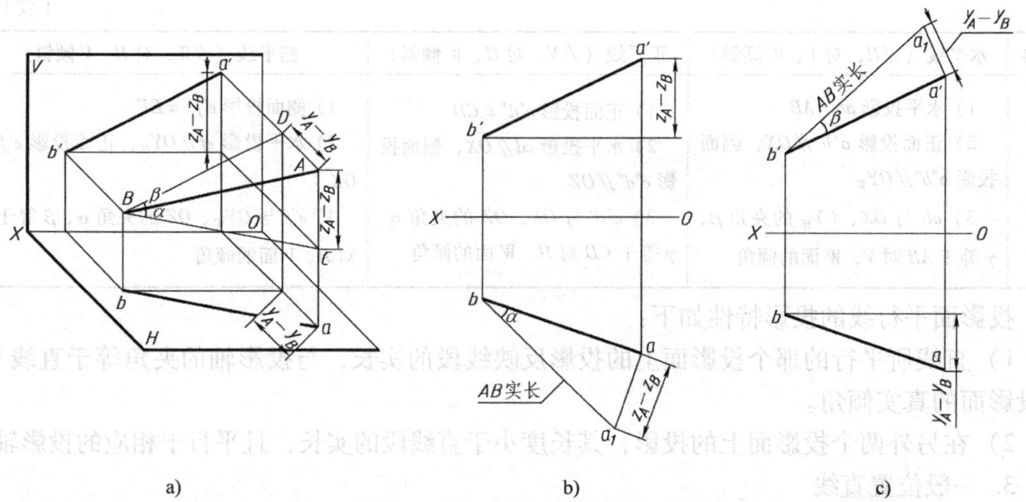

图 2-15　求一般位置线段的实长及倾角 α、β

作图方法如图 2-15b 所示，为作图简便，利用已知投影 ab 为一直角边，$a_1a = z_A - z_B$ 为另一直角边作一直角三角形 aba_1，则斜边 a_1b 即为 AB 的实长，而 $\angle aba_1$ 即为 α。

当然，如图 2-15a 所示，也可过点 B 作 $BD /\!/ a'b'$，得直角三角形 ABD。直角边 $BD = b'a'$，$AD = y_A - y_B$，即线段 AB 两端点的 y 坐标之差，也就是 a、b 到 X 轴的距离差。比较图 2-15b 和图 2-15c，两种方法所求得的实长是一样的，只是反映的倾角不同：实长 ba_1 与 ab 的夹角反映线段 AB 与 H 面的倾角 α，而实长 a_1b' 与 $a'b'$ 的夹角反映线段 AB 与 V 面的倾角 β。

例 2-3　已知线段 AB 的水平投影 ab 和点 A 的正面投影 a'，且 AB 的实长为 l，求 AB 的正面投影 $a'b'$（图 2-16a、b）。

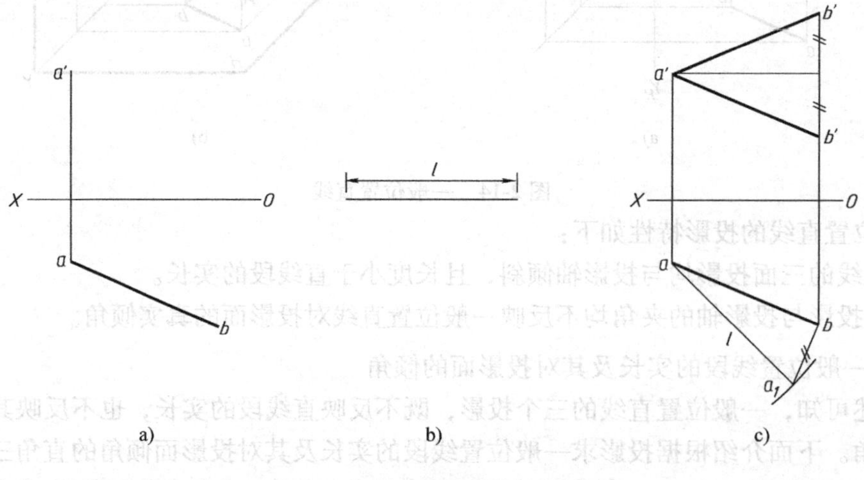

图 2-16　求 AB 的正面投影 $a'b'$

【解】　由于 ab 与 X 轴成倾斜位置，且小于已知实长 l，可以判定所求线段必为一般位置线段。根据直角三角形法，作一直角三角形 aba_1，斜边 $aa_1 = l$，直角边为 ab，则另一直角边 ba_1 即为 A、B 两点的 z 坐标之差，从而求得 b'，连接 a'、b'，则 $a'b'$ 即为线段 AB 的正面投影。

本题应有两解，如图2-16c所示。

三、直线上的点

如果点在直线上，则点的各个投影必在直线的同面投影上，且点分割直线长度之比等于点的投影分割直线投影长度之比。反之，若点的各投影均在直线的同面投影上，且分直线各投影长度成相同比例，则该点必在直线上。

如图2-17所示，点C是线段AB上的一点，故点C的正面投影c'必在$a'b'$上，点C的水平投影c必在ab上，点C的侧面投影c''必在$a''b''$上。

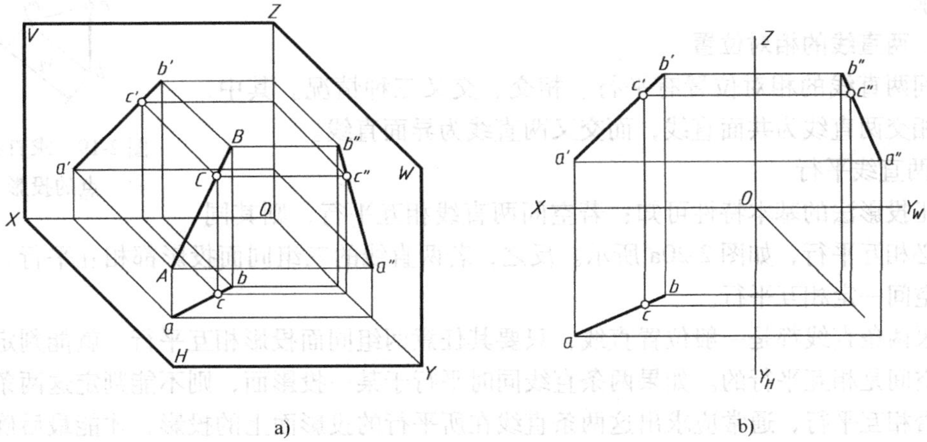

图2-17　直线上的点

在投影图上判别点是否在直线上，一般只需观察两个投影即可确定，如图2-18a所示，c不在ab上，所以点C不在AB上。同理，点D也不在AB上。但当直线为投影面平行线，且给出的两个投影又都平行于投影轴时，则还需观察第三个投影或用定比定理才能确定。如图2-18b所示，AB是一条侧平线，点M的水平投影m和正面投影m'都在AB的同面投影上，但要判定点M是否在直线AB上，还需作出它们的侧面投影，如图2-18c所示，m''不在$a''b''$上，所以点M不是直线AB上的点。或者不求侧面投影，用定比定理来判定，由图可知，$a'm'/m'b'>1$（$a'm'>m'b'$），而$am/mb<1$（$am<mb$），即$a'm'/m'b'\neq am/mb$，因此也可判定点M不是直线AB上的点。

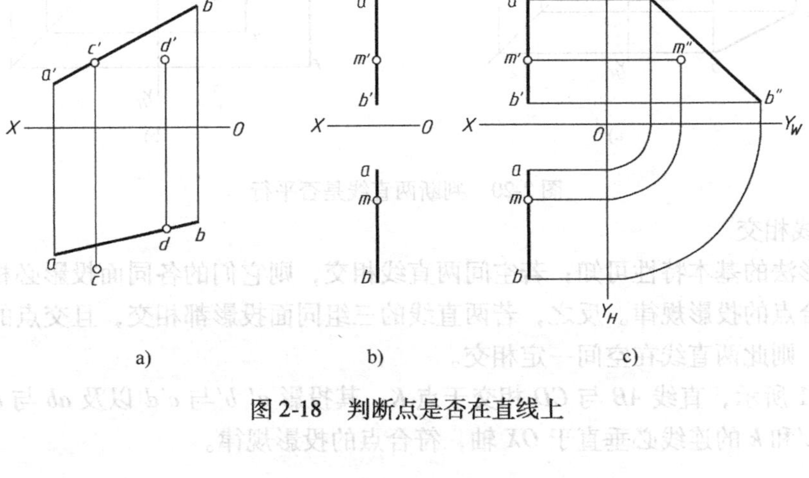

图2-18　判断点是否在直线上

例 2-4 已知侧平线 AB 上的点 M 的正面投影 m'，求作其水平投影（图 2-19）。

【解】 此题可以先求出直线 AB 的侧面投影，再求点 M 的水平投影，但运用定比关系来求解更为简便。作图过程如下：

1）过点 b 任意作一直线，并在该直线上截取 bm_1 等于 $m'b'$，m_1a_1 等于 $a'm'$。

2）连接 aa_1，并过 m_1 作 aa_1 的平行线交 ab 于 m 点，由于 m 是用平行切割定理求出的，因此必符合 $a'm'/m'b' = am/mb$，点 m 即为所求。

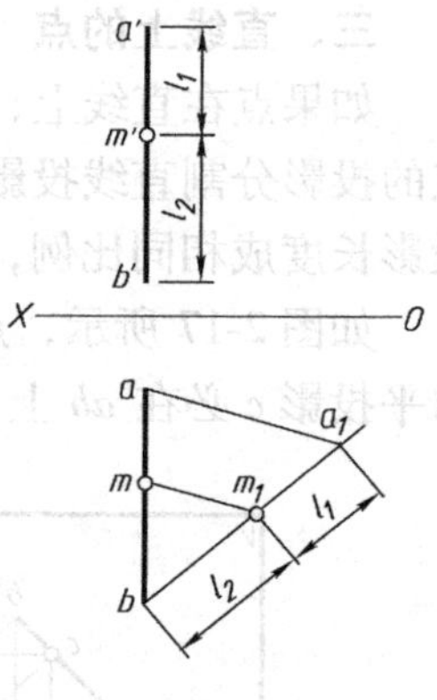

图 2-19 求直线上点的投影

四、两直线的相对位置

空间两直线的相对位置有平行、相交、交叉三种情况。其中，平行、相交两直线为共面直线，而交叉两直线为异面直线。

1. 两直线平行

由正投影法的基本特性可知：若空间两直线相互平行，则其同面投影必相互平行，如图 2-20a 所示。反之，若两直线的三组同面投影都相互平行，则此两直线在空间一定相互平行。

如果两条直线都是一般位置直线，只要其任意两组同面投影相互平行，就能判定这两条直线在空间是相互平行的。如果两条直线同时平行于某一投影面，则不能判定这两条直线在空间是否相互平行，通常应求出这两条直线在所平行的投影面上的投影，才能最后确定这两条直线在空间是否相互平行。

如图 2-20b 所示，EF、GH 都是侧平线，虽然 $e'f' // g'h'$，$ef // gh$，但是还不能判定 EF 和 GH 两条直线在空间是否相互平行，所以要求出这两条直线的侧面投影。因 $e''f''$ 不平行于 $g''h''$，所以 EF 与 GH 在空间不平行。

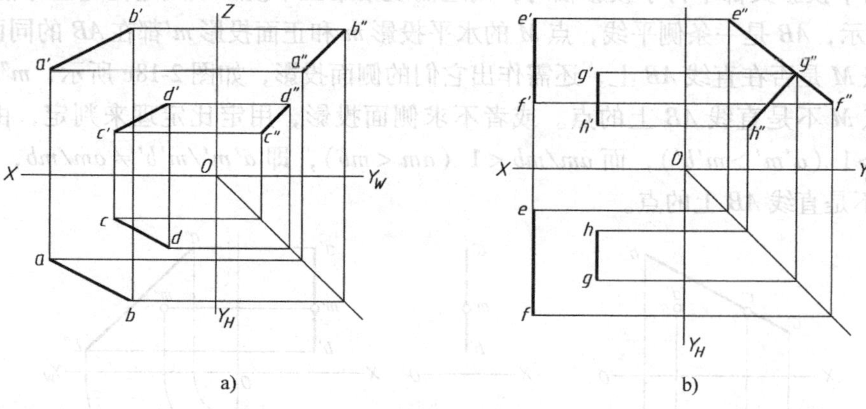

图 2-20 判断两直线是否平行

2. 两直线相交

由正投影法的基本特性可知：若空间两直线相交，则它们的各同面投影必相交，且交点的投影必符合点的投影规律。反之，若两直线的三组同面投影都相交，且交点的投影符合点的投影规律，则此两直线在空间一定相交。

如图 2-21 所示，直线 AB 与 CD 相交于点 K，其投影 $a'b'$ 与 $c'd'$ 以及 ab 与 cd 也必相交，其交点投影 k' 和 k 的连线必垂直于 OX 轴，符合点的投影规律。

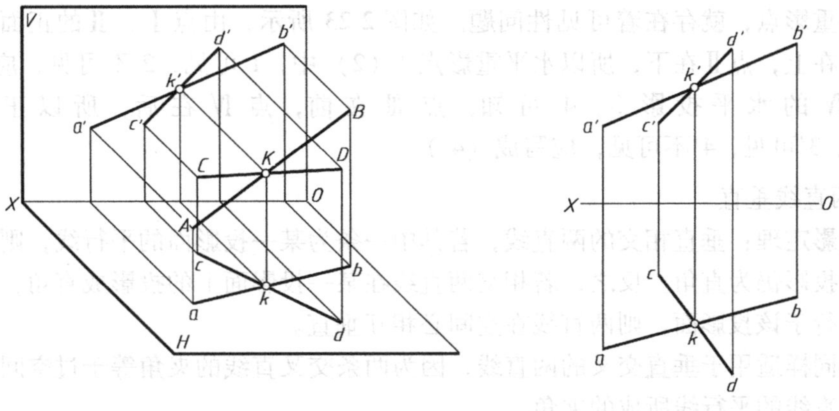

图 2-21 *AB* 与 *CD* 相交于点 *K*

如果两条直线都是一般位置直线，只要根据其任意两组同面投影，就能判定这两条直线在空间是否相交。但是当两条直线中有一条是投影面平行线时，通常要看两条直线在三个投影面上投影的交点是否符合点的投影规律，才能确定这两条直线在空间是否相交。

如图 2-22 所示，*CD* 为一般位置直线，*AB* 为侧平线。虽然在投影图上 $a'b'$ 与 $c'd'$ 相交，*ab* 与 *cd* 相交，其交点投影 k' 和 *k* 的连线垂直于 *OX* 轴，但作出它们的侧面投影后，发现交点的侧面投影不符合点的投影规律，所以此两直线在空间不相交。

* 3. 两直线交叉

空间两直线既不平行也不相交，称为两直线交叉。

交叉两直线可能有一组或两组同面投影相互平行，但不可能三组同面投影都相互平行。如图 2-20b 所示是两组同面投影相互平行的一种情况。

交叉两直线的同面投影，可能有一组、两组或三组同面投影都相交，但各同面投影的交点一定不符合点的投影规律。如图 2-22 所示是三组同面投影都相交的一种情况。

由图 2-23 可以看出，直线 *AB* 和 *CD* 水平投影的交点，实际上是直线 *AB* 上的点Ⅰ和直线 *CD* 上的点Ⅱ这两个点的投影重合点；这两条直线正面投影的交点，则是 *AB* 上的点Ⅳ和 *CD* 上的点Ⅲ这两个点的投影重合点，即交叉两直线的同面投影交点实际上是空间两直线对该投影面的一对重影点。

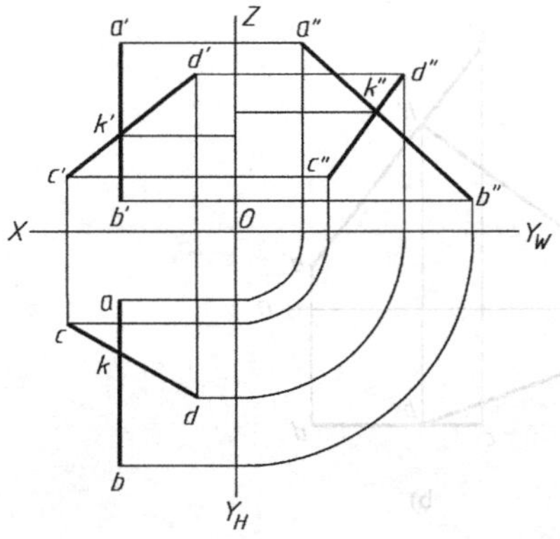

图 2-22 *AB* 与 *CD* 不相交

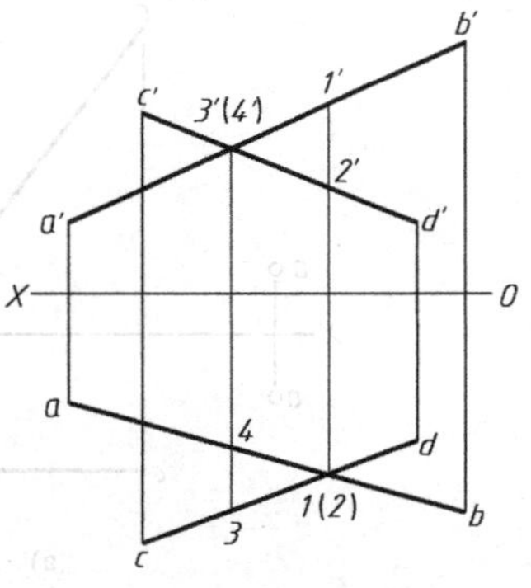

图 2-23 两直线交叉

既然是重影点，就存在着可见性问题。如图 2-23 所示，由点Ⅰ、Ⅱ的正面投影 1′、2′可知，点Ⅰ在上，点Ⅱ在下，所以水平重影点 1（2）中，1 可见，2 不可见，应写成（2）。由点Ⅲ、Ⅳ的水平投影 3、4 可知，点Ⅲ在前，点Ⅳ在后，所以正面重影点 3′（4′）中，3′可见，4′不可见，应写成（4′）。

*4. 两直线垂直

直角投影定理：垂直相交的两直线，若其中一条为某一投影面的平行线，则两直线在该投影面上的投影仍为直角。反之，若相交两直线在某一投影面上的投影成直角，且两直线至少有一条平行于该投影面，则两直线在空间必相互垂直。

该定理同样适用于垂直交叉的两直线，因为两条交叉直线的夹角等于过空间任意一点所引两条交叉直线的平行线所成的夹角。

证明：如图 2-24a 所示，AB、BC 两直线垂直相交，其中 BC 平行于 H 面，AB 倾斜于 H 面。因 $BC \perp AB$，$BC \perp Bb$，所以 BC 垂直于平面 $ABba$。又因 $BC /\!/ H$，即 $BC /\!/ bc$，所以 bc 也垂直于平面 $ABba$，则 $bc \perp ab$，即 $\angle abc = 90°$。

如图 2-24b、c 所示，BC 平行于 H 面，所以当水平投影 $\angle abc$ 为直角时在空间中亦为直角。DE 为正平线，所以当正面投影 $\angle d'e'f'$ 为直角时在空间中亦为直角。

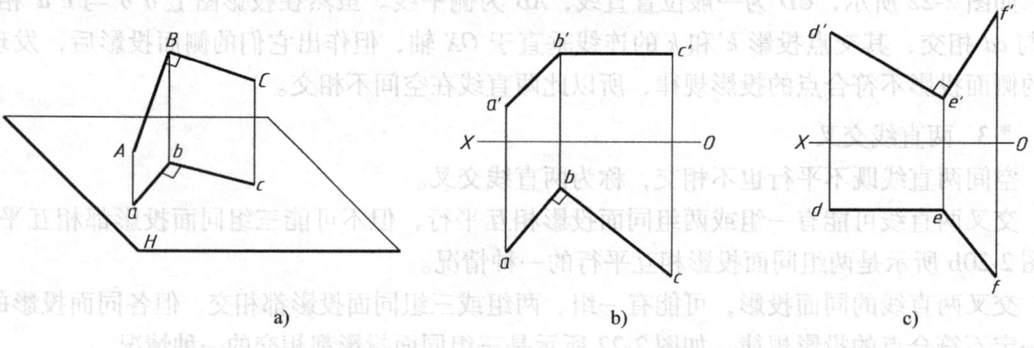

图 2-24 一边平行于投影面的直角的投影

例 2-5 已知直线 CD 为正平线，过点 A 作一直线 AB 与 CD 垂直相交（图 2-25a）。

【解】 如图所示，因 $CD /\!/ V$ 面，根据直角投影定理，过点 A 与 CD 垂直相交的直线在 V 面上的投影应垂直于 $c'd'$。作图步骤如下：

1）由 a' 作 $a'b' \perp c'd'$，交 $c'd'$ 于 b'。

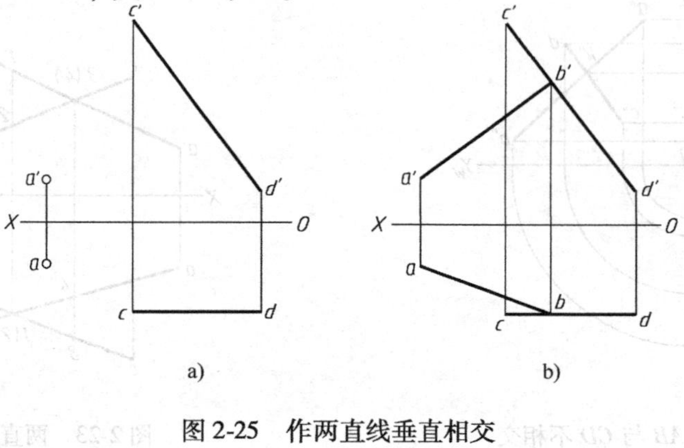

图 2-25 作两直线垂直相交

2）由 b'作 OX 轴的垂线交 cd 于 b，连接 ab、$a'b'$，则 ab、$a'b'$即为所求。

第四节　平面的投影

一、平面的表示法

在投影图中，平面通常以几何元素或平面的迹线来表示。

1. 几何元素表示法

在投影图上，平面的投影可以用下列任何一组几何元素的投影来表示：不属于同一直线上的三点；一直线和直线外的一点；平行两直线；相交两直线；任意的平面图形（如三角形、圆等）。

如图 2-26 所示，这五组几何元素都表示同一平面，它们之间是可以相互转换的。如连接图 2-26b 中的 a、b 及 a'、b'就变成图 2-26c；连接图 2-26a 中的 a、b、c 及 a'、b'、c' 就变成图 2-26e 等。这时，新的一组几何元素依旧代表着原来那组几何元素所确定的平面。

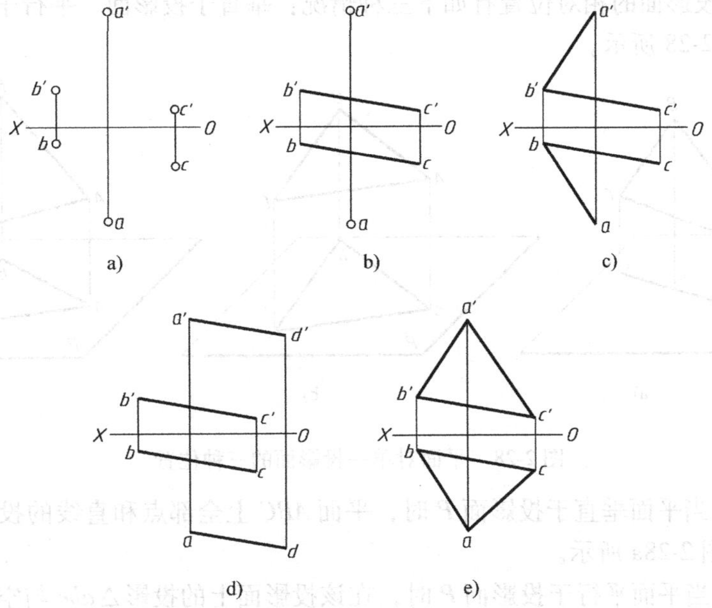

图 2-26　几何元素表示的平面

2. 迹线表示法

平面和投影面的交线称为平面在该投影面上的迹线。如图 2-27a 所示，平面 P 与 H 面的交线称为水平迹线，用 P_H 标记；与 V 面的交线称为正面迹线，用 P_V 标记；与 W 面的交线称为侧面迹线，用 P_W 标记。P_H、P_V、P_W 之间的交点 P_X、P_Y、P_Z 称为迹线的集合点，分别位于 OX 轴、OY 轴、OZ 轴上。

由于 P_V 和 P_H 就是平面上的两条相交直线，因此用迹线来表示平面和用两条相交直线来表示平面本质上是一样的。

如图 2-27a 所示，由于 P_H、P_V 和 P_W 是分别属于 H 面、V 面和 W 面的直线，所以它们的一面投影与迹线本身重合，另两面投影与投影轴重合。为简化起见，通常只用 P_H、P_V 和 P_W 表示空间平面的投影，而不画与投影轴重合的迹线投影，如图 2-27b 所示。

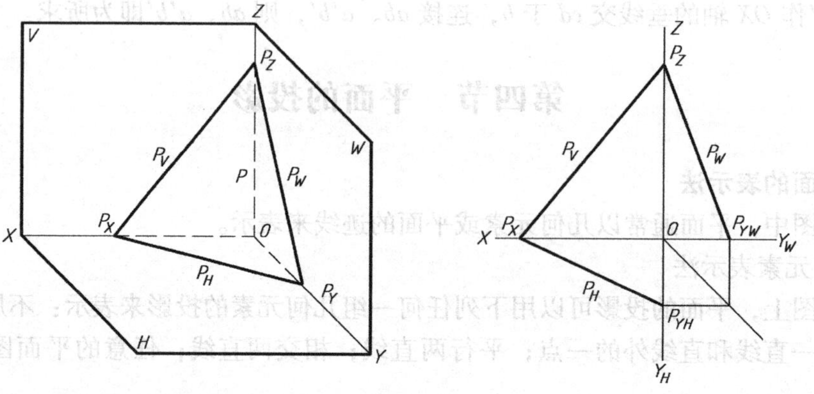

a) b)

图 2-27 迹线表示的平面

二、各种位置平面的投影

平面对单一投影面的相对位置有如下三种情况：垂直于投影面、平行于投影面以及倾斜于投影面，如图 2-28 所示。

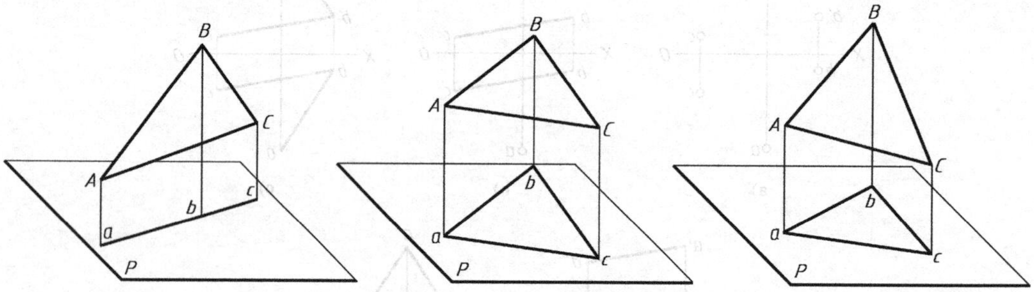

a) b) c)

图 2-28 平面对单一投影面的三种位置

1）积聚性：当平面垂直于投影面 P 时，平面 ABC 上全部点和直线的投影都重叠在一条直线 abc 上，如图 2-28a 所示。

2）实形性：当平面平行于投影面 P 时，在该投影面上的投影 $\triangle abc$ 与空间平面 $\triangle ABC$ 全等，如图 2-28b 所示。

3）类似性：当平面倾斜于投影面 P 时，在该投影面上的投影虽仍为三角形，但各边都有不同程度的缩短，所以 $\triangle abc$ 与 $\triangle ABC$ 既不全等也不相似，仅为边数相同的三角形，如图 2-28c 所示。

根据平面在三投影面体系中的位置可把空间平面分为三类：投影面垂直面、投影面平行面和一般位置平面。投影面平行面和投影面垂直面统称为特殊位置平面。

1. 投影面垂直面

垂直于某一投影面并与其他两个投影面倾斜的平面，称为投影面垂直面。垂直于 V 面时称为正垂面，垂直于 H 面时称为铅垂面，垂直于 W 面时称为侧垂面，见表 2-3。

投影面垂直面的投影特性如下：

1）在与它所垂直的投影面上，其投影积聚成倾斜于投影轴的直线段；该直线段与两投影轴的夹角反映了空间平面对另两投影面的倾角。

2）在与它倾斜的两投影面上，其投影为空间平面的类似形。

表 2-3　投影面垂直面的投影特性

名称	立体图	投影图	投影特征
铅垂面	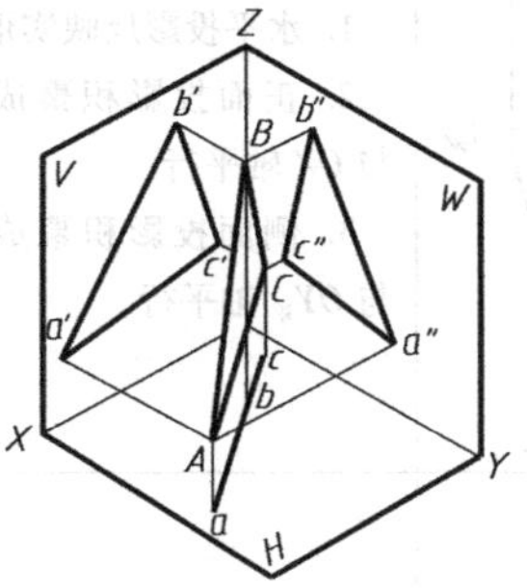	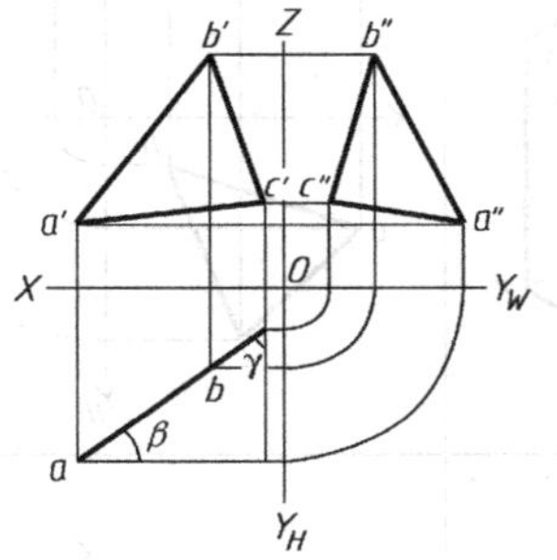	1. 水平投影积聚成一直线段，它与 OX、OY_H 的夹角为 β、γ 2. 正面投影和侧面投影反映原形的类似形
正垂面	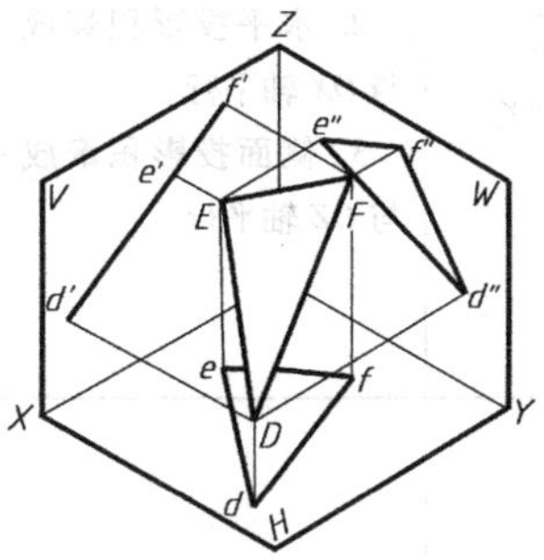	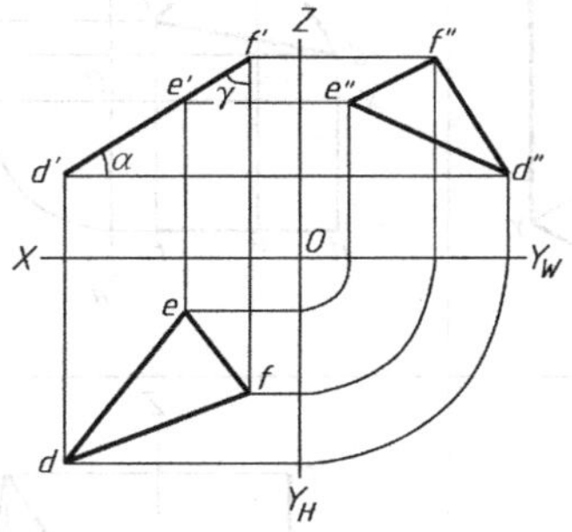	1. 正面投影积聚成一直线段，它与 OX、OZ 的夹角为 α、γ 2. 水平投影和侧面投影反映原形的类似形
侧垂面	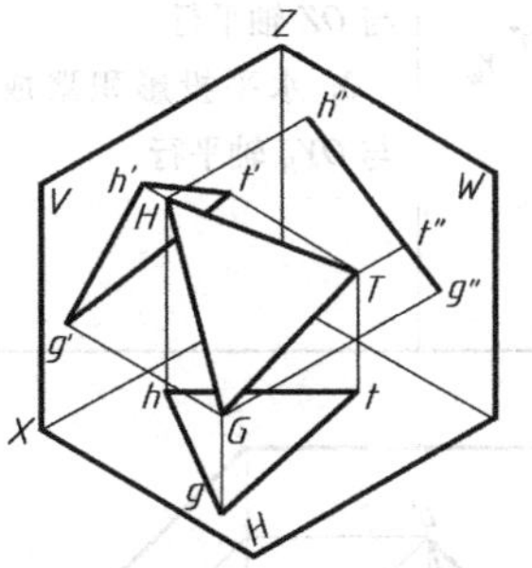	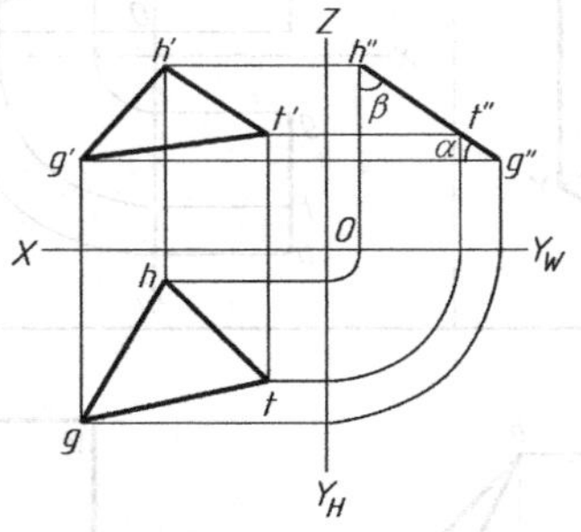	1. 侧面投影积聚成一直线段，它与 OZ、OY_W 的夹角为 β、α 2. 正面投影和水平投影反映原形的类似形

2. 投影面平行面

平行于某一投影面，且同时垂直于另两投影面的平面，称为投影面平行面。平行于 V 面时称为正平面，平行于 H 面时称为水平面，平行于 W 面时称为侧平面，见表 2-4。

投影面平行面的投影特性如下：

1）在它所平行的投影面上的投影反映实形。

2）在另两投影面上的投影都积聚成直线，且分别平行于与该平面平行的两投影轴。

3. 一般位置平面

如图 2-29 所示，一般位置平面△ABC 倾斜于 H、V、W 面，它的三面投影都是与△ABC

类似的三角形，既不反映△*ABC* 的实形，也不反映与三个投影面夹角的真实大小。

表 2-4　投影面平行面的投影特性

名称	立体图	投影图	投影特征
水平面	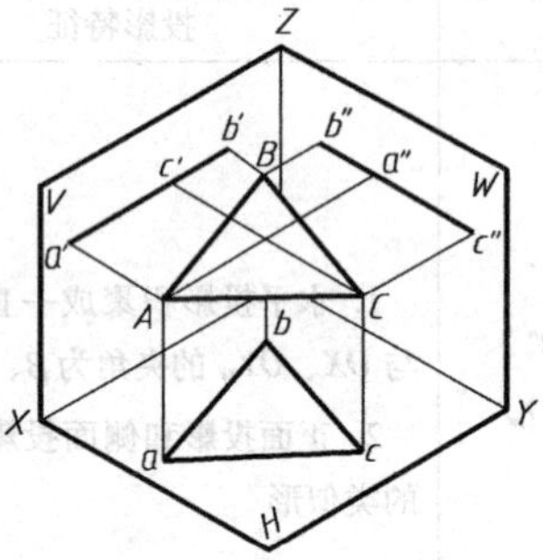	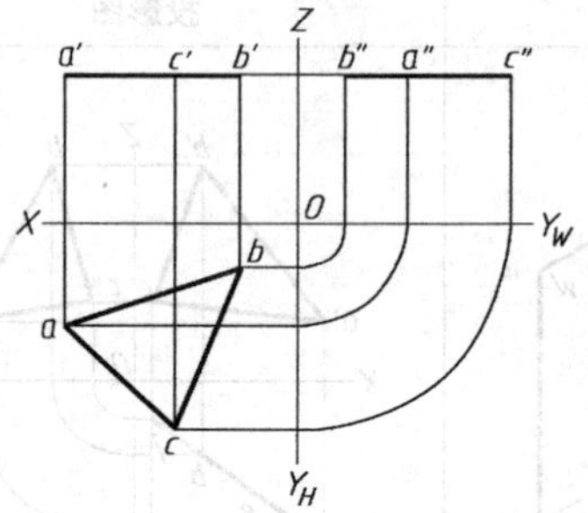	1. 水平投影反映实形 2. 正面投影积聚成一直线段，与 OX 轴平行 3. 侧面投影积聚成一直线段，与 OY_W 轴平行
正平面	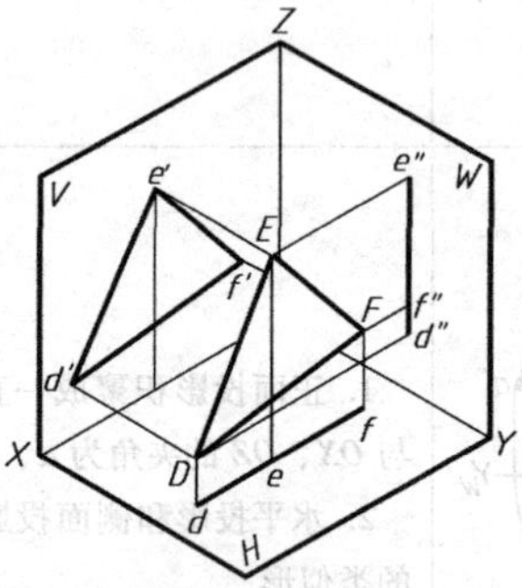	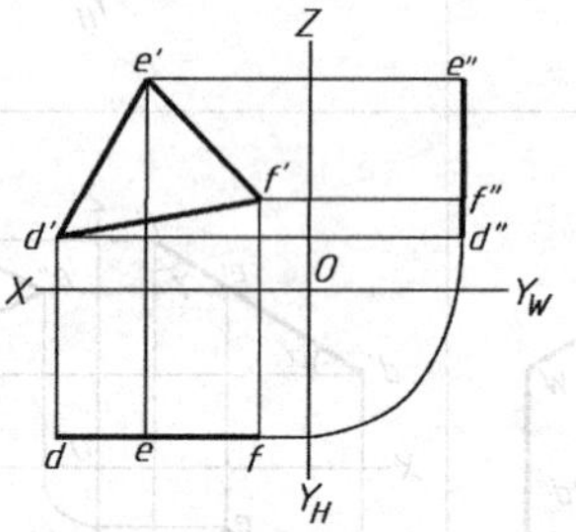	1. 正面投影反映实形 2. 水平投影积聚成一直线段，与 OX 轴平行 3. 侧面投影积聚成一直线段，与 OZ 轴平行
侧平面	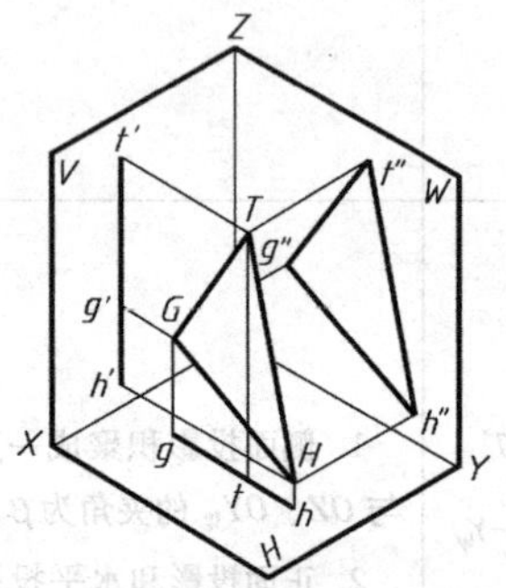	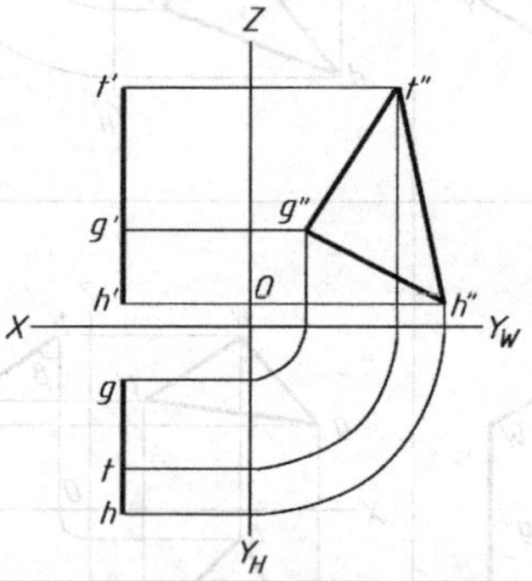	1. 侧面投影反映实形 2. 正面投影积聚成一直线段，与 OZ 轴平行 3. 水平投影积聚成一直线段，与 OY_H 轴平行

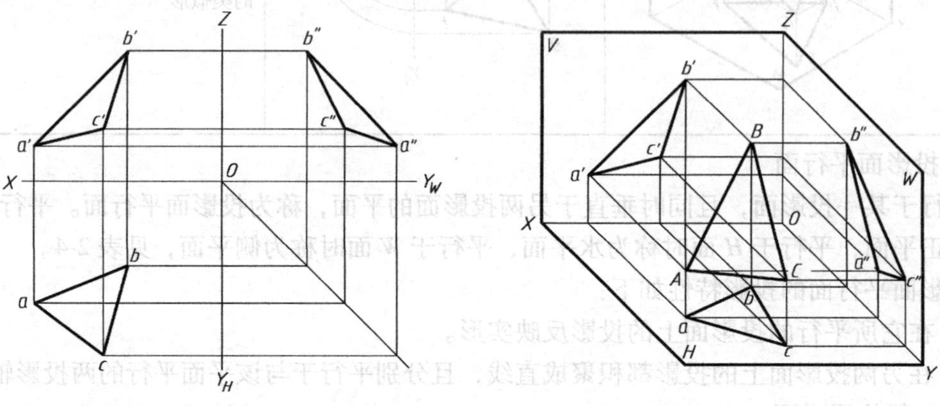

a)　　　　b)

图 2-29　一般位置平面

三、平面上的直线和点

1. 平面上的直线

具备下列两个条件之一的直线，必位于给定的平面内：

1）直线通过平面内的两点，则此直线必在该平面内。

如图2-30a所示，平面P由相交两直线AB和AC所给定，在AB和AC上各取一点D和E，则D、E两点必在平面P内。因此，D、E连线必在平面P内。

2）直线通过平面内的一点，且平行于平面内的某一直线，则此直线必在该平面内。

如图2-30b所示，平面P由直线AB和AB外的一点C所决定。过C作直线CF平行于直线AB，则直线CF必在平面P内。

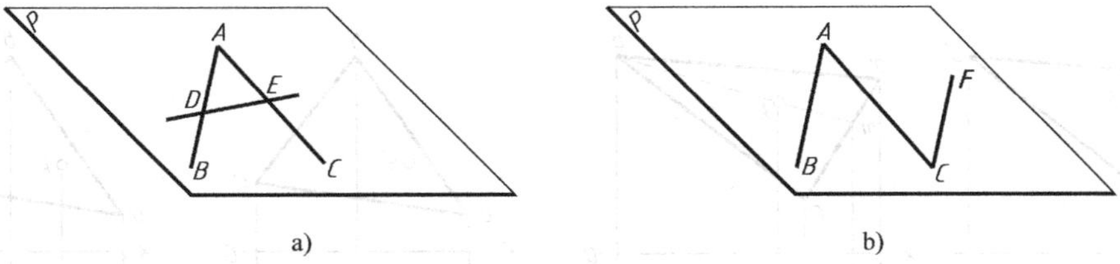

图2-30　平面上的直线

例2-6　设已知平面由相交两直线AB和AC所给定，试在该平面上任意作一直线（图2-31a）。

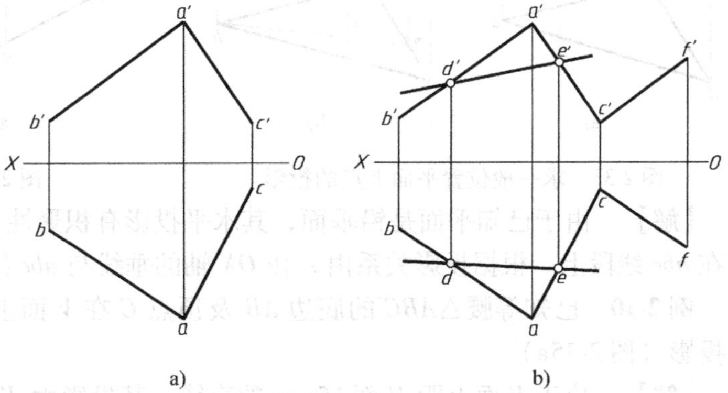

图2-31　作平面上的直线

【解】　在已知平面内作直线有无穷多解，这里只要求作出其中一解。如图2-31b所示，可用下列两种方法求解：

1）在平面的已知线段上任取两点，连接成直线。如在直线AB上任取一点D（d, d'），在直线AC上任取一点E（e, e'），连接两点的同面投影de和$d'e'$，直线DE即为所求。

2）过平面上一已知点作平面上一已知直线的平行线。如过点C（c, c'）作直线$CF /\!/ AB$，即$cf /\!/ ab$，$c'f' /\!/ a'b'$，直线CF即为所求。

例2-7　已知平面由$\triangle ABC$所给定，试过点A作属于该平面的水平线（图2-32）。

【解】　水平线的投影特征$a'd' /\!/ OX$轴，确定点D位于直线BC上，则AD即为所求，如图2-32所示。

2. 平面上的点

若点在平面的任一直线上，则此点一定在该平面上。因此在已知平面上取点时，必须先在平面上作出一条包含该点的辅助直线，然后再根据辅助直线确定点的位置。可以看出，面上取点的问题首先还是面上取线的问题。

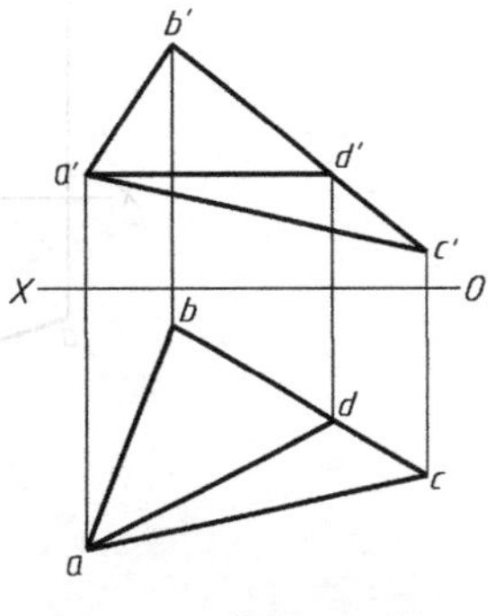

图2-32　作平面上的投影面平行线

例 2-8　已知平面由△*ABC* 所给定，并已知该平面上一点 *K* 的正面投影 *k′*，求作点 *K* 的水平投影 *k*（图 2-33a）。

【解】　点 *K* 为平面上的点，在平面△*ABC* 内过点 *K* 作一条辅助直线，该直线的投影必过点 *K* 的同面投影，即此直线的正面投影必过 *k′*。作图步骤为（图 2-33b）：

1）过 *k′*作直线 *b′k′*，与 *a′c′*交于 *m′*，由 *m′*作 *OX* 轴的垂线与 *ac* 交于 *m*，连接 *bm* 即为所作辅助直线的水平投影。

2）由 *k′*作 *OX* 轴的垂线，与 *bm* 交于 *k*，则 *k* 即为点 *K* 的水平投影。

例 2-9　已知△*ABC* 表示的铅垂面上一点 *K* 的正面投影 *k′*，求作它的水平投影 *k*（图 2-34a）。

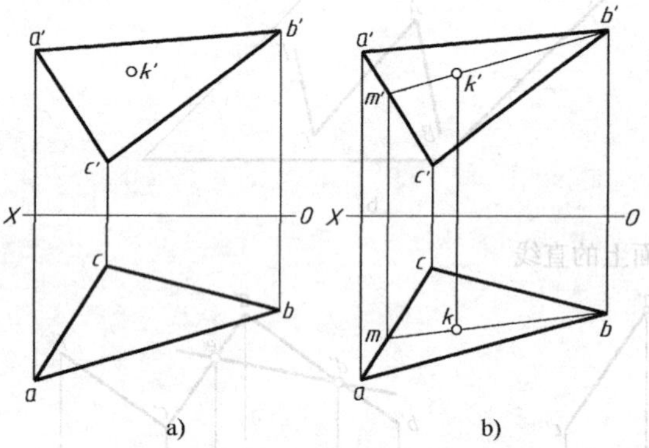

图 2-33　求一般位置平面上点的投影

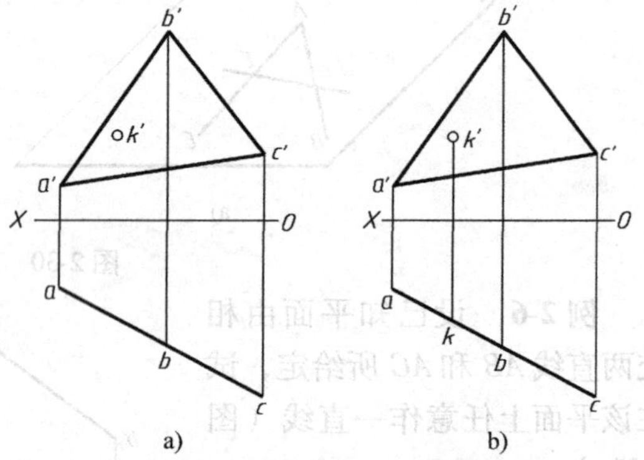

图 2-34　求铅垂面上点的投影

【解】　由于已知平面是铅垂面，其水平投影有积聚性，所以面上点 *K* 的水平投影必积聚在 *abc* 线段上。根据投影关系由 *k′*作 *OX* 轴的垂线与 *abc* 线段交于 *k*，则 *k* 即为所求。

例 2-10　已知等腰△*ABC* 的底边 *AB* 及顶点 *C* 在 *V* 面上，*C* 距 *H* 面 15mm，补全△*ABC* 的投影（图 2-35a）。

【解】　位于 *V* 面上距 *H* 面 15mm 的直线，其投影为 *d′e′*、*de*，点 *C* 在 *DE* 上，*AB* 为水平线，*AC* = *BC*，*C* 必在底边的中垂线上，按直角投影定理与定比定则可作底边 *AB* 的中垂线，与 *de* 的交点即为 *c*（图 2-35b）。

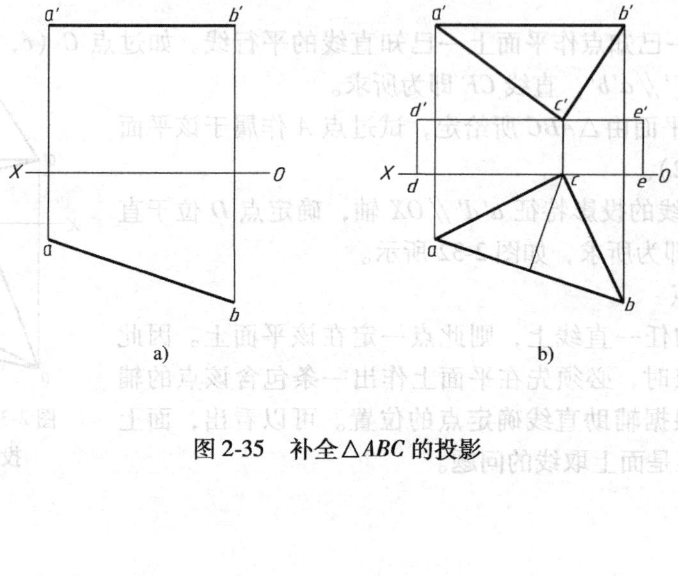

图 2-35　补全△*ABC* 的投影

*第五节 直线、平面的相对位置

直线与平面、平面与平面的相对位置，可分为平行、相交和垂直三种。

一、直线与平面、平面与平面平行

1. 直线与平面平行

直线与平面平行的几何条件是：若直线平行于平面上的某一直线，则该直线与平面平行。如图 2-36 所示，直线 AB 平行于平面 P 上的一直线 CD，所以 $AB//$平面 P。

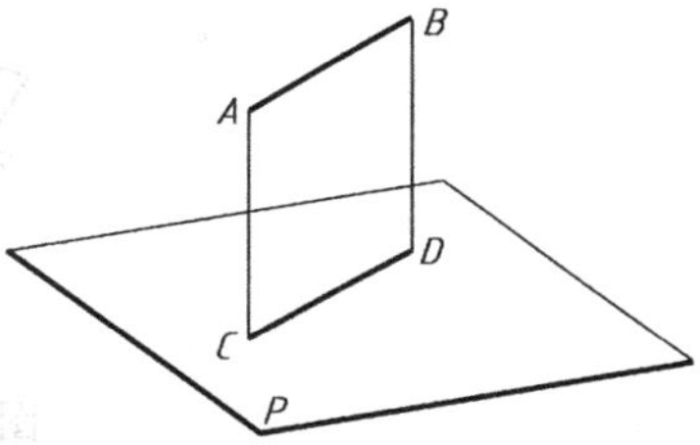

图 2-36 直线与平面平行

例 2-11 已知平面 ABC、平面 ABC 的平行线 KL 的正面投影 $k'l'$和点 K 的水平投影 k，求作 kl（图 2-37a）。

【解】 直线 $KL//$平面 ABC，在平面 ABC 上任作一条直线，使之与 KL 平行，则这条直线的水平投影必与 kl 平行。作图步骤如下（图 2-37b）：

1）过点 A 作一直线 AD 与直线 KL 平行，即过 a'作 $a'd'//k'l'$交 $b'c'$于 d'，按投影关系在 bc 上求出 d，连接 ad。

2）过 k 作 $kl//ad$，kl 即为所求。

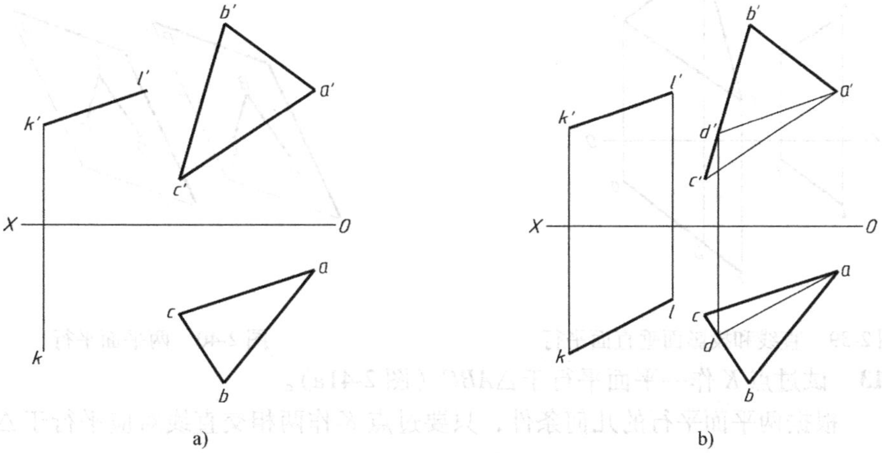

图 2-37 作一直线和已知平面平行

例 2-12 试过已知点 K 作一水平线 KL 平行于已知平面 ABC（图 2-38a）。

【解】 可在平面 ABC 上任作一水平线 AD 为辅助直线，过点 K 作直线 KL 平行于辅助直线 AD，则直线 KL 即为所求。本题只有一解，作图步骤如下（图 2-38b）：

1）在平面 ABC 上任作一水平线 AD（ad，$a'd'$）。

2）过 k 作 $kl//ad$，过 k'作 $k'l'//a'd'$，则直线 KL 即为所求。

若直线平行于某一投影面垂直面，则该垂直面具有积聚性的那个投影必与直线的相应投影平行。如图 2-39 所示，直线 KL 的水平投影平行于铅垂面$\triangle ABC$ 的水平投影，所以它们在空间是相互平行的（因为在$\triangle a'b'c'$上总能作出一条直线与直线 $k'l'$平行）。

2. 两平面平行

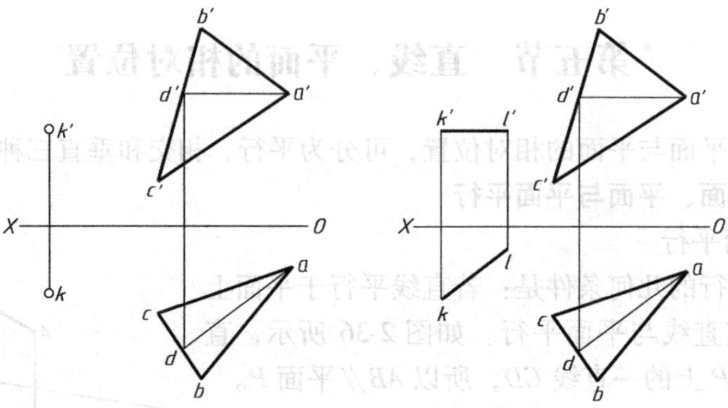

a)　　b)

图 2-38　作一水平线和已知平面平行

两平面平行的几何条件是：若一平面上的两相交直线对应平行于另一平面上的两相交直线，则这两个平面相互平行。如图 2-40 所示，平面 P 上的两相交直线 AB 和 BC 对应平行于平面 Q 上的两相交直线 DE 和 EF，所以平面 P∥平面 Q。

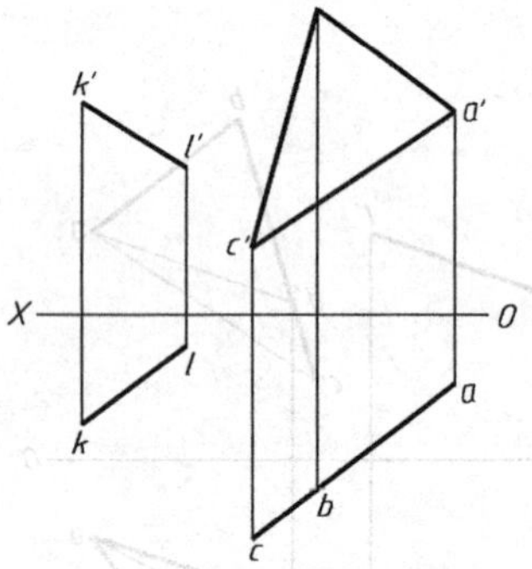

图 2-39　直线和投影面垂直面平行

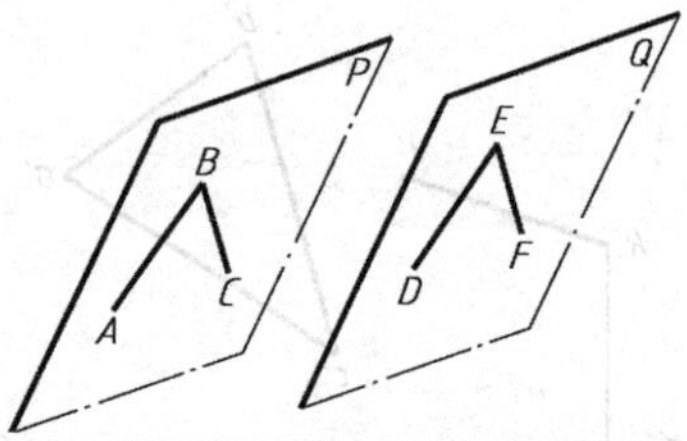

图 2-40　两平面平行

例 2-13　试过点 K 作一平面平行于△ABC（图 2-41a）。

【解】　根据两平面平行的几何条件，只要过点 K 作两相交直线对应平行于△ABC 上的任意两相交直线即可。为了作图简便，过点 K 分别作两相交直线 KM、KN 对应平行于 AB、AC。

作图步骤如下（图 2-41b）：过 k' 作 $k'm'$∥$a'b'$，$k'n'$∥$a'c'$，过 k 作 km∥ab 和 kn∥ac。相交两直线 KM 和 KN 所确定的平面即为所求。

若两投影面垂直面相互平行，则它们具有积聚性的那组投影必相互平行。如图 2-42 所示，铅垂

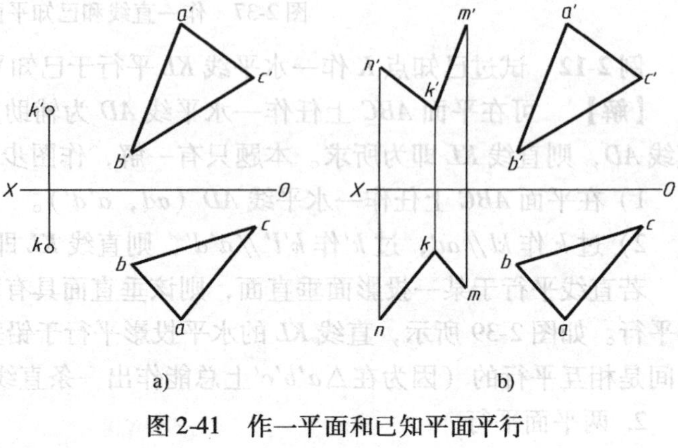

a)　　b)

图 2-41　作一平面和已知平面平行

面△*ABC*和铅垂面△*DEF*，它们的水平投影都积聚成直线。若这两个面相互平行，则其水平投影的两条直线也必定相互平行。

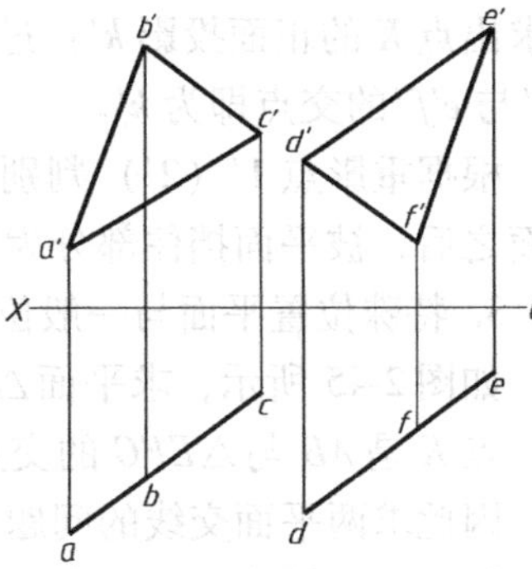

图2-42 两投影面垂直面相互平行

二、直线与平面、平面与平面相交

空间直线与平面相交于一点，这个点称为交点。交点是直线与平面的公有点，它既属于直线，又属于平面。平面与平面相交于一条直线，这条直线称为交线。交线是相交两平面的公有线，交线上的点都是相交两平面的公有点，所以只要能够确定两平面的两个公有点，或者一个公有点和交线方向，即可作出两平面的交线。

下面分别介绍求交点、交线投影的方法。

1. 一般位置直线与特殊位置平面相交

当所给平面是投影面的平行面或垂直面时，可以利用平面投影的积聚性，直接从投影图上定出交点的投影。

例2-14 求直线*AB*与铅垂面△*EFG*的交点（图2-43a）。

【解】 如图2-43所示，直线*AB*与铅垂面△*EFG*相交，△*EFG*的水平投影*egf*积聚成一直线，交点*K*的水平投影必属于直线*egf*，交点*K*又属于直线*AB*，则其投影必位于*AB*的同面投影上，因此，*AB*的水平投影*ab*与*egf*的交点即为交点*K*的水平投影，又由点的投影规律和k'位于$a'b'$上，可定出k'，点*K*（k，k'）即为直线*AB*和△*EFG*的交点。

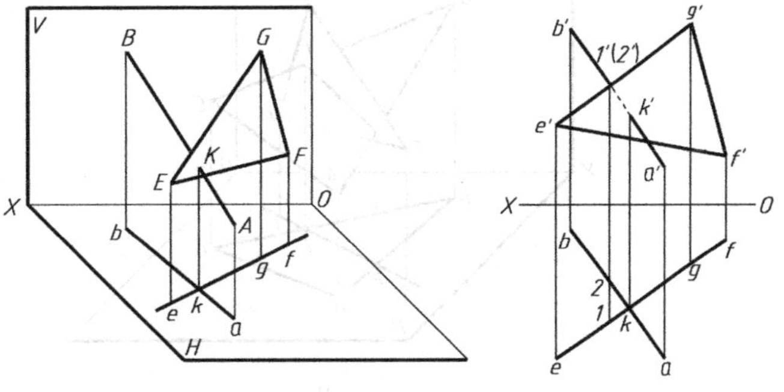

a) b)

图2-43 一般位置直线与特殊位置平面相交

这种情况下，可直观地判别*AB*的可见性，比较重影点1′（2′），从水平投影来看，点Ⅰ在点Ⅱ的前面，*BK*在铅垂面的后面，所以*BK*被△*EFG*遮住的部分画虚线，交点是线段可见性的分界点，即交点*K*两边的虚实相反，*AK*部分画实线。

2. 投影面垂直线与一般位置平面相交

当所给直线是投影面垂直线时，可以直接利用直线投影的积聚性求交点。

例2-15 求铅垂线*EF*与△*ABC*的交点（图2-44a）。

【解】 如图2-44所示，因直线*EF*为铅垂线，它的水平投影积聚成一点*e*（*f*），所以直线*EF*与△*ABC*的交点*K*的水平投影*k*必与它重合，为*e*（*k*，*f*）。然后利用面上取点的方

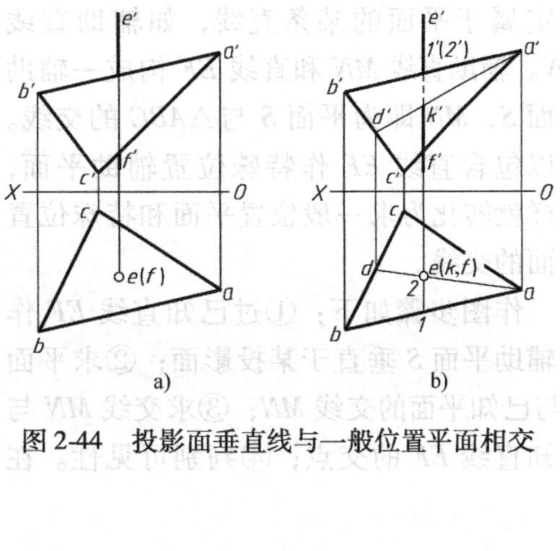

a) b)

图2-44 投影面垂直线与一般位置平面相交

法求出点 K 的正面投影 k'：过点 K 在△ABC 上作一辅助直线 AD，作出它的正面投影 $a'd'$，$a'd'$与 $e'f'$的交点即为 k'。

根据重影点 1′（2′）判别可见性：由水平投影可知，点Ⅰ在前，点Ⅱ在后，所以 $e'k'$在平面之后，被平面挡住部分为不可见，画成虚线，$k'f'$在 $a'b'$之前为可见。

3. 特殊位置平面与一般位置平面相交

如图 2-45 所示，求平面△ABC 与平面△EFG 的交线只要求出属于交线的任意两点即可以，点 K 是 AB 与△EFG 的交点，已求出，同理求出 BC 与△EFG 的交点 L，KL 即为所求交线，因此求两平面交线的问题可当作两直线与平面求交点的问题来处理。

例 2-16　试求△ABC 与△EFG 的交线（图 2-45）。

【解】　因△EFG 是一个铅垂面，它的水平投影有积聚性，ab 与 ef 的交点 k、bc 与 ef 的交点 l 即为两个公有点的水平投影，其正面投影为 k'、l'。直线 KL（$k'l'$，kl）即为所求。

判别可见性：比较重影点 1′（2′），从水平投影来看，点Ⅰ在点Ⅱ的前面，即 BK 在铅垂面的后面，所以 BK 被△EFG 遮住部分画虚线（或不画），只需比较一点，根据交点两边的虚实相反，则△ABC 与△EFG 正面投影的可见性只需推理即可解决。

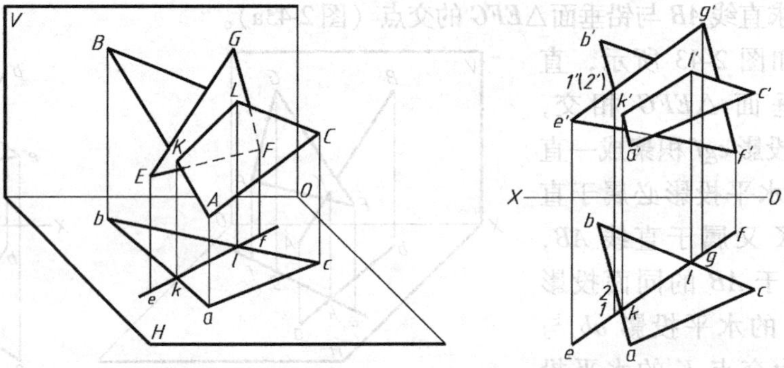

a)　　　　　　　　　　　　　　b)

图 2-45　特殊位置平面与一般位置平面相交

4. 一般位置直线与一般位置平面相交

由于一般位置平面的投影没有积聚性，所以它们的交点不能直接求出，须采用作辅助平面的方法来解决。如图 2-46a 所示，交点 K 是直线 EF 与平面△ABC 的公有点，它既在平面上又在直线上。交点 K 既然属于平面，它一定属于平面的某条直线，如辅助直线 MN。辅助直线 MN 和直线 EF 构成一辅助平面 S，MN 即为平面 S 与△ABC 的交线。可以包含直线 EF 作特殊位置辅助平面，这样就转化为求一般位置平面和特殊位置平面的交线。

作图步骤如下：①过已知直线 EF 作一辅助平面 S 垂直于某投影面；②求平面 S 与已知平面的交线 MN；③求交线 MN 与已知直线 EF 的交点；④判别可见性。在

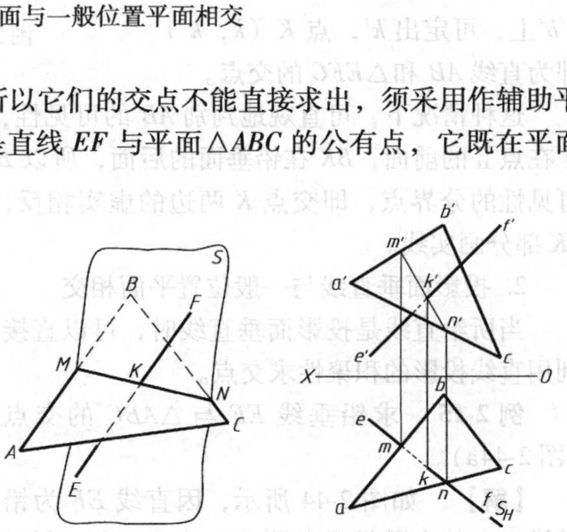

a)　　　　　　　　　　　　　　b)

图 2-46　一般位置直线与一般位置平面相交

投影图上，两图形同面投影重合才存在可见性问题，可见性的分界线为两有限图形的交线。正面投影与水平投影要分别判断。

5. 一般位置平面与一般位置平面相交

两条相交直线可以决定一个一般位置平面，这两条直线与另一个一般位置平面相交，各有一个交点，这两个交点是两个一般位置平面的两个公有点，它们的连线即为所求交线。如此，两个一般位置平面的相交可归结为直线与一般位置平面的交点，最后判别可见性。水平投影与正面投影要分别判别。

三、垂直问题

1. 直线与平面垂直

定理：若一直线垂直于平面，则该直线的水平投影一定垂直于该平面上水平线的水平投影，正面投影一定垂直于该平面上正平线的正面投影。

如图2-47所示，设直线 NK 垂直于平面 P 且与平面交于点 K，直线 AB 是平面内通过点 K 的水平线。由立体几何定理可知，若一直线垂直于一平面，则该直线必垂直于平面上过垂足的一切直线。所以 $NK \perp AB$。又由于直线 AB 平行于 H 面，因此直线 NK 与 AB 所成的直角在 H 面上的投影仍成直角，所以 $nk \perp ab$。

同理可证直线 NK 的正面投影垂直于平面上正平线的正面投影。

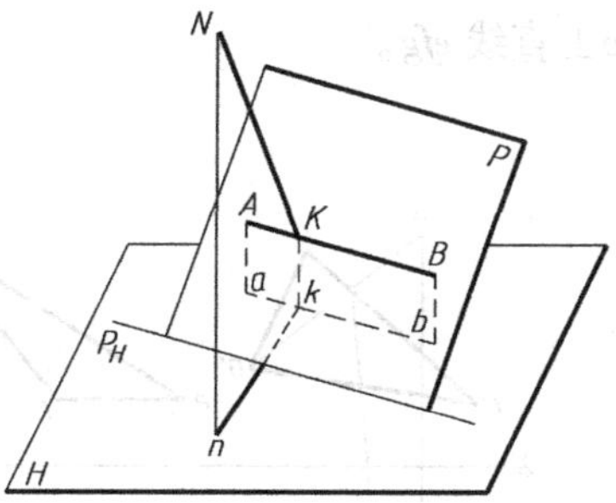

图2-47 直线与平面垂直

例2-17 如图2-48所示，过点 M 作直线垂直于 $\triangle ABC$ 所确定的平面。

【解】 过平面外一点所作平面的垂线只有一条，故本题有唯一解。

为求直线的方向，在 $\triangle ABC$ 上任作一水平线 AⅠ和一正平线 AⅡ（直线 AⅠ的两投影为 $a'1'$ 和 $a1$，直线 AⅡ的两投影为 $a'2'$ 和 $a2$），过 m' 作 $m'k' \perp a'2'$，过 m 作 $mk \perp a1$，则直线 MK 必垂直于平面 ABC，即为所求。

若平面为投影面垂直面，则垂直于该平面的直线必为投影面平行线。在与平面垂直的那个投影面上，直线的投影垂直于平面的积聚性投影。如图2-49所示，直线 MN 垂直于铅垂面 ABC。

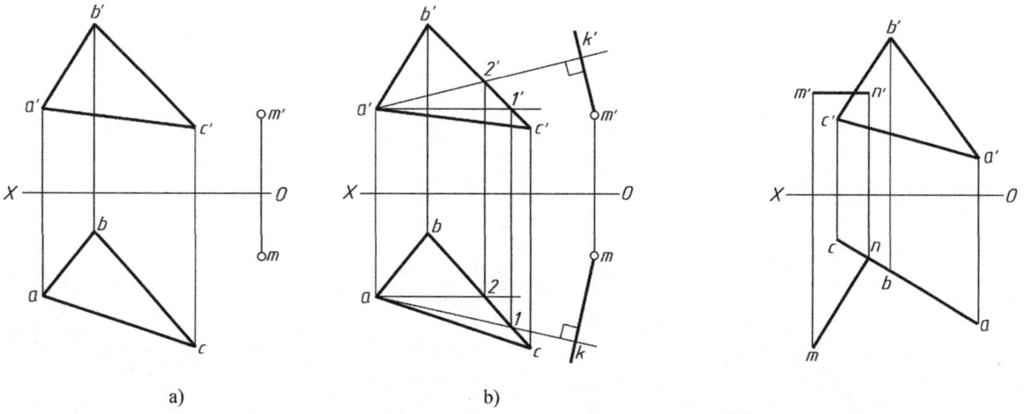

图2-48 过点作直线垂直于平面　　图2-49 直线垂直于铅垂面

2. 两平面垂直

由立体几何可知，若一平面包含另一平面的垂线，则此两平面相互垂直。因此绘制两相互垂直的平面时可利用下列两种方法：

1）包含垂直于平面的直线作平面。

2）作平面垂直于平面内的直线。

例 2-18　如图 2-50 所示，判别△*ABC* 与△*EFG* 是否相互垂直。

【解】　任取属于平面△*ABC* 上的一点，再过该点作平面△*EFG* 的垂线，检查垂线是否属于平面 *ABC*。在投影图上作 *AH*⊥△*EFG*，*AH* 与平面 *ABC* 上的直线 *BC* 既不平行也不相交，则 *AH* 不属于平面 *ABC*，故由几何定理得两平面不垂直。

如两相互垂直的平面垂直于同一投影面，则两平面在该投影面上的投影都积聚成直线且互相垂直。如图 2-51 所示，平面 *ABC* 与平面 *EFG* 相互垂直，且同时垂直于水平面，则直线 *abc*⊥直线 *efg*。

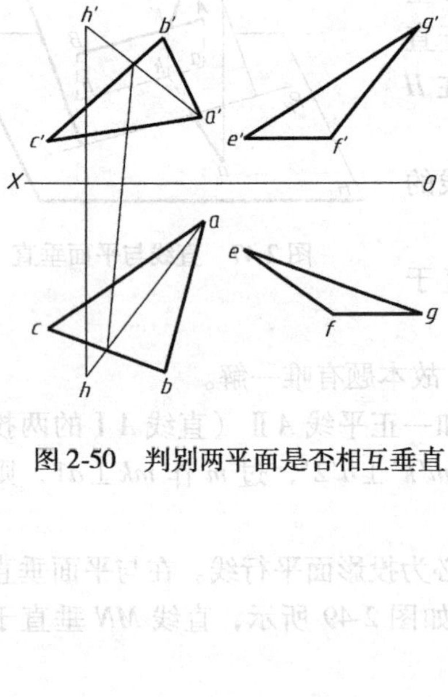

图 2-50　判别两平面是否相互垂直

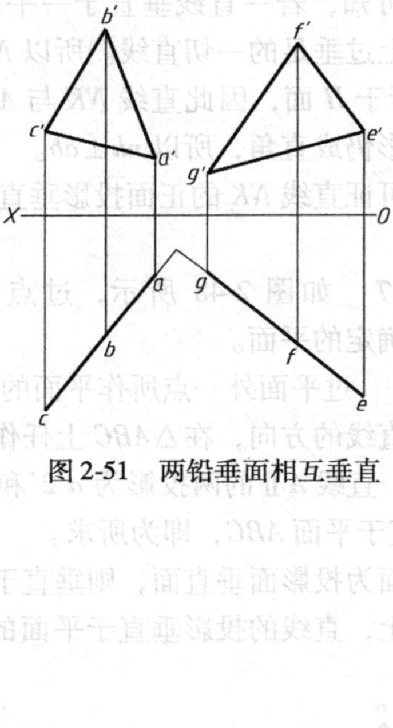

图 2-51　两铅垂面相互垂直

第三章　基本体及其表面交线

许多机件都可以看成由若干基本几何体（简称基本体）组合而成，如图 3-1 所示。基本体有平面立体和曲面立体。表面都是平面的立体称为平面立体，如棱柱、棱锥等；表面为平面与曲面或全部是曲面的立体称为曲面立体，如圆柱、圆锥、球、圆环等。

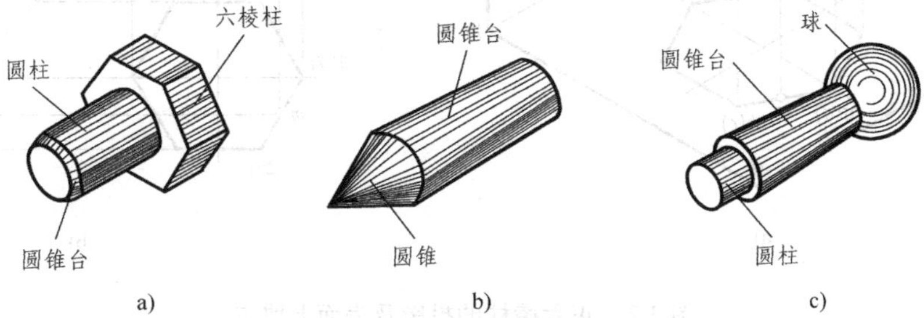

图 3-1　机件

a）螺栓毛坯　b）顶尖　c）手柄

本章主要介绍上述基本体的视图画法、表面上取点的方法，以及表面交线的投影求法。

第一节　平 面 立 体

绘制平面立体的视图，就是绘制其各多边形平面的投影，即绘制这些多边形的顶点和边的投影。

一、棱柱

棱柱可以看成由一个平面多边形沿某一条与其垂直的直线移动（又称拉伸）而成。棱柱顶面和底面是两个形状相同且互相平行的多边形平面，这两个起着确定棱柱形状特征主要作用的顶面和底面称为特征面，其他表面为矩形，垂直于特征面，如图 3-2a 所示。

1. 棱柱的投影

图 3-2 中，正六棱柱的上、下底面为水平面，其水平投影为正六边形，反映实形，它们的正面投影和侧面投影均积聚为一直线段。前、后侧面为正平面，其余四个侧面为铅垂面，六个侧面和六条侧棱的水平投影分别积聚在六边形的六条边和六个顶点上。前、后侧面的正面投影反映实形，侧面投影积聚为直线段。其余四个侧面的正面投影和侧面投影均为矩形的类似形。各侧棱的正面投影和侧面投影分别与矩形的边重合。

棱柱的投影特点：在与特征面平行的投影面上的投影为多边形，反映特征面实形（称为特征视图），另两个投影均为一个或多个、可见与不可见矩形的组合。

画棱柱三视图时，宜先画特征视图，后画另两视图（矩形）。而且当物体在某方向对称时，首先要用对称线（点画线）表示出对称平面的积聚性投影。如图 3-2b 所示，应先画俯视图，再画主、左视图，而且画视图前要先画对称线。

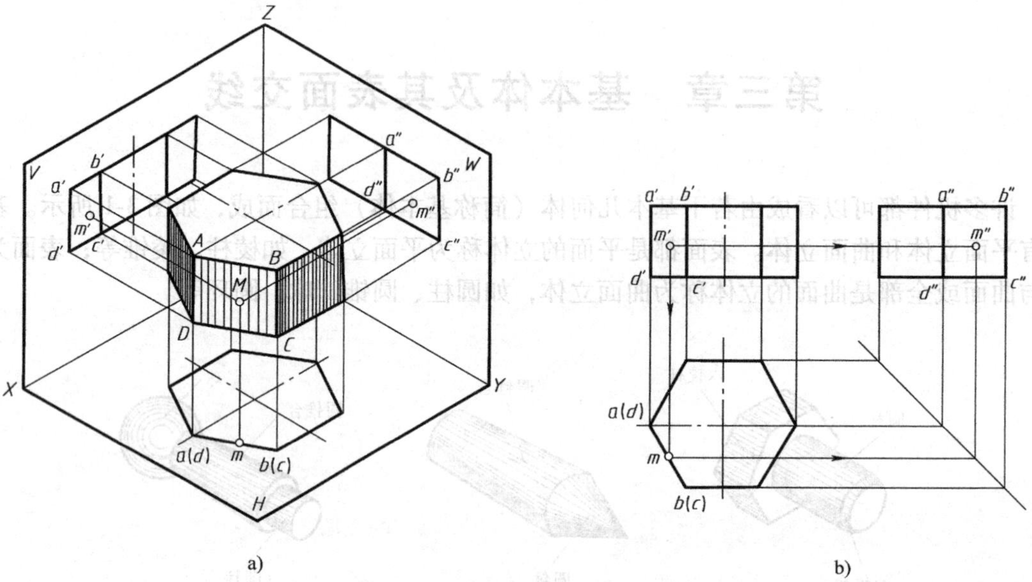

图 3-2 正六棱柱的投影及表面上取点

2. 棱柱表面上取点

由于棱柱表面均处于特殊位置，所以在棱柱表面上取点可利用表面投影的积聚性来求得。如图 3-2 所示，已知六棱柱侧面 *ABCD* 上点 *M* 的 *V* 面投影 *m′*，求其他两面投影。由于该侧面的水平投影 *abcd* 有积聚性，因此点 *M* 的水平投影 *m* 必在 *abcd* 上，求出 *m* 后，再根据 *m′*、*m* 求得 *m″*。由于 *ABCD* 面的 *W* 面投影可见，所以 *m″* 也可见。

二、棱锥

棱锥的底面为多边形，各侧面均为以锥顶为顶点的三角形，如图 3-3a 所示。

1. 棱锥的投影

图 3-3 中，正三棱锥的底面△*ABC* 为水平面，其水平投影△*abc* 为等边三角形，反映实

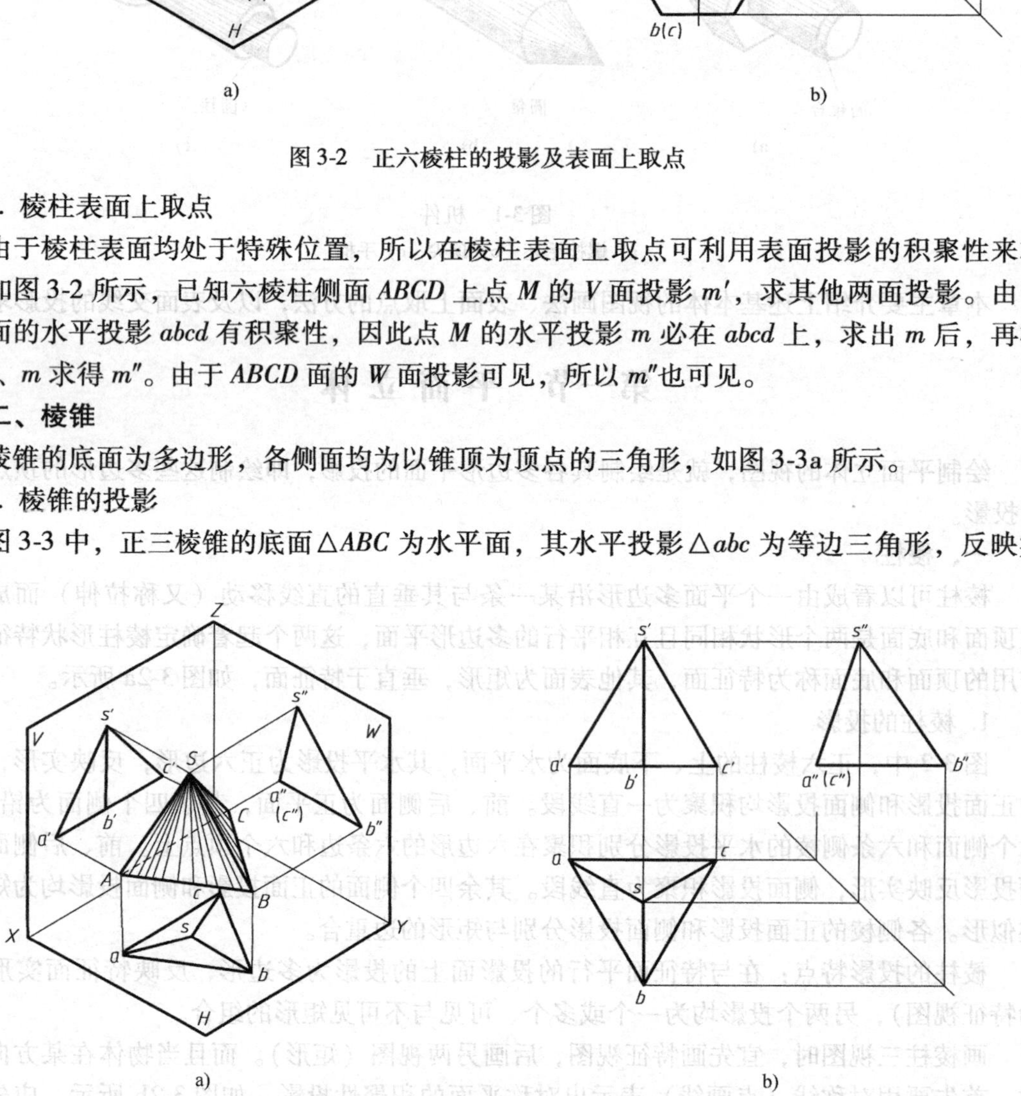

图 3-3 正三棱锥的投影

形；正面投影和侧面投影都积聚为一水平线段。棱面△SAC是侧垂面，侧面投影积聚为一直线段，水平投影和正面投影都是类似形。棱面△SAB和△SBC是一般位置平面，三面投影均为类似形，如图3-3b所示。

棱线的投影，可按同样的方法进行分析。

画棱锥三视图时，一般先画底面各投影（先画底面反映实形的投影，后画底面积聚性投影），再画出锥顶点各投影，然后连接各棱线并区分可见性。

2. 棱锥表面上取点

处于棱锥特殊位置表面上的点，可利用表面投影的积聚性直接求得。如图3-4所示，已知点M的H面投影m，求其他两面投影。利用棱面△SAC投影的积聚性，先求出m''，然后再求（m'）。

处于棱锥一般位置表面上的点，须通过作辅助线的方法求得。如图3-4所示，已知点N的V面投影n'，要求n、n''，须通过点N作辅助线SD，求出SD的水平投影sd，在sd上求得n，最后由n'、n求得n''。

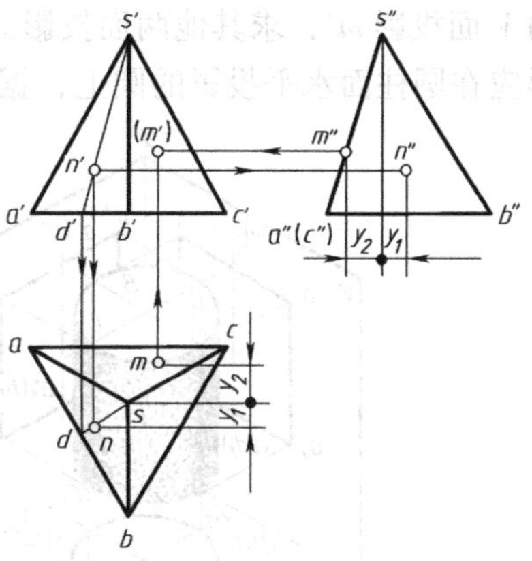

图3-4　三棱锥表面上取点

第二节　回　转　体

由一母线（直线或曲线）绕轴线回转而成的曲面称为回转面，由回转面或回转面与平面所围成的立体称为回转体。常见的回转体有圆柱、圆锥和球等。由于回转体的侧面是光滑曲面，所以绘制回转体视图时，仅需画出曲面对相应投影面可见与不可见部分的分界线（转向线）的投影即可。

一、圆柱

圆柱面可看作由一条直线绕与它平行的轴线回转而成。如图3-5所示，OO_1称为轴线，直线AA_1称为母线，母线的任一位置称为素线。

1. 圆柱的投影

如图3-6所示，圆柱上、下底面为水平面，其水平投影反映实形，正面投影和侧面投影分别积聚成一直线段。由于圆柱轴线垂直于水平投影面，所以圆柱面的水平投影积聚为一个圆（重合在上、下底面圆的实形投影上），其正面投影和侧面投影用决定其投影范围的转向线投影表示，这样主、左视图都是矩形。

正面投影中，矩形左右两边$a'a_1'$和$b'b_1'$分别是圆柱面最左、最右素线的投影，也是前半个圆柱面与后半个圆柱面上可见与不可见部分的分界线的投影，它们的水平投影积聚为$a(a_1)$、$b(b_1)$，其侧面投影与圆柱轴线投影重合（因圆柱面是光滑曲面，图中不画出其投影）。

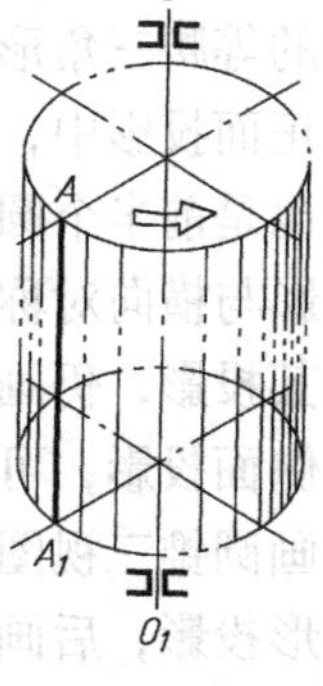

图3-5　圆柱面的形成

圆柱的侧面投影可按同样的方法分析。

圆柱的投影特点：在与轴线垂直的投影面上的投影为一个圆，另两投影面上的投影均为矩形。

画圆柱的视图时，应先画圆的中心线和轴线的投影（点画线），接着画投影为圆的视图，然后画另两个投影为矩形的视图。

2. 圆柱表面上取点

圆柱表面上取点可利用圆柱面投影的积聚性求得。如图3-6所示，已知圆柱表面上点M的V面投影m'，求其他两面投影。由于圆柱表面的水平投影有积聚性，所以点M的水平投影应在圆柱面水平投影的圆上，据此先求出m，再根据m'、m求出m''（可见）。

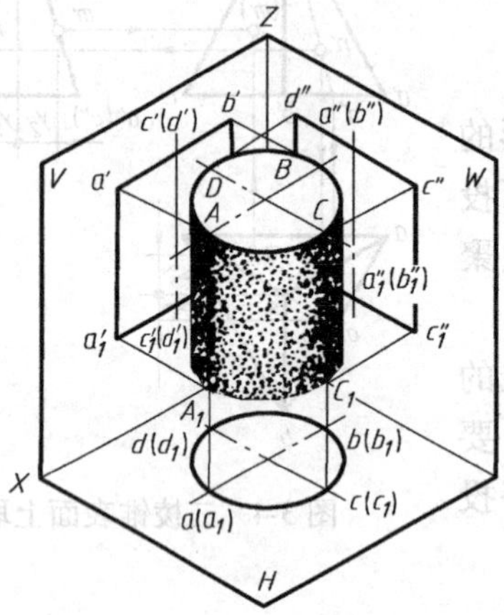

a)

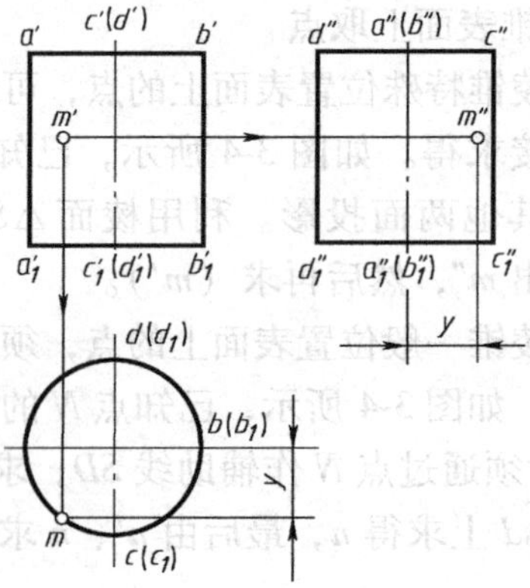

b)

图3-6　圆柱的投影及表面上取点

二、圆锥

圆锥面可看成一条直线绕与它相交的轴线回转而成，如图3-7所示。

1. 圆锥的投影

如图3-8所示，圆锥轴线垂直于水平面，底面为水平面，其水平投影反映实形（圆），正面投影和侧面投影分别积聚成一直线段。圆锥面的三面投影都没有积聚性，水平投影与底面圆的水平投影重合，正面投影和侧面投影用决定其投影范围的转向线表示，这样主、左视图都是形状、大小相同的等腰三角形。

正面投影中，左右两边$s'a'$、$s'b'$分别是圆锥面最左、最右素线的投影，也是前半个圆锥面与后半个圆锥面对V面的转向线的投影，它们的水平投影与横向对称中心线重合，侧面投影与圆锥轴线投影重合（图中不需表示其投影，仍画点画线）。

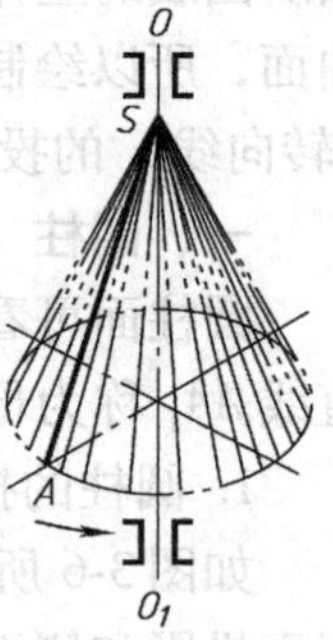

图3-7　圆锥面的形成

侧面投影，可按同样的方法分析。

画圆锥三视图时，应先画圆的中心线和轴线的投影，然后画底面圆的各投影（先画圆的实形投影，后画圆的另两个积聚性投影），接着画出锥顶各投影，最后画各转向线的投影。

2. 圆锥表面上取点

如图3-9所示，已知圆锥面上点M的正面投影m'，试求m、m''。

由于圆锥面的三面投影都没有积聚性，必须在圆锥面上过点M作辅助线，然后在辅助

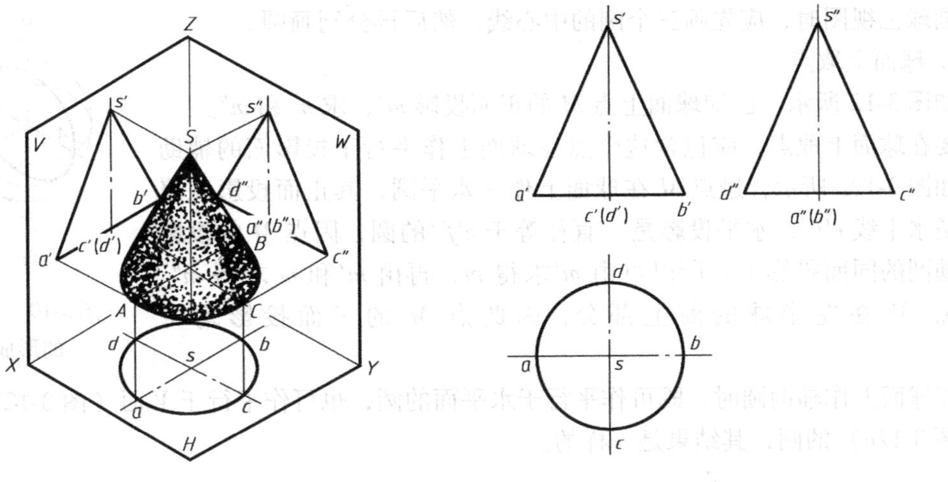

a)　　b)

图 3-8　圆锥的投影

线的投影上确定点 *M* 的投影。作图方法有两种：

（1）辅助素线法　如图 3-9a 所示，过锥顶 *S* 和点 *M* 引辅助素线 *SA*，先作出 *SA* 的三面投影，然后在 *sa* 上求出 *m*，在 *s″a″* 上求出 *m″*。

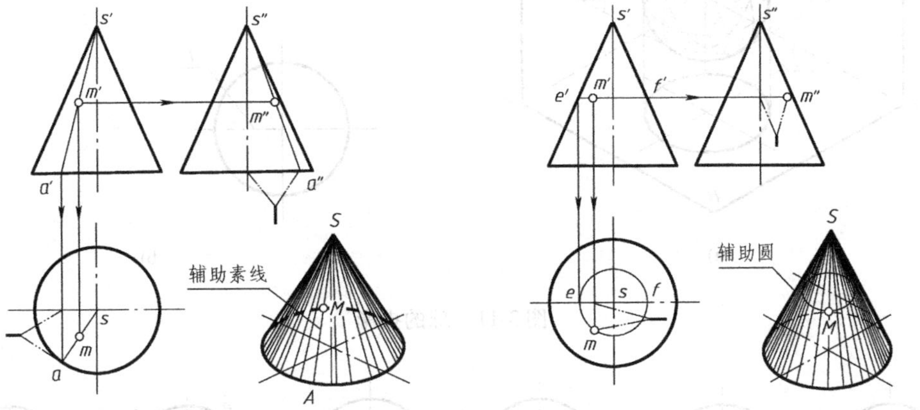

a)　　b)

图 3-9　圆锥表面上取点

（2）辅助圆法　如图 3-9b 所示，过已知点 *M*，在圆锥面上作垂直于锥轴的辅助圆，该圆的正面投影积聚成一条水平线 *e′f ′*，水平投影为一直径等于 *e′f ′* 的圆，点 *M* 的投影应在辅助圆的同面投影上，即可由 *m′* 求得 *m*，再由 *m′* 和 *m* 求得 *m″*（可见）。

三、球

球面可看成由一条圆母线绕其直径回转而成，如图 3-10 所示。

1. 球的投影

球的三个视图都是与球直径相等的圆，它们分别表示三个不同方向的球面转向线的投影，如图 3-11a 所示。在图 3-11b 中，主视图中的圆 1′，表示前半球与后半球的分界线的投影，是平行于 *V* 面的前后方向转向线圆的投影，它在 *H* 和 *W* 面的投影与球的前后对称中心线 1、1″重合（仍画中心线）。俯、左视图中的圆，读者可自行分析。

画球三视图时，应先画三个圆的中心线，然后再分别画圆。

2. 球面上取点

如图 3-12 所示，已知球面上点 M 的正面投影 m'，求 m 和 m''。

要在球面上取点，应包含这个点在球面上作平行于投影面的辅助圆。如图 3-12a 所示，过点 M 在球面上作一水平圆，其正面投影积聚成一条水平线 $e'f'$，水平投影是一直径等于 $e'f'$ 的圆，因点 M 的投影在辅助圆的同面投影上，所以可由 m' 求得 m，再由 m' 和 m 求得 m''。因为点 M 在左半球的前上部分，因此点 M 的三面投影均可见。

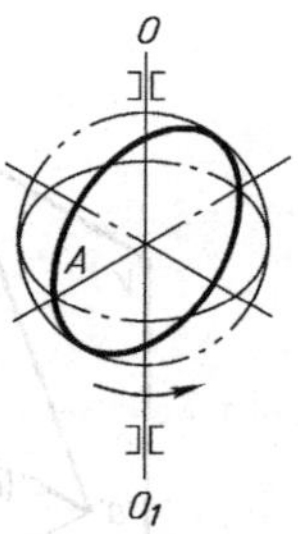

图 3-10　球面的形成

在球面上作辅助圆时，既可作平行于水平面的圆，也可作平行于 V 面（图 3-12b）和 W 面（图 3-12c）的圆，其结果是一样的。

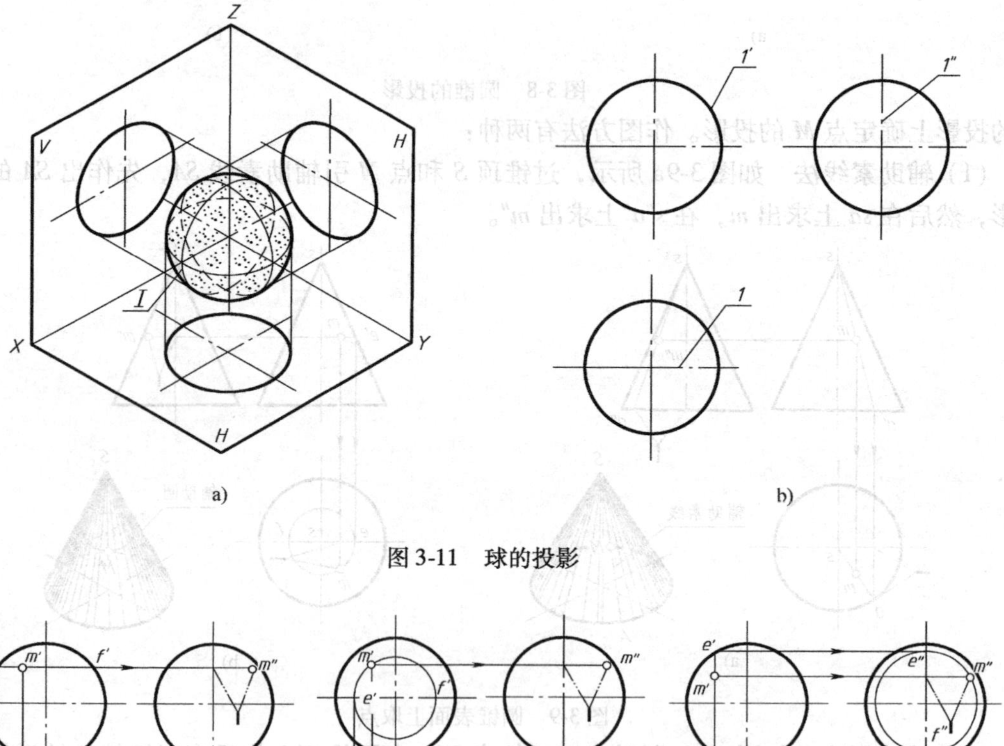

图 3-11　球的投影

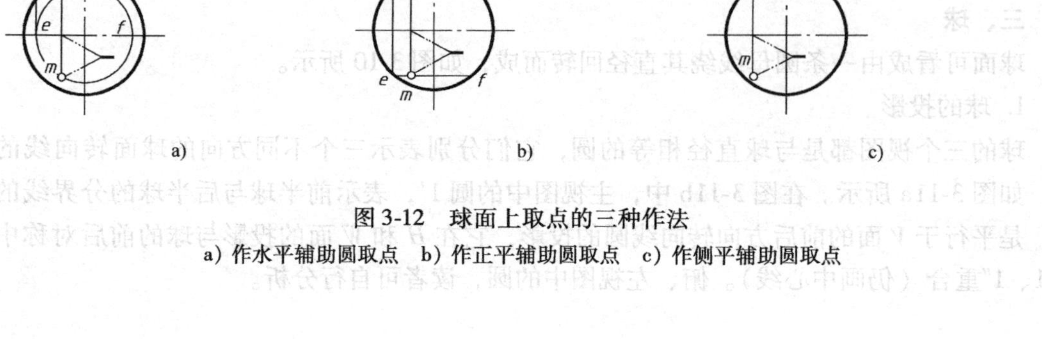

图 3-12　球面上取点的三种作法

a）作水平辅助圆取点　b）作正平辅助圆取点　c）作侧平辅助圆取点

第三节　截　交　线

立体被平面截切时，在立体的表面上就会出现一些交线。平面与立体表面相交的交线称为截交线，平面称为截平面，被平面截切后的立体称为截断体，如图 3-13 所示。

立体形状不同，截平面相对立体的位置不同，所形成截交线的形状也不同。但任何截交线都具有以下性质：

1）截交线是截平面和立体表面的共有线。

2）截交线一般是封闭的平面图形。

由于截交线是截平面与立体表面的共有线，因此截交线上的点必定是截平面与立体表面的共有点。因此，求截交线的实质，就是求截平面与立体表面共有点的集合。

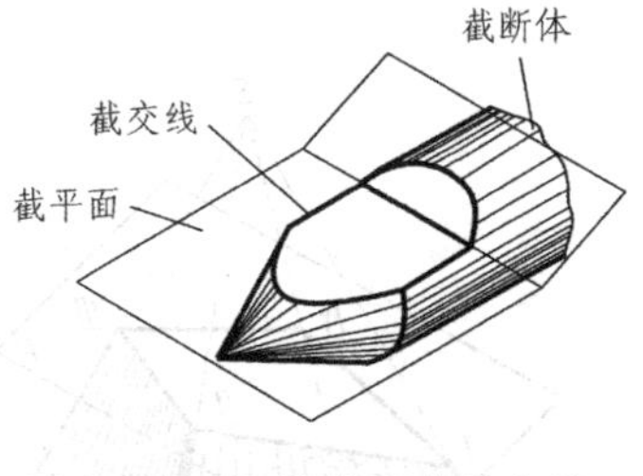

图 3-13　机件表面的截交线

一、平面立体的截交线

平面立体的截交线是一个封闭的平面多边形。多边形顶点是截平面与立体相应棱线的交点，多边形各边是截平面与立体相应棱面的交线。因此，求截交线就是求各棱线与截平面的交点，或求各棱面与截平面的交线。

例 3-1　如图 3-14a、b 所示，已知一正四棱柱被正垂面 P 截切，求作其第三面投影。

分析：截平面 P 与四棱柱的四个侧面及上底共五个面相交，故截交线为平面五边形 $ABCDE$，其五个顶点分别是五条棱线与截平面的交点。因平面 P 为正垂面，所以截交线的 V 面投影积聚为直线，H 面投影和 W 面投影为类似的五边形。

作图（图 3-14c）：

1）画出四棱柱的侧面投影。

2）利用截平面正面投影的积聚性，先求出截交线五边形各顶点的正面投影，据此求出五边形各顶点的另两个投影，依次连接各点同面投影，完成三视图。

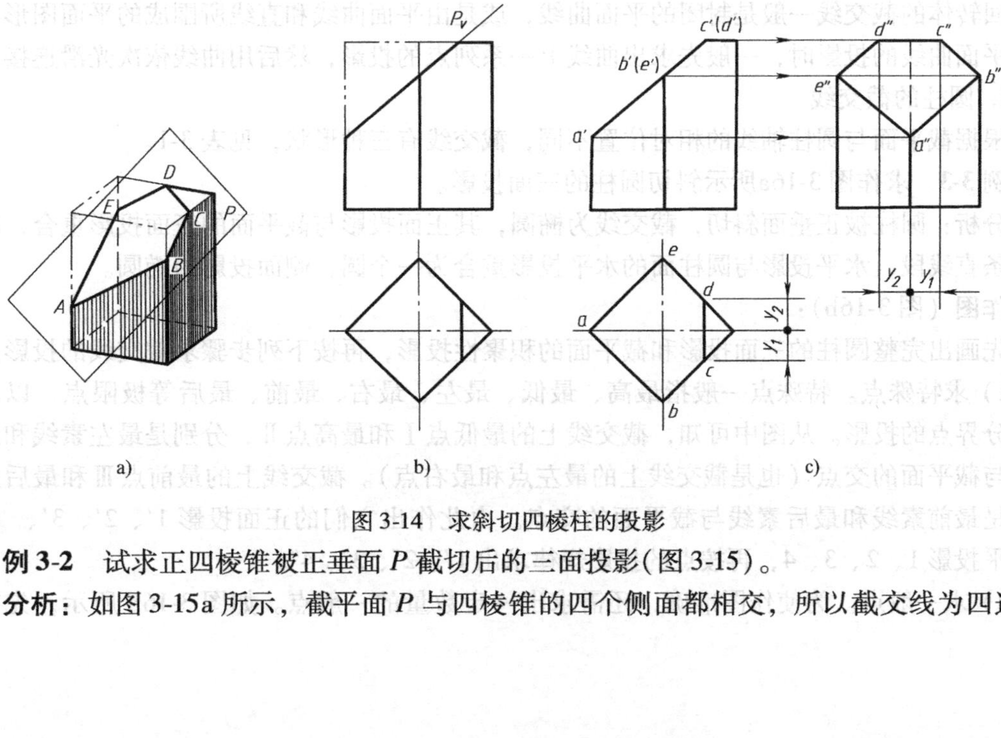

图 3-14　求斜切四棱柱的投影

例 3-2　试求正四棱锥被正垂面 P 截切后的三面投影（图 3-15）。

分析：如图 3-15a 所示，截平面 P 与四棱锥的四个侧面都相交，所以截交线为四边形，其四个顶点为四棱锥的四条棱线与截平面 P 的交点。由于截平面 P 为正垂面，所以截交线的正面投影积聚为一条斜线，由正面投影可求出水平投影和侧面投影。

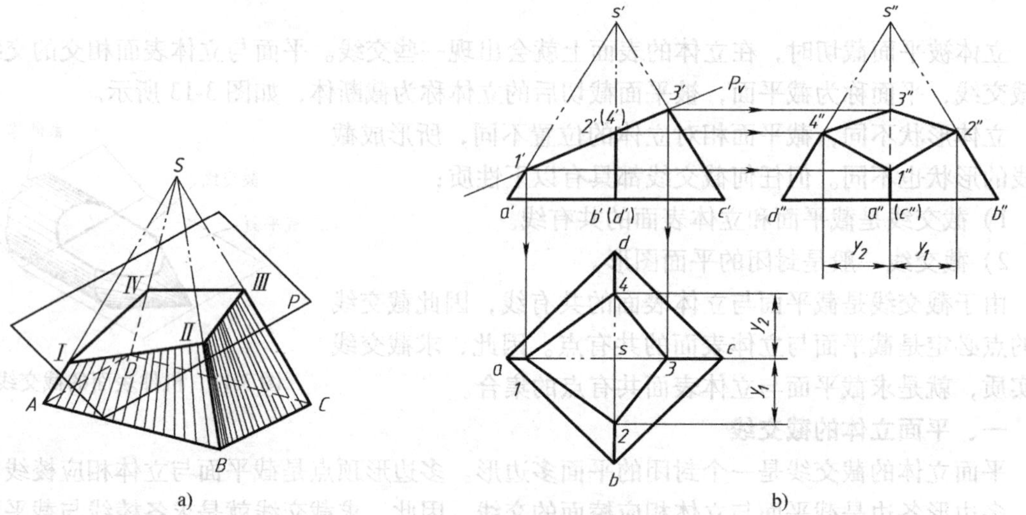

图 3-15 求斜切四棱锥的投影

作图（图 3-15b）：

1）先画出被截切前正四棱锥的三面投影和截平面 P 的正面投影 P_V。

2）求出截平面 P 与四棱锥四条棱线的交点的正面投影 1′、2′、3′、（4′）。

3）根据直线上点的投影性质，在四棱锥各棱线的水平投影和侧面投影中求出 1、2、3、4 和 1″、2″、3″、4″。

4）将各点的同面投影依次连接，即得截交线的投影。去掉被截去部分，即完成截后四棱锥的三面投影。

二、回转体的截交线

回转体的截交线一般是封闭的平面曲线，或是由平面曲线和直线所围成的平面图形。求非圆平面曲线的投影时，一般先求出曲线上一系列点的投影，然后用曲线依次光滑连接。

1. 圆柱的截交线

根据截平面与圆柱轴线的相对位置不同，截交线有三种形状，见表 3-1。

例 3-3 求作图 3-16a所示斜切圆柱的三面投影。

分析：圆柱被正垂面斜切，截交线为椭圆，其正面投影与截平面的正面投影重合，积聚为一条直线段，水平投影与圆柱面的水平投影重合为一个圆，侧面投影为椭圆。

作图（图 3-16b）：

先画出完整圆柱的三面投影和截平面的积聚性投影，再按下列步骤求截交线的投影：

1）求特殊点。特殊点一般指最高、最低、最左、最右、最前、最后等极限点，以及可见性分界点的投影。从图中可知，截交线上的最低点Ⅰ和最高点Ⅱ，分别是最左素线和最右素线与截平面的交点（也是截交线上的最左点和最右点）。截交线上的最前点Ⅲ和最后点Ⅳ分别是最前素线和最后素线与截平面的交点。由此作出它们的正面投影 1′、2′、3′、（4′）和水平投影 1、2、3、4，再按点的投影规律求出 1″、2″、3″、4″。

2）求一般点。为使作图准确，还需求出一定数量的一般点。如图 3-16b 所示，先在水平投影上等距离地定出 5、6、7、8，而后求得 5′、(6′)、7′、(8′)，最后根据点的投影规律，求出 5″、6″、7″、8″。

3）依次光滑地连接各点的侧面投影，完成全图。

表 3-1　圆柱的截交线

截平面的位置	与轴线平行	与轴线垂直	与轴线倾斜
截交线的形状	矩形	圆	椭圆
立体图	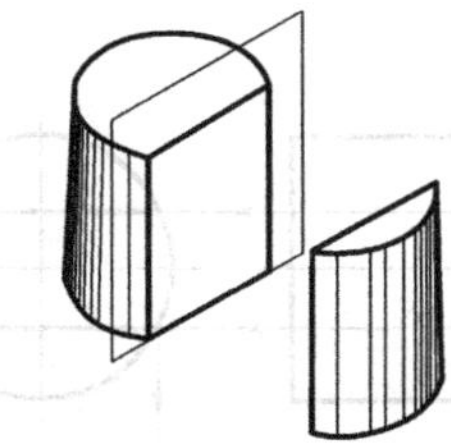	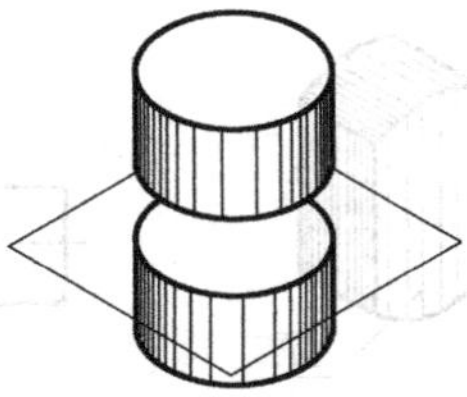	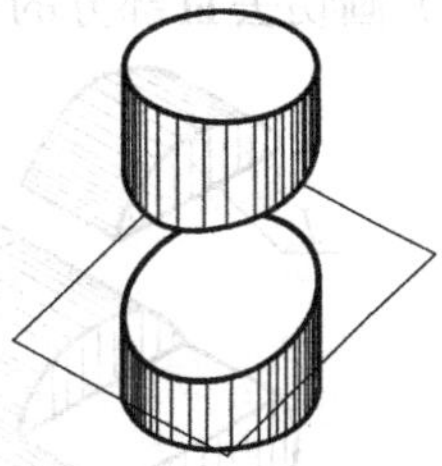
投影图	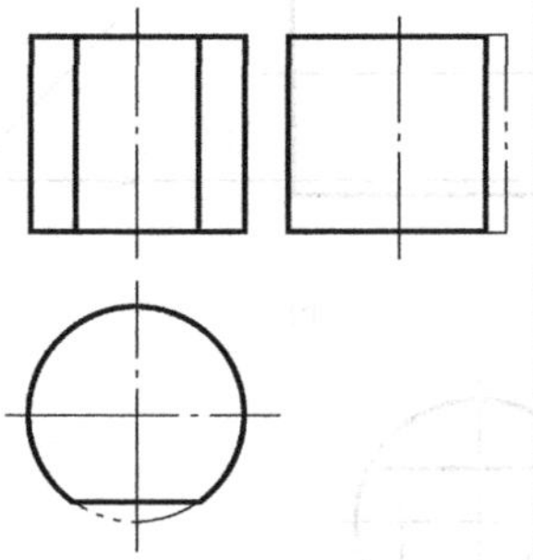	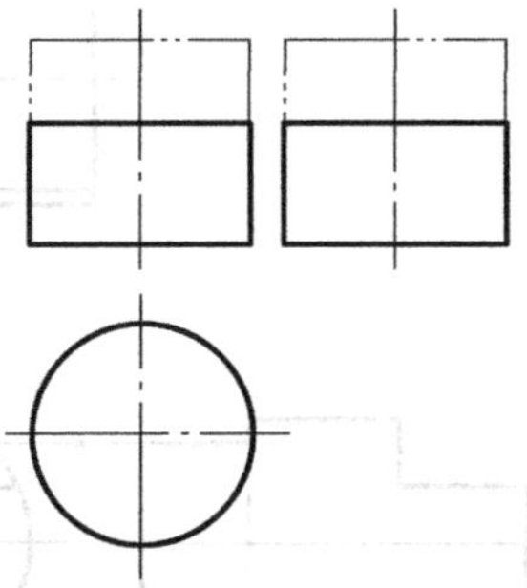	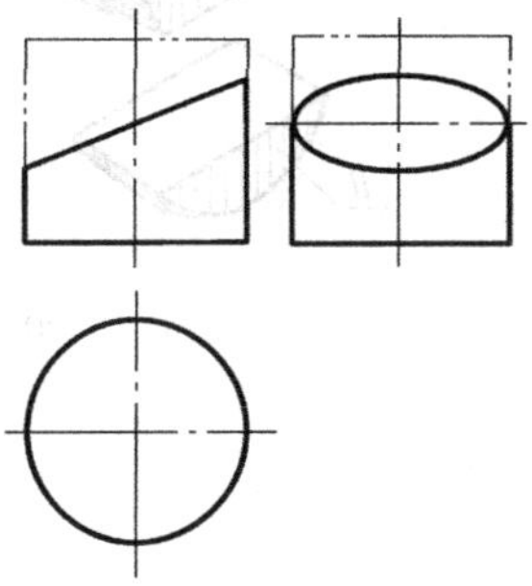

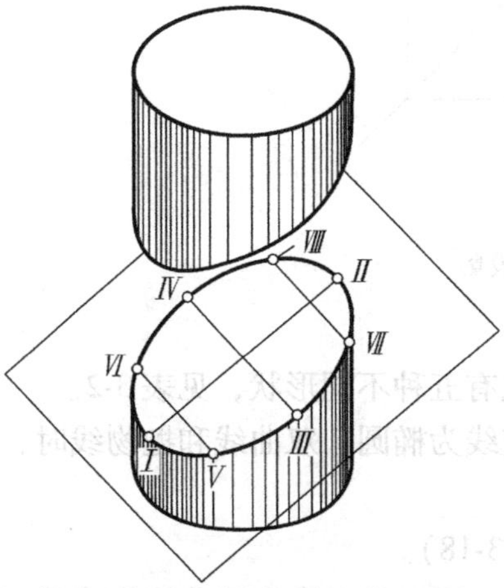

a)

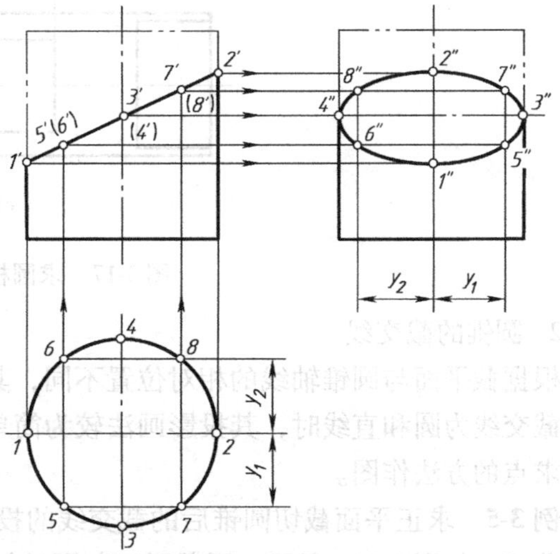

b)

图 3-16　求斜切圆柱的投影

例 3-4　求作图3-17a所示圆柱切口的三面投影。

分析： 如图 3-17a 所示，该圆柱左端由平行于轴线且上下对称的水平面和垂直于轴线的侧平面截切而成；右端由平行于轴线且前后对称的正平面和垂直于轴线的侧平面截切而成。平行于轴线的截平面与圆柱面的交线为平行于轴线的直线，垂直于轴线的截平面与圆柱面的交线为垂直于轴线的圆弧。

作图：

1）先画出完整圆柱的三面投影。

2）画切去Ⅰ、Ⅱ部分的三面投影（图 3-17b）。

3）画切去Ⅲ部分的三面投影（图 3-17c）。

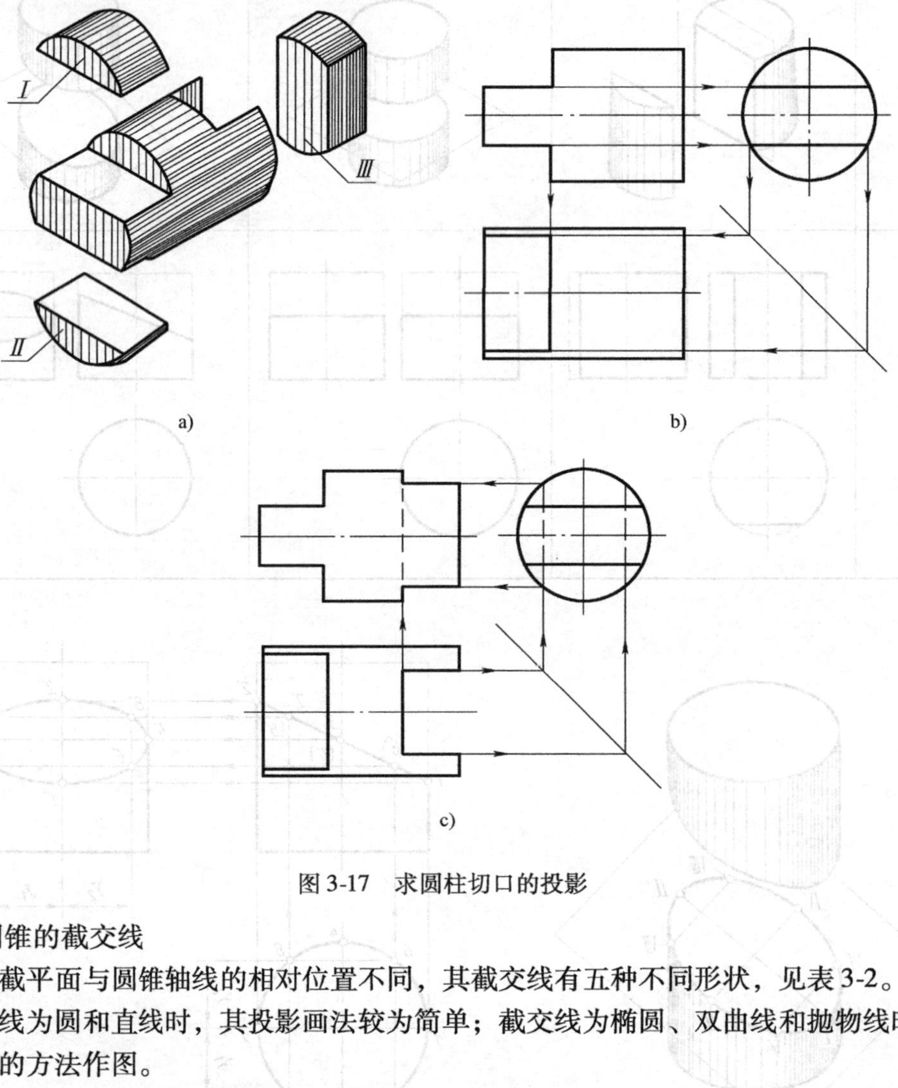

图 3-17　求圆柱切口的投影

2. 圆锥的截交线

根据截平面与圆锥轴线的相对位置不同，其截交线有五种不同形状，见表 3-2。

截交线为圆和直线时，其投影画法较为简单；截交线为椭圆、双曲线和抛物线时，都需要用求点的方法作图。

例 3-5　求正平面截切圆锥后的截交线的投影（图 3-18）。

分析：如图 3-18a 所示，因截平面与圆锥轴线平行，所以截交线为双曲线和直线段，双曲线的正面投影反映实形，水平投影和侧面投影分别积聚成直线段。

作图（图 3-18b）：

先画出完整圆锥的三面投影和截平面的积聚性投影，再按下列步骤求双曲线的正面投影。

表 3-2　圆锥的截交线

截平面的位置	过锥顶	与轴线垂直 $\theta=90°$	与轴线倾斜 $\theta>\alpha$	平行于一条素线 $\theta=\alpha$	与轴线平行或 $\theta<\alpha$
截交线的形状	等腰三角形	圆	椭圆	抛物线和直线段	双曲线和直线段
立体图	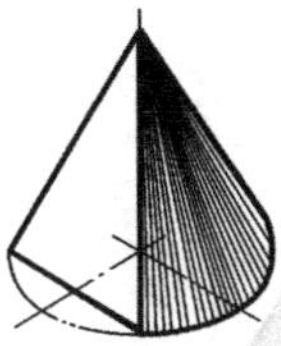	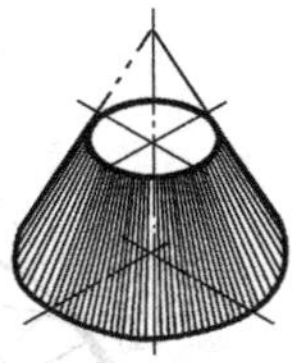	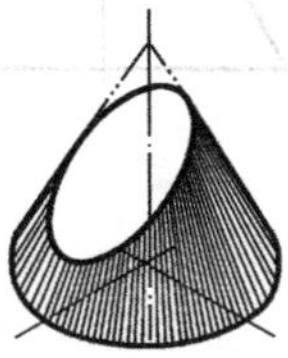	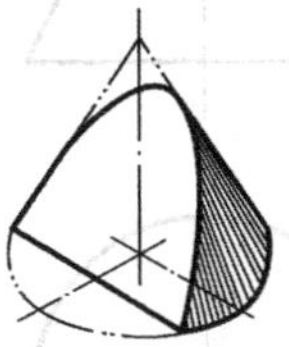	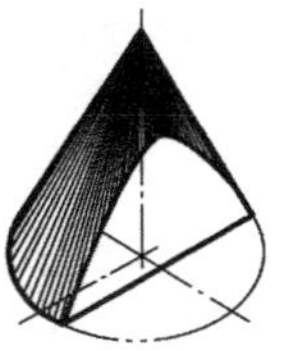
投影图	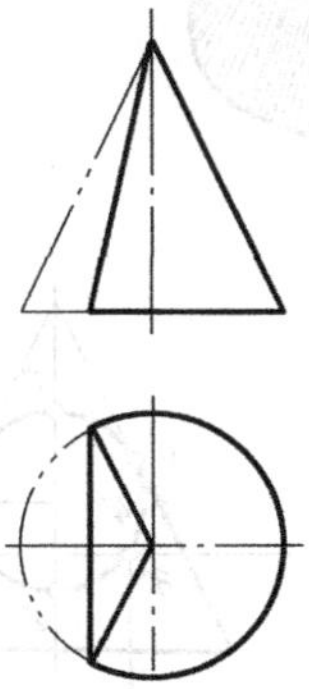	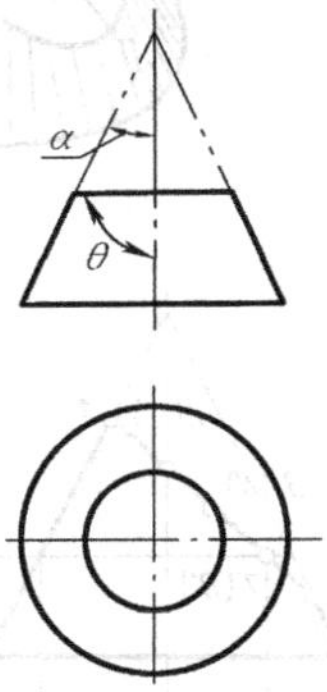	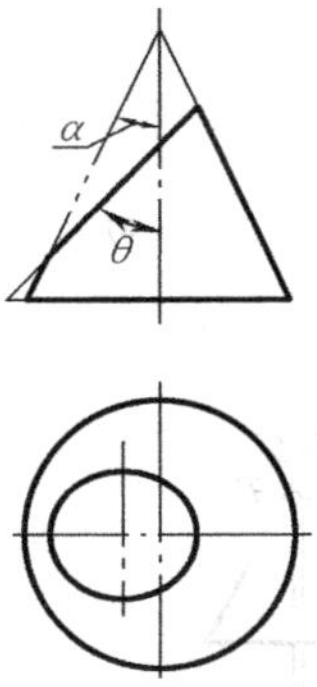	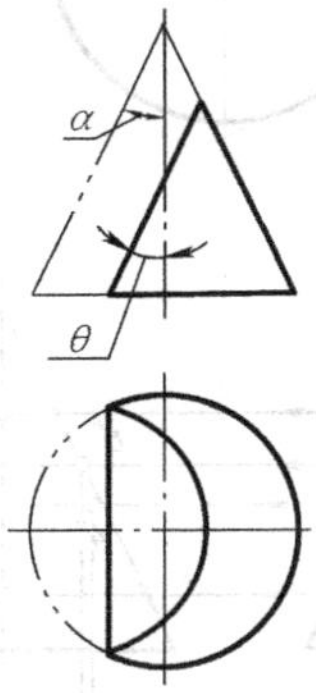	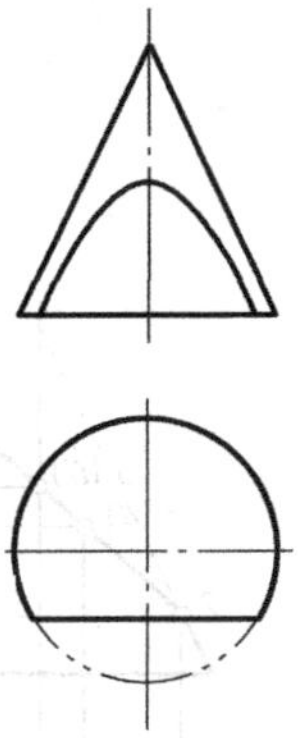

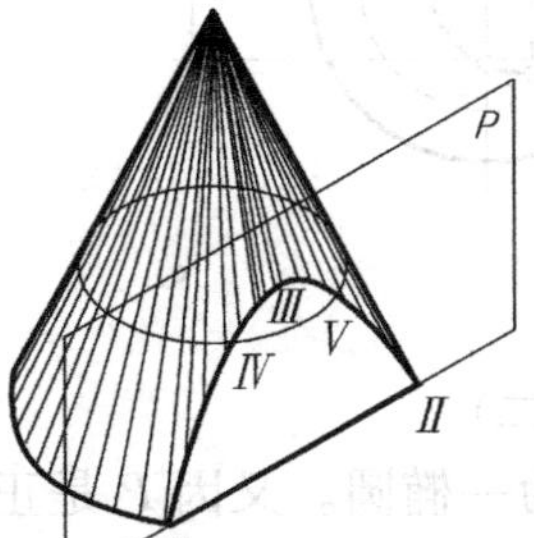

a)

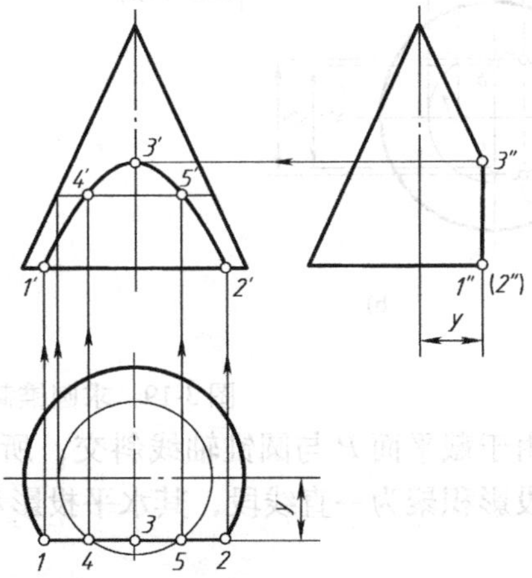

b)

图 3-18　求圆锥截交线投影（一）

1）求特殊点。双曲线上的Ⅰ、Ⅱ点是截平面与圆锥底圆的交点，Ⅲ是截平面与圆锥最前轮廓素线的交点，故可作出Ⅰ、Ⅱ、Ⅲ的正面投影 1′、2′、3′。

2）求一般点。在水平投影中作一辅助圆与双曲线的水平投影相交于4、5，从4、5作投影连线到辅助圆的正面投影上得 4′、5′。

3）依次光滑连接 1′、4′、3′、5′、2′，即得截交线的正面投影。

*** 例 3-6**　圆锥被正垂面 *P* 所截，完成其俯视图和左视图（图 3-19a）。

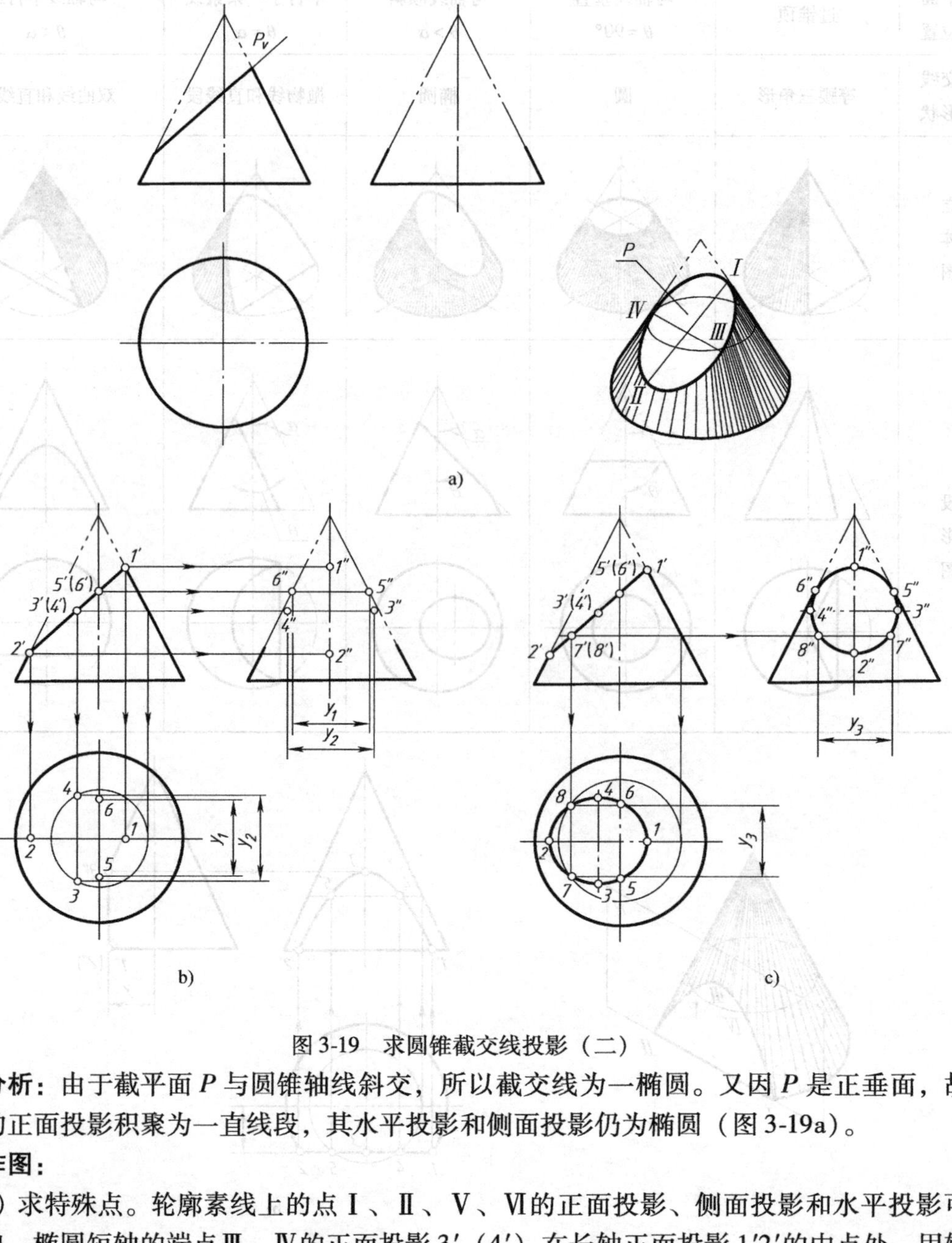

图 3-19　求圆锥截交线投影（二）

分析：由于截平面 *P* 与圆锥轴线斜交，所以截交线为一椭圆。又因 *P* 是正垂面，故截交线的正面投影积聚为一直线段，其水平投影和侧面投影仍为椭圆（图 3-19a）。

作图：

1）求特殊点。轮廓素线上的点Ⅰ、Ⅱ、Ⅴ、Ⅵ的正面投影、侧面投影和水平投影可直接求出。椭圆短轴的端点Ⅲ、Ⅳ的正面投影 3′（4′）在长轴正面投影 1′2′的中点处，用辅助圆法可求出 3、4 和 3″、4″（图 3-19b）。

2）求一般点。利用辅助圆法，作出椭圆上若干一般点，如 7、8 及 7″、8″（图 3-19c）。

3）依次光滑连接各点，完成全图。

3. 球的截交线

任何位置的平面截切球时，其截交线都是圆，但其投影随截平面的位置不同而不同。当截平面平行于某一投影面时，截交线在该投影面上的投影为圆，在另外两个投影面上的投影积聚为直线段，线段长度等于截交线圆的直径；当截平面垂直于一个投影面而倾斜于另两个投影面时，截交线在该投影面上的投影积聚为直线段，另两个投影为椭圆。

例 3-7　求作半球开槽后的三面投影（图 3-20a）。

分析：半球被两个对称的侧平面和一个水平面截切，两个侧平面与球面的交线各为一段平行于侧面的圆弧，其侧面投影反映圆弧的实形，正面投影和水平投影各积聚为一直线段。水平面与球面的交线为两段水平的圆弧，其水平投影反映圆弧的实形，正面投影和侧面投影各积聚为一直线段（图 3-20a）。

作图：

1）先画出完整半球的三面投影。根据槽宽和槽深画出反映通槽特征的正面投影（图 3-20b）。

2）分别作出截交线在 H、W 面的投影（图 3-20c），完成全图。

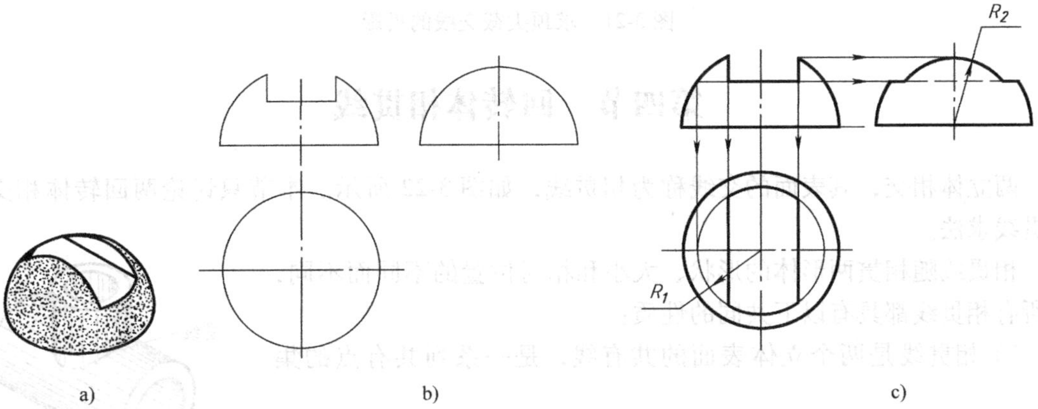

图 3-20　求半球开槽后的三面投影

4. 同轴组合回转体的截交线

求同轴组合回转体的截交线，必须分析该形体由哪些回转体组合而成，截平面与被截切的各个回转体的相对位置、截交线的形状及其投影特性，然后逐个画出各回转体的截交线，再依次将其连接起来。

例 3-8　求作图3-21a所示顶尖的水平投影。

分析：如图 3-21a 所示，该顶尖头部是由同轴的圆锥和圆柱组合后，被水平面 P 和正垂面 Q 截切而成的。水平面 P 与圆锥面的交线是双曲线，与圆柱面的交线是两条直线，正垂面 Q 与圆柱面的交线是一段椭圆弧。它们的正面投影和侧面投影均有积聚性，需求其水平投影。

作图（图 3-21b）：

1）作出该立体被截切前的水平投影。

2）作出左端双曲线的水平投影（用辅助圆法求一般点的水平投影 2、10）。

3）作出中部两平行直线的水平投影。

4）作出右端椭圆弧的水平投影（利用投影关系求一般点的水平投影 5、7）。

5）擦去多余图线，加深，完成全图。注意，不要漏画两截平面交线的水平投影（线段 84）和圆锥与圆柱交线的水平投影（3、9 之间的虚线）。

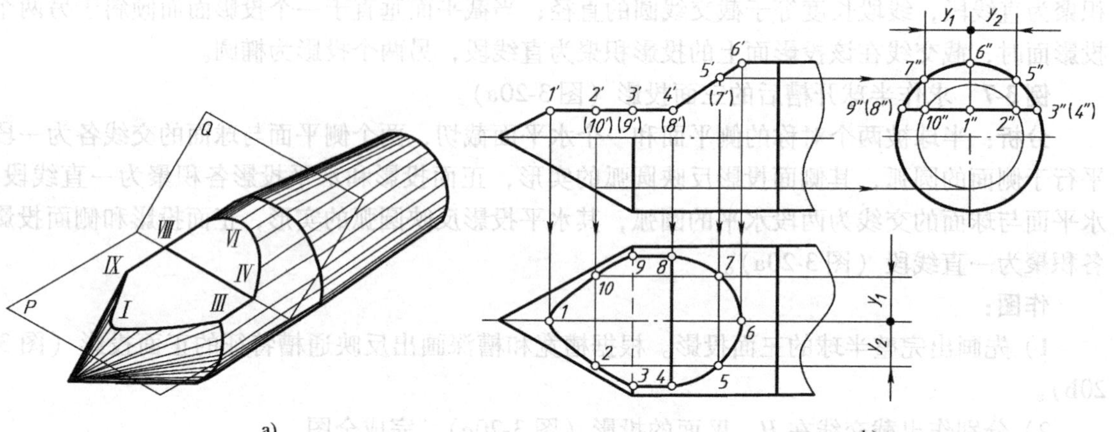

a)　　　　b)

图 3-21　求顶尖截交线的投影

第四节　回转体相贯线

两立体相交，其表面的交线称为相贯线，如图 3-22 所示。本节只讨论两回转体相交的相贯线求法。

相贯线随相贯两形体的形状、大小和相对位置的不同而不同，但所有相贯线都具有以下共同的性质：

1）相贯线是两个立体表面的共有线，是一系列共有点的集合。

2）相贯线一般为封闭的空间曲线，特殊情况下是平面曲线或直线。

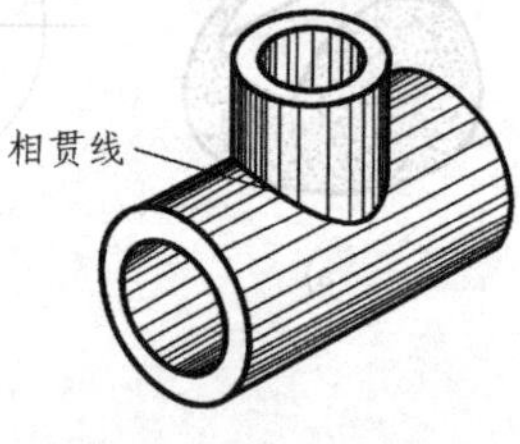

图 3-22　机件表面的相贯线

根据相贯线的性质，求相贯体的投影，实际上就是求出两相贯体表面上一系列共有点的投影，然后依次将各点的同面投影连接成光滑曲线即可。

一、表面取点法求相贯线

当圆柱的轴线垂直于某一投影面，圆柱面在该投影面上的投影具有积聚性时，可运用表面取点法（积聚性法）来求解。

例 3-9　求作正交两圆柱相贯线的投影（图 3-23）。

分析：两圆柱正交（两圆柱轴线垂直相交），大、小圆柱的轴线分别垂直于侧面投影面和水平投影面，所以相贯线的水平投影与小圆柱的水平投影重合，为一个圆；相贯线的侧面投影与大圆柱的侧面投影重合，为一段圆弧，需求相贯线的正面投影。因相贯线前后对称，所以相贯线前后部分的正面投影重合（图 3-23a）。

作图（图 3-23b）：

1）求特殊点。相贯线上的特殊点位于圆柱的轮廓素线上，故最高点Ⅰ、Ⅱ（也是相贯线的最左点和最右点）的正面投影 1′、2′可直接定出，最低点Ⅲ、Ⅳ（也是最前点和最后点）的正面投影 3′、4′，可由侧面投影 3″、4″作出。

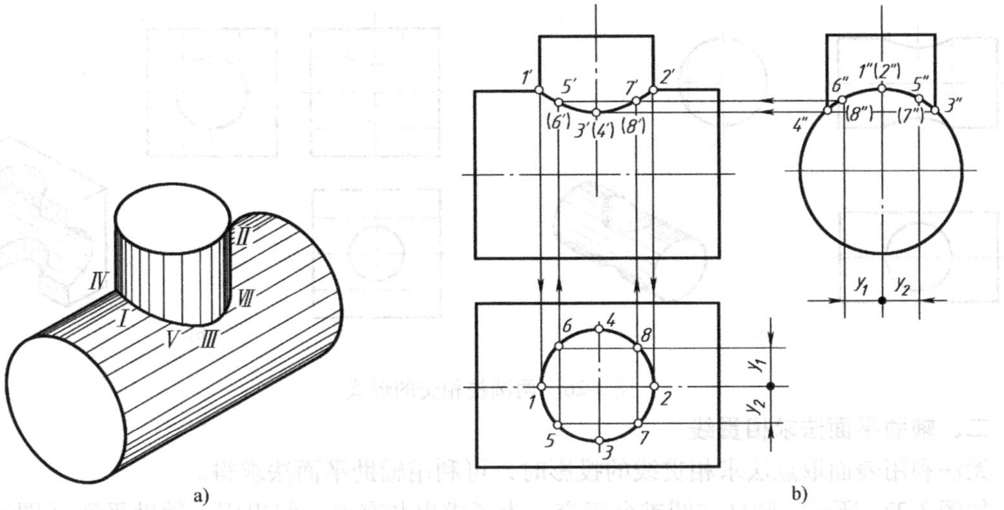

a)　　b)

图 3-23　求正交两圆柱的相贯线投影

2）求一般点。在水平投影中确定出 5、6、7、8，并作出其侧面投影 5″、6″、（7″）、（8″），再按点的投影规律作出正面投影 5′、（6′）、7′、（8′）。

3）依次光滑连接各点的正面投影，即为相贯线的正面投影。

在实际画图中，若对相贯线的准确度要求不高，两正交圆柱相贯线的投影可采用圆弧代替的近似画法，如图 3-24 所示。作图时，以大圆柱半径为圆弧半径，其圆心在小圆柱轴线上，相贯线弓向大圆柱的轴线。

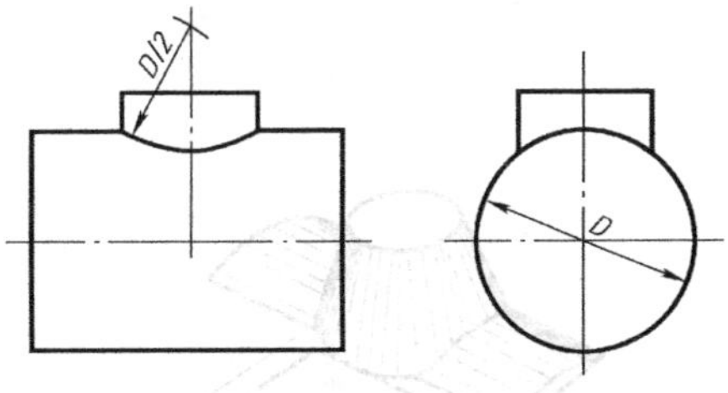

图 3-24　相贯线的近似画法

正交两圆柱的相贯线，随着两圆柱直径大小的相对变化，其相贯线的形状、弯曲方向也起变化。如图 3-25 所示，当两个直径不等的圆柱相交时，相贯线在非积聚性投影中，其弯曲趋势总是弓向大圆柱的轴线。当两个圆柱直径相等时，相贯线从两条空间曲线变为两条平面曲线（椭圆），其正面投影成为两相交直线。

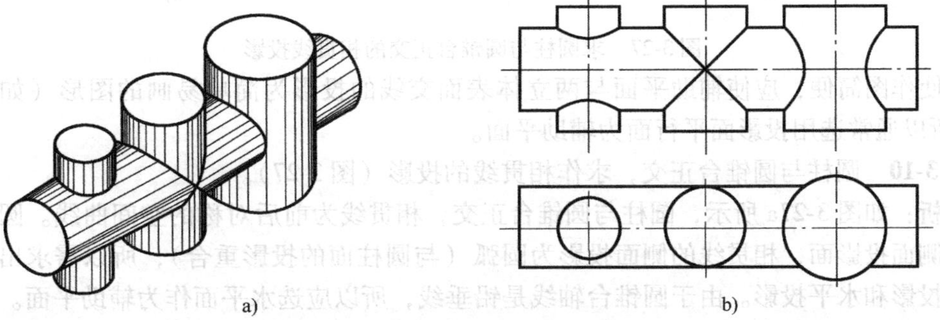

a)　　b)

图 3-25　相贯线的弯曲方向

两圆柱相交，除了两外表面相交之外（图 3-25），还有外表面与内表面相交（图 3-26a）和两内表面相交（图 3-26b），它们的交线形状和作图方法是相同的。

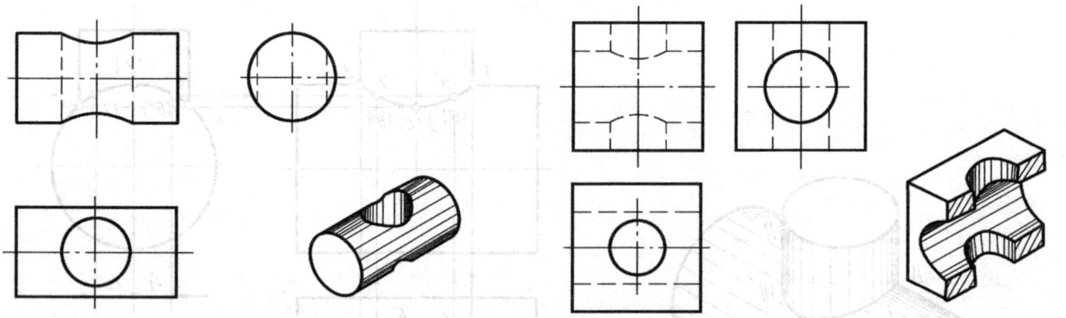

a)　　b)

图 3-26　两圆柱相交的形式

二、辅助平面法求相贯线

无法利用表面取点法求相贯线的投影时，可利用辅助平面法求得。

如图 3-27a 所示，圆柱与圆锥台正交，为了求出共有点，假想用一辅助平面（图示为水平面 P）同时截切两立体，辅助平面与圆锥面的交线（圆）及与圆柱面的交线（两平行直线）相交，交点（Ⅱ、Ⅳ、Ⅵ、Ⅷ）是三个面（圆柱面、圆锥面、辅助平面）的共有点，也就是相贯线上的点。

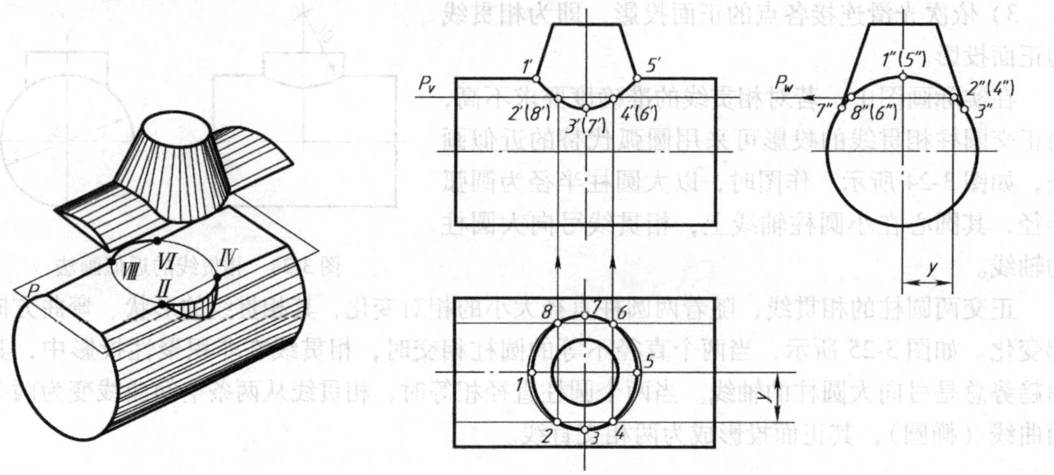

a)　　b)

图 3-27　求圆柱与圆锥台正交的相贯线投影

为使作图简便，应使辅助平面与两立体表面交线的投影为简单易画的图形（如直线或圆）。所以通常选用投影面平行面为辅助平面。

例 3-10　圆柱与圆锥台正交，求作相贯线的投影（图 3-27）。

分析：如图 3-27a 所示，圆柱与圆锥台正交，相贯线为前后对称的空间曲线。圆柱轴线垂直于侧面投影面，相贯线的侧面投影为圆弧（与圆柱面的投影重合），所以需求出相贯线的正面投影和水平投影。由于圆锥台轴线是铅垂线，所以应选水平面作为辅助平面。

作图（图 3-27b）：

1）求特殊点。根据相贯线最高点（也是最左点和最右点）和最低点（也是最前点和最后点）的侧面投影 1″、(5″)、3″、7″可求出其正面投影 1′、5′、3′、(7′) 及水平投影 1、5、3、7。

2）求一般点。在最高点和最低点之间作一辅助水平面 P，P 面截切圆锥台截交线的水平投影为圆，截切圆柱面截交线的水平投影为两条平行直线，其交点 2、4、6、8 即为相贯线上点的水平投影。再根据水平投影作出正面投影 2′、4′、(6′)、(8′)。

3) 判别可见性，依次光滑连接各点的同面投影，完成全图。

* **例 3-11** 求作圆柱与半球的相贯线的投影（图 3-28a）。

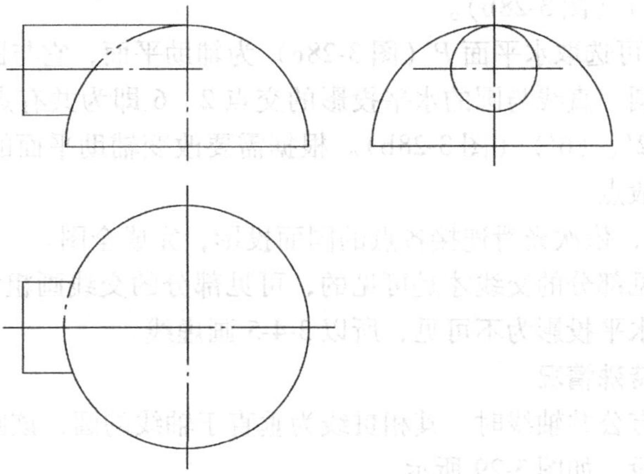

a)

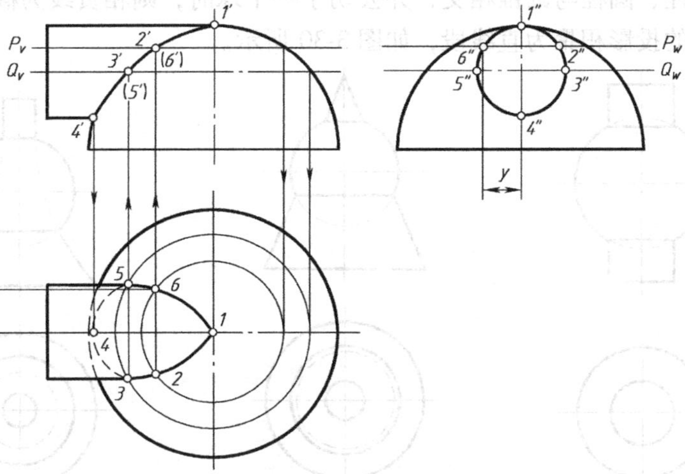

b)

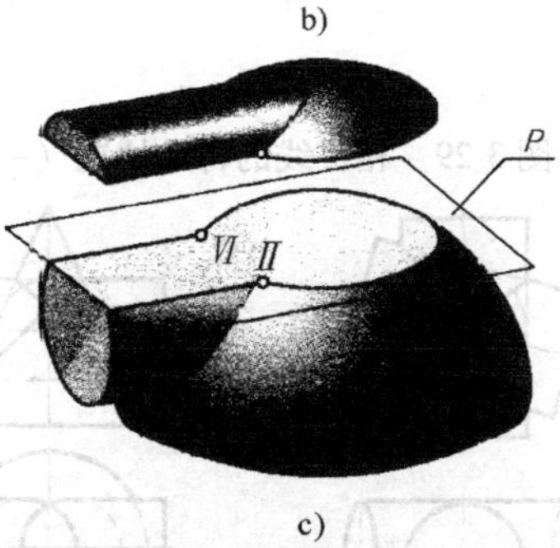

c)

图 3-28 求圆柱与半球相交的相贯线投影

分析： 因为圆柱轴线垂直于侧面，所以相贯线的侧面投影与圆柱的侧面投影重合，只需求作相贯线的正面投影和水平投影即可。两立体前后对称相交，相贯线是一条前后对称的空间曲线，正面投影前后重合。

作图：

1）求特殊点。Ⅰ、Ⅳ为最高点和最低点，也是最右点和最左点，可以直接求出。Ⅲ、Ⅴ为最前点和最后点，也是水平投影可见与不可见的分界点，可过圆柱轴线作辅助水平面 Q，则与圆柱面相交为最前和最后素线，与球面相交为圆，它们的水平投影相交在 3、5，其正面投影为 3′、(5′)（图 3-28b）。

2）求一般点。可选取水平面 P（图 3-28c）为辅助平面，它与圆柱面相交为一对平行直线，与球面相交为圆，直线与圆的水平投影的交点 2、6 即为共有点Ⅱ、Ⅵ的水平投影，由此可求出正面投影 2′、(6′)（图 3-28b）。根据需要改变辅助平面的上下位置，在Ⅰ、Ⅳ之间可再求出一些一般点。

3）判别可见性，依次光滑连接各点的同面投影，完成全图。

只有两曲面可见部分的交线才是可见的，可见部分的交线画粗实线。而Ⅲ-Ⅳ-Ⅴ在圆柱面的下半部分，其水平投影为不可见，所以 3-4-5 画虚线。

三、相贯线的特殊情况

当两回转体具有公共轴线时，其相贯线为垂直于轴线的圆，该圆在与轴线平行的投影面上的投影为一直线段，如图 3-29 所示。

当圆柱与圆柱、圆柱与圆锥相交，并公切于一个球时，则相贯线为椭圆，它在与两轴线平行的投影面上的投影积聚为直线段，如图 3-30 所示。

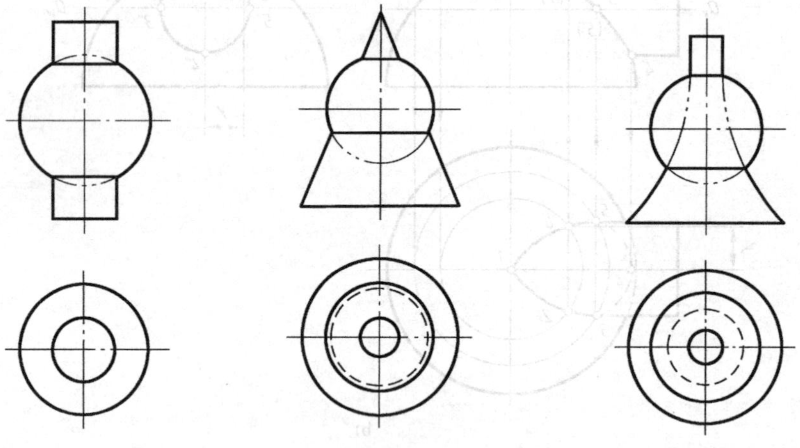

a) b) c)

图 3-29 相贯线的特殊情况（一）

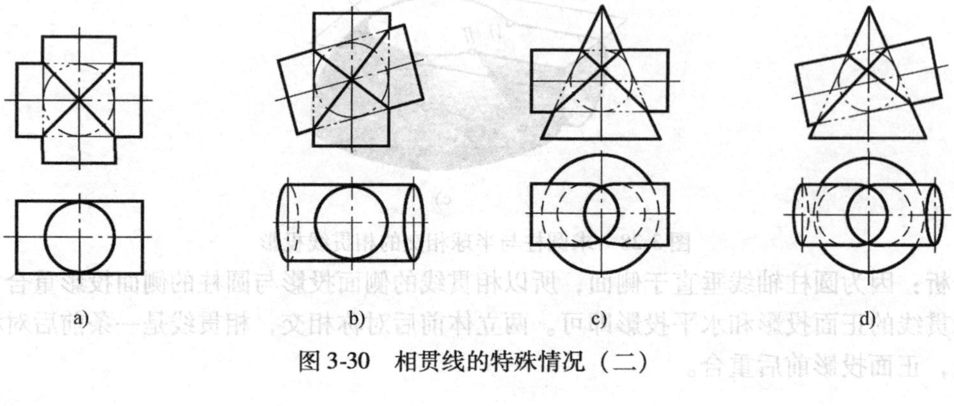

a) b) c) d)

图 3-30 相贯线的特殊情况（二）

第四章　轴　测　图

用正投影法绘制的视图，如图 4-1a 所示，它可以准确地表达物体的形状和大小，且作图方便，度量性好，所以在工程上被广泛采用。但它缺乏立体感，不具备一定看图能力的人难以看懂。因此，工程上也常采用虽然作图较繁，但富有立体感的单面投影图（即轴测图）作为辅助图样，如图 4-1b 所示。

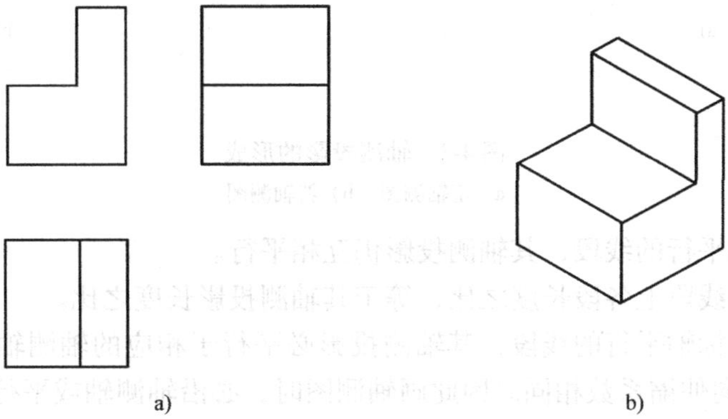

a)　　b)

图 4-1　三视图与轴测图

第一节　轴测图的基本知识

一、轴测图的形成

将物体连同其直角坐标系，沿不平行于任一坐标平面的方向，用平行投影法将其投射在单一投影面上所得到的图形，称为轴测投影（轴测图），如图 4-2 所示。单一投影面 P 称为轴测投影面，直角坐标轴 O_0X_0、O_0Y_0、O_0Z_0 在轴测投影面 P 上的投影 OX、OY、OZ 称为轴测轴。

二、轴间角和轴向伸缩系数

两轴测轴之间的夹角（图 4-2 中 $\angle XOY$、$\angle YOZ$、$\angle XOZ$）称为轴间角。直角坐标轴的轴测投影的单位长度与相应直角坐标轴上的单位长度之比称为轴向伸缩系数。

设 O_0A_0、O_0B_0、O_0C_0 分别为 O_0X_0、O_0Y_0、O_0Z_0 轴上的线段，它们的轴测投影为 OA、OB、OC。用 p_1、q_1、r_1 分别表示 O_0X_0、O_0Y_0、O_0Z_0 轴的轴向伸缩系数，则

$$p_1 = \frac{OA}{O_0A_0},\ q_1 = \frac{OB}{O_0B_0},\ r_1 = \frac{OC}{O_0C_0}$$

三、轴测投影的特性

轴测投影具有与平行投影类似的性质：

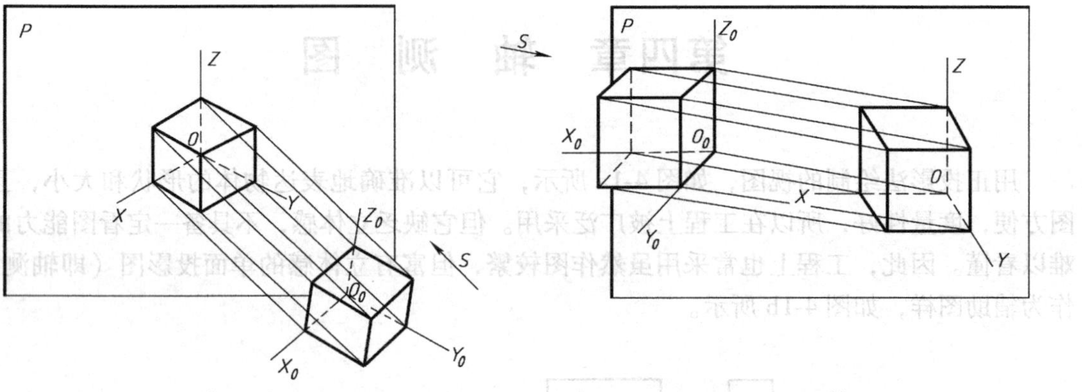

图 4-2 轴测投影的形成
a）正轴测图 b）斜轴测图

1）物体上互相平行的线段，其轴测投影仍互相平行。

2）物体上同一线段上各段长度之比，等于其轴测投影长度之比。

3）凡与直角坐标轴平行的线段，其轴测投影必平行于相应的轴测轴，且轴向伸缩系数与相应轴测轴的轴向伸缩系数相同。因此画轴测图时，必沿轴测轴或平行于轴测轴的方向才可以度量，这就是“轴测”的含义。

四、轴测图的分类

按轴测投射方向对轴测投影面的相对位置不同，轴测图可分为两大类：

1）正轴测图：投射方向垂直于轴测投影面的轴测图，如图 4-2a 所示。

2）斜轴测图：投射方向倾斜于轴测投影面的轴测图，如图 4-2b 所示。

根据轴向伸缩系数，这两类轴测图又可分为：

1）当 $p_1 = q_1 = r_1$ 时，称为正（或斜）等轴测图。

2）当 $p_1 = r_1 \neq q_1$ 时，称为正（或斜）二轴测图。

3）当 $p_1 \neq q_1 \neq r_1$ 时，称为正（或斜）三轴测图。

工程上用得较多的是正等轴测图和斜二轴测图。本章只介绍这两种轴测图的画法。

第二节 正等轴测图

一、轴间角和轴向伸缩系数

在正等轴测图中，由于物体上的三根直角坐标轴与轴测投影面的倾角相等，因此，与之相对应的轴测轴之间的夹角也必须相等，即 $\angle XOY = \angle XOZ = \angle YOZ = 120°$，如图 4-3a 所示。

正等轴测图中 O_0X_0、O_0Y_0、O_0Z_0 三轴的轴向伸缩系数相等，即 $p_1 = q_1 = r_1 \approx 0.82$。为作图简便，取简化轴向伸缩系数 $p = q = r = 1$，这样，画出的图形在沿各轴向的长度都分别放大了约 1.22 倍，如图 4-3c 所示。

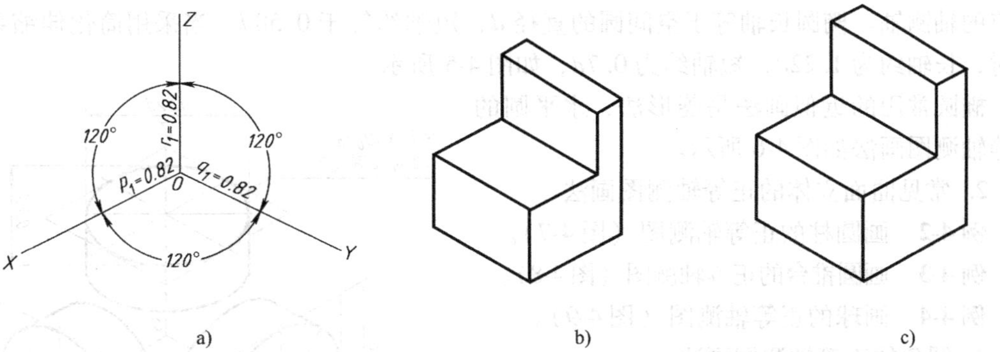

图 4-3　正等轴测图的轴间角和轴向伸缩系数

a）轴间角和轴向伸缩系数　b）$p_1=q_1=r_1=0.82$　c）$p=q=r=1$

二、平面立体正等轴测图画法

绘制平面立体正等轴测图的基本方法是坐标法。它根据物体的形状特点，选定合适的坐标轴，画出轴测轴，然后按坐标关系画出物体各点的轴测投影，依次连接各点完成物体的轴测图。以坐标法为基础，根据物体不同的情况，还可采用切割法和叠加法。

例 4-1　根据图 4-4a 所示正六棱柱的三视图，画出它的正等轴测图。

作图：如图 4-4 所示。

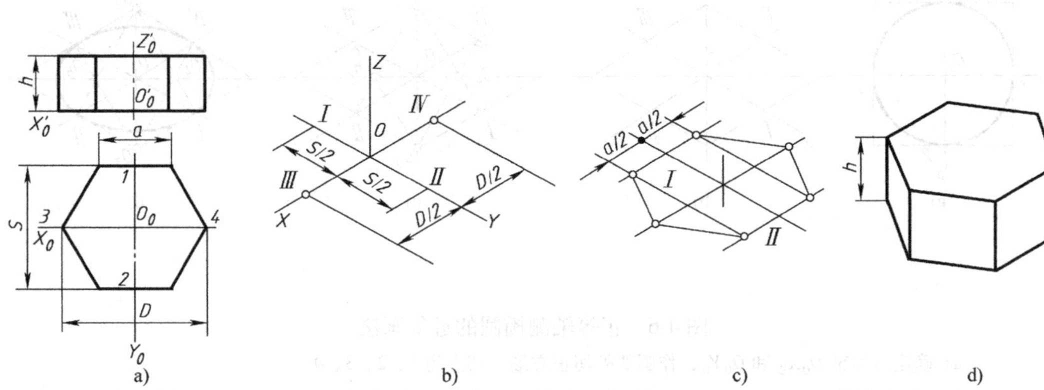

图 4-4　正六棱柱正等轴测图画法

a）在视图上定坐标轴和坐标原点　b）画轴测轴，根据尺寸 S、D 定出点Ⅰ、Ⅱ、Ⅲ、Ⅳ

c）过点Ⅰ、Ⅱ作直线平行于 OX，并在所作直线的两边各取 $a/2$，然后连接各顶点

d）过各顶点向下画侧棱，取尺寸 h；画底面各边；擦去多余图线，描深，完成全图

本题关键在于选定坐标轴和坐标原点，如先确定顶面顶点的坐标，可避免画不必要的作图线。

三、回转体正等轴测图画法

1. 平行于坐标面的圆的正等轴测图画法

平行于坐标面的圆的正等轴测投影为椭圆。椭圆长轴垂直于相应的轴测轴，短轴平行于相应的轴测轴。椭圆长轴等于空间圆的直径 d，短轴约等于 $0.58d$；当采用简化伸缩系数作图时，长轴约为 $1.22d$，短轴约为 $0.7d$，如图 4-5 所示。

椭圆常用的近似画法是菱形法，水平圆的正等轴测图画法如图 4-6 所示。

2. 常见曲面立体的正等轴测图画法

例 4-2 画圆柱的正等轴测图（图 4-7）。

例 4-3 画圆锥台的正等轴测图（图 4-8）。

例 4-4 画球的正等轴测图（图 4-9）。

3. 圆角的正等轴测图画法

例 4-5 画圆角（1/4 圆弧）的正等轴测图。

机件底板的圆角，可认为各是 1/4 圆柱面。如图 4-10a 所示的视图上，这两段圆弧各相当于整圆的四分之一，可以采用近似画法画出它们的正等轴测投影，而各自的圆心在所作外切菱形各边切点处所作垂线的交点上，画法如图 4-10 所示。

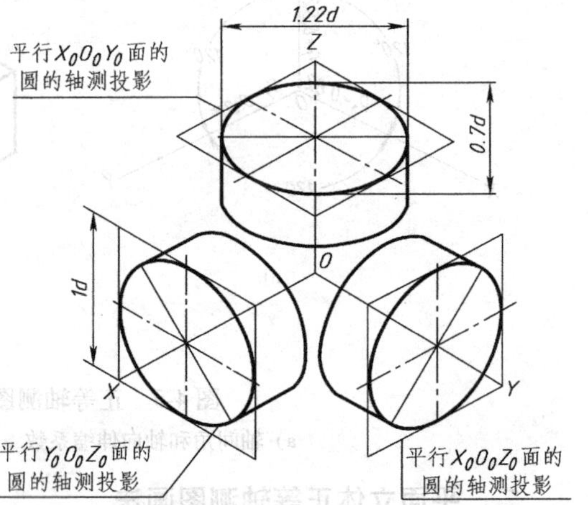

图 4-5 平行于坐标面的圆的正等轴测图

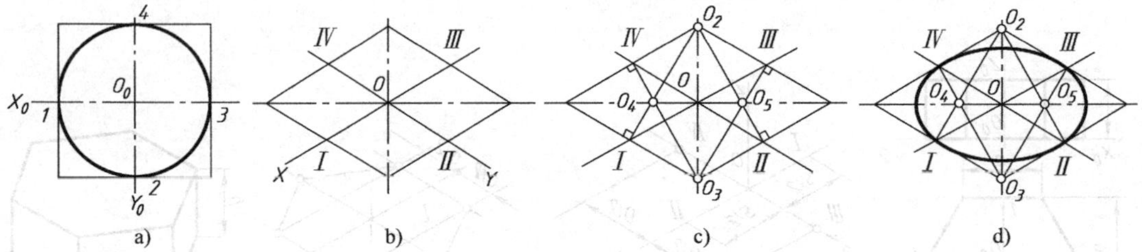

图 4-6 正等轴测椭圆的近似画法

a) 确定坐标轴 O_0X_0 和 O_0Y_0，作圆的外切正方形，切点为 1、2、3、4

b) 画出轴测轴 OX、OY。从 O 点沿轴向直接量取圆半径，得切点Ⅰ、Ⅱ、Ⅲ、Ⅳ。过各点分别作轴测轴的平行线，即得圆的外切正方形的轴测图——菱形，再作菱形的对角线

c) 作菱形两钝角的顶点 O_2、O_3 和其两对边中点的连线，与长对角线交于 O_4、O_5，则 O_2、O_3、O_4、O_5 即是近似椭圆的四个圆心

d) 以 O_2、O_3 为圆心，O_2Ⅰ为半径画出两个大圆弧；以 O_4、O_5 为圆心、O_4Ⅰ为半径画出两个小圆弧，光滑连接四个圆弧即得近似椭圆

四、组合形体正等轴测图画法

对于切割体，先按完整形体画出，然后用切割法逐一画出其被切去部分。对于叠加形体，可按各基本形体逐一叠加的方法画出其轴测图。对于既有切割又有叠加的形体，可按先叠加后切割或综合运用上述两种方法画轴测图。

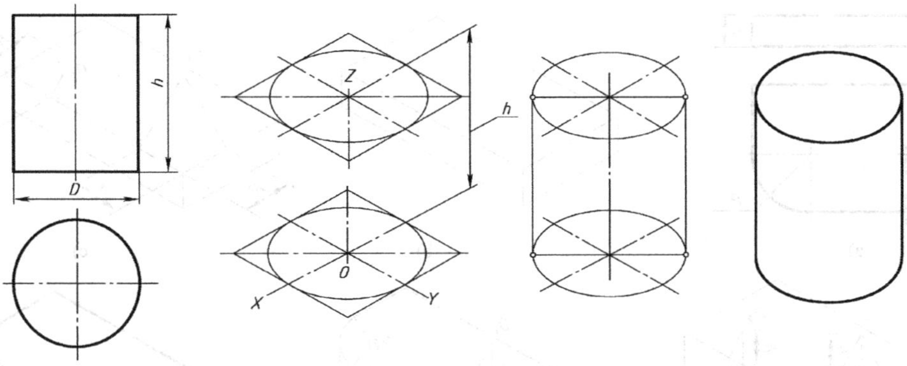

a)　b)　c)　d)

图 4-7　圆柱的正等轴测图画法

a）视图　b）画轴测轴，定上、下底中心，画上、下底椭圆　c）作出两边轮廓线（注意切点位置）　d）擦去多余图线，加深，完成全图

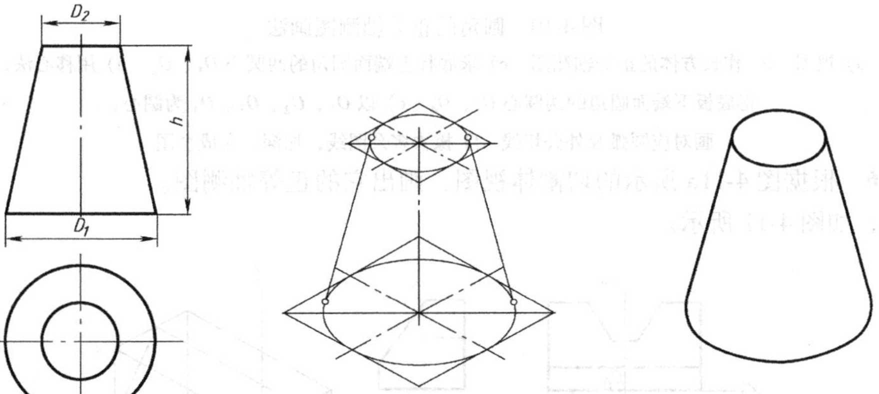

a)　b)　c)

图 4-8　圆锥台的正等轴测图画法

a）视图　b）画出上、下底椭圆后，锥面两边的轮廓线要与两个椭圆相切　c）擦去多余图线，加深，完成全图

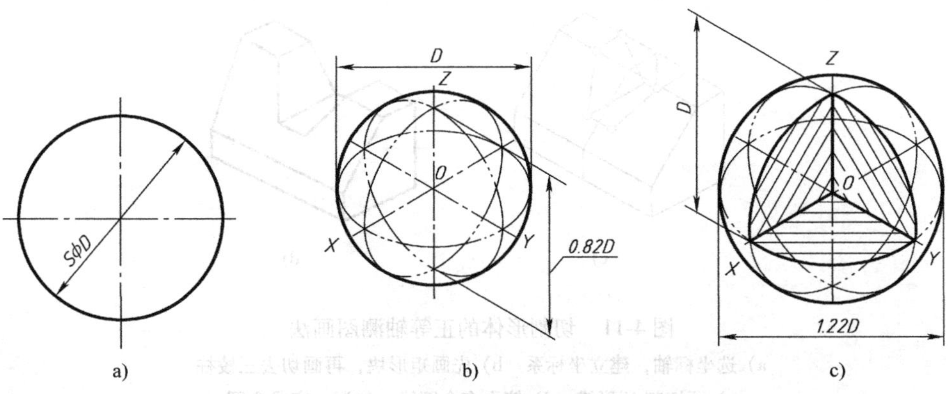

a)　b)　c)

图 4-9　球的正等轴测图画法

a）视图　b）轴向伸缩系数 0.82　c）简化伸缩系数 1

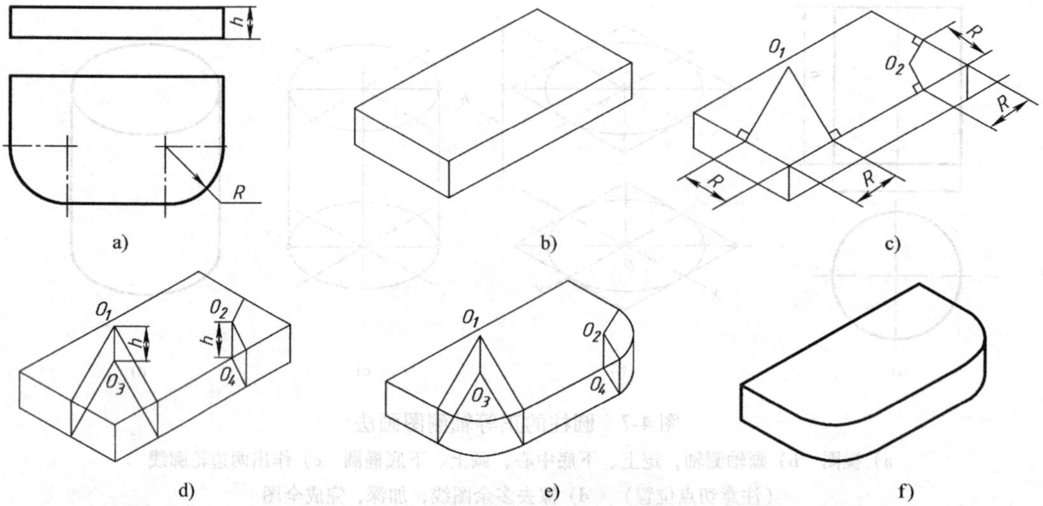

图 4-10　圆角的正等轴测图画法

a）视图　b）作长方体的正等轴测图　c）求底板上端面圆角的两圆心 O_1、O_2　d）用移心法，得底板下端面圆角的两圆心 O_3、O_4　e）以 O_1、O_2、O_3、O_4 为圆心，画对应圆弧及外公切线　f）擦去多余图线，加深，完成全图

例 4-6　根据图 4-11a 所示的切割体视图，画出它的正等轴测图。

作法：如图 4-11 所示。

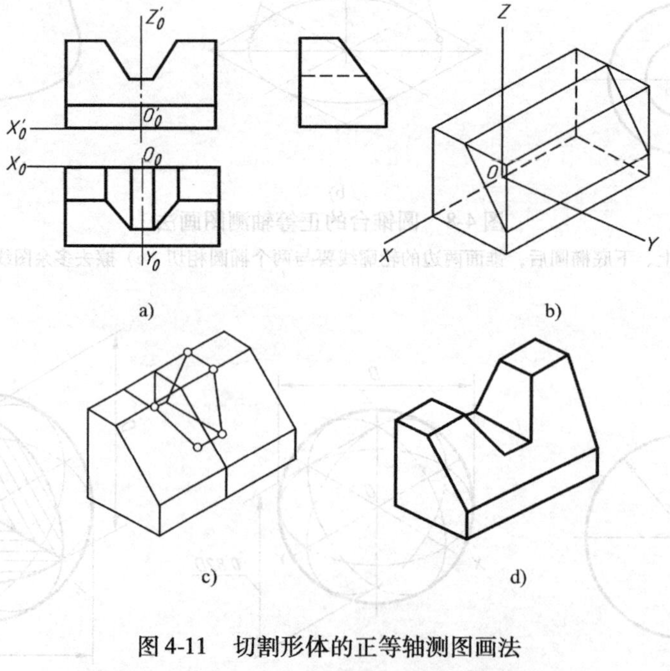

图 4-11　切割形体的正等轴测图画法

a）选坐标轴，建立坐标系　b）先画矩形块，再画切去三棱柱　c）画切割 V 形槽　d）擦去多余图线，加深，完成全图

例 4-7　根据图 4-12a 所示物体的视图，画出它的正等轴测图。

根据该形体的特点，既有切割又有叠加，可综合作图，其作图步骤如图 4-12 所示。

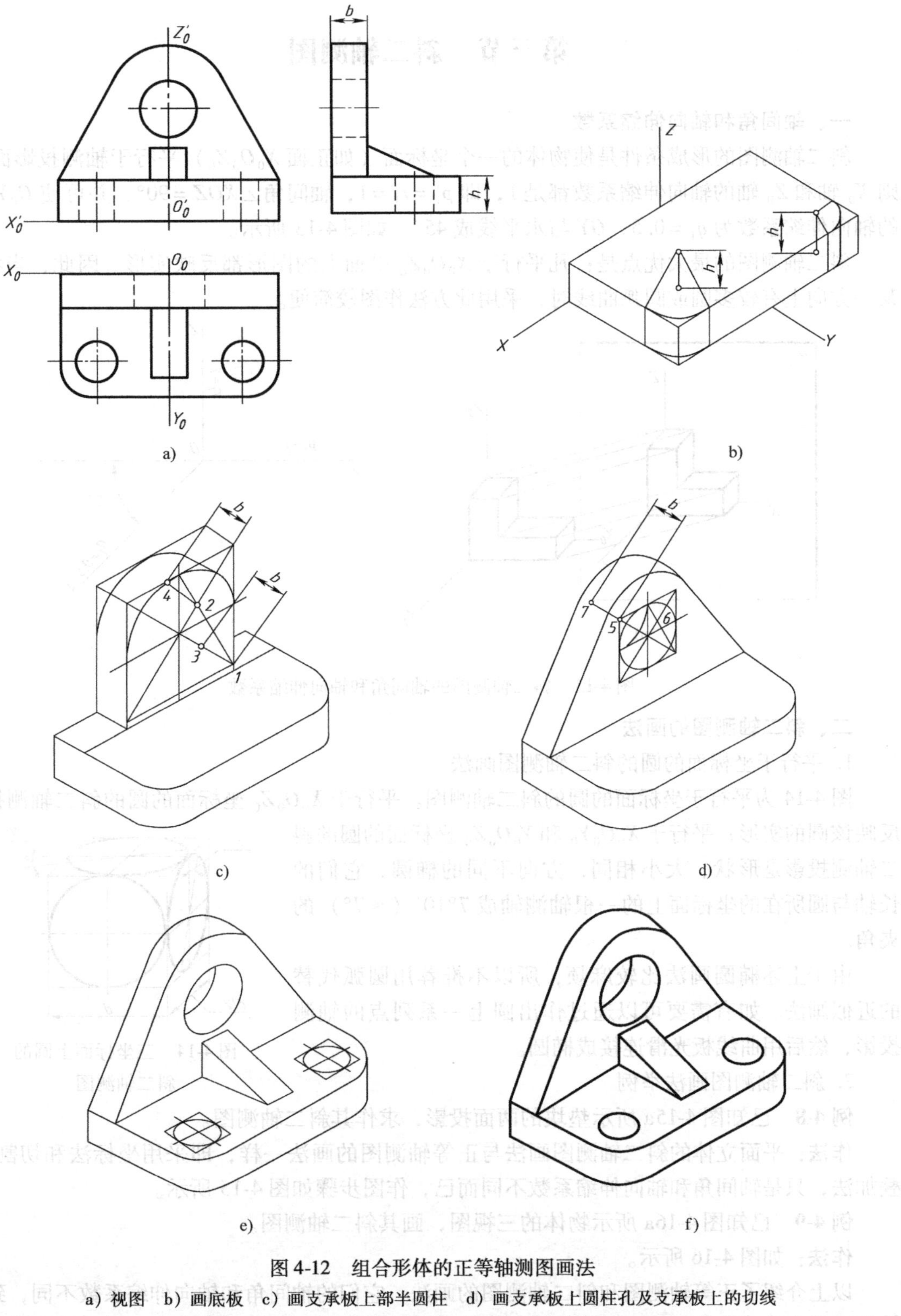

图 4-12 组合形体的正等轴测图画法

a）视图 b）画底板 c）画支承板上部半圆柱 d）画支承板上圆柱孔及支承板上的切线 e）画肋板及底板上的圆柱孔 f）擦去多余图线，加深，完成全图

第三节 斜二轴测图

一、轴间角和轴向伸缩系数

斜二轴测图的形成条件是使物体的一个坐标面（如正面 $X_0O_0Z_0$）平行于轴测投影面 P，则 X_0 轴和 Z_0 轴的轴向伸缩系数都是 1，即 $p_1=r_1=1$，轴间角 $\angle XOZ=90°$，并可使 O_0Y_0 轴的轴向伸缩系数为 $q_1=0.5$，OY 与水平线成 45°，如图 4-13 所示。

斜二轴测图的最大优点是：凡平行于 $X_0O_0Z_0$ 平面上的图形都反映实形。因此，当物体某一方向上有较多圆或圆弧曲线时，采用此方法作图较简便。

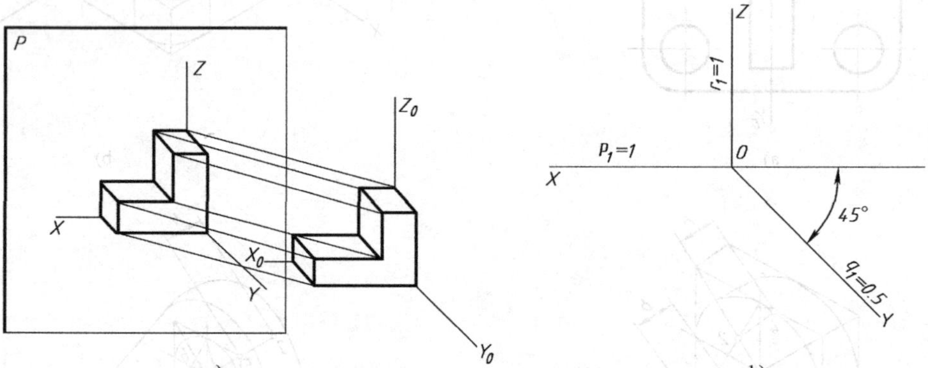

a) b)

图 4-13 斜二轴测图的轴间角和轴向伸缩系数

二、斜二轴测图的画法

1. 平行于坐标面的圆的斜二轴测图画法

图 4-14 为平行于坐标面的圆的斜二轴测图。平行于 $X_0O_0Z_0$ 坐标面的圆的斜二轴测投影反映该圆的实形；平行于 $X_0O_0Y_0$ 和 $Y_0O_0Z_0$ 坐标面的圆的斜二轴测投影是形状、大小相同，方向不同的椭圆，它们的长轴与圆所在的坐标面上的一根轴测轴成 7°10′（≈7°）的夹角。

由于上述椭圆画法比较麻烦，所以不推荐用圆弧代替的近似画法。如有需要可以通过作出圆上一系列点的轴测投影，然后用曲线板光滑连接成椭圆。

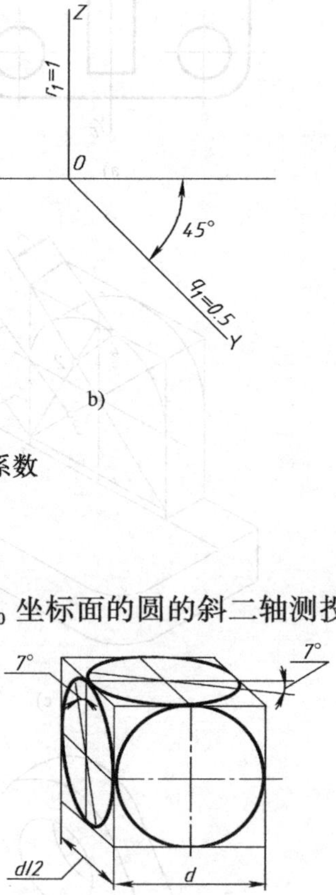

图 4-14 三坐标面上圆的斜二轴测图

2. 斜二轴测图画法举例

例 4-8 已知图 4-15a 所示垫块的两面投影，求作其斜二轴测图。

作法：平面立体的斜二轴测图画法与正等轴测图的画法一样，即采用坐标法和切割法、叠加法，只是轴间角和轴向伸缩系数不同而已，作图步骤如图 4-15 所示。

例 4-9 已知图 4-16a 所示物体的三视图，画其斜二轴测图。

作法：如图 4-16 所示。

以上介绍了正等轴测图和斜二轴测图的画法，它们的轴间角和轴向伸缩系数不同，致使轴测图的立体感及作图难度也不同。正等轴测图的简化轴向伸缩系数为 1，可直接在投影图中量取尺寸，它的椭圆近似画法也比较简单，故正等轴测图的作图较简便，尤其是物体上与

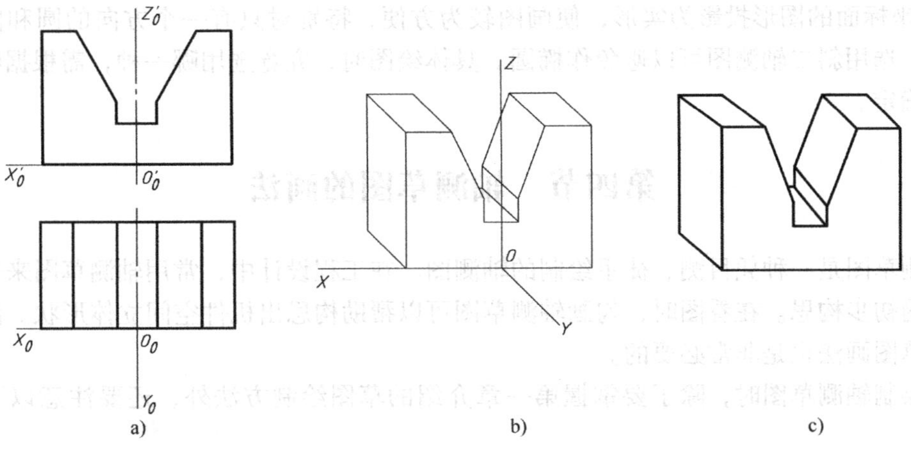

图4-15　垫块的斜二轴测图画法

a）建立坐标系　b）画出垫块的正面轴测图，过正面各棱线的端点作直线与 OY 平行，并使其长度等于垫块宽度尺寸的一半，依此连接所得的各端点　c）擦去多余图线，加深，完成全图

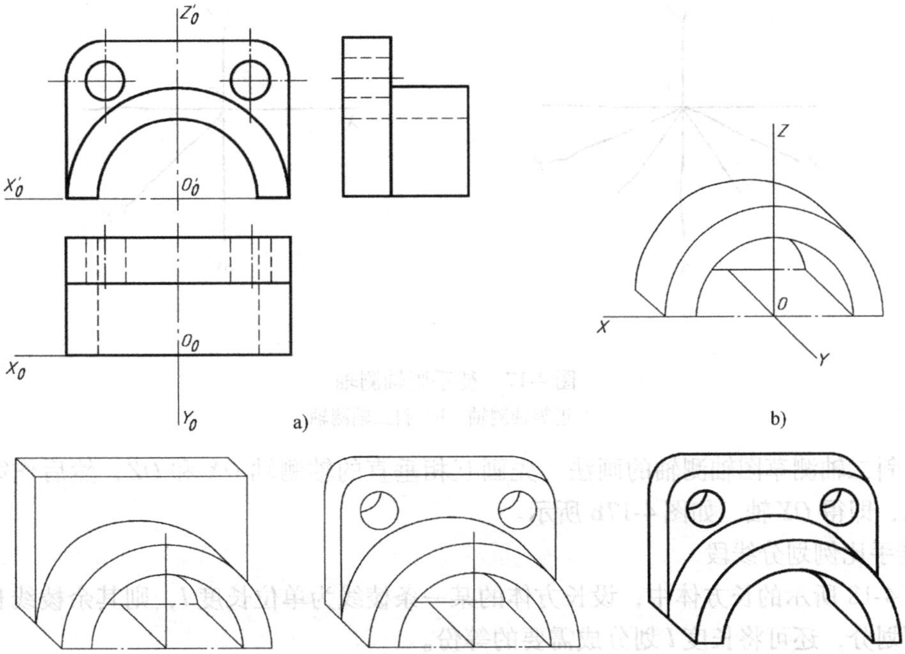

图4-16　组合形体的斜二轴测图画法

a）选坐标轴，建立坐标系　b）画轴测轴及空心半圆柱　c）画长方体竖板

d）画竖板的圆角和小孔　e）擦去多余图线，加深，完成全图

坐标面平行的各表面都有圆、圆角时，宜采用正等轴测图来表达。斜二轴测图由于平行于$X_0O_0Z_0$坐标面的图形投影为实形，使画图较为方便，特别对只有一个方向的圆和圆弧曲线的物体，选用斜二轴测图可以避免作椭圆。具体绘图时，究竟选用哪一种，需根据物体的特点加以确定。

第四节　轴测草图的画法

轴测草图是一种凭目测、徒手绘制的轴测图。在工程设计中，常用轴测草图来表达机器或部件的初步构思。在看图时，勾画轴测草图可以帮助构思出机件空间立体形状。因此，掌握轴测草图画法也是非常必要的。

在绘制轴测草图时，除了要掌握第一章介绍的草图绘制方法外，还要注意以下基本技巧。

1. 徒手画轴测轴

（1）正等轴测草图轴测轴的画法　要求三条轴测轴之间的夹角应尽量接近120°，可先画一条水平横线和OZ轴，然后将三、四两个象限分别三等分，其中靠近水平横线的两条线，即为OX轴和OY轴，如图4-17a所示。

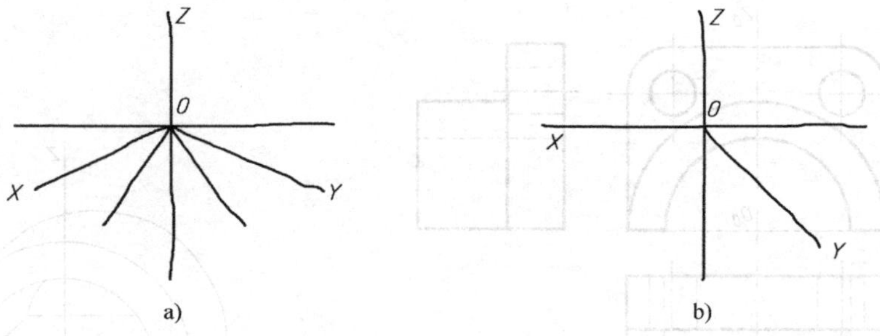

图4-17　徒手画轴测轴

a）正等轴测轴　b）斜二轴测轴

（2）斜二轴测草图轴测轴的画法　先画互相垂直的轴测轴OX和OZ，然后作第四象限的分角线，即得OY轴，如图4-17b所示。

2. 徒手比例划分线段

在图4-18所示的长方体中，设长方体的某一条棱线为单位长度l，则其余棱线长度都按一定比例划分，还可将长度l划分成需要的等份。

画轴测草图时，经常要确定图形的对称线以及几何中心位置。可以作正方形或矩形的两条对角线，或者估画出两对边中点的连线，来确定它们的位置，如图4-19所示。

利用矩形的对角线，可以成比例地放大或缩小矩形的尺寸。如图4-20所示，左侧面是按比例对称于同一中心缩放，前面是按重合两边进行缩放。

3. 圆的轴测草图的画法

由于圆的轴测投影一般为椭圆，故画圆的轴测草图就是徒手画椭圆。下面以图4-21所示的正等轴测椭圆（平行于 $Y_0O_0Z_0$ 坐标面）为例，说明其画图步骤。

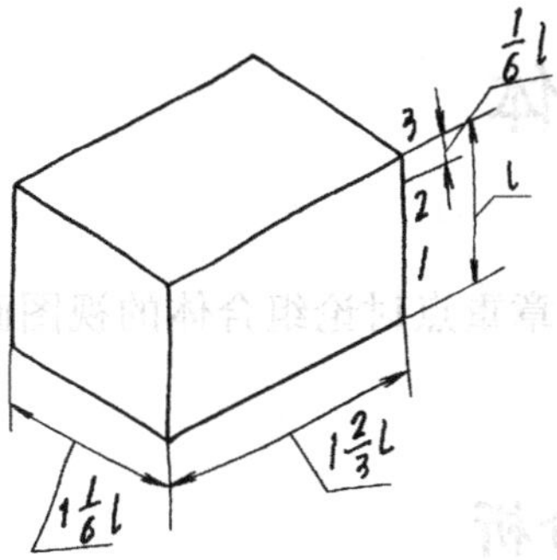

图 4-18　徒手按比例划分等长线段

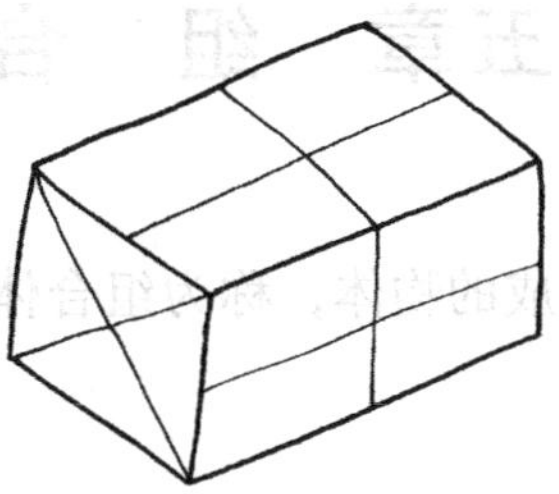

图 4-19　确定几何中心方法

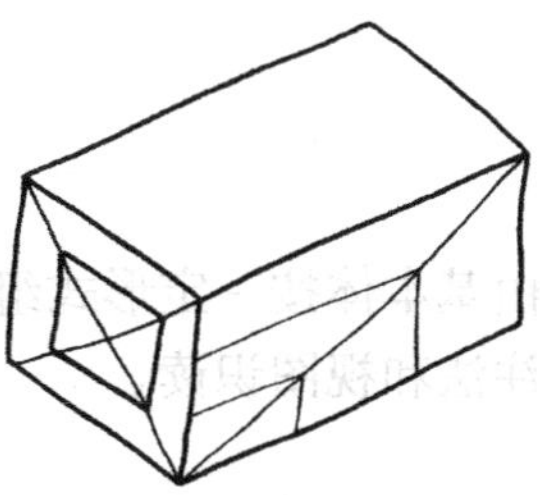

图 4-20　利用对角线缩放矩形

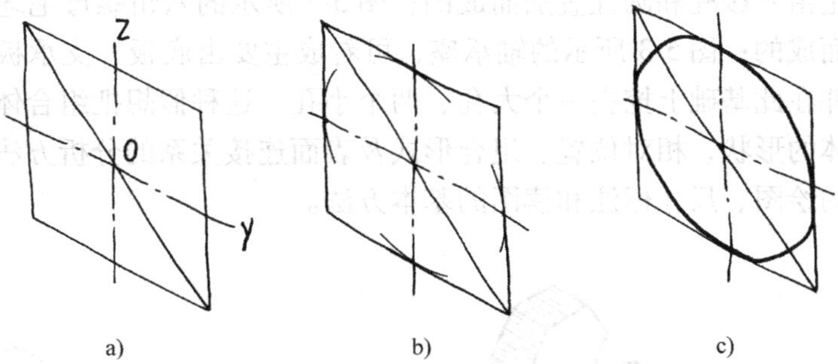

图 4-21　圆的轴测草图的画法

a）以圆的直径尺寸作一菱形，并尽量使其长轴处于与水平线成 60°的位置

b）用细线先勾画出四段短弧，使之与菱形各边的中点相切

c）光滑连接四段圆弧，即得椭圆

徒手绘制物体轴测图的作图原理、方法和步骤，与仪器绘制轴测图一样。为提高徒手绘制轴测图的质量和速度，应尽量使用轴测网格纸来绘图（图 4-22）。还需注意画出的图形各部分的比例应协调，否则，会使图形严重失真，影响立体感。

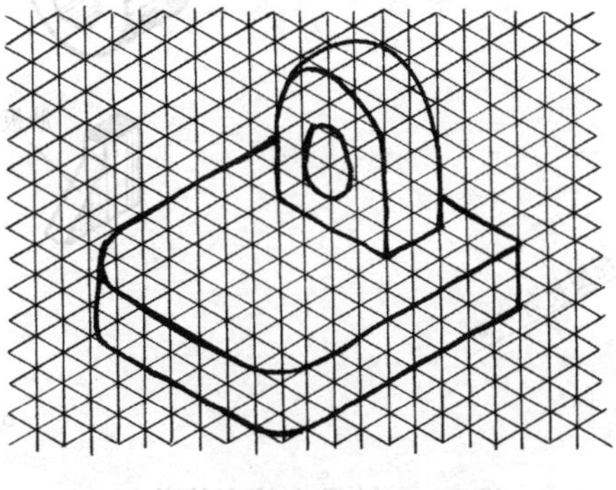

图 4-22　利用轴测网格纸画轴测草图

第五章　组　合　体

由基本体按一定形式组合而成的物体，称为组合体。本章重点讨论组合体的视图画法、尺寸注法和视图识读。

第一节　组合体的形体分析

一、形体分析法

任何复杂的物体，都可以看成是由一些基本体组合而成的。如图5-1所示的六角头螺栓毛坯，可以看成是由六棱柱和圆柱叠加而成的；图5-2所示的六角螺母毛坯，可以看成是由六棱柱挖去圆柱而成的；图5-3所示的轴承座，可看成主要由底板、支承板、圆筒和肋板四部分叠加构成，并在此基础上挖去一个大孔、两个小孔。这种假想把组合体分解为若干基本体，分析各基本体的形状、相对位置、组合形式及表面连接关系的分析方法，称为形体分析法。它是组合体的绘图、尺寸标注和读图的基本方法。

a)　　b)

图5-1　叠加式组合体

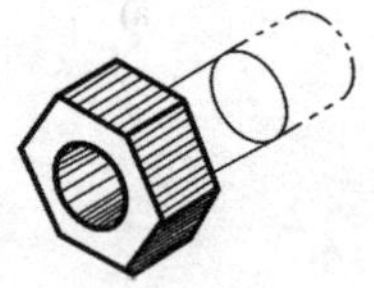

图5-2　挖切式组合体

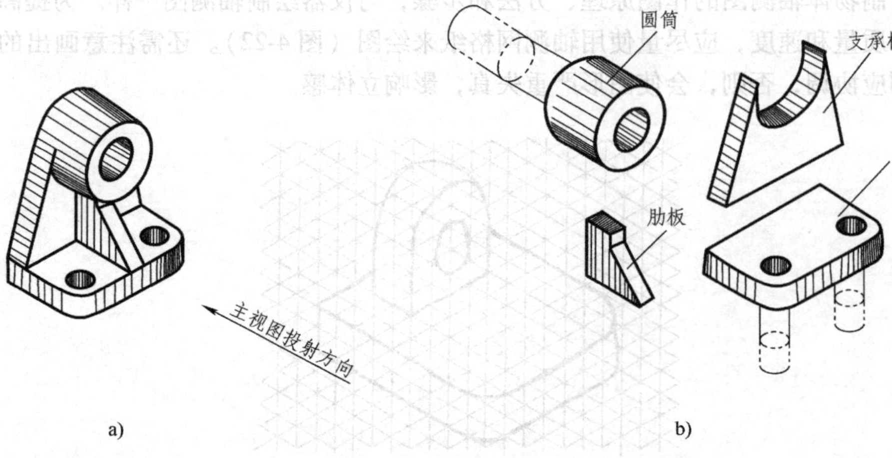

a)　　b)

图5-3　轴承座的形体分析

二、组合体的组合形式及相邻表面连接关系

组合体的组合形式有叠加（图 5-1）和切割（挖切）（图 5-2）两种基本形式，而常见的是这两种形式的综合。

基本体组合在一起，按其相邻表面相对位置的不同，连接关系可分为共面、相交、相切等情况。连接关系不同，连接处投影的画法也不同。

1. 共面

当两形体的表面平齐且共面时，共面处没有分界线，该处投影不应画线，如图 5-4 所示。

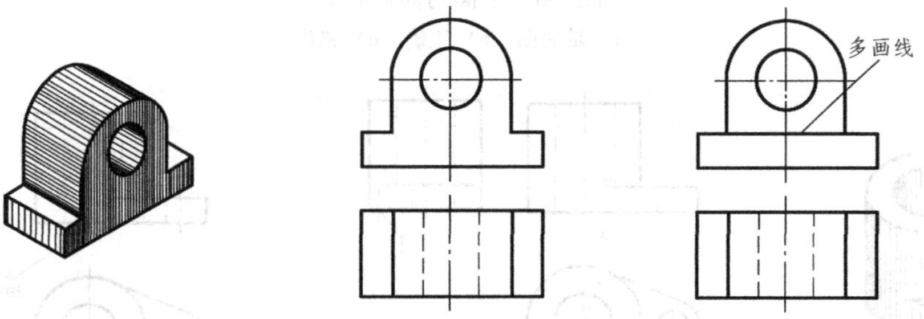

a)　b)　c)

图 5-4　两平面共面

a）轴测图　b）正确　c）错误

当两形体的表面不平齐且不共面时，两形体之间存在分界面，应画出分界面的投影，如图 5-5 所示。

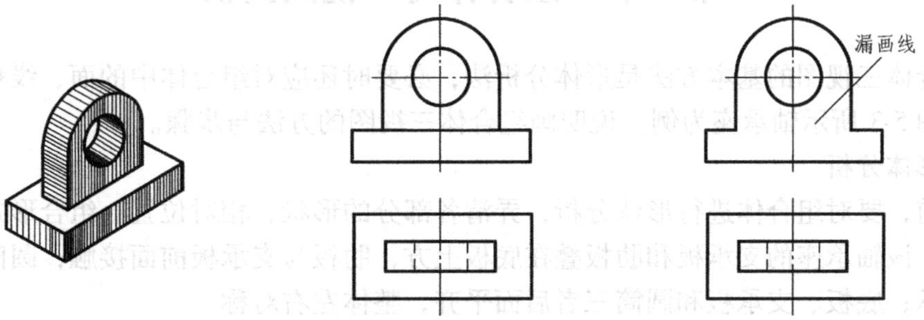

a)　b)　c)

图 5-5　两平面不共面

a）轴测图　b）正确　c）错误

2. 相交

当两形体表面相交时，两表面交界处有交线，应画出交线的投影，如图 5-6 所示。

3. 相切

当两形体表面相切时，相切处光滑连接，没有交线，不应画切线的投影，相邻平面的投影应画到切点，如图 5-7 所示。

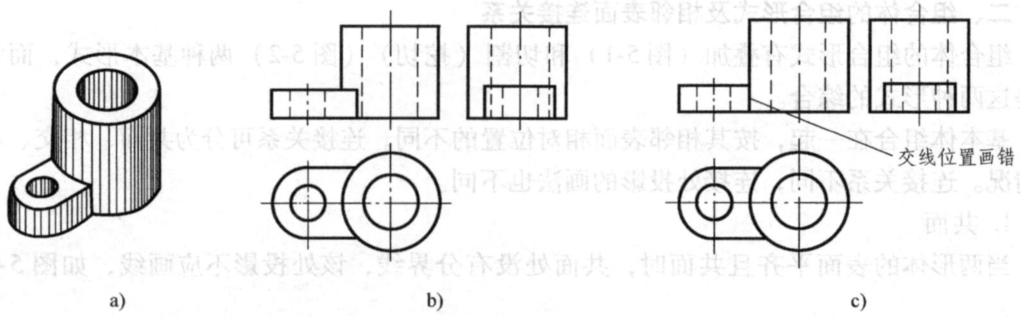

图 5-6 平面与曲面相交

a）轴测图 b）正确 c）错误

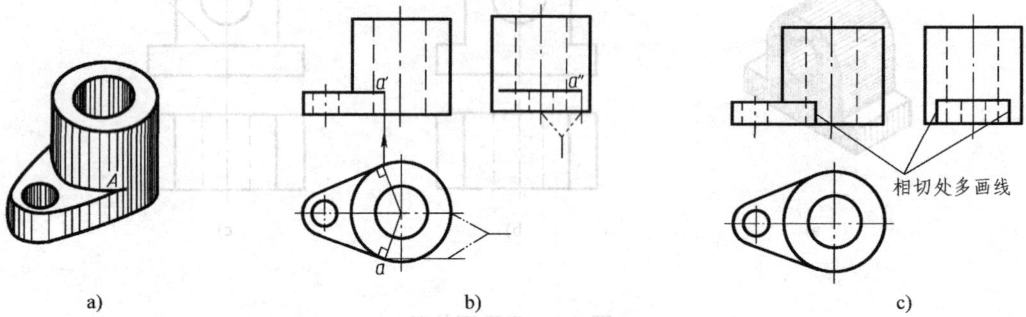

图 5-7 平面与曲面相切

a）轴测图 b）正确 c）错误

第二节 组合体的三视图画法

画组合体三视图的基本方法是形体分析法，必要时还应对组合体中的面、线投影进行分析。现以图 5-3 所示轴承座为例，说明画组合体三视图的方法与步骤。

一、形体分析

画图前，要对组合体进行形体分析，弄清各部分的形状、相对位置、组合形式及表面连接关系等。该轴承座的支承板和肋板叠在底板上方，肋板与支承板前面接触；圆筒由支承板和肋板支承；底板、支承板和圆筒三者后面平齐，整体左右对称。

二、选择主视图

主视图是最主要的视图，一般应选择能较明显地反映组合体各组成部分形状和相对位置的方向作为主视图的投射方向，并力求使主要平面平行于投影面，以便投影获得实形。同时考虑物体应按正常位置安放，自然平稳，并兼顾其他视图表示的清晰性（使视图中尽量少出现虚线）。如图 5-3 所示的轴承座，沿箭头方向投射所得视图作为主视图较能满足上述要求。

三、画图

1. 选比例，定图幅

根据实物大小和复杂程度，选择作图比例和图幅。一般情况下，尽可能选用 1:1 的比例。确定图幅大小时，除考虑绘图所需面积外，还要留够标注尺寸和画标题栏的位置。

2. 布置视图

根据各视图的大小，视图间要留有足够的标注尺寸的空档以及画标题栏的位置等，画出各视图的作图基准线。一般以对称平面、较大的平面（底面、端面）和轴线的投影作为基准线，将视图匀称地布置在幅面上。

3. 画底稿（图 5-8a ~ e）

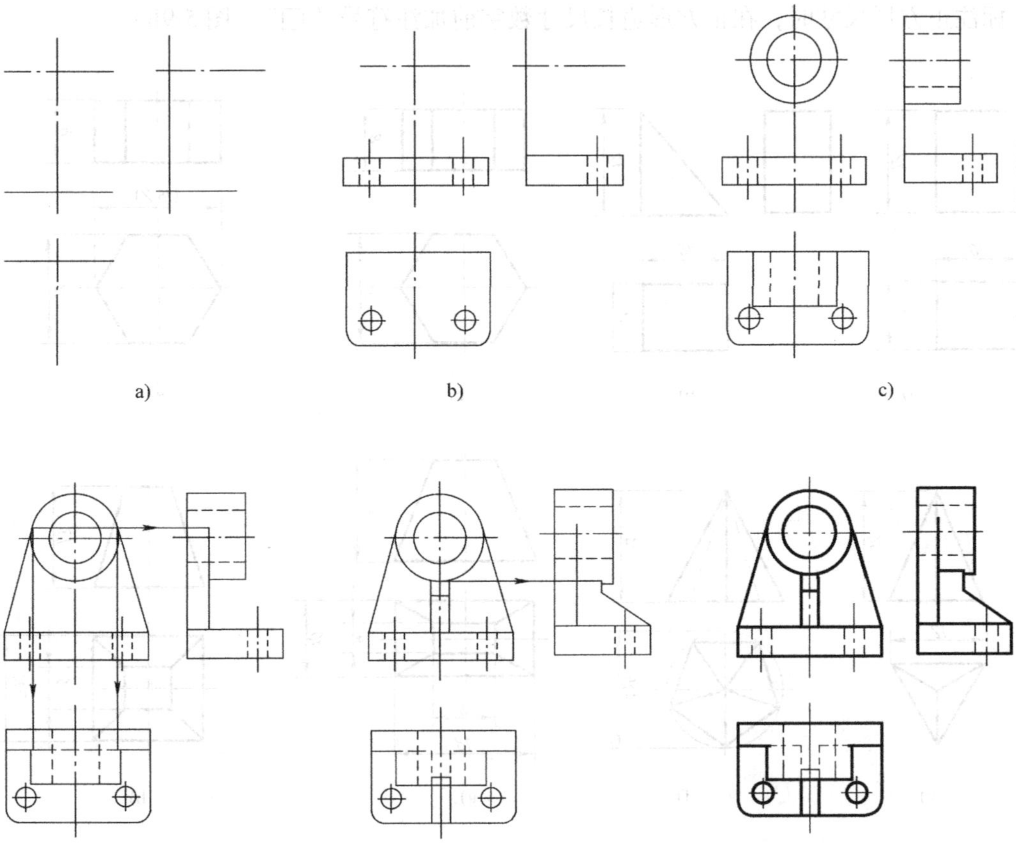

a)　b)　c)　d)　e)　f)

图 5-8　轴承座的画图步骤

a）画各作图基准线　b）画底板　c）画圆筒　d）画支承板　e）画肋板　f）检查，加深，完成全图

应用形体分析法，按照先主后次、先叠加后切割、先大后小的顺序逐个绘制形体。画各形体时，应先画特征视图后画另两视图，先画可见部分后画不可见部分，三个视图配合同时进行。

底稿图线要细、轻、准。

4. 检查，加深（图 5-8f）

画完底稿后，要仔细校核，改正错误，补全缺漏图线，擦去多余作图线，然后按标准线型加深。

第三节　组合体的尺寸注法

一、基本体的尺寸注法

1. 平面立体的尺寸注法

平面立体一般应标注长、宽、高三个方向的尺寸。为了便于看图，确定棱柱、棱锥及棱台顶面和底面形状大小的尺寸，宜标注在反映其实形的视图上（图 5-9）。

标注正方形尺寸时，在正方形边长尺寸数字前加注符号“□”（图 5-9h）。

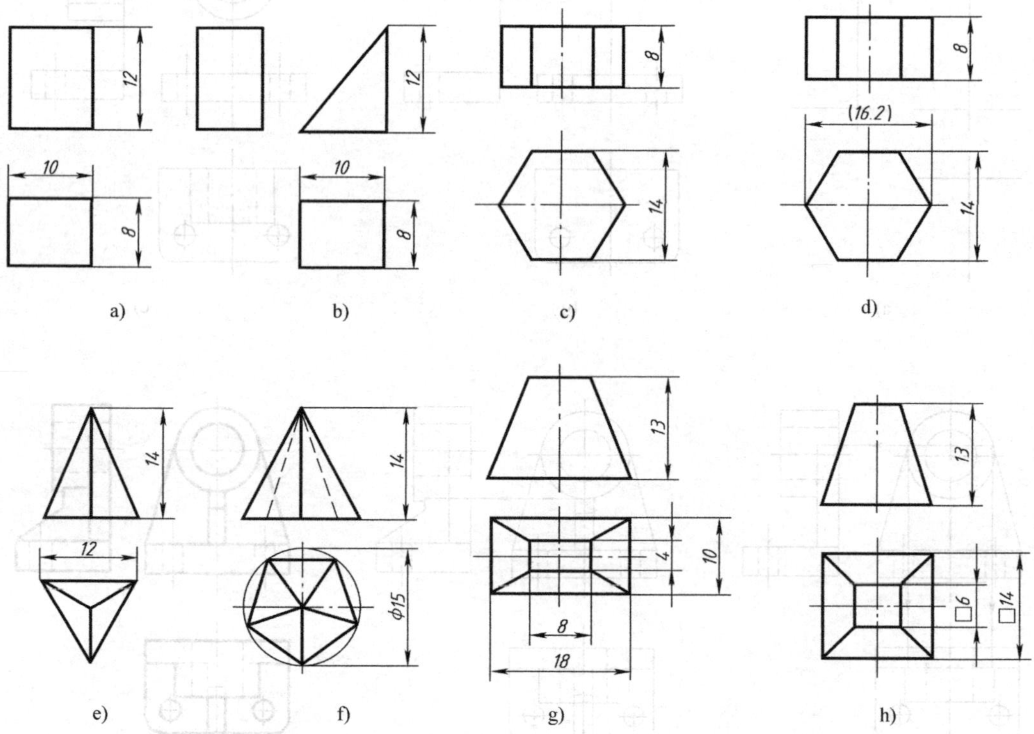

图 5-9　平面立体的尺寸注法

2. 回转体的尺寸注法

圆柱、圆锥和圆锥台，应标注底圆直径和高度尺寸。直径尺寸一般标注在非圆视图上，并在尺寸数字前加注符号“ϕ”，如图 5-10a、b、c 所示。当把尺寸集中标注在一个非圆视图上时，这个视图即可表示清楚它们的形状和大小。

标注球的尺寸时，需在直径数字前加注符号“$S\phi$”，如图 5-10d 所示。

二、组合体的尺寸分析

1. 尺寸种类

组合体的尺寸有三种：

（1）定形尺寸　用以确定组合体各组成部分形状大小的尺寸。如图 5-11a、b 所示，底板的定形尺寸为长 66、宽 44、高 12、圆角 $R10$ 以及板上两圆柱孔直径 $\phi10$；竖板的定形尺

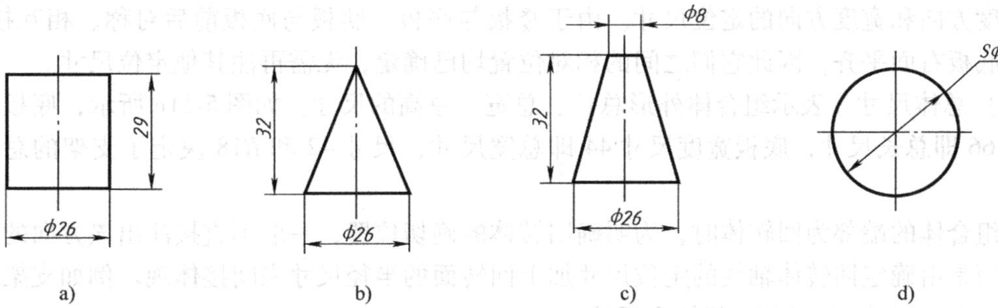

图 5-10 回转体的尺寸注法

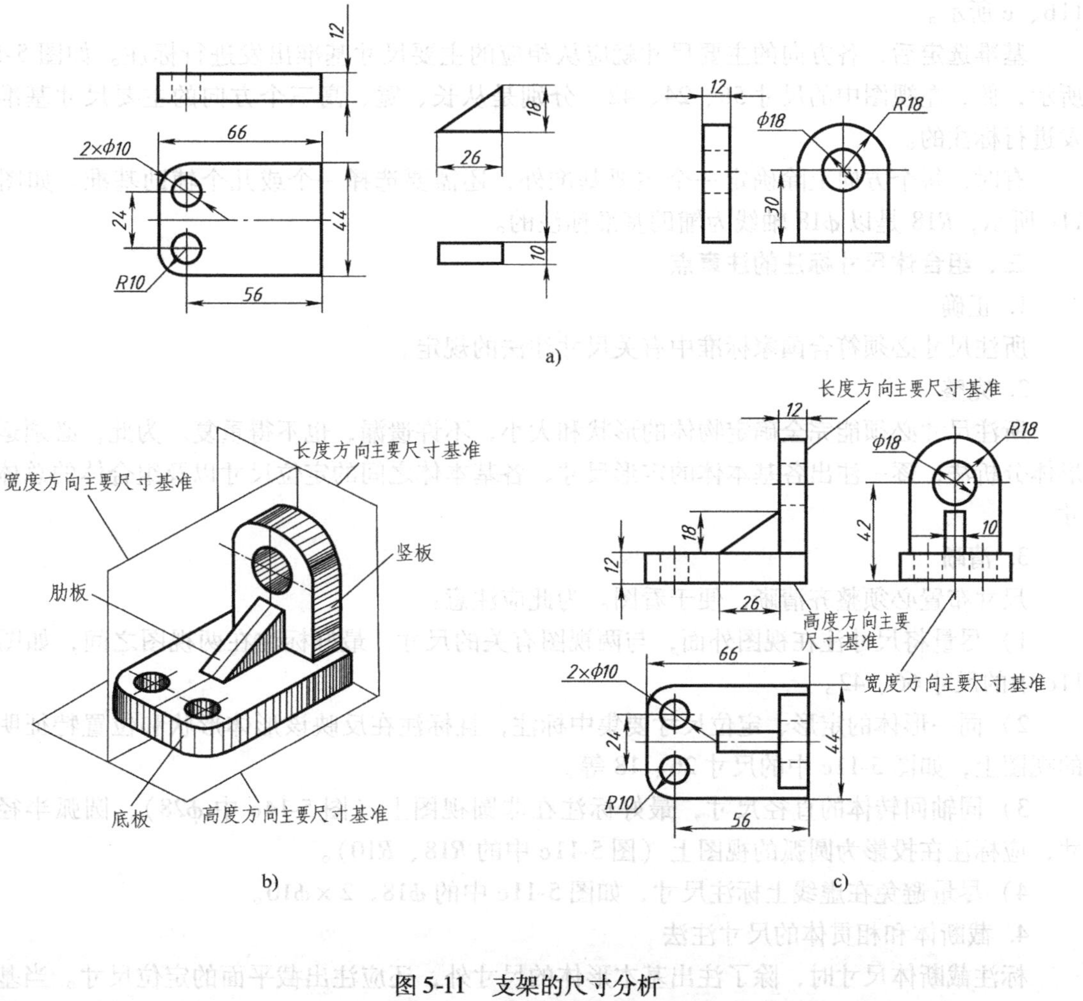

图 5-11 支架的尺寸分析

寸为长 12、圆孔直径 $\phi18$、圆弧半径 $R18$；肋板的定形尺寸为长 26、宽 10、高 18。

（2）定位尺寸 用以确定组合体各组成部分间相对位置的尺寸。如图 5-11c 所示，左视图中的尺寸42是竖板孔 $\phi18$ 高度方向的定位尺寸，俯视图中的尺寸56、24分别是底板上两圆孔长度方向和宽度方向的定位尺寸。由于竖板与底板、肋板与底板前后对称、相互接触，竖板与底板右面平齐，因此它们之间的相对位置均已确定，无需再注其他定位尺寸。

（3）总体尺寸　表示组合体外形总长、总宽、总高的尺寸。如图5-11c所示，底板的长度尺寸66即总长尺寸，底板宽度尺寸44即总宽尺寸，尺寸42和 $R18$ 决定了支架的总高尺寸。

当组合体的端部为回转体时，为明确回转体的确切位置，一般不直接注出该方向的总体尺寸，而是由确定回转体轴线的定位尺寸加上回转面的半径尺寸来间接体现。例如支架的总高尺寸，通过尺寸42和 $R18$ 相加来反映。

2. 尺寸基准

组合体有长、宽、高三个方向的尺寸，所以每个方向至少都应选择一个主要尺寸基准，一般选择组合体的对称平面、底面、重要端面以及回转体轴线等作为主要尺寸基准，如图5-11b、c所示。

基准选定后，各方向的主要尺寸就应从相应的主要尺寸基准出发进行标注。如图5-11c所示，俯、左视图中的尺寸56、24、42，分别是从长、宽、高三个方向的主要尺寸基准出发进行标注的。

有时，每个方向上除确定一个主要基准外，还需要选择一个或几个辅助基准。如图5-11c所示，$R18$ 是以 $\phi18$ 轴线为辅助基准标注的。

三、组合体尺寸标注的注意点

1. 正确

所注尺寸必须符合国家标准中有关尺寸注法的规定。

2. 完整

所注尺寸必须能完全确定物体的形状和大小，不许遗漏，也不得重复。为此，必须运用形体分析法，逐一注出各基本体的定形尺寸、各基本体之间的定位尺寸以及组合体的总体尺寸。

3. 清晰

尺寸布置必须整齐清晰，便于看图。为此应注意：

1）尽量将尺寸注在视图外面，与两视图有关的尺寸，最好标注在两视图之间，如图5-11c中的尺寸66、42。

2）同一形体的定形、定位尺寸要集中标注，且标注在反映该形体形状和位置特征明显的视图上，如图5-11c中的尺寸26、18等。

3）同轴回转体的直径尺寸，最好标注在非圆视图上（图5-14c中 $\phi28$），圆弧半径尺寸，应标注在投影为圆弧的视图上（图5-11c中的 $R18$、$R10$）。

4）尽量避免在虚线上标注尺寸，如图5-11c中的 $\phi18$、$2\times\phi10$。

4. 截断体和相贯体的尺寸注法

标注截断体尺寸时，除了注出基本形体的尺寸外，还应注出截平面的定位尺寸。当基本形体的形状和大小、截平面的相对位置被确定后，截交线的形状、大小及位置也就自然确定了，因此截交线上不应标注尺寸。如图5-12所示，画“ × ”的尺寸不应注出。

标注相贯体的尺寸时，除了注出相交两基本形体的尺寸外，还要注出相交两基本形体的

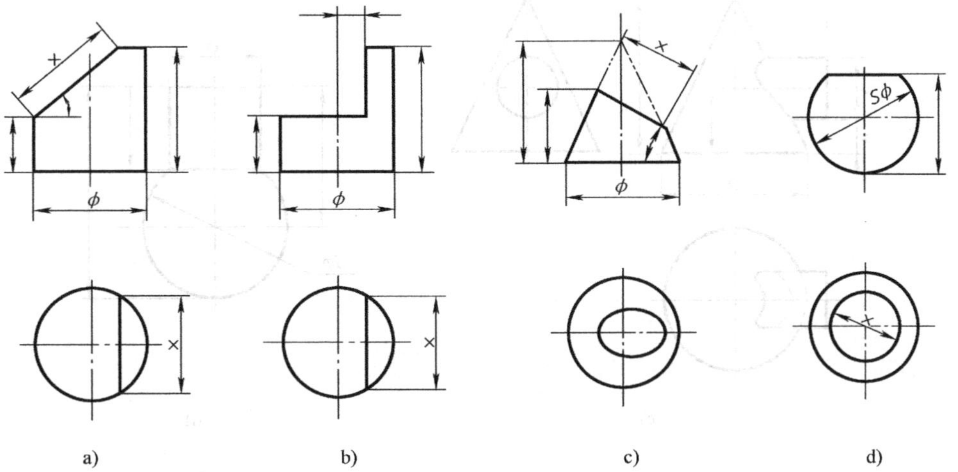

图 5-12 截断体的尺寸注法

相对位置尺寸。当相交两基本形体的形状、大小和相对位置确定之后，相贯线的形状、大小和位置也就自然确定了，因此相贯线上不应标注尺寸。如图 5-13 所示，画“ × ”的尺寸不应注出。

四、组合体尺寸标注的方法和步骤

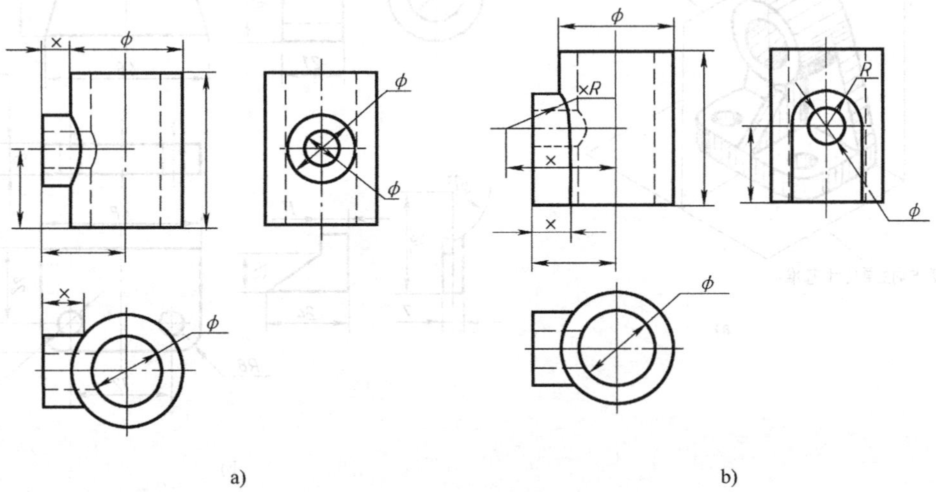

图 5-13 相贯体的尺寸注法

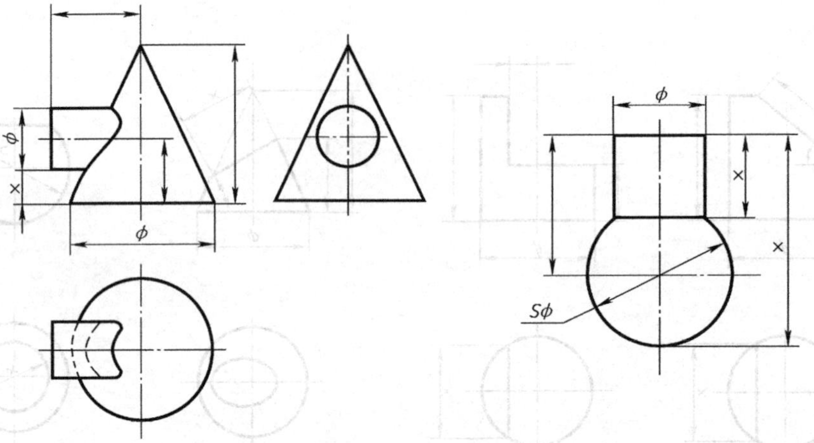

c) d)

图 5-13 相贯体的尺寸注法（续）

标注组合体尺寸的基本方法是形体分析法。先假想将组合体分解为若干基本体（图 5-3），选择好尺寸基准，然后逐一注出各基本体的定形尺寸和定位尺寸，最后标注总体尺寸，并对已标注的尺寸作必要的调整，如图 5-14 所示。

五、常见结构的尺寸注法

图 5-15 列出了部分常见结构的尺寸注法示例，供参考。

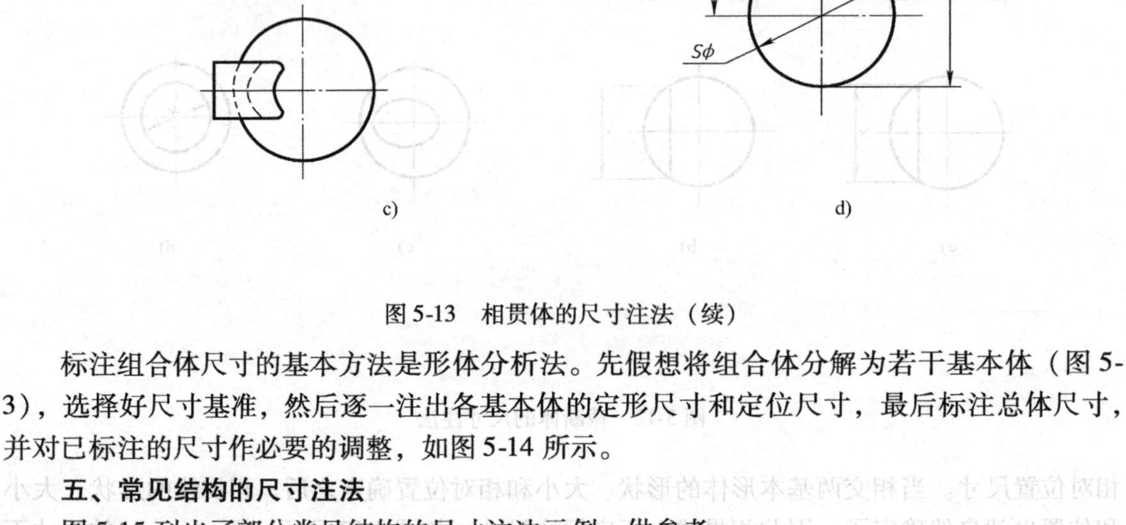

a) b)

图 5-14 标注轴承座尺寸的方法与步骤

a）形体分析（图 5-3），选定基准 b）标注各基本体的尺寸

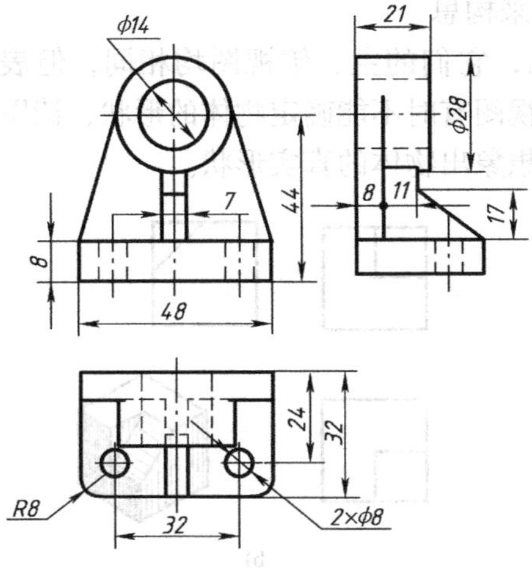

c)

图 5-14　标注轴承座尺寸的方法与步骤（续）

c）标注总体尺寸，检查、调整（此例总体尺寸与定形定位尺寸重合）

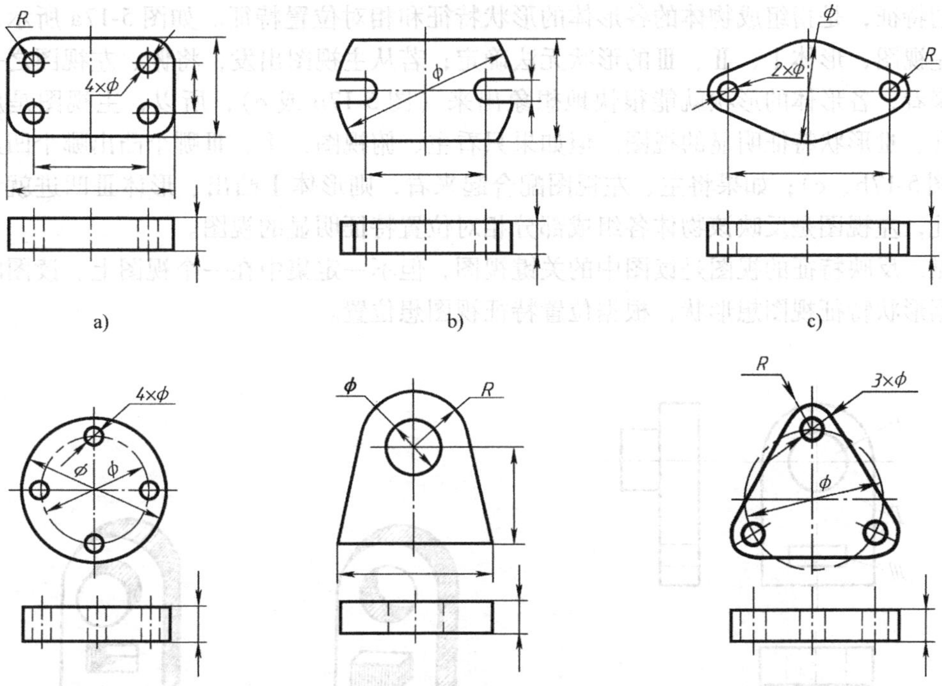

图 5-15　部分常见结构的尺寸注法示例

第四节　读组合体视图

读图是指根据视图想象出空间物体的结构形状，是画图的逆过程。

一、读图时应注意的问题

1. 要把几个视图联系起来构思

图5-16给出的三组视图，它们的主、俯视图均相同，但表示的却是三个不同的物体。因此，只根据一个甚至两个视图有时不能确定物体的形状，读图时，需要把所给的几个视图联系起来构思，才能确切地想象出物体的真实形状。

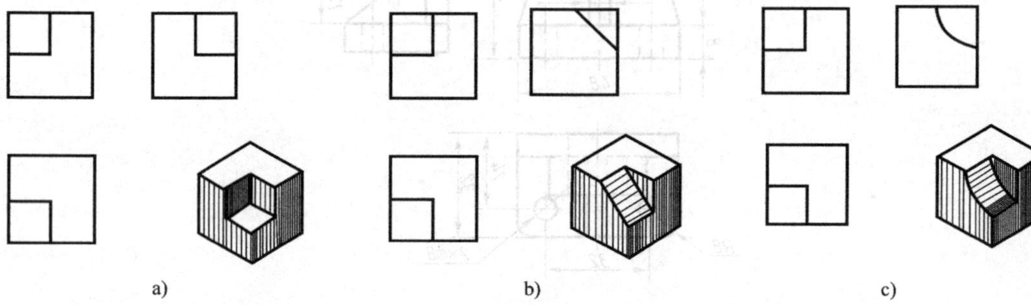

图5-16 几个视图联系起来构思

2. 善于抓住特征视图

所谓特征，是指组成物体的各形体的形状特征和相对位置特征。如图5-17a所示，若只看俯、左视图，形体Ⅰ、Ⅱ、Ⅲ的形状无法确定；若从主视图出发，将俯、左视图之一与它配合起来看，各形体的形状就能很快地想象出来（图5-17b或c），所以，主视图是反映形体Ⅰ、Ⅱ、Ⅲ形状特征明显的视图。但如果只看主、俯视图，Ⅰ、Ⅲ哪个凸出哪个凹进不能确定（图5-17b、c）；如果将主、左视图配合起来看，则形体Ⅰ凸出、形体Ⅲ凹进就十分明显，因此，左视图是反映该物体各组成部分相对位置特征明显的视图。

可见，反映特征的视图是读图中的关键视图，但不一定集中在一个视图上。读图时，要善于根据形状特征视图想形状，根据位置特征视图想位置。

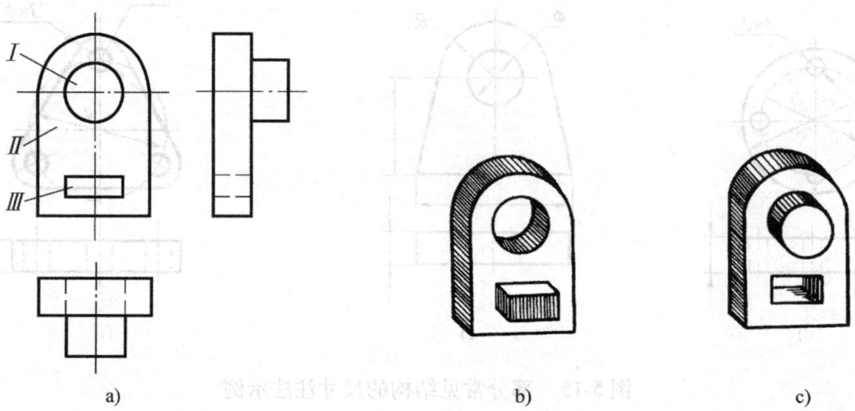

图5-17 形状特征和位置特征

3. 明确视图中图线和线框的含义

（1）视图上图线（粗实线或虚线）的含义

1）表示物体上两表面交线的投影，如图5-18中的 $a'b'$、$c'd'$。

2）表示物体上曲面转向线的投影，如图5-18中的$c'e'$、$c'f'$。

3）表示物体某一表面的积聚性投影，如图5-18俯视图中四边形的各条边。

（2）视图上封闭线框的含义

1）封闭线框表示物体上表面（或通孔）的投影，如图5-18所示，1′表示平面的投影，3′表示曲面的投影。

2）相邻两封闭线框，表示两个相交或错开的面的投影，如图5-18中的1′与2′，1′与3′。

3）线框中的线框，表示物体上凸、下凹或通孔，如图5-18所示，4表示圆锥台向上凸出，图5-17中，Ⅲ表示四方形通孔。

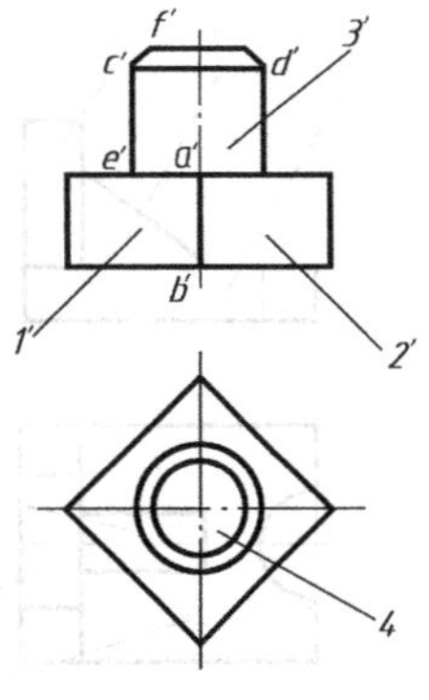

图5-18　视图中图线和线框的含义

二、读图的方法和步骤

1. 形体分析法读图

形体分析法是读图的基本方法。从反映组合体形状和位置特征明显的视图着手，将视图分解为几个部分，找出各部分的有关投影，经过投影分析，逐一构想出它们的形状，然后综合起来，想象物体的整体形状。具体步骤如下：

（1）分线框，对投影　先将反映特征明显的视图（一般为主视图）划分成几个封闭线框，然后运用投影规律，借助丁字尺、三角板和分规等绘图工具，逐一找出每一线框所对应的其他投影。如图5-19a所示，线框1′、2′、3′分别对应线框1、2、3和1″、2″、3″。

（2）分析投影想形状　分别从每一部分的特征视图出发，想象各部分的形状。如图5-19b、c、d所示，分别从反映形体Ⅰ、Ⅱ、Ⅲ形状特征明显的俯、左、主视图出发，想象形体Ⅰ、Ⅱ、Ⅲ的形状。

（3）综合起来想整体　根据各部分的相对位置和组合形式，综合想象出该物体的整体形状。如图5-19所示，形体Ⅱ在形体Ⅰ的上面，前后对称，右面平齐，形体Ⅲ在形体Ⅰ上面、形体Ⅱ左面，前后对称，如图5-19e所示。

例5-1　根据图5-20a所示的主视图和俯视图，读懂该组合体，并补画左视图。

（1）分线框，对投影　根据投影关系，从主视图开始，把视图中的线框分为三个部分，如图5-20a所示。

（2）分析投影想形状　俯视图的1、2可分别较明显反映形体Ⅰ、Ⅱ的形状特征，主视图的3′可较明显反映形体Ⅲ的形状特征，所以，分别从它们的形状特征明显的视图出发，想象各部分的形状。在分析想象出各部分的形状后，逐一补画出它们的左视图，如图5-20b、c、d所示。

（3）综合起来想整体　从视图中可以看出，形体Ⅱ在形体Ⅰ上方，圆孔同轴线，形体Ⅲ在形体Ⅰ上方，右面与形体Ⅱ接触，整体前后对称，由此可综合想象出物体的整体形状，如图5-20e所示。

2. 线面分析法读图

一般情况下，采用形体分析法读图即可。但对一些局部结构比较复杂的组合体，某些部分经多次切割后，其基本形体反映仍不明显，只用形体分析法显得不够，这时就需要采用线面分析法来读图。

所谓线面分析法，就是运用点、线、面的投影特性，分析视图中的图线和封闭线框的含

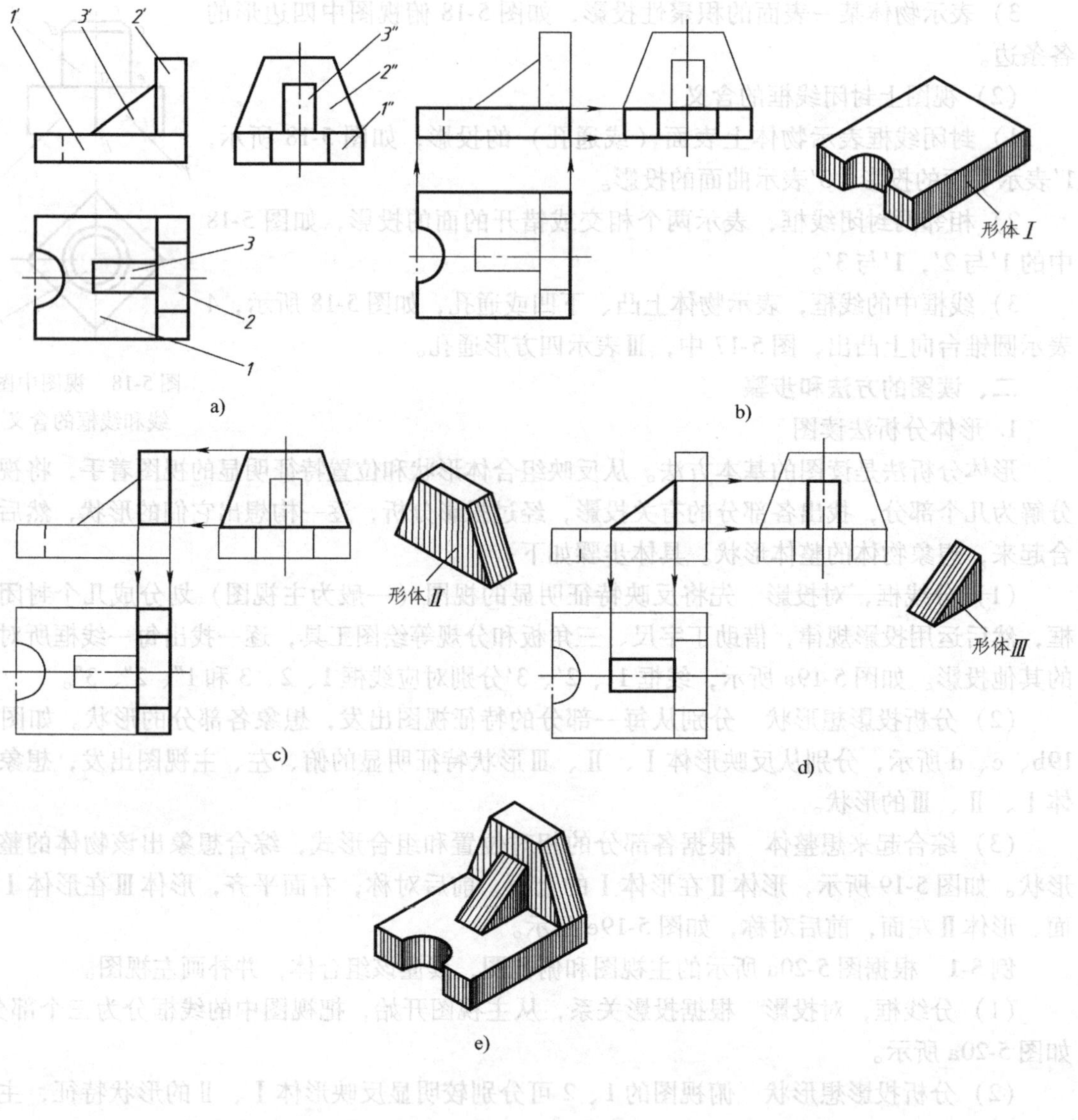

图 5-19 形体分析法读图

义和空间位置，搞清组合体表面及交线的形状和相对位置，从而读懂视图。

下面以图 5-21 为例，说明线面分析法读图和补画第三视图的步骤。

（1）初步了解 已知图 5-21a 所示的主视图和俯视图。将主、俯视图的缺角补齐，则其基本轮廓都是矩形，说明它是由长方体切割而成，如图 5-21b 所示。

（2）仔细分析 如图 5-21c 所示，从主视图斜线 p' 出发，在俯视图中找出与之对应的线框 p，可知 P 面是正垂面，长方体被正垂面 P 切掉一角。同理可知，长方体又被铅垂面 Q 截切（图 5-21d），被水平面 R 和正平面 S 截切（图 5-21e）。在分析想象出各部分的形状后，逐一补画出它们的左视图。

（3）综合想象 如前所述，既从形体上又从线面投影上分析了物体的视图后，明确了

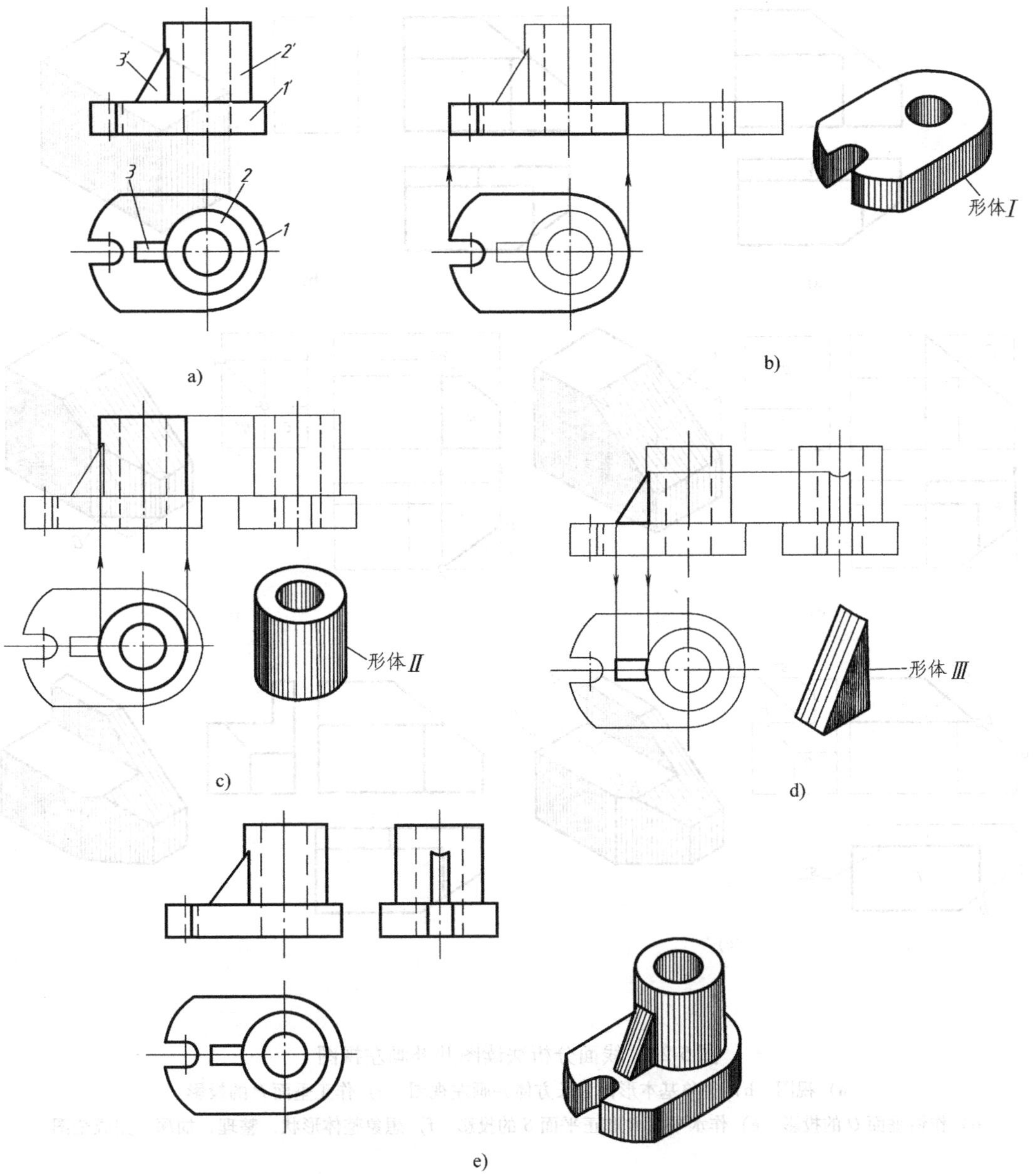

图 5-20 形体分析法读图并补画第三视图

a）视图 b）想象形体Ⅰ并画左视图 c）想象形体Ⅱ并画左视图

d）想象形体Ⅲ并画左视图 e）想象整体形状，整理，加深，完成全图

各线框表示的平面的空间位置，就可以综合想象出物体的整体形状（图 5-21f）。

从上述可以看出，在读图过程中，一般先用形体分析法作粗略分析，然后对图中的难点，再利用线面分析法作进一步的分析。而通常是以形体分析法为主，线面分析法为辅，两种方法并用。

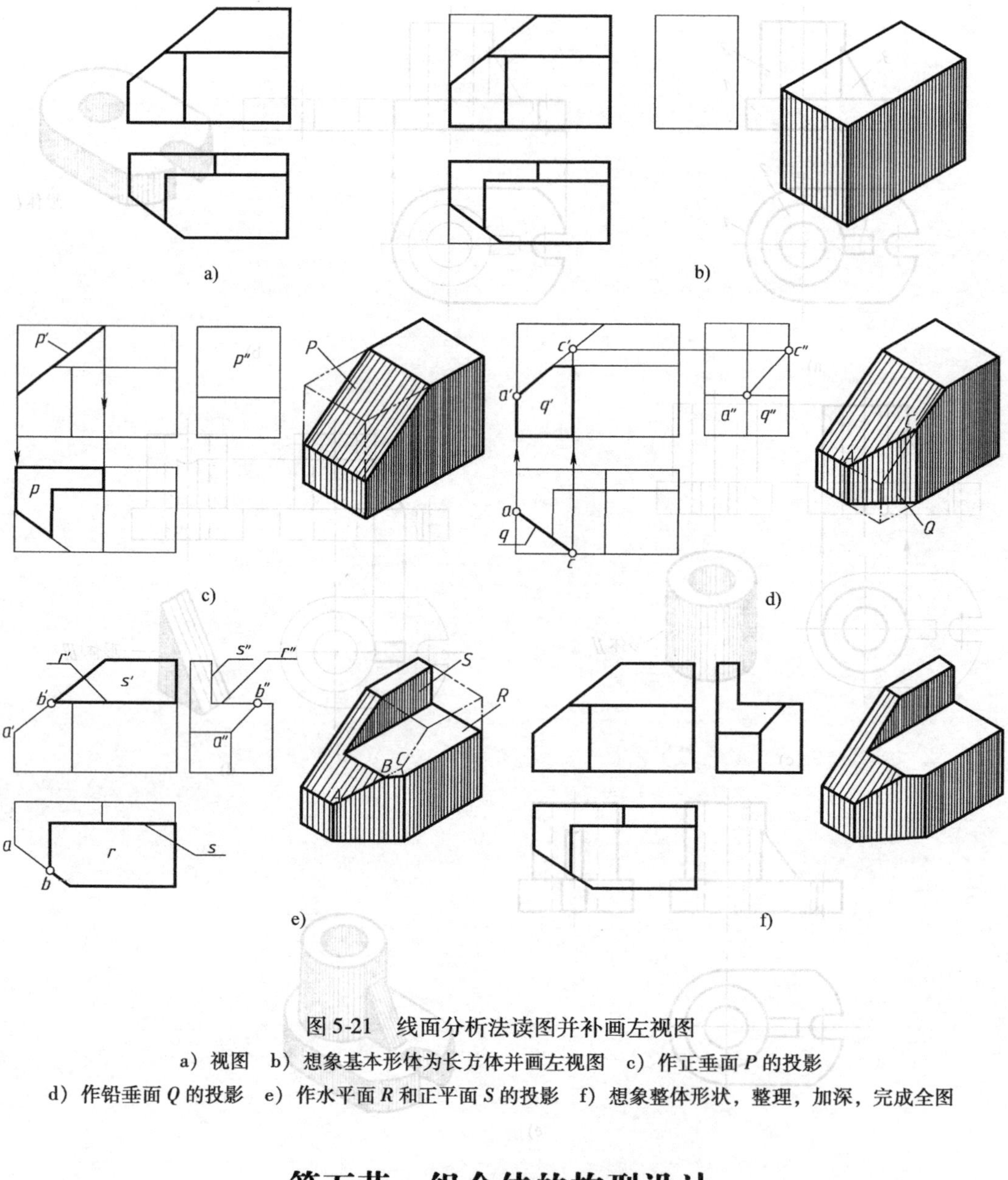

图 5-21　线面分析法读图并补画左视图

a）视图　b）想象基本形体为长方体并画左视图　c）作正垂面 P 的投影

d）作铅垂面 Q 的投影　e）作水平面 R 和正平面 S 的投影　f）想象整体形状，整理，加深，完成全图

第五节　组合体的构型设计

根据已知条件构思组合体的形状、大小并表达成图的过程称为组合体的构型设计。

构型设计能把空间想象、物体的构思与表达三者结合起来，不仅能促进画图、读图能力的提高，还能发展空间想象能力，培养创新思维能力。

这里仅讨论根据一面视图的构型设计。

一、构型设计的方法

由于一个视图不能确定物体的形状，因此根据所给的一个视图，可以构思许多不同形状的物体。所以这种思维与构思在一定条件下是带有创造性的。

构型设计的基本方法是迭加和切割。在具体进行叠加和切割构型时，还要考虑表面的凹凸、正斜和平曲以及形体之间不同的组合方式等因素。

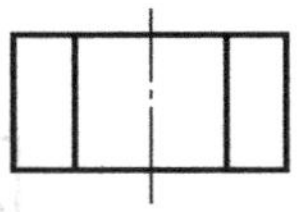

图 5-22 物体的主视图

（1）通过表面的凹与凸、正与斜、平与曲的联想构思 图 5-22 所示为一物体的主视图，假定它的原形是一长方形板，仅板的前面，就有三个不同的表面，每个面都可以构思成凹与凸、正与斜、平与曲。如图 5-23 所示，仅是构思出中间表面的部分面形，就有许多种不同形状的组合体。用同样的方法，还可以对左右两面进行联想构思，也可以对组合体的后面进行凹与凸、正与斜、平与曲的联想构思。

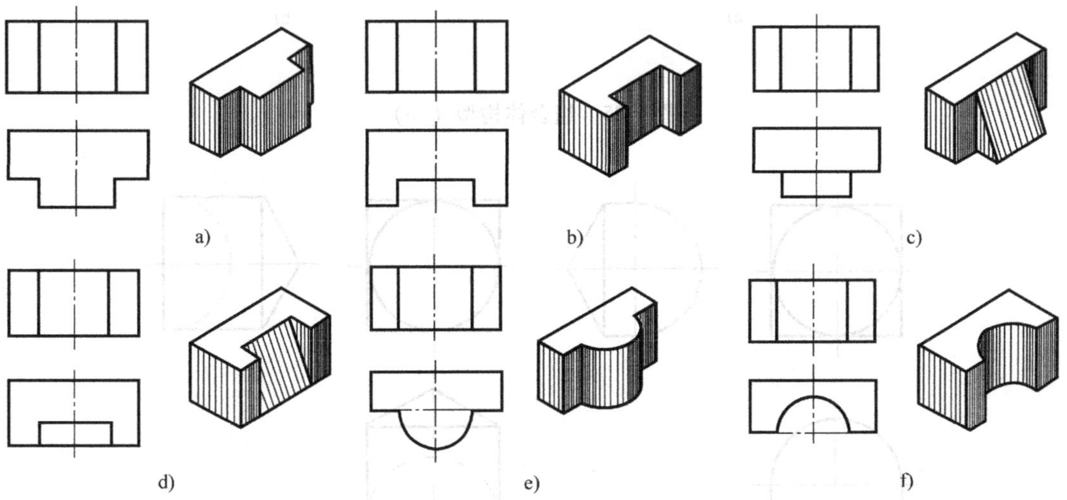

图 5-23 物体中间表面部分面形的构思

（2）通过基本体之间不同组合方式的联想构思 已知主视图如图 5-24 所示，它既可构思为两个基本体的简单叠加或切割（图 5-25），也可构思为多个基本体的叠加或切割（图 5-26a），还可构思为多个基本体既叠加又切割（图 5-26b）。

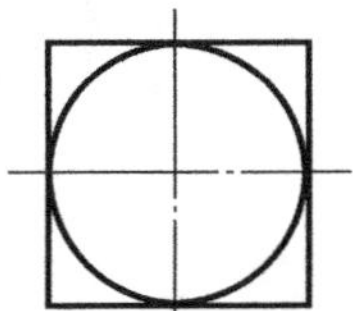

图 5-24 物体的主视图

（3）通过虚实线投影重影的联想构思 如图 5-22 所示矩形中间两粗实线的投影，各重有一条或多条虚线或粗实线，图 5-24 所示粗实线圆的投影，各重有一个或多个虚线圆或粗实线圆，关于构思的物体形状，读者可发挥创新思维能力，大胆地构思出新颖、独特、形式多样、结构复杂、造型美观的组合体来。

（4）拉伸构思 一个平面形沿着与该平面垂直的方向拉伸形成柱体（拉伸体），如图 5-27 所示。

（5）旋转构思 一个平面形绕轴线旋转形成回转体，如图 5-28 所示。

二、构型设计应注意的问题

1）构型设计的组合体应是实际可以存在的实体。所以，两形体之间不能以点、线连接。如图 5-29 所示，两形体之间以点、线连接是不对的。

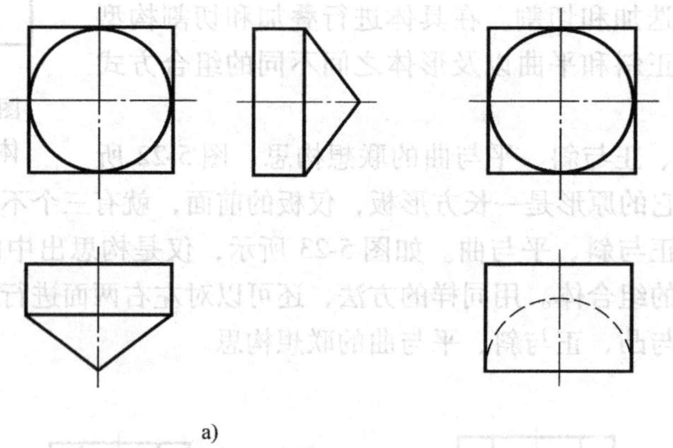

图 5-25 组合体构型（一）

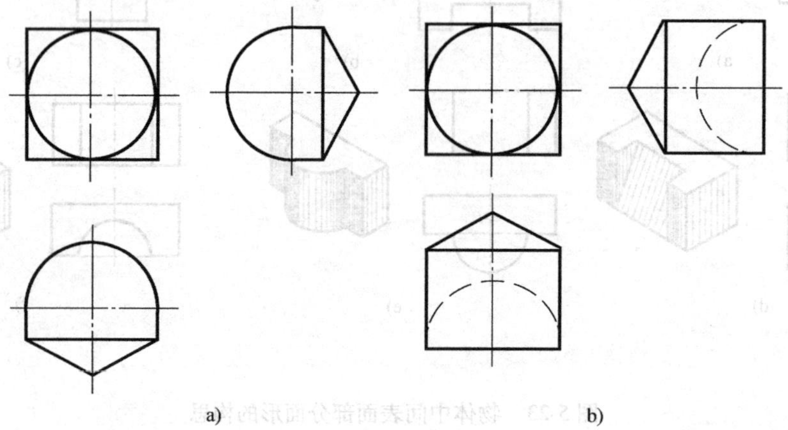

图 5-26 组合体构型（二）

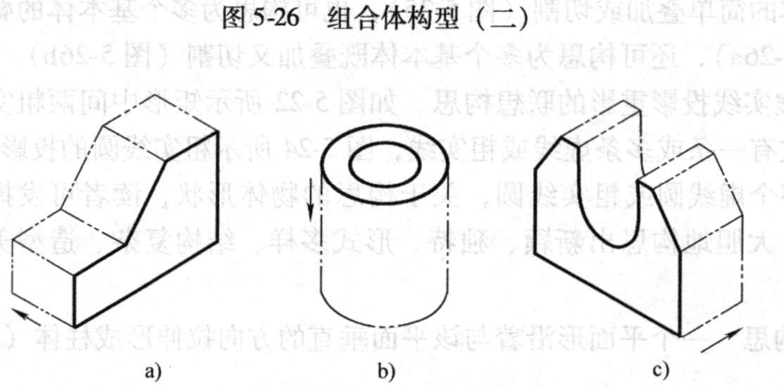

图 5-27 拉伸构思

2）构型应简洁、美观，突出主体，去繁就简，便于设计和制作。因此，一般使用平面立体、回转体来构型。无特殊需要时，不使用其他曲面立体。

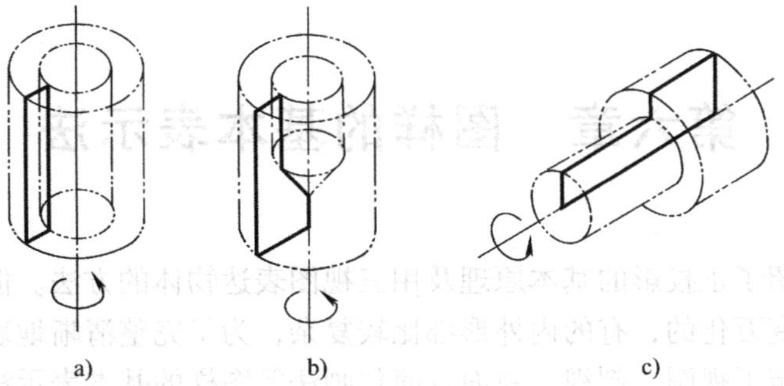

图 5-28　旋转构思

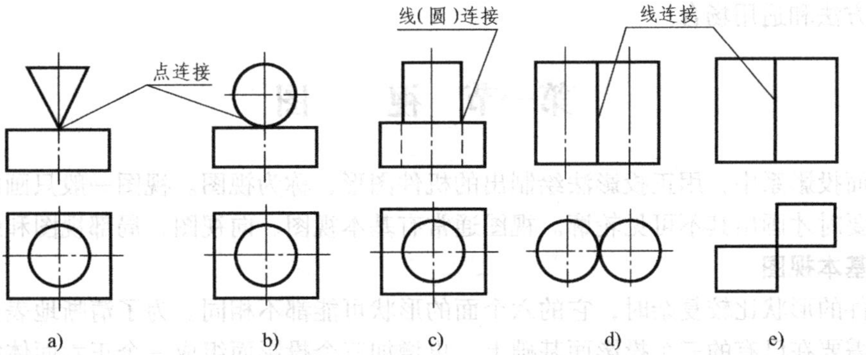

图 5-29　两形体之间不能以点、线连接

3）构思的形状应符合生产实际。比如，封闭的内腔不便于成型，一般不要采用。

4）构型应均衡、平稳。构型应充分考虑各基本体的形状、大小比例和相对位置，使组合体的重心尽量靠下，并在支撑平面内，满足力学和视觉上的均衡和平稳。

第六章　图样的基本表示法

前几章中，介绍了正投影的基本原理及用三视图表达物体的方法。但在生产实际中，物体的形状结构是千变万化的，有的内外形都比较复杂，为了完整清晰地表达物体的内外结构形状，国家标准规定了视图、剖视、断面及简化画法等图样的基本表示法。这些表示法，每个工程人员都应共同遵守，并能正确熟练地应用；初学者必须掌握它们的定义、画法、配置、标注方法和适用场合。

第一节　视　　图

在多面投影系中，用正投影法绘制出的机件图形，称为视图。视图一般只画机件的可见轮廓，必要时才画出其不可见轮廓。视图通常有基本视图、向视图、局部视图和斜视图。

一、基本视图

当机件的形状比较复杂时，它的六个面的形状可能都不相同。为了清晰地表达机件各面的形状，需要在已有的三个投影面基础上，再增加三个投影面组成一个正六面体空间，构成正六面体的六个投影面称为基本投影面。将机件正放在正六面体空间中，分别向六个投影面进行投射，得到的六个视图称为基本视图。除前面已介绍过的主视图、俯视图和左视图外，其他三个视图是：从右向左投射，得到右视图；从下向上投射，得到仰视图；从后向前投射，得到后视图。六个投影面的展开方法，如图 6-1 所示。展开后六个基本视图的位置以主视图为准，其他视图都和主视图保持特有的相对位置，并符合投影规律。在同一张图内按图 6-2 布置基本视图时，称基本配置，可不标注视图的名称。

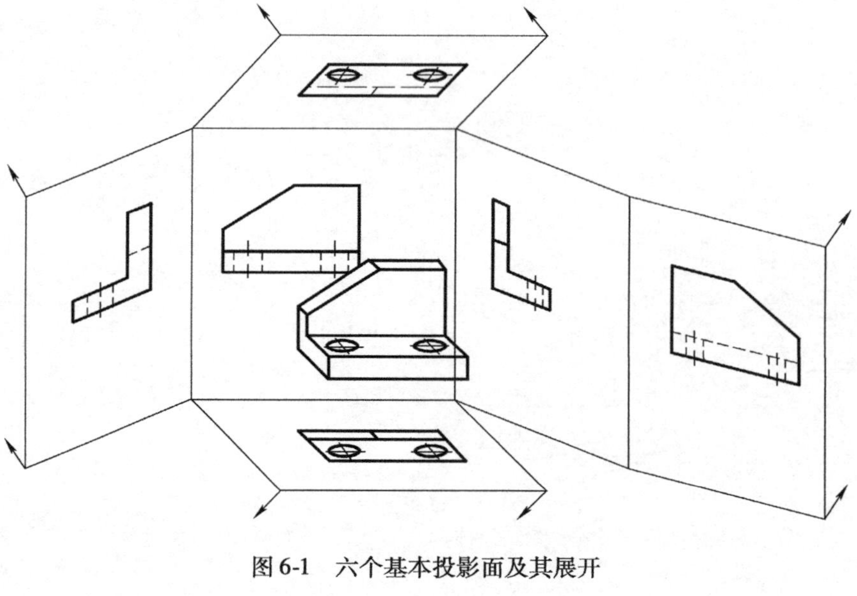

图 6-1　六个基本投影面及其展开

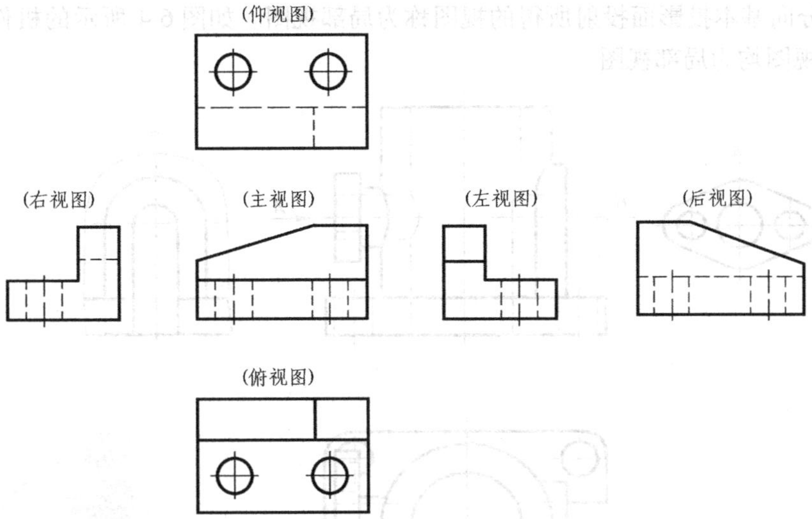

图 6-2　六个基本视图

六个视图的投影对应关系如下：

1）六个视图的度量对应关系，仍保持“三等”关系，即主、左、后、右视图等高；左、右、俯、仰视图等宽；主、后、俯、仰视图等长。

2）六个视图的方位对应关系，除后视图外的其他视图中，“远离主视图”的一侧，均表示物体的前方。主视图和后视图表现机件的上下方位是一致的，但左右方位恰好相反。

3）虽然机件可用六个基本视图来表示，但实际上画几个视图要看具体情况而定。

二、向视图

基本视图若不按图 6-2 的形式基本配置，则所得的视图称为向视图。为了便于看图，向视图应按规定标注：在向视图的上方标注“×”（“×”为大写拉丁字母），在相应视图的附近用箭头指明投射方向，并标注相同的字母，如图 6-3 所示。

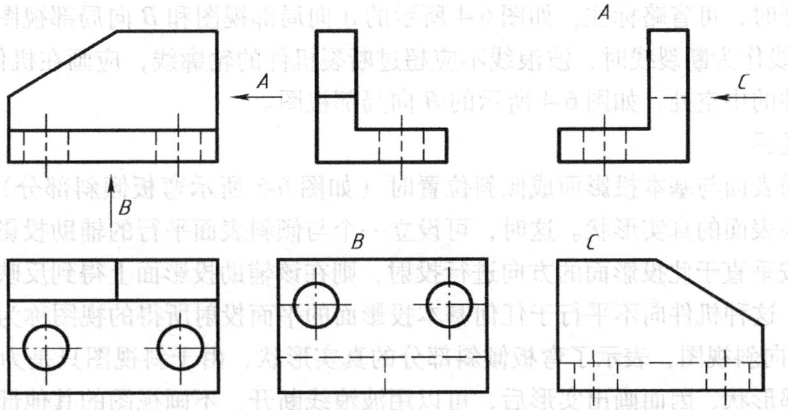

图 6-3　向视图

三、局部视图

如果机件主要形状在基本视图上已表达清楚，而在某个方向尚有部分形状未表达出来，此时没有必要画出整个视图，只需在基本投影面上画出没有表达清楚的局部图形，这种将机件的某一部分向基本投影面投射所得的视图称为局部视图。如图 6-4 所示的机件，其中 *A* 向视图和 *B* 向视图均为局部视图。

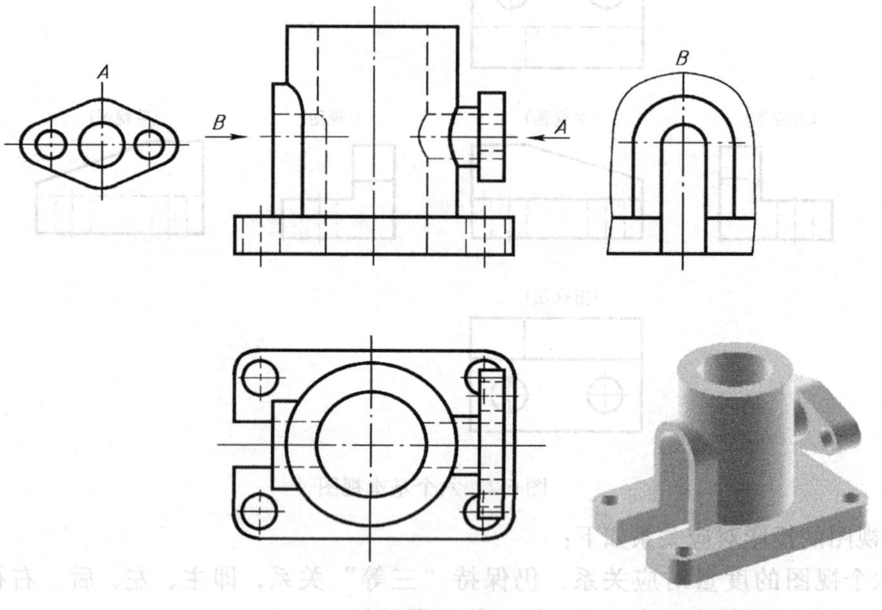

a) b)

图 6-4 局部视图

局部视图的画法、布置和标注规定如下：

1）局部视图的断裂边界一般用波浪线（或双折线）表示，如图 6-4 所示的 *B* 向局部视图。但当所表示的局部结构是完整的，且外轮廓线封闭时，则波浪线可以省略不画，如图 6-4 所示的 *A* 向局部视图。

2）在局部视图的上方标注视图的名称“×”，并在相应的视图上用带字母“×”的箭头指明投射方向与部位，且字母一律沿水平方向书写；当局部视图按标准配置，中间又没有其他图形隔开时，可省略标注，如图 6-4 所示的 *A* 向局部视图和 *B* 向局部视图。

3）波浪线作为断裂线时，波浪线不应超过断裂机件的轮廓线，应画在机件的实体部分，不可画在机件的中空处，如图 6-4 所示的 *B* 向局部视图。

四、斜视图

当机件的表面与基本投影面成倾斜位置时（如图 6-5 所示弯板倾斜部分），在基本视图上就不能反映表面的真实形状。这时，可设立一个与倾斜表面平行的辅助投影面 *P*，且垂直于 *V* 面，并按垂直于此投影面的方向进行投射，则在该辅助投影面上得到反映倾斜部分真实形状的视图。这种机件向不平行于任何基本投影面的平面投射所得的视图称为斜视图。如图 6-5 所示的 *A* 向斜视图，表示了弯板倾斜部分的真实形状，由于斜视图只是为了表达机件倾斜结构的局部形状，因而画出实形后，可以用波浪线断开，不画视图的其他部分，成为一个局部的斜视图。

斜视图的画法、布置和标注规定如下：

1）必须在斜视图上方标注视图的名称“×”，并在相应的视图附近用带相同字母“×”的箭头指明投射方向。要注意的是：表示投射方向的箭头应垂直于倾斜表面，且字母的字头

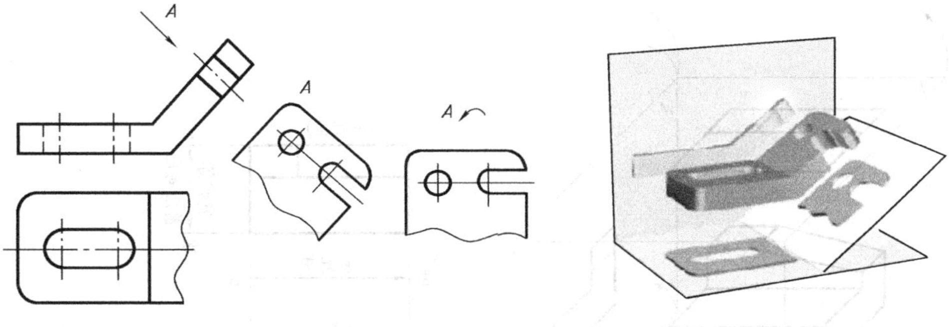

图 6-5　斜视图

总是向上，如图 6-5a 所示。

2）斜视图最好如图 6-5a 所示，配置在箭头所指的方向，并保持投影对应关系。有时为了合理布置图样，也允许平移到其他适当地方；或按旋转后的位置画出，如图 6-5b 所示，但需加注旋转符号⌒（或⌒），标注形式为“⌒×（或×⌒）”，即字母写在旋转符号的箭头端。注意：旋转符号箭头的指向应和图的旋转方向一致，也允许将旋转角度（只能小于 90°）注写在字母后面。

3）斜视图一般只需要表达机件倾斜部分的形状，常画成局部斜视图，其断裂边界可用波浪线（或双折线）表示，如图 6-5 所示。如果所表示的倾斜结构是完整的，且外轮廓线封闭，则波浪线可省略不画。

*五、第三角画法

我国国家标准规定优先采用第一角画法，而美国、日本等国则采用第三角画法。为了国际交流，下面对第三角画法进行简单介绍。

1. 第三角画法的概念

三个互相垂直的投影面将 *W* 面左侧空间划分为四个分角，其编号如图 6-6 所示。前面所讲的三视图是将机件置于第一分角内，使机件处于观察者和投影面之间进行投射，这样得到的视图为第一角画法。

采用第三角画法时，机件置于第三分角内，将投影面置于观察者和机件之间进行投射，假想投影面是透明的，这样得到的视图为第三角画法，如图 6-7a 所示。

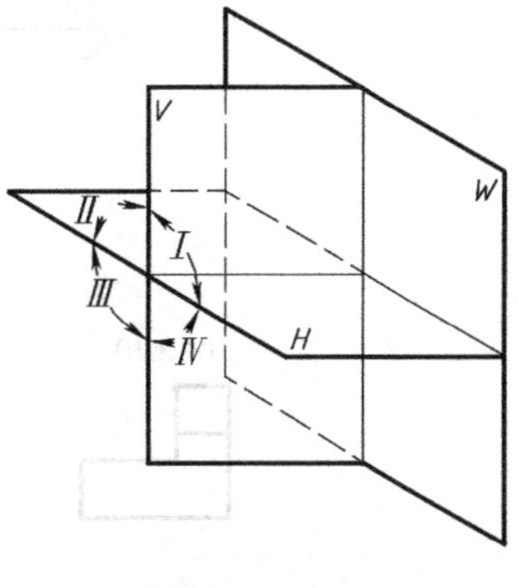

图 6-6　四个分角

2. 第三角画法中的视图

将物体置于三个相互垂直的透明投影面中，就像隔着玻璃板看东西一样，在三个投影面上将得到三个视图：从前向后投射，在正面 *V* 上得到的视图，称为主视图。从上向下投射，在水平面 *H* 上得到的视图，称为俯视图。从右向左投射，在侧面 *W* 上得到的视图，称为右视图。

为使视图展开在同一平面上，规定 *V* 面不动，*H* 面绕它与 *V* 面相交的轴线上翻转 90°，*W* 面绕它与 *V* 面相交的轴线向右翻转 90°，均与 *V* 面重合，展开后的三视图的位置关系如图 6-7b 所示。三个视图之间保持投影对应关系：主、俯视图长对正；主、右视图高平齐；俯、右视图宽相等。

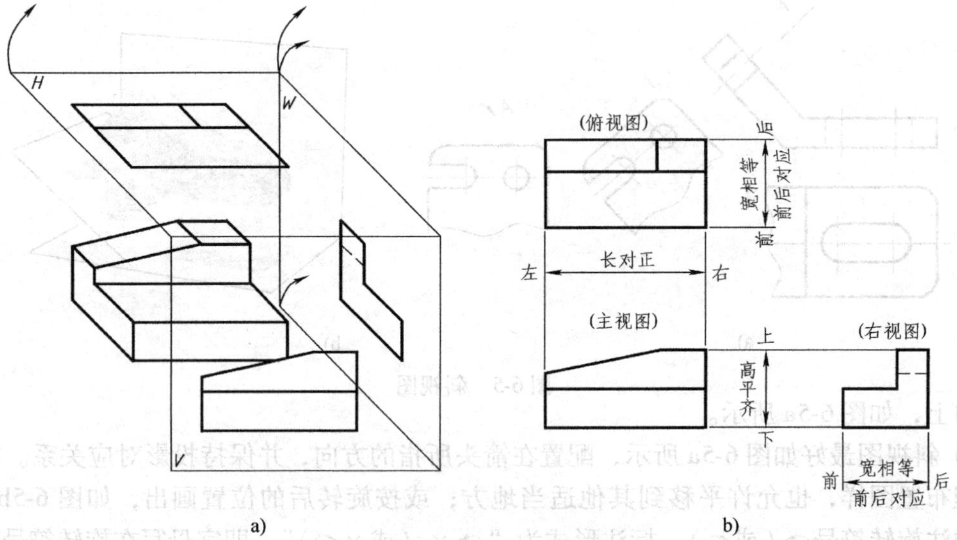

图 6-7 采用第三角画法的三视图

a）形成过程 b）三视图及其特性

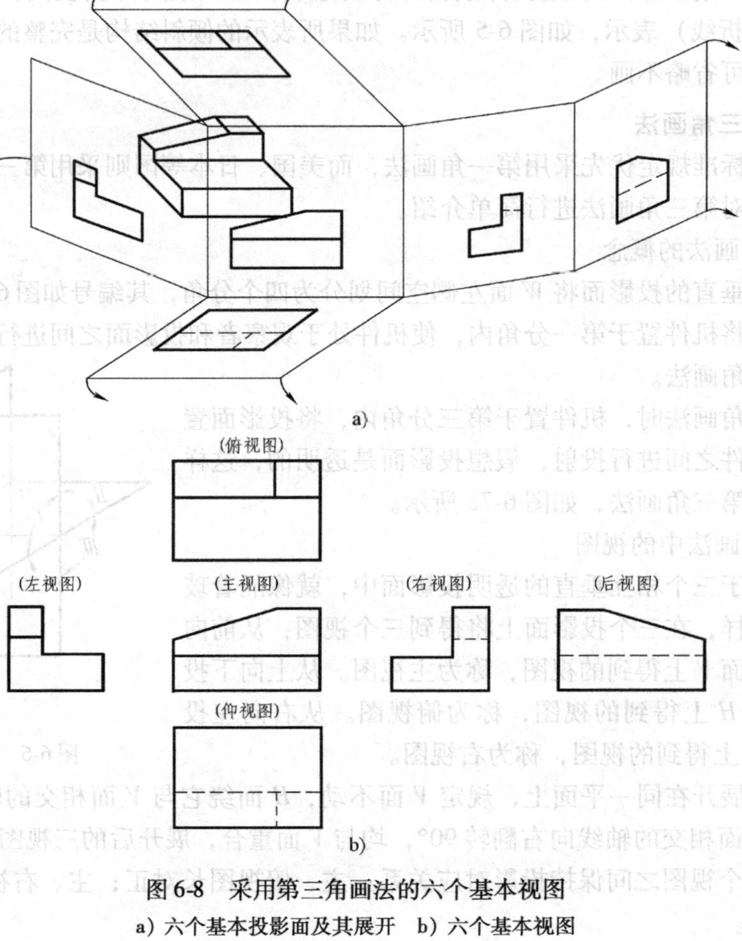

图 6-8 采用第三角画法的六个基本视图

a）六个基本投影面及其展开 b）六个基本视图

采用第三角画法时，在原有的三个投影面的基础上，再增加三个投影面，组成一个正六面体，这六个投影面称为基本投影面。将物体置于六面体内，并向六个基本投影面投射，得到六个基本视图，如图 6-8 所示。除上述三个视图外，还有由左向右投射所得的左视图、由下向上投射所得的仰视图、由后向前投射所得的后视图。投影面展开后各视图的配置关系如图 6-8b 所示。

3. 第三角画法与第一角画法的比较

第三角画法与第一角画法都是采用正投影法，所以正投影法的规律对两者是完全适用的，视图的名称相同。

它们的差别是：投影面展开方向不同，所以视图的配置关系不同。在第三角画法中，俯视图和右视图“远离主视图”的一侧是机件的后方，而在第一角画法中，俯视图和左视图“远离主视图”的一侧是机件的前方。

采用第三角画法绘制技术图样时，必须在标题栏中名称及代号区的下方画出第三角画法的投影识别符号，如图 6-9a 所示；当采用第一角画法时，在图样中一般不画出第一角画法的投影识别符号，如图 6-9b 所示。

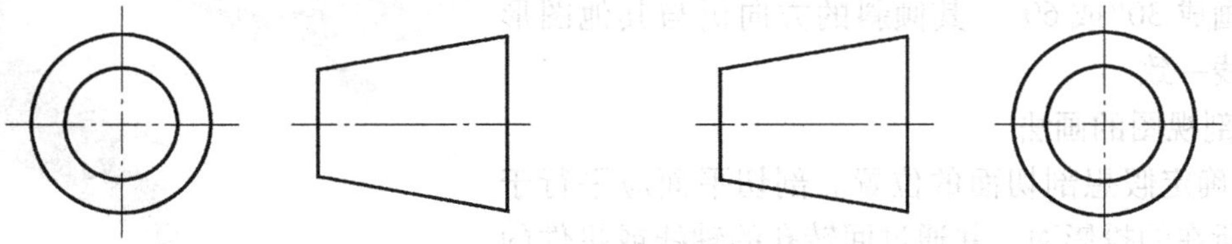

a)　　b)

图 6-9　第三角和第一角画法的投影识别符号

a）第三角画法　b）第一角画法

第二节　剖　视　图

当机件内形比较复杂时，在视图上就会出现许多虚线，这样给看图和标注尺寸都带来许多不便。因此，为了清楚地表达机件的内部结构形状，国家标准规定了剖视图的画法，现介绍如下。

一、剖视的概念

1. 剖视图的形成

如图 6-10 所示，假想用一剖切面（平面或柱面）剖开机件，移去观察者和剖切面之间的部分，而将其余部分向投影面投射，这样得到的图形称为剖视图，简称剖视。

假想剖切面与机件接触的部分，称为剖面区域，国家标准规定，在剖面区域内要画出剖面符号。不同的材料采用不同的剖面符号，见表 6-1。其中金属材料的剖面符号用与主要轮

表 6-1　各种材料的剖面符号

金属材料（已有规定剖面符号者除外）	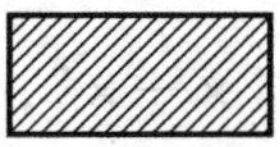	转子、电枢、变压器和电抗器等的叠钢片	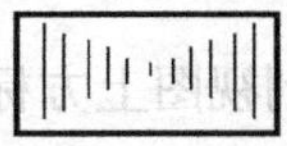	型砂、填砂、粉末冶金、砂轮、陶瓷刀片、硬质合金刀片等	
线圈绕组元件	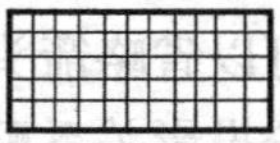	非金属材料（已有规定剖面符号者除外）	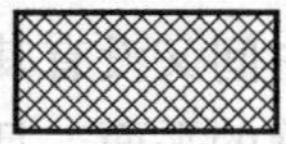	玻璃及供观察用的其他透明材料	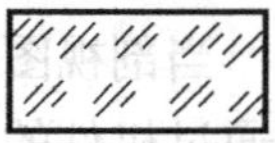

（续）

木材	纵剖面		基础周围的泥土		砖	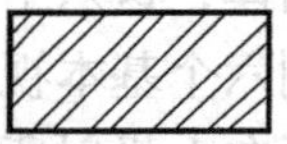
	横剖面		混凝土	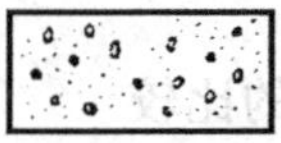	格网（筛网、过滤网等）	
木质胶合板（不分层数）			钢筋混凝土	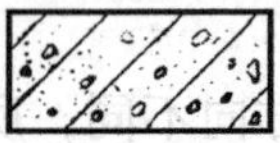	液体	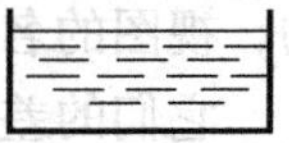

廓线或剖面区域的对称线成45°且间隔均匀的细实线画出，左右倾斜均可。但同一金属零件在不同的视图中，剖面线方向、间隔必须一致。当剖面线与图形的主要轮廓线或剖面区域的对称线平行时，该图形的剖面线应画成30°或60°，其倾斜的方向仍与其他图形的剖面线一致。

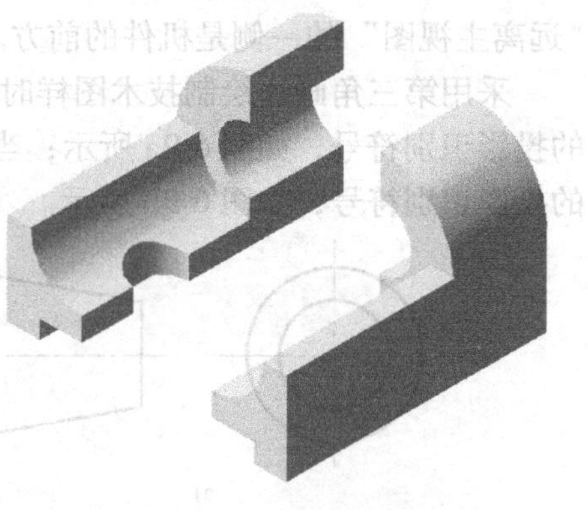

图6-10 剖视的概念

2. 剖视图的画法

1）确定假想剖切面的位置。剖切平面应平行于剖视图所在的投影面，并通过回转孔的轴线或机件的对称平面，这样得出的图形反映了断面的实形，如图6-10所示。

2）画出断面后所有可见部分，如图6-11b所示。断面后不可见部分，如在其他视图上已表达清楚，虚线应该省略；没有表达清楚的部分，虚线必须画出。

3. 剖视图的标注

在剖视图上，为了看图清楚，应将剖切位置、投射方向、剖视的名称在相应的视图上进行标注。标注的内容如下：

图6-11 剖视图的画法

a）视图 b）剖视图

（1）剖切符号 表示剖切面起迄和转折位置的粗短画线（线宽为粗实线宽的1～1.5倍，长为5～10mm，不要与图形的轮廓线相交，应留有少量间隙），以及表示投射方向的箭头（在粗短画线的外侧且与其垂直）。

（2）剖视图名称 在相应的剖视图上方标出剖视图的名称“×—×”，用相同的大写字母×，写在箭头的外侧。

当剖视图按投影关系配置，中间又没有其他图形隔开时，可以省略箭头。当单一剖切平面通过机件的对称平面或基本对称的平面，且剖切后的剖视图按投影关系配置，中间又没有其他图形隔开时，可省略标注，如图 6-11b 中的标注均可省略。

应注意：由于剖视图只是假想剖开机件后画出的，事实上机件并没有剖开，也没有拿走一部分，因此，当机件的一个视图画成剖视后，其他视图不受影响，仍应按完整机件画出。

二、剖视图的种类

根据剖切范围不同，剖视图分为全剖视图、半剖视图和局部剖视图。

1. 全剖视图

用剖切面（平面或柱面）假想地把机件完全剖开后所得的剖视图称为全剖视图。当机件的外形较简单，内形较复杂时，常用这种全剖视。

如图 6-12 所示机件，从图中可以看出它的外形比较简单，内形比较复杂，左右对称，上下和前后不对称。假想用一个剖切平面沿机件的前后中心面将它完全剖开，移去前半部分，向正投影面投射，画出的剖视图就是该机件的全剖主视图，用一个剖切平面沿机件的左右对称面将它完全剖开，移去左半部分，向侧投影面投射，画出的剖视图就是该机件的全剖左视图。

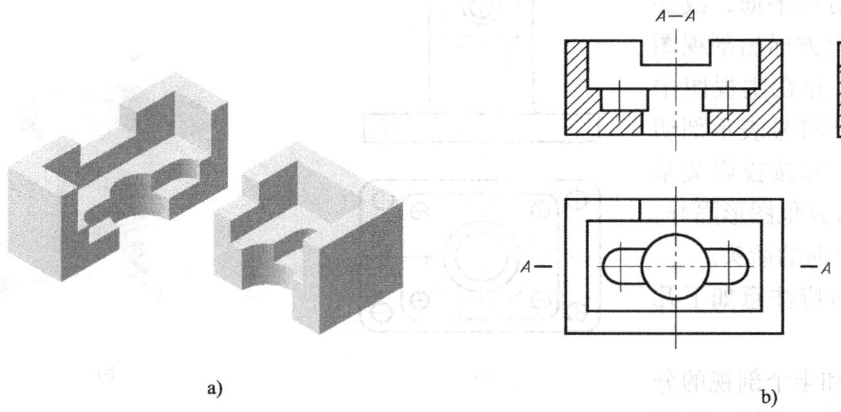

图 6-12 全剖视图

如图 6-12 所示，在全剖左视图中，由于是单一剖切平面与机件的对称平面重合，且剖切后的剖视图按投影关系配置，中间又没有其他图形隔开，因此全剖左视图可省略标注。在全剖主视图中，机件前后不对称，可省略箭头。

2. 半剖视图

如图 6-13 所示，当机件具有对称平面时，用剖切面假想地把机件的一半剖开，在垂直于对称平面的投影面上投影所得的图形，可以图形的对称中心线为界，一半画成剖视，另一半画成视图，这种剖视图称为半剖视图。半剖视图适用于表达内、外部结构形状都复杂，在某投影面上的投影具有对称性的机件。

如图 6-14a 所示机件，其内、外形状都比较复杂，如果主视图采用全剖视图，则顶板下的凸台就不能表达出来；如果俯视图采用全剖视图，则长方形顶板及其四个小孔的形状和位置都不能表达，所以，此机件不适合用全剖视图表达。为了清楚地表达此机件的内、外部结构形状，根据其主视图左右对称，俯视图前后对称，可用图 6-14b、图 6-14d 所示的剖切方法，将主视图和俯视图画成半剖视图。

如图 6-14c 所示，用前、后对称平面剖切后所得的半剖视图，可省略标注；而用水平面

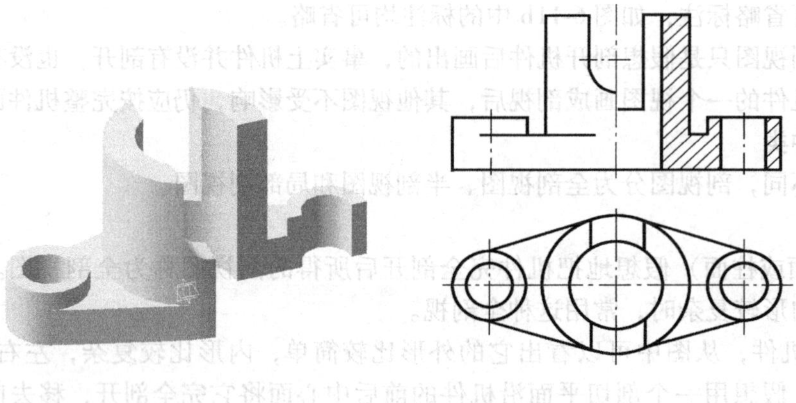

a) b)

图 6-13 半剖视图

剖切后所得的半剖视图，由于剖切面不是机件的对称平面，故必须在此半剖视图上方标出剖视图的名称“$A—A$”，并在主视图中用带字母 A 的剖切符号表示剖切位置，同时由于图形按投影关系配置，中间又没有其他图形隔开，可省略表示投射方向的箭头。

画半剖视图时应注意如下几点：

1）半个视图和半个剖视的分界线应画成点画线，不能画成粗实线。当视图与剖视两者左右配置时，习惯上把剖视图画在中心线的右边。当两者前后配置时，习惯上把剖视图画在中心线前边，如图 6-14c 所示。

2）当机件的内部形状已在剖视图部分表示清楚时，在表达外部形状的视图中，虚线可省略；如果机件的某些内部形状在剖视图部分没有表示清楚，在表达外部形状的视图中，虚线应该画出，如图 6-14c 中顶板上的圆柱孔、底板上的圆柱孔，都应用虚线画出。

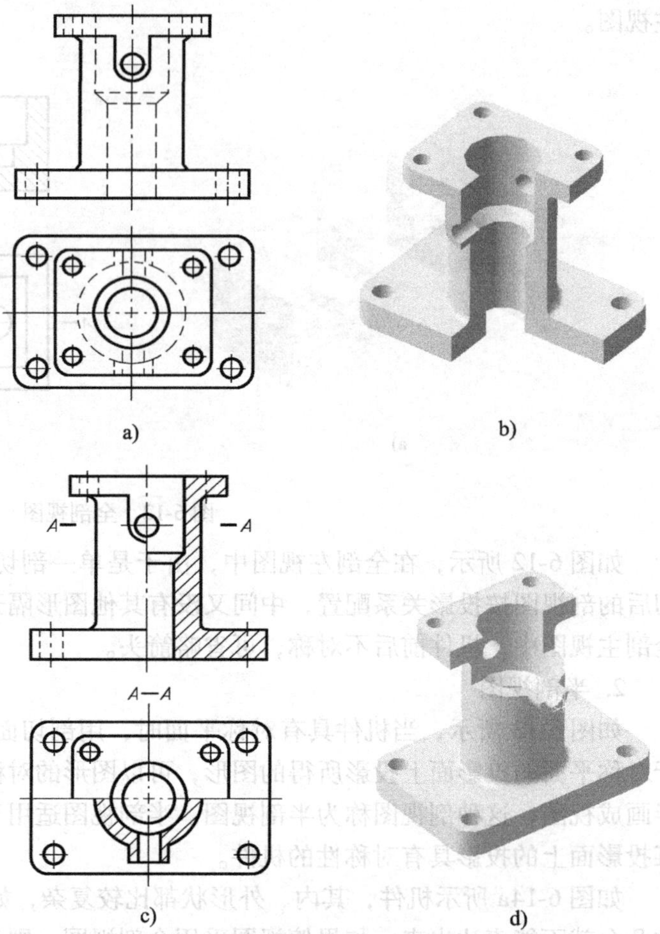

a) b) c) d)

图 6-14 半剖视图画法示例

3）当机件的形状接近于对称，且不对称部分已另有图形表达清楚时，也可以采用半剖视图，如图 6-15 所示。但要注意，应剖不对称结构所在的部分。

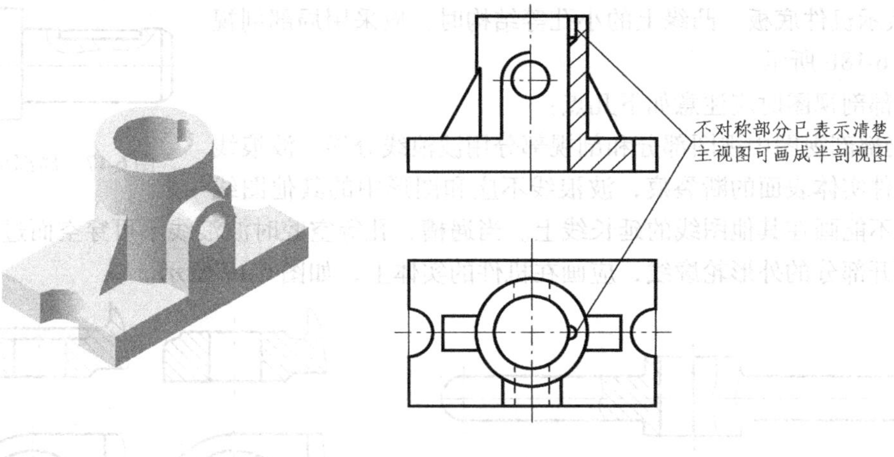

a) b)

图 6-15 局部不对称结构也可画成半剖视图

3. 局部剖视图

如图 6-16 所示，用剖切面假想地把机件局部剖开所得的剖视图，称为局部剖视图。局部剖视图是一种比较灵活的表达方法，适用范围也比较广。剖切的位置和剖切范围，需要根据具体情况而定。

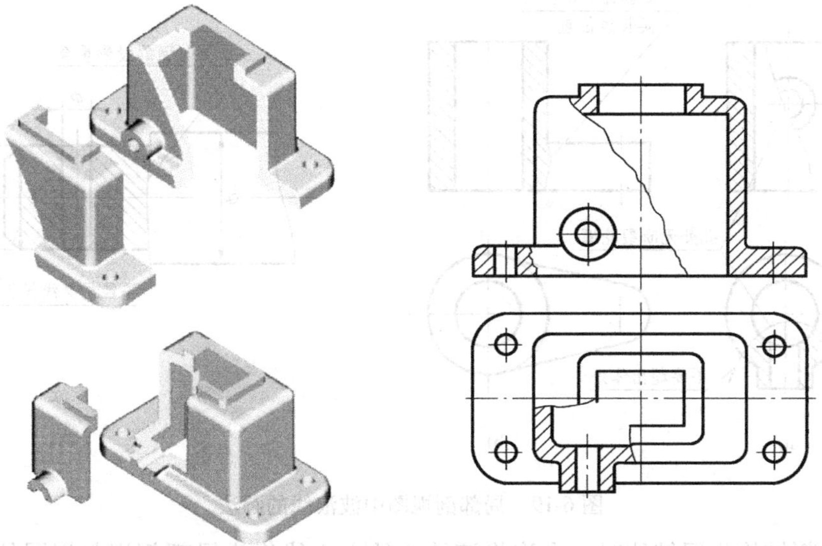

a) b)

图 6-16 局部剖视图

1）当机件的内、外结构形状复杂，且在投影面上的投影不对称时，可采用局部剖视图，如图 6-16 所示。

2）当轴、手柄等实心机件上有孔、键槽时，应采用局部剖视图，如图 6-17 所示。

3）当对称机件的可见轮廓线与对称中心线重合，不宜采用半剖视时，应采用局部剖视图，如图 6-18a 所示。

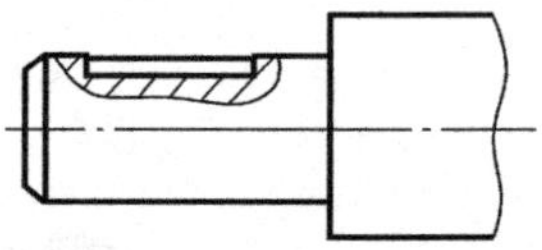

图 6-17 局部剖视图

4）表示机件底板、凸缘上的小孔等结构时，应采用局部剖视图，如图 6-18b 所示。

画局部剖视图时应注意如下几点：

1）局部剖视图中视图部分和剖视部分用波浪线分界，波浪线可看作机件实体表面的断裂痕，波浪线不应和图形中的其他图线重合，也不能画在其他图线的延长线上。当遇槽、孔等空腔时波浪线不可穿空而过，也不能超出被剖开部分的外形轮廓线，应画在机件的实体上，如图 6-19 所示。

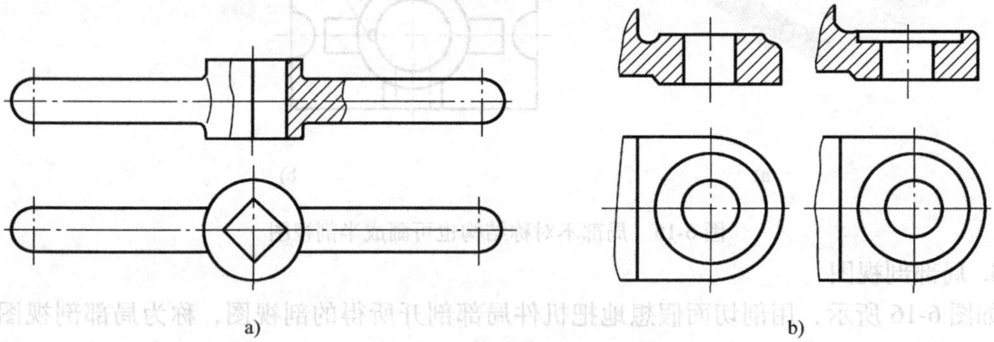

图 6-18 局部剖视图

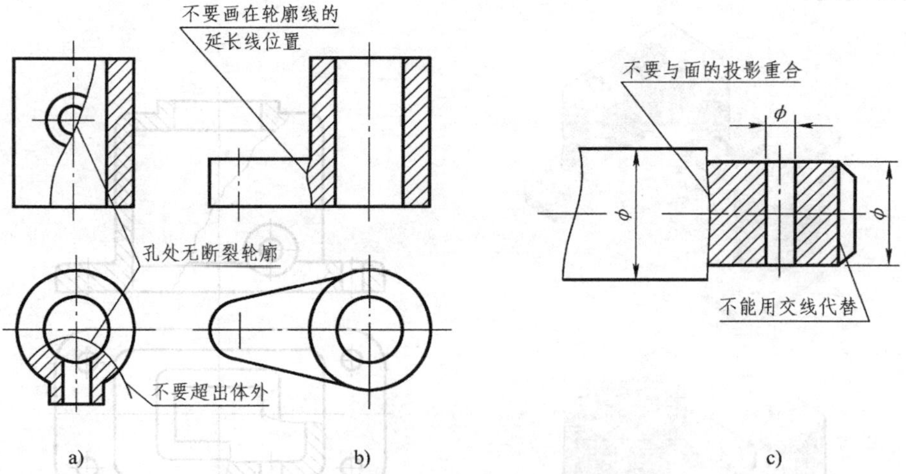

图 6-19 局部剖视图中波浪线的画法

2）当被剖结构为回转体时，允许将该结构的中心线作为局部剖视与视图的分界线，如图 6-20 所示。

3）在同一个视图中，采用局部剖视的数量不宜过多，以免使图形支离破碎、表达不清。

4）局部剖视图一般应按规定标注，但当用一个平面剖切且剖切位置明显时，可省略标注，如图 6-20 所示。

三、剖切面的种类

根据机件结构形状的不同，可采用各种剖切面及相应的剖切方法。

1. 单一剖切面

（1）用平行于某一基本投影面的单一平面剖切 前面所讲的全剖视图、半剖视图和局部剖视图，都是用平行于某一基本投影面的剖切平面剖开机件后所画出的，这是最基本的剖切方式。

（2）用不平行于任何基本投影面的单一剖切平面剖切　如图6-21所示，当机件上倾斜部分的内形和外形在基本视图上不能反映其实形时，可用一平行于倾斜部分且垂直于某一基本投影面的平面剖切，剖切后再投射到与剖切平面平行的辅助投影面上，以表达其内形和外形。这种用不平行于任何基本投影面的剖切平面剖开机件的方法俗称为斜剖。当机件具有倾斜部分，而这部分内形和外形均需表达时，应采用斜剖。

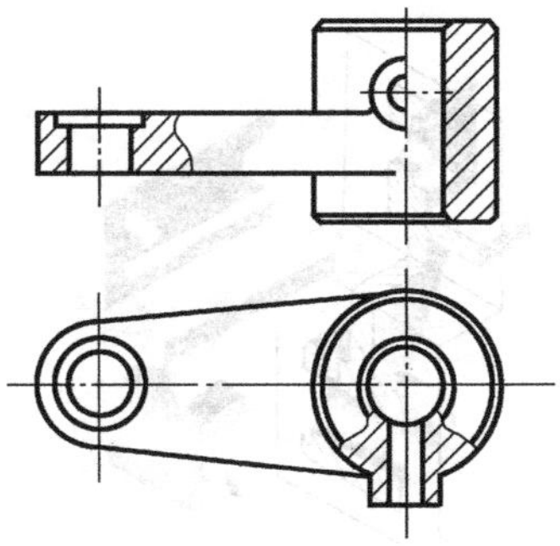

图6-20　局部剖视图

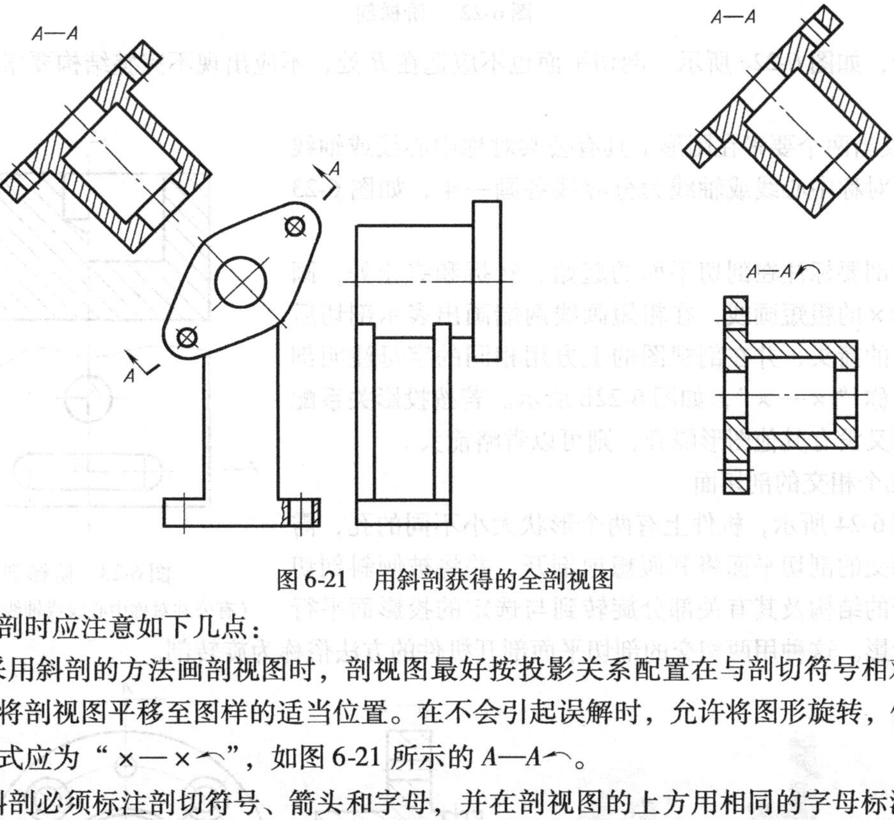

图6-21　用斜剖获得的全剖视图

画斜剖时应注意如下几点：

1）采用斜剖的方法画剖视图时，剖视图最好按投影关系配置在与剖切符号相对应的位置，也可将剖视图平移至图样的适当位置。在不会引起误解时，允许将图形旋转，但旋转后的标注形式应为“×—×⌒”，如图6-21所示的A—A⌒。

2）斜剖必须标注剖切符号、箭头和字母，并在剖视图的上方用相同的字母标注剖视图的名称“×—×”，如图6-21所示。由于假想剖切平面是倾斜的，因此表示剖切平面位置的剖切符号自然应与剖切平面迹线方向一致，但标注的字母必须水平书写。

2. 几个平行的剖切平面

如图6-22a所示，机件上有几个直径不等的孔，其轴线不在同一平面内。要把机件上孔的结构形状都表达出来，需要用两个相互平行的剖切平面剖切。这种用几个平行的剖切平面剖开机件的方法俗称为阶梯剖。

机件上的孔、槽及空腔等内部结构不在同一平面内，要表达其内形时应采用阶梯剖。

画阶梯剖时应注意如下几点：

1）在两个假想剖切平面的转折处，不应画出剖切平面转折处的界限，也不应与视图轮

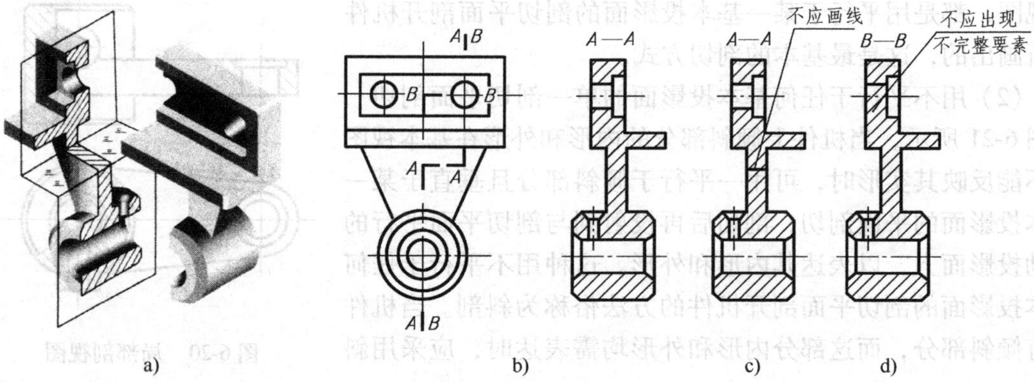

图 6-22 阶梯剖

廓线重合，如图 6-22c 所示。剖切平面也不应选在 *B* 处，不应出现不完整结构要素，如图 6-22d 所示。

2）仅当两个要素在图形上具有公共对称中心线或轴线时，可以对称中心线或轴线为分界线各画一半，如图 6-23 所示。

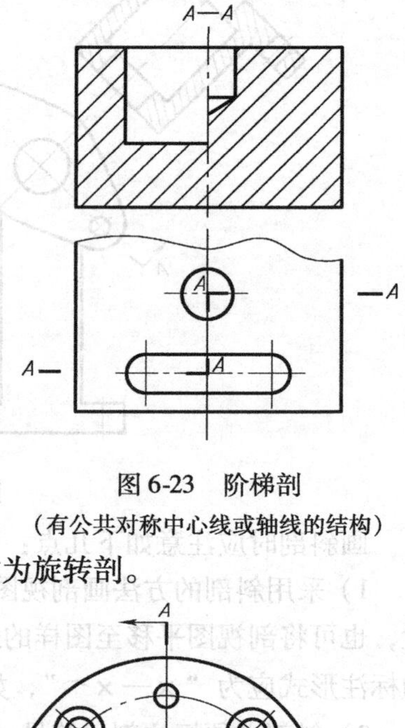

图 6-23 阶梯剖

（有公共对称中心线或轴线的结构）

阶梯剖要标注在剖切平面的起始、转折和终止处，画出带字母×的粗短画线，在粗短画线两端画出表示剖切后投射方向的箭头，并在剖视图的上方用相同的字母注明剖视图的名称“×—×”，如图 6-22b 所示。若按投影关系配置，中间又没有其他图形隔开，则可以省略箭头。

3. 几个相交的剖切面

如图 6-24 所示，机件上有两个形状大小不同的孔，需用两个相交的剖切平面将其假想地剖开，并将被倾斜剖切平面剖开的结构及其有关部分旋转到与选定的投影面平行再进行投影。这种用两相交的剖切平面剖开机件的方法俗称为旋转剖。

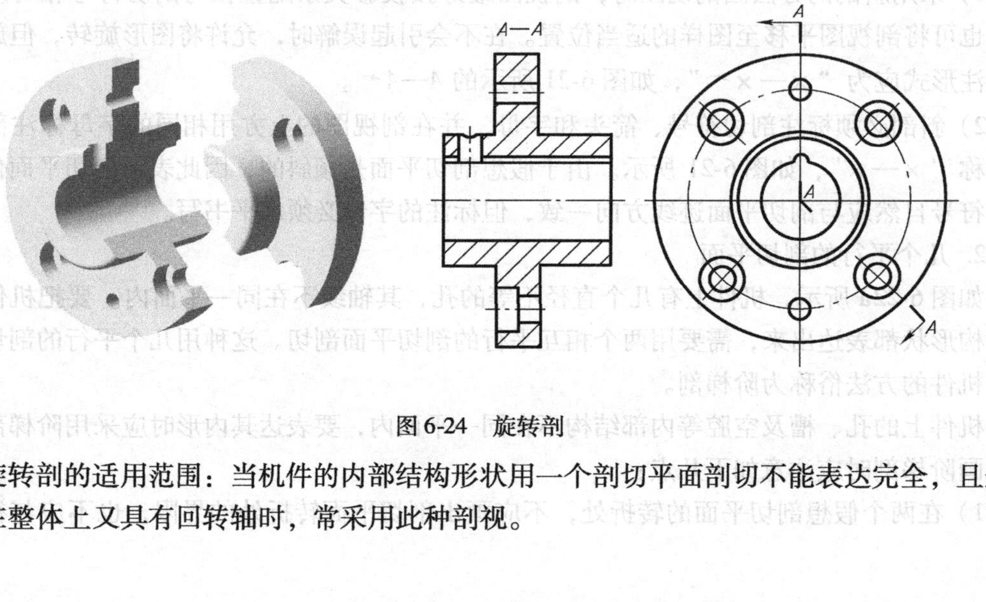

图 6-24 旋转剖

旋转剖的适用范围：当机件的内部结构形状用一个剖切平面剖切不能表达完全，且这个机件在整体上又具有回转轴时，常采用此种剖视。

画旋转剖时应注意如下几点：

1）两剖切平面的交线一般应与机件上的回转轴重合。

2）倾斜的剖切平面必须旋转到与选定的基本投影面平行后再投影；但在剖面后的其他结构，一般应按原来的位置画出其投影，如图 6-25 所示。

3）当剖切后产生不完整要素时，应将此部分按不剖绘制，如图 6-26 所示。

旋转剖与阶梯剖的标注类似：在剖切平面的起始、转折和终止处，要画出带大写字母的粗短画线，在粗短画线两端应画上箭头表明其投射方向，并在剖视图的上方用相同的字母注明剖视图的名称“×—×”，如图 6-24 所示。当转折处空间有限又不致引起误解时，转折处的字母可以省略，如图 6-25、图 6-26 所示转折处字母 A 均可省略。

用组合的剖切面剖开机件的方法俗称为复合剖，如图 6-27 所示。其画法和标注与旋转剖类似。

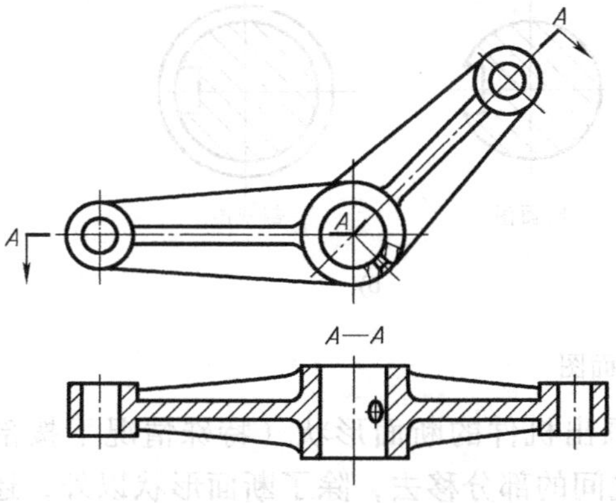

图 6-25 剖切面后的结构画法

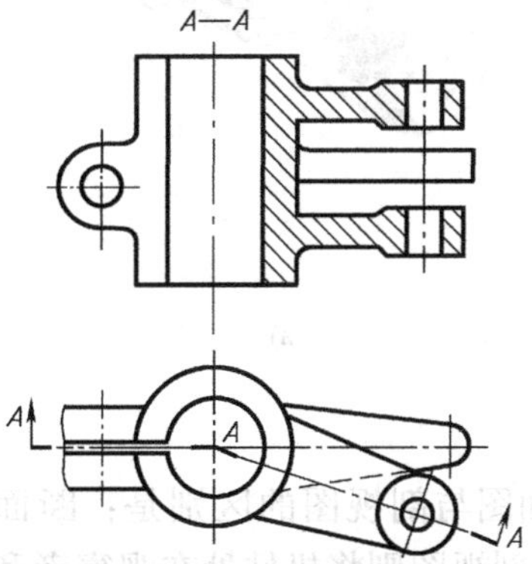

图 6-26 剖切后产生不完整要素的画法

当采用连续几个旋转剖时，一般采用展开画法，如图 6-27 所示。当采用展开画法时，在剖视图上方应标注“×—×展开”。

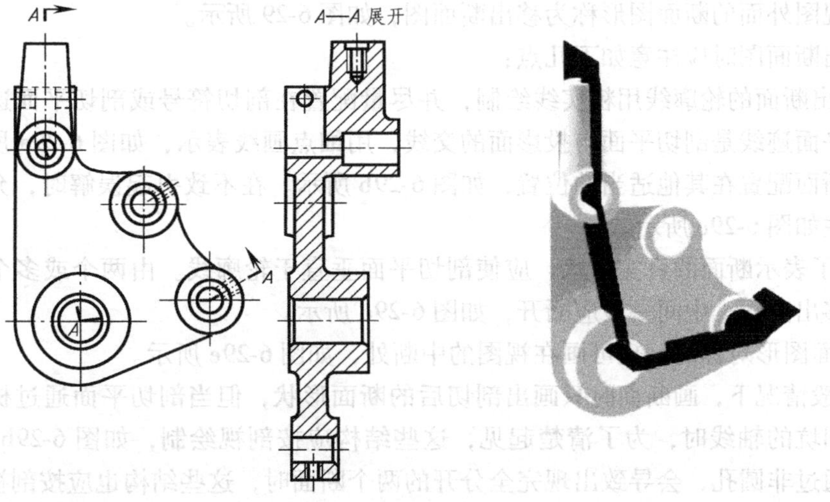

a) b)

图 6-27 复合剖的展开画法

第三节 断 面 图

如图 6-28a 所示，假想用剖切平面将机件的某处切断，仅画出断面的图形，称为断面图，简称断面。断面图常用来表达机件某一局部的断面形状，如机件上的肋板、轮辐和轴上键槽等断面形状。

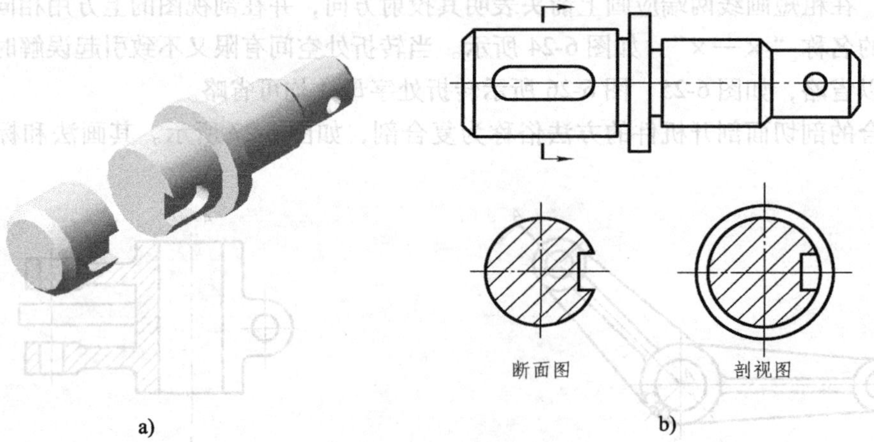

图 6-28 断面图

断面图与剖视图的区别是：断面图一般只画出机件的断面形状（特殊情况下按剖视画）；而剖视图则将机件处在观察者和剖切平面之间的部分移去，除了断面形状以外，还要画出机件留下部分的投影，如图 6-28b 所示。

根据断面在绘制时所配置的位置不同，断面图分为两种：移出断面图和重合断面图。

一、移出断面图

画在视图外面的断面图形称为移出断面图，如图 6-29 所示。

画移出断面图时应注意如下几点：

1）移出断面的轮廓线用粗实线绘制，并尽量配置在剖切符号或剖切平面迹线的延长线上。剖切平面迹线是剖切平面与投影面的交线，用细点画线表示，如图 6-29a 所示。必要时可将移出断面配置在其他适当的位置，如图 6-29b 所示。在不致引起误解时，允许将图形旋转，其标注如图 6-29c 所示。

2）为了表示断面的真实形状，应使剖切平面垂直于轮廓线。由两个或多个相交剖切平面切出的移出剖面，中间一般应断开，如图 6-29d 所示。

3）断面图形对称时，也可画在视图的中断处，如图 6-29e 所示。

4）一般情况下，画断面时只画出剖切后的断面形状，但当剖切平面通过机件上的圆孔或回转体凹坑的轴线时，为了清楚起见，这些结构应按剖视绘制，如图 6-29b、f 所示；当剖切平面通过非圆孔，会导致出现完全分开的两个断面时，这些结构也应按剖视绘制，如图 6-29c 所示。

移出断面图的标注方法如下：

1）一般应用剖切符号表示剖切位置，用带字母的箭头表示投射方向，并在断面图上方用相同的字母标出相应的名称“×—×”，如图 6-29f 所示。

2）画在剖切符号延长线上的移出断面，当其图形不对称时，只需标注剖切符号及箭头，一般省略字母，如图 6-29a 所示。

3）不画在剖切符号延长线上的对称移出断面，以及按投影关系配置的不对称移出断面，只需标注剖切符号及字母，箭头可以省略，如图 6-29b 所示。

4）画在剖切符号延长线上的对称移出断面，可以不标注，如图 6-29a 所示。配置在视图断开处的移出断面，也可以不加标注，如图 6-29e 所示。

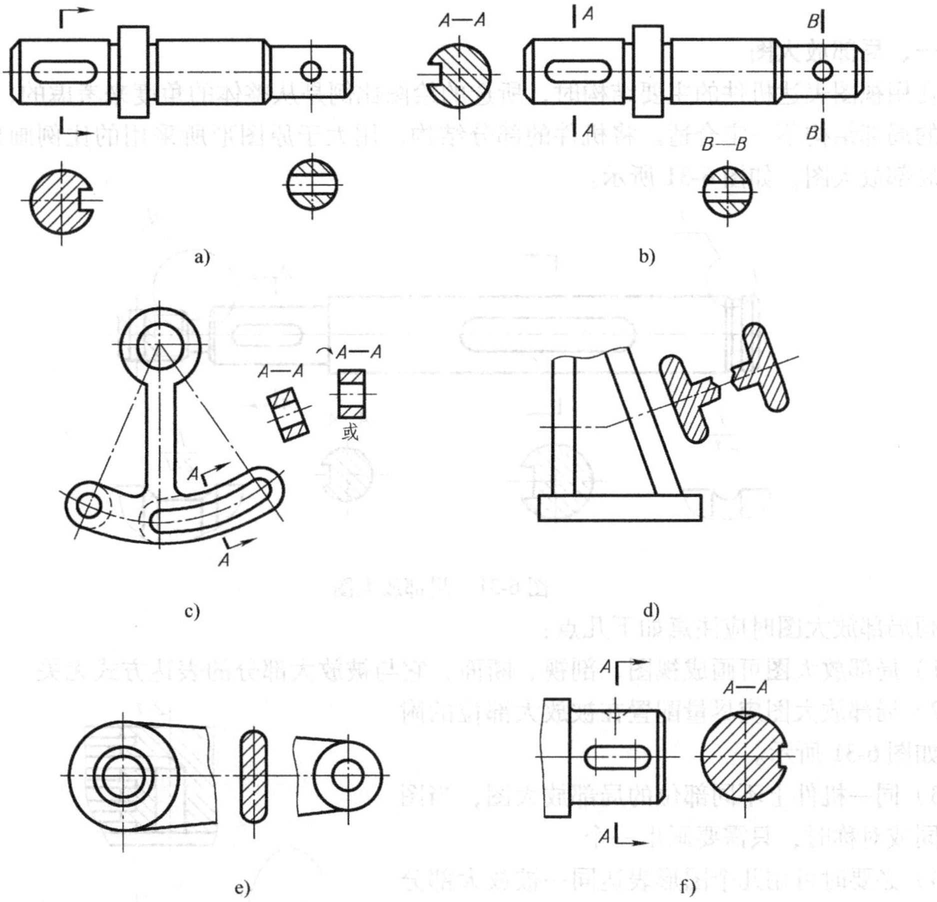

图 6-29　移出断面图

二、重合断面图

画在视图内的断面图形称为重合断面图，如图 6-30 所示。

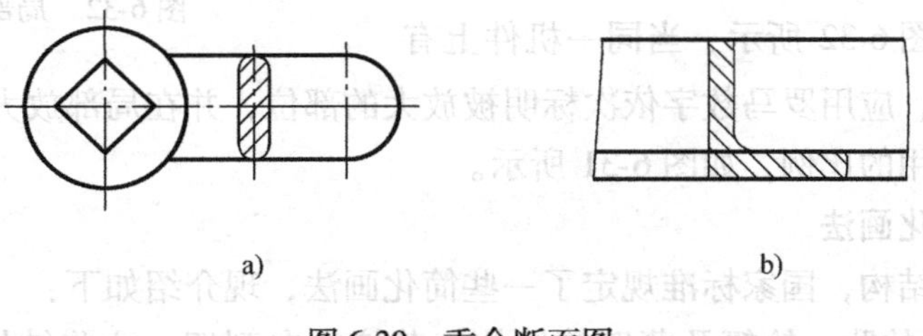

图 6-30　重合断面图

重合断面的轮廓线用细实线画出。当视图中的轮廓线与重合断面的图形轮廓线重叠时，视图中的轮廓线仍应完整画出，不可中断，如图6-30所示。

重合断面的标注方法如下：

1）对称的重合断面可以不标注，如图6-30a所示。

2）画在剖切符号处的不对称重合断面，也可以省略标注，如图6-30b所示。

第四节 其他表示方法

一、局部放大图

在用视图表达机件的主要结构时，所选的绘图比例是从整体的角度来考虑的，但对某些细微的局部结构不一定合适。将机件的部分结构，用大于原图形所采用的比例画出的图形，称为局部放大图，如图6-31所示。

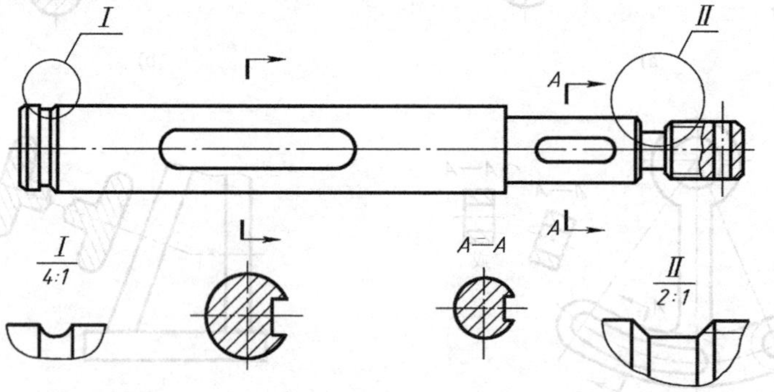

图6-31 局部放大图

画局部放大图时应注意如下几点：

1）局部放大图可画成视图、剖视、断面，它与被放大部分的表达方式无关。

2）局部放大图应尽量配置在被放大部位的附近，如图6-31所示。

3）同一机件上不同部位的局部放大图，当图形相同或对称时，只需要画出一个。

4）必要时可用几个图形表达同一被放大部分的结构。

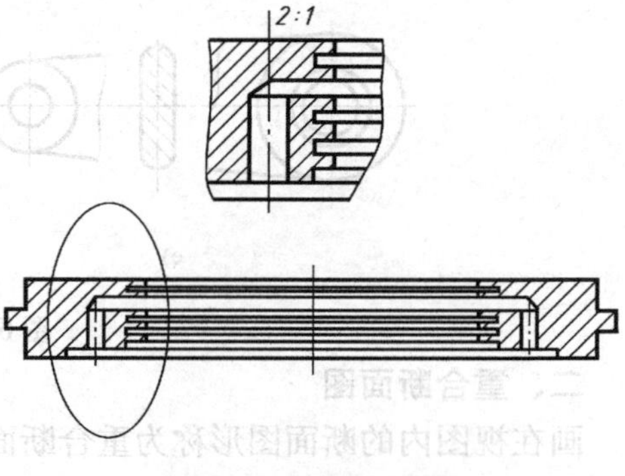

图6-32 局部放大图

局部放大图的标注方法：画局部放大图时，应用细实线圈出被放大的部位。当机件上被放大的部位仅一个时，只需在局部放大图的上方注明所采用的比例，如图6-32所示；当同一机件上有几个被放大部位时，应用罗马数字依次标明被放大的部位，并在局部放大图的上方标出相应的罗马数字和所采用的比例，如图6-31所示。

二、常用的简化画法

对机件的某些结构，国家标准规定了一些简化画法，现介绍如下：

1）对于机件上的肋、轮辐及薄壁等结构，若按纵向剖切，这些结构都不画剖面符号，而用粗实线将它与其邻接部分分开；但按横向剖切时，这些结构仍应画上剖面符号，如图 6-33 所示。

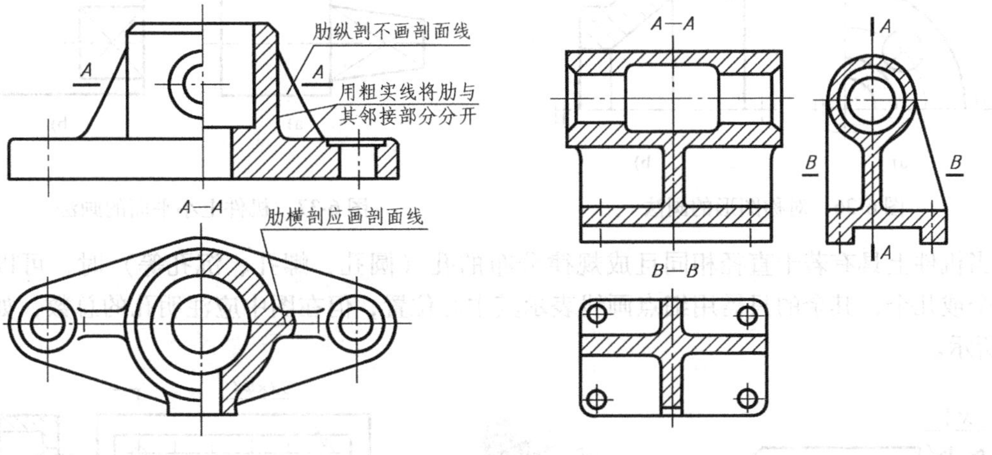

a)　　b)

图 6-33　肋、薄壁的规定画法

2）当剖切平面不通过零件回转体上均匀分布的肋、轮辐、孔等结构时，可将这些结构旋转到剖切平面上画出，如图 6-34 所示。即未剖到的孔，画成剖到的；肋不对称的，画成对称的。

3）圆柱形法兰和类似零件上均匀分布的孔可按图 6-35 所示的方法表示。

4）在不致引起误解时，对称机件的视图可只画一半或四分之一，并在对称中心线的两端画出两条与其垂直的平行细实线作对称标记，如图 6-36 所示。

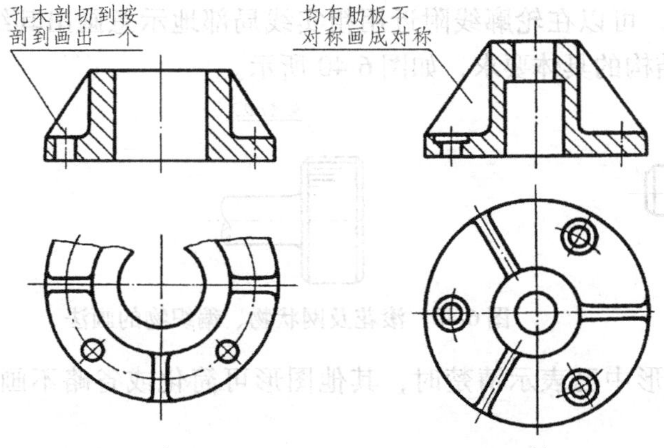

a)　　b)

图 6-34　均匀分布的肋、轮辐及孔的画法

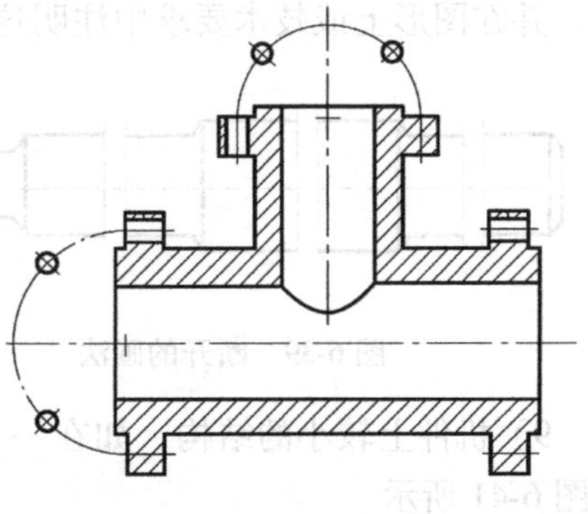

图 6-35　圆柱形法兰上均匀分布的孔的画法

5）当机件上的小平面在图形中不能充分表达时，可用平面符号（相交的两细实线）表示，如图 6-37 所示。

6）当机件上具有若干相同的结构要素（齿、槽等），并按一定规律分布时，只需要画出几个完整的结构要素，其余用细实线连接，但图中必须注明结构要素的总数，如图 6-38a

所示。

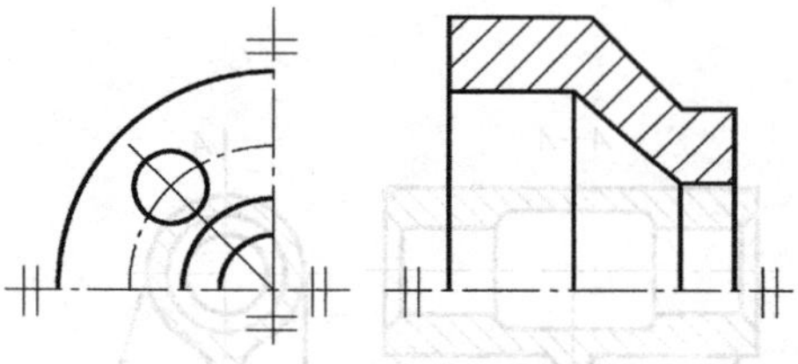

图 6-36　对称图形的画法

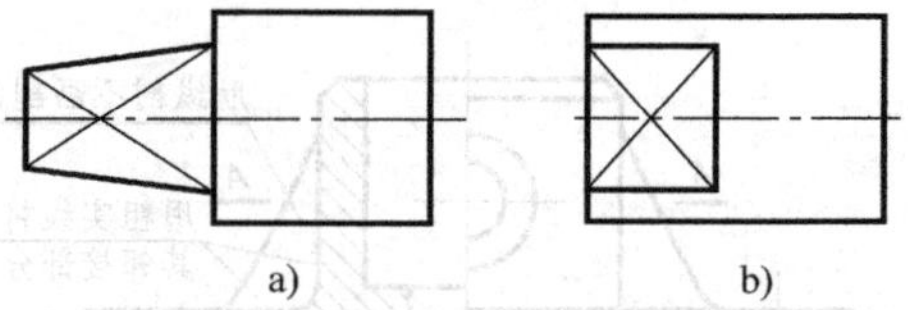

图 6-37　机件上小平面的画法

当机件上具有若干直径相同且成规律分布的孔（圆孔、螺孔、沉孔等）时，可以仅画出一个或几个，其余的只需用细点画线表示其中心位置，但在图中应注明孔的总数，如图 6-38b 所示。

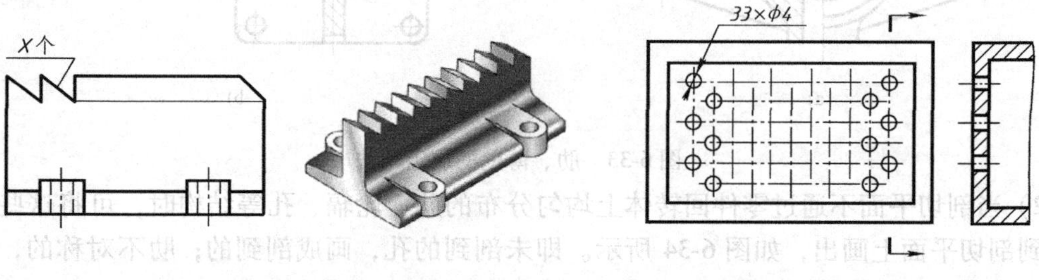

图 6-38　相同结构要素的画法

7）轴、杆、型材、连杆等较长的机件，当其沿长度方向形状一致或按一定规律变化时，可以断开后缩短绘制，如图 6-39 所示。

8）机件上的滚花或网状物、编织物，可以在轮廓线附近用粗实线局部地示意画出其结构，并在图形上或技术要求中注明这些结构的具体要求，如图 6-40 所示。

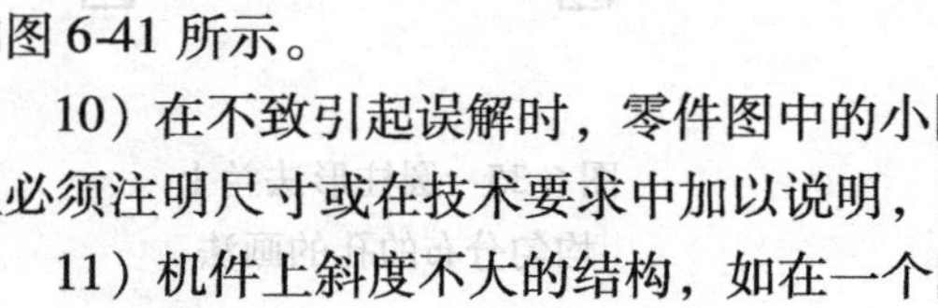

图 6-39　断开的画法

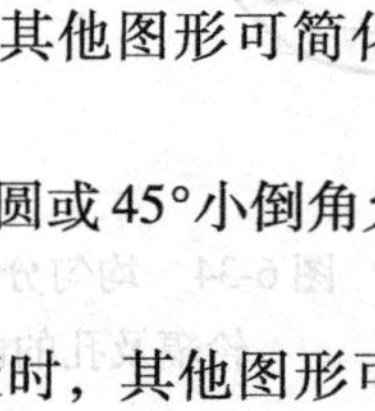

图 6-40　滚花及网状物、编织物的画法

9）机件上较小的结构，如在一个图形中已表示清楚时，其他图形可简化或省略不画，如图 6-41 所示。

10）在不致引起误解时，零件图中的小圆角、锐边的小倒圆或 45°小倒角允许省略不画，但必须注明尺寸或在技术要求中加以说明，如图 6-42 所示。

11）机件上斜度不大的结构，如在一个图形中已表示清楚时，其他图形可按小端画出，如图 6-43 所示。

12）在不致引起误解时，零件图中的移出断面图，允许省略剖面符号，但剖切位置和断面图的标注必须遵照原来的规定，如图 6-44 所示。

13）零件上对称结构的局部视图，如图 6-45 所示，可按图示方法绘制。

14）如图6-46所示，在需要表示位于剖切平面前的结构时，这些结构按假想投影的轮廓线绘制，用双点画线表示。

15）如图6-47a所示，与投影面倾斜角度小于或等于30°的圆或圆弧，其投影可用圆或圆弧代替。

16）当需要在剖视图的断面中再作一次局部剖时，可按如图6-47b所示的方法表达，两个断面的剖面线应同方向、同间隔，但要相互错开，并用引出线标注其名称，当剖切位置明显时，也可省略标注。

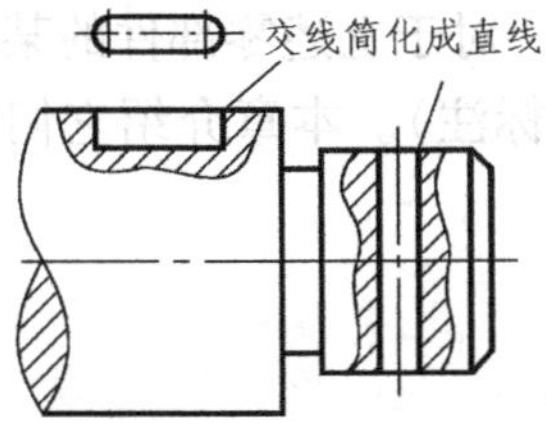

图6-41　较小结构的画法

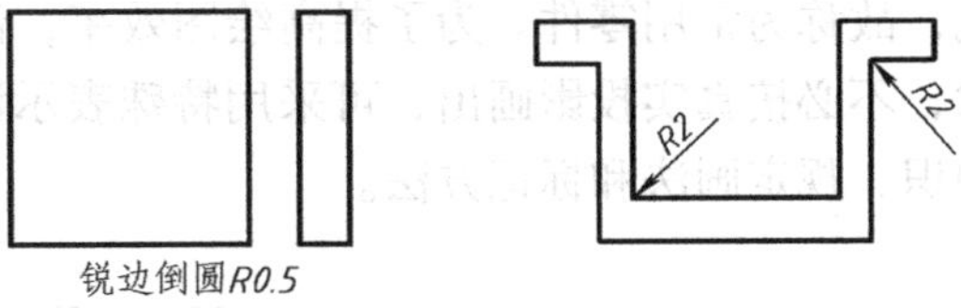

a)　b)

图6-42　小圆角或小倒角的省略画法

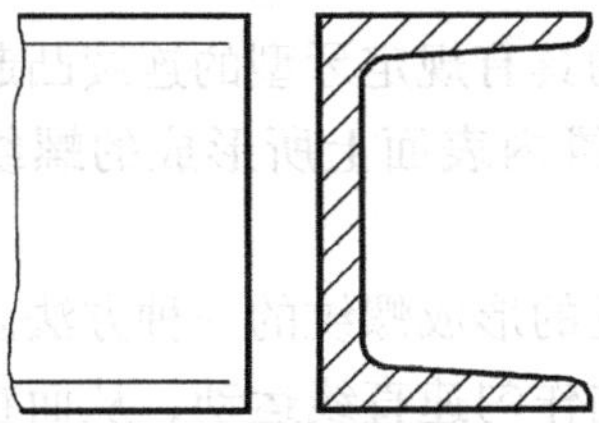

图6-43　较小斜度的画法

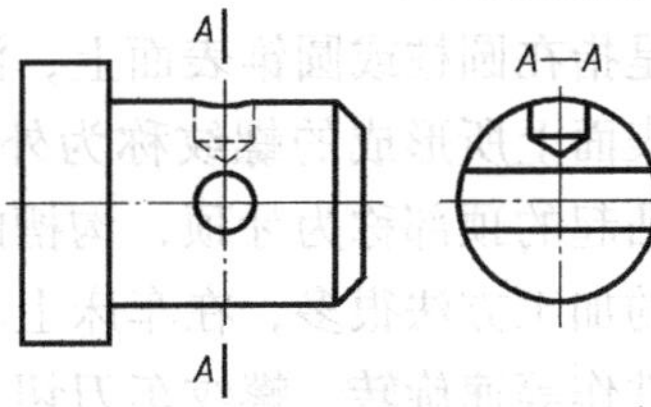

图6-44　移出断面的简化画法

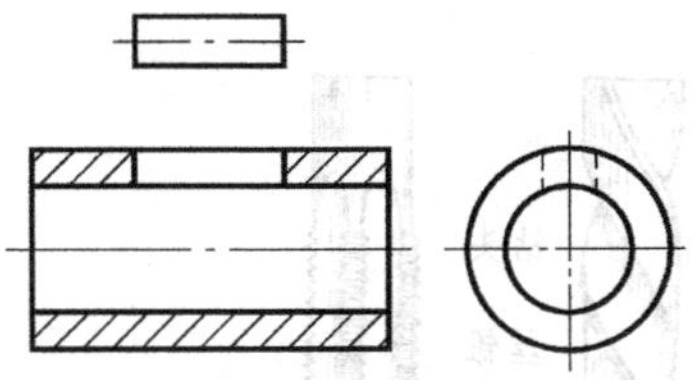

图6-45　对称结构局部视图的画法

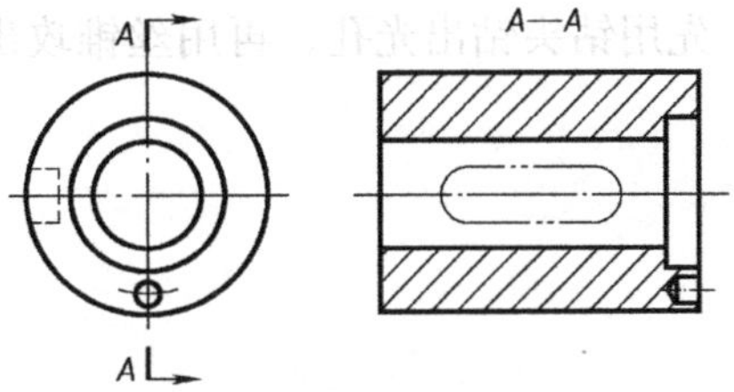

图6-46　假想表示法

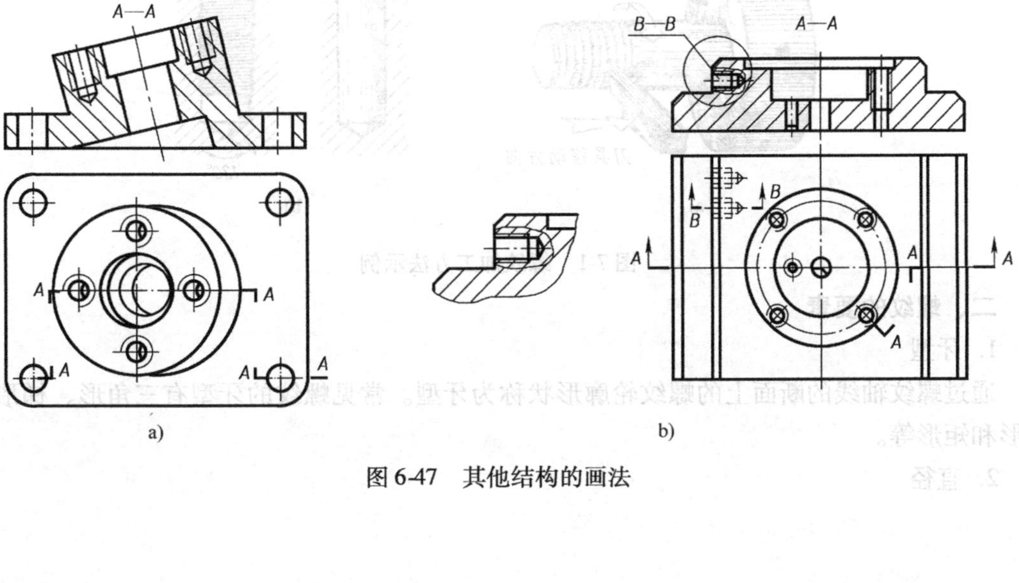

a)　b)

图6-47　其他结构的画法

第七章 图样的特殊表示法

工程上广泛使用的螺栓、螺母、螺柱、螺钉、垫圈、键、销、滚动轴承等，其结构和尺寸都已经全部标准化，这些零部件称为标准件；而齿轮、弹簧等只是部分结构和尺寸标准化，故称为常用零件。为了提高绘图效率，制图标准规定，对于上述零部件的某些结构和形状，不必按真实投影画出，可采用特殊表示法（含画法和标注）。本章介绍它们的有关基本知识、规定画法和标记方法。

第一节 螺 纹

一、螺纹的形成

螺纹是指在圆柱或圆锥表面上，沿着螺旋线所形成的具有规定牙型的连续凸起。在圆柱或圆锥外表面上所形成的螺纹称为外螺纹，在圆柱或圆锥内表面上所形成的螺纹称为内螺纹。螺纹凸起的顶部称为牙顶，沟槽的底部称为牙底。

螺纹的加工方法很多，在车床上车削螺纹，是最常见的形成螺纹的一种方法。如图 7-1a 所示，工件作等速旋转，螺纹车刀切入工件并沿轴线方向作匀速直线运动，从而在工件上加工出螺纹。不同的车刀尖形状，可车削出不同牙型的螺纹。图 7-1b 为加工小直径内螺纹示意图，先用钻头钻出光孔，再用丝锥攻出内螺纹。

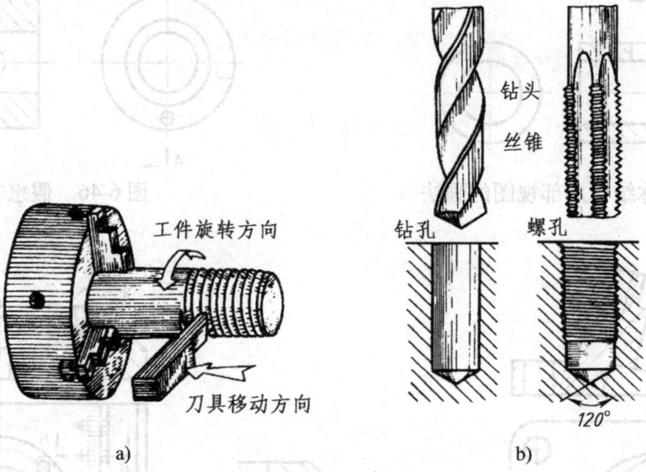

a) b)

图 7-1 螺纹加工方法示例

二、螺纹的要素

1. 牙型

通过螺纹轴线的断面上的螺纹轮廓形状称为牙型。常见螺纹的牙型有三角形、梯形、锯齿形和矩形等。

2. 直径

螺纹直径有大径（d、D）、小径（d_1、D_1）和中径（d_2、D_2），如图 7-2 所示。大径是指与外螺纹牙顶或内螺纹牙底相切的假想圆柱或圆锥的直径（指外螺纹顶径、内螺纹底径），大径是螺纹的公称直径；小径是指与外螺纹牙底或内螺纹牙顶相切的假想圆柱或圆锥的直径（指外螺纹底径、内螺纹顶径）；中径是指母线通过牙型上沟槽和凸起宽度相等的地方的假想圆柱或圆锥的直径。

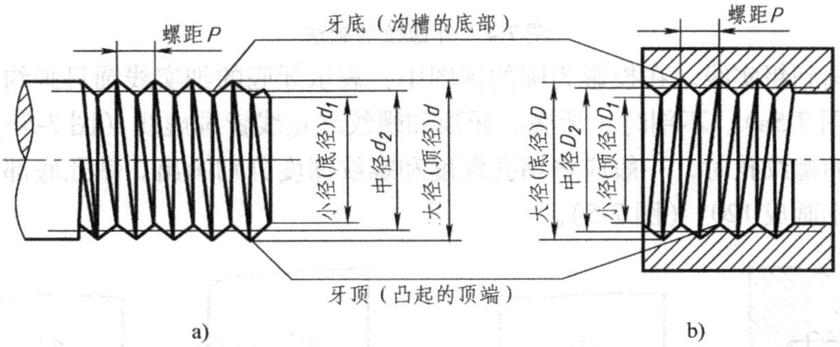

图 7-2　螺纹的直径

3. 线数（n）

螺纹有单线与多线之分。沿一条螺旋线所形成的螺纹称为单线螺纹；沿两条或两条以上在轴向等距分布的螺旋线所形成的螺纹称为多线螺纹，如图 7-3 所示。

4. 螺距（P）和导程（Ph）

相邻两牙在中径线上对应两点间的轴向距离称为螺距；同一条螺旋线上的相邻两牙在中径线上对应两点间的轴向距离称为导程，如图 7-3 所示。

单线螺纹：$Ph = P$；多线螺纹：$Ph = nP$

5. 旋向

螺纹有左旋和右旋之分。顺时针旋转时旋入的螺纹称为右旋螺纹；逆时针旋转时旋入的螺纹称为左旋螺纹。如图 7-3 所示，从正面看，图 a 螺旋线从左到右上升，为右旋；图 b 螺旋线从右到左上升，为左旋。

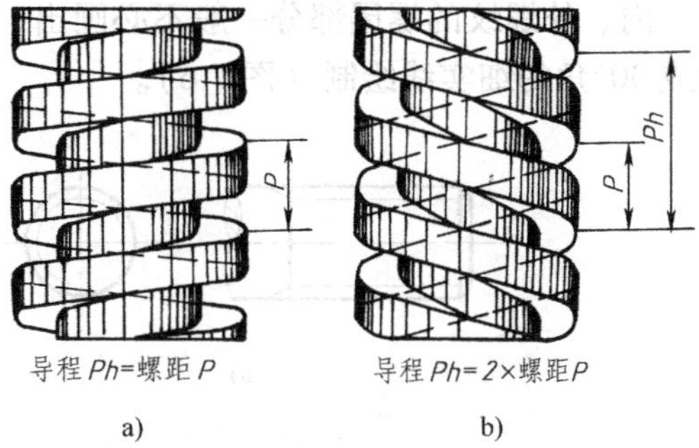

图 7-3　螺纹的线数、旋向、螺距和导程
a）单线螺纹　b）双线螺纹

上述五项是螺纹的基本要素，其中牙型、直径和螺距三项都符合国家标准规定的螺纹称为标准螺纹；而牙型符合标准，直径和螺距不符合标准的螺 纹称为特殊螺纹；牙型不符合标准的（如矩形螺纹等）称为非标准螺纹。

三、螺纹的规定画法

1. 外螺纹的画法

螺纹的牙顶（大径）及螺纹终止线用粗实线绘制，牙底（小径）用细实线绘制（$d_1 \approx 0.85d$），并应画进倒角内。在投影为圆的视图中，表示牙底的细实线圆只画约 3/4 圈，倒角圆省略不画。在剖视图中，剖面线画到粗实线，如图 7-4 所示。

2. 内螺纹的画法

内螺纹一般应画成剖视图，牙底（大径）用细实线绘制，牙顶及螺纹终止线用粗实线

a) b)

图 7-4 外螺纹的画法

绘制，剖面线画到粗实线。在投影为圆的视图中，表示牙底的细实线圆只画约 3/4 圈，倒角圆省略不画（图 7-5a）。不剖时，牙底、牙顶和螺纹终止线皆画虚线（图 7-5b）。

绘制不通的螺纹孔时，一般应将钻孔深度和螺纹深度分别画出。钻孔底部的锥顶角应按钻头的锥面大小画成 120°（图 7-5）。

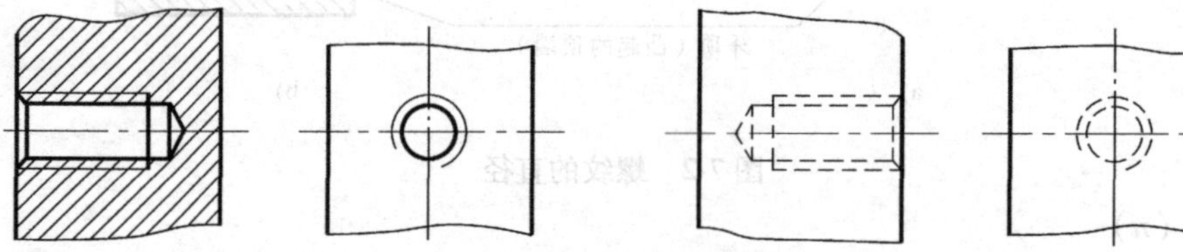

a) b)

图 7-5 内螺纹的画法

内、外螺纹的螺尾部分一般不必画出，当需要表示螺纹收尾时，螺尾部分的牙底用与轴线成 30°角的细实线绘制（图 7-6）。

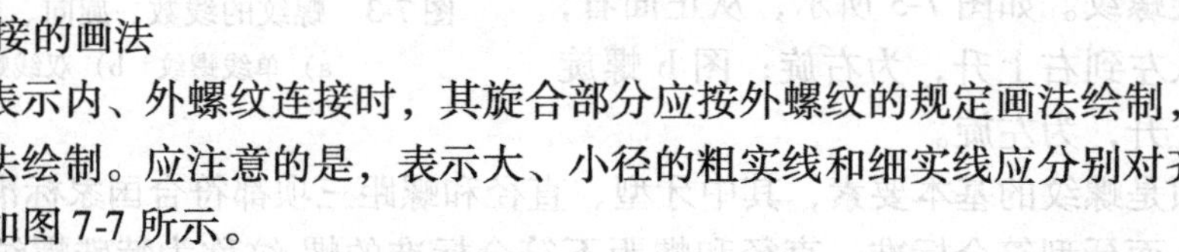

a) b)

图 7-6 螺尾表示法

3. 螺纹连接的画法

以剖视图表示内、外螺纹连接时，其旋合部分应按外螺纹的规定画法绘制，其余部分按各自的规定画法绘制。应注意的是，表示大、小径的粗实线和细实线应分别对齐，而与倒角的大小无关，如图 7-7 所示。

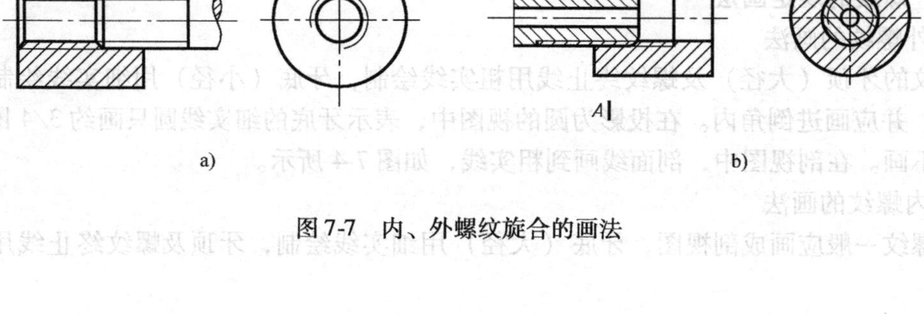

a) b)

图 7-7 内、外螺纹旋合的画法

四、螺纹的标注

螺纹按用途可分为连接螺纹（普通螺纹、管螺纹）和传动螺纹（梯形螺纹、锯齿形螺纹和矩形螺纹）两大类。

由于螺纹采用了统一规定的画法，为识别螺纹的种类和要素，对螺纹必须按规定格式进行标注。表 7-1 为标准螺纹的牙型、代号和标注示例。

表 7-1　标准螺纹的牙型、代号和标注示例

螺纹种类		牙型放大图	螺纹特征代号	标注示例	说　明
连接螺纹	粗牙普通螺纹	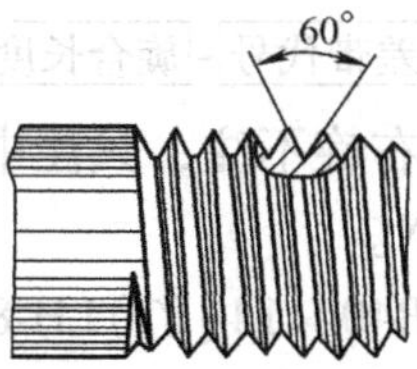	M	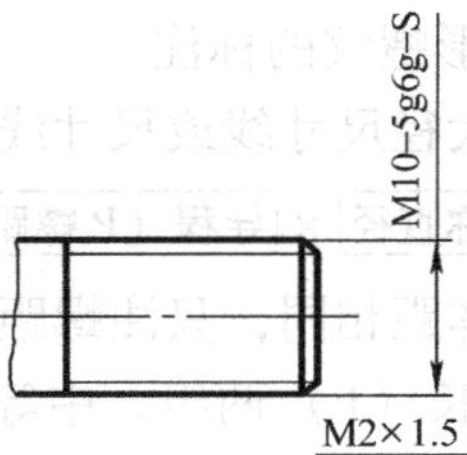	1. 粗牙螺纹不注螺距 2. 中径、顶径公差带相同，只注一个代号；中等公差精度（如 6H、6g）不注公差带代号 3. 中等旋合长度不注 N 4. 左旋螺纹注“LH”，右旋不注
	细牙普通螺纹			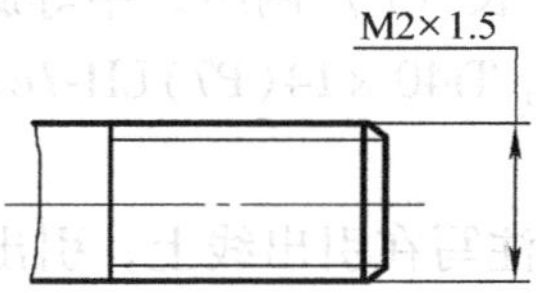	
	55°非密封管螺纹	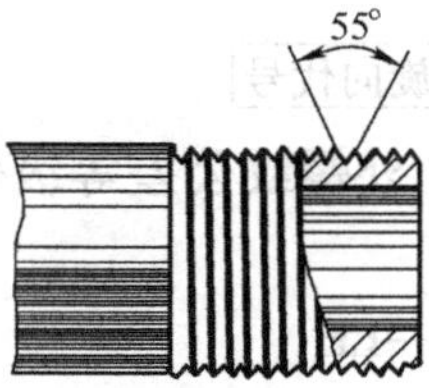	G	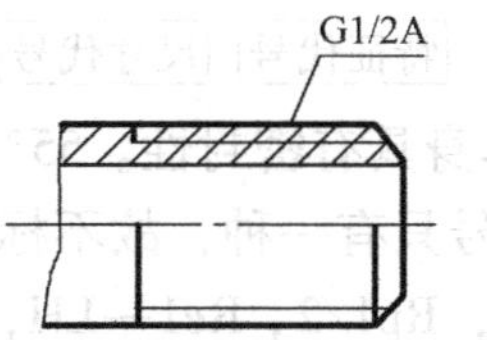	1. 外螺纹公差等级代号为 A、B 两级，内螺纹公差等级只有一种，故不注 2. 左旋螺纹注“LH”，右旋不注
	55°密封管螺纹	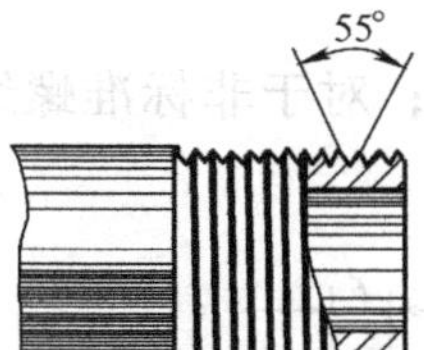	R_1 R_2 Rc Rp	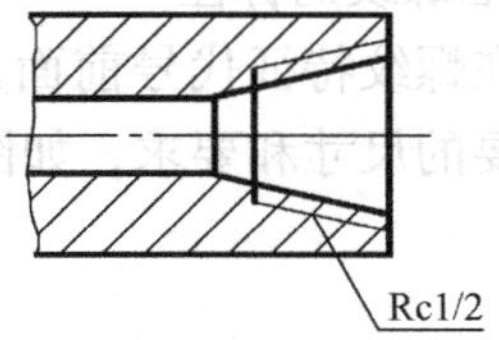	1. R_1—与圆柱内螺纹相配合的圆锥外螺纹；R_2—与圆锥内螺纹相配合的圆锥外螺纹；Rc—圆锥内螺纹；Rp—圆柱内螺纹 2. 内、外螺纹均只有一种公差带，故不注 3. 左旋螺纹注“LH”，右旋不注
传动螺纹	梯形螺纹	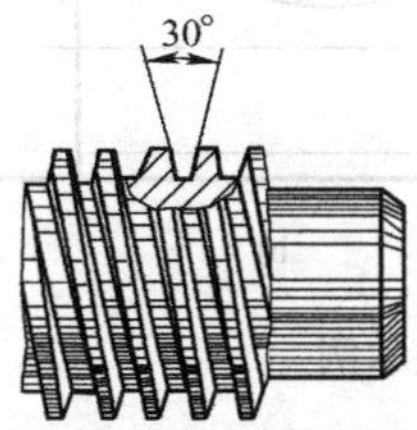	Tr	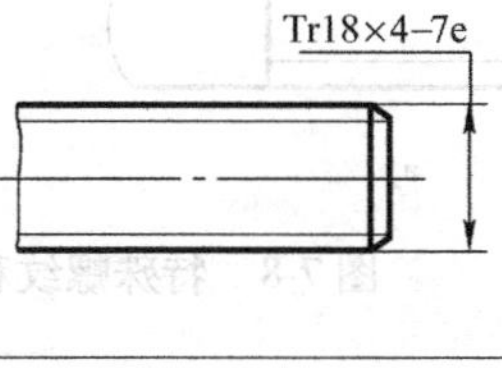	1. 左旋螺纹注“LH”，右旋不注 2. 只注中径公差带代号 3. 中等旋合长度 N 省略不注
	锯齿形螺纹	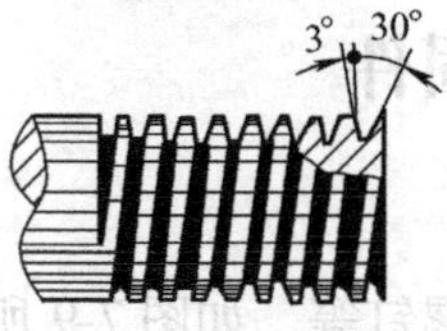	B	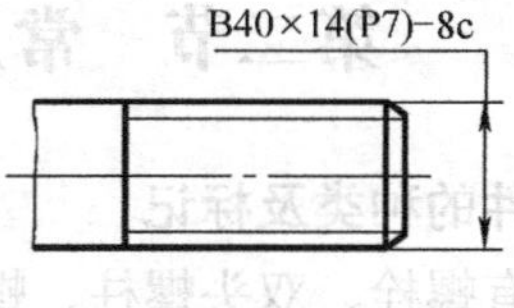	

1. 普通螺纹的标注

将标记注写在大径的尺寸线或尺寸线延长线上。其标记格式为：

特征代号 公称直径 × Ph 导程 P 螺距 - 公差带代号 - 旋合长度代号 - 旋向代号

单线螺纹的导程与螺距相同时，只注螺距，粗牙螺纹不注螺距；公差带代号中，中径公差带代号注在前，顶径公差带代号注在后，两者相同时，只注一个公差带代号，中等公差精度（如6H、6g）不注公差带代号；旋合长度分为短、中、长三组，代号分别为S、N、L，中等旋合长度不注N；右旋不注旋向，左旋注LH。

例如：M8 ×1-LH，M8，M16 ×Ph6P2-5g6g-S

2. 梯形螺纹和锯齿形螺纹的标注

将规定标记注写在大径尺寸线或尺寸线延长线上。其标记格式为：

特征代号 公称直径 × 导程（P 螺距） 旋向代号 - 公差带代号 - 旋合长度代号

单线螺纹的导程与螺距相同，只注螺距；左旋注LH，右旋不注；只注中径公差带代号；旋合长度分为中（N）、长（L）两组，中等旋合长度不注N。

例如：Tr40 ×7-7H，Tr40 ×14(P7)LH-7e，B40 ×7-7e，B40 ×14(P7)LH-8e-L

3. 管螺纹的标注

管螺纹的标记一律注写在引出线上，引出线应由大径处引出，或由对称中心处引出。其标记格式为：

特征代号 尺寸代号 公差等级代号 - 旋向代号

55°密封管螺纹，本身具有密封性。55°非密封管螺纹，外螺纹公差等级代号为A、B两级，内螺纹公差等级代号只有一种，故不标注。

例如：$R_1$3，$R_2$3/4，Rp1/2，Rc1—LH，G1/2A，G1/2—LH

需注意：管螺纹的尺寸代号不是螺纹的大径，而是管子的通径。

4. 特殊螺纹和非标准螺纹的标注

对于特殊螺纹，应在螺纹特征代号前面加注“特”字；对于非标准螺纹，应画出螺纹的牙型，并标注出所需要的尺寸和要求，如图 7-8 所示。

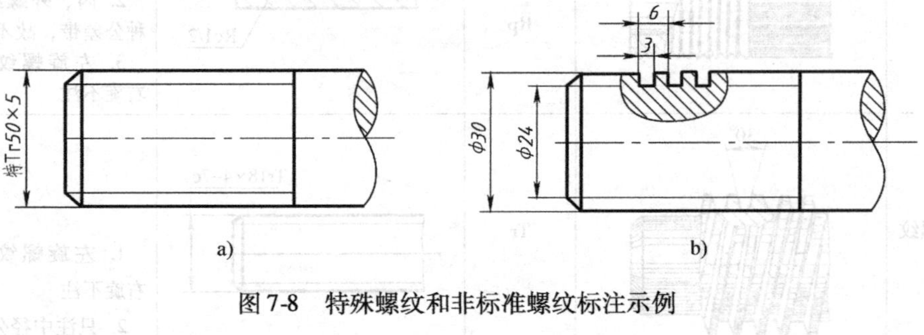

图 7-8　特殊螺纹和非标准螺纹标注示例

第二节　常用螺纹紧固件

一、常用螺纹紧固件的种类及标记

常用的螺纹紧固件有螺栓、双头螺柱、螺母、垫圈、螺钉等，如图 7-9 所示。

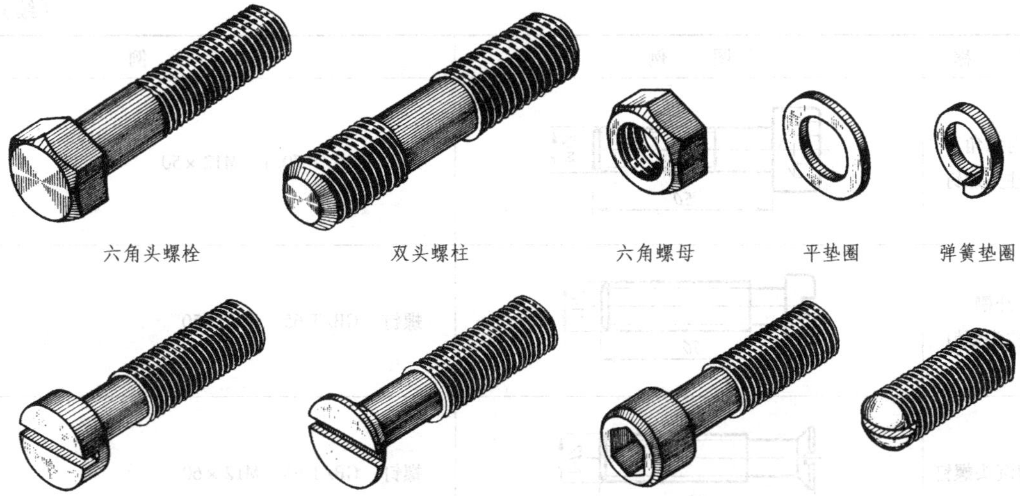

图 7-9　常用的螺纹紧固件

表 7-2 所列为常用紧固件标记示例，需要时可根据其标记从标准中查得各部分尺寸。

表 7-2　常用紧固件的标记示例

名　称	图　例	标 记 示 例
六角头螺栓	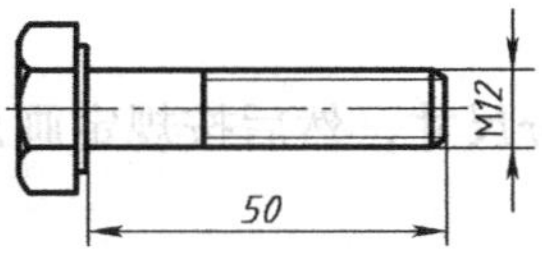	螺栓　GB/T 5782　M12×50
双头螺柱	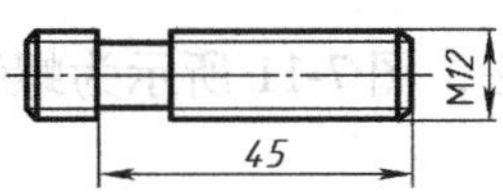	螺柱　GB/T 899　M12×45
螺　母	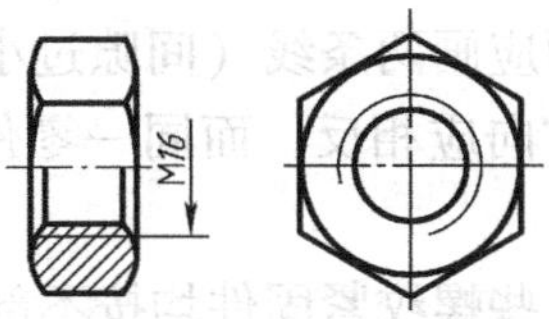	螺母　GB/T 6170　M16
平垫圈	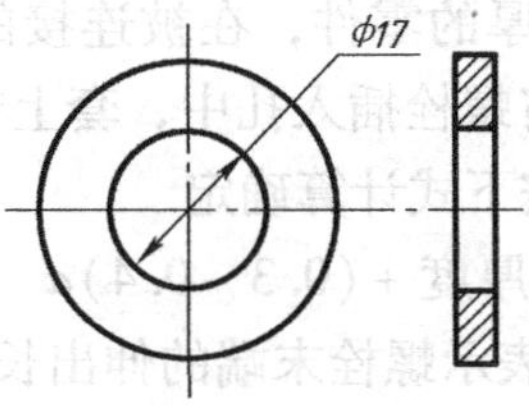	垫圈　GB/T 97.1　16
弹簧垫圈	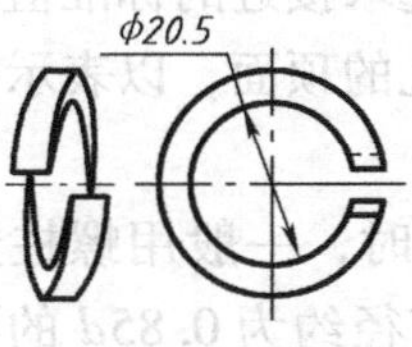	垫圈　GB/T 93　20

（续）

名　　称	图　　例	标　记　示　例
内六角 圆柱头螺钉	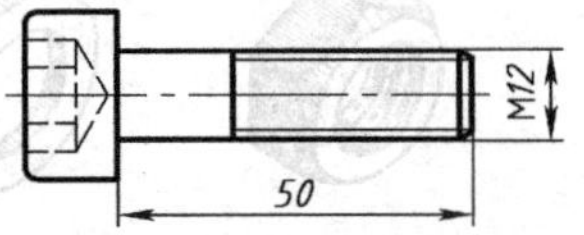	螺钉　GB/T 70.1　M12×50
开槽 圆柱头螺钉	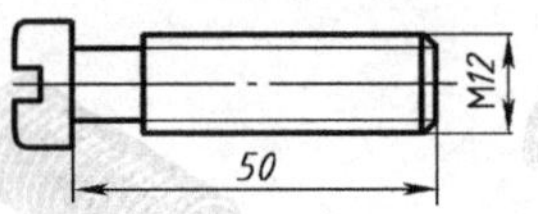	螺钉　GB/T 65　M12×50
开槽沉头螺钉	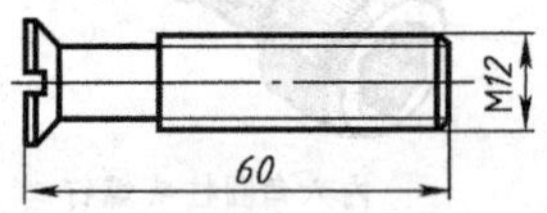	螺钉　GB/T 68　M12×60
开槽锥端 紧定螺钉	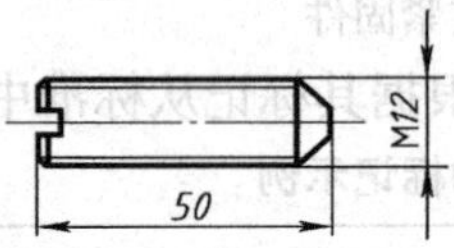	螺钉　GB/T 71　M12×50

二、常用螺纹紧固件及其连接的画法

画螺纹紧固件视图，可先从标准中查出各部分尺寸，然后按规定画出。但为提高画图速度，通常以公称直径 d 的一定比例画出。

1. 常用螺纹紧固件的比例画法

如图 7-10 所示为螺栓、螺母、垫圈的比例画法，图 7-11 所示为螺钉头部的比例画法。

2. 螺纹紧固件连接图画法

画螺纹紧固件连接图时应遵守以下规定：

1）两零件接触表面只画一条线，非接触表面应画两条线（间隙过小时可夸大画出）。

2）剖视图中，被连接的相邻两零件剖面线方向应相反，而同一零件的剖面线倾斜方向和间隔，在各剖视图中应保持一致。

3）当剖切平面通过螺纹紧固件的轴线时，这些螺纹紧固件均按不剖绘制。

（1）螺栓连接　螺栓连接用于连接两个不太厚的零件，在被连接的零件上先加工出通孔，孔径略大于螺栓直径（一般为 $1.1d$），然后将螺栓插入孔中，套上垫圈，旋紧螺母。图 7-12 为螺栓连接的比例画法。图中螺栓长度 l 可按下式计算确定

$$l = \delta_1 + \delta_2 + 垫圈厚度 + 螺母厚度 + (0.3 \sim 0.4)d$$

式中，δ_1、δ_2 表示被连接件厚度；$(0.3 \sim 0.4)\,d$ 表示螺栓末端的伸出长度。

根据上式计算出螺栓长度后，再从螺栓标准中选取接近的标准值。

画图时应注意，螺栓上的螺纹终止线应低于通孔的顶面，以表示拧紧螺母时有足够的螺纹长度。

（2）螺柱连接　当两个被连接件中有一个较厚时，一般用螺柱连接。如图 7-13 所示，δ_1 加工成通孔（一般为 $1.1d$），在 δ_2 中先加工一直径约为 $0.85d$ 的孔，孔深为 $b_m + d$（b_m

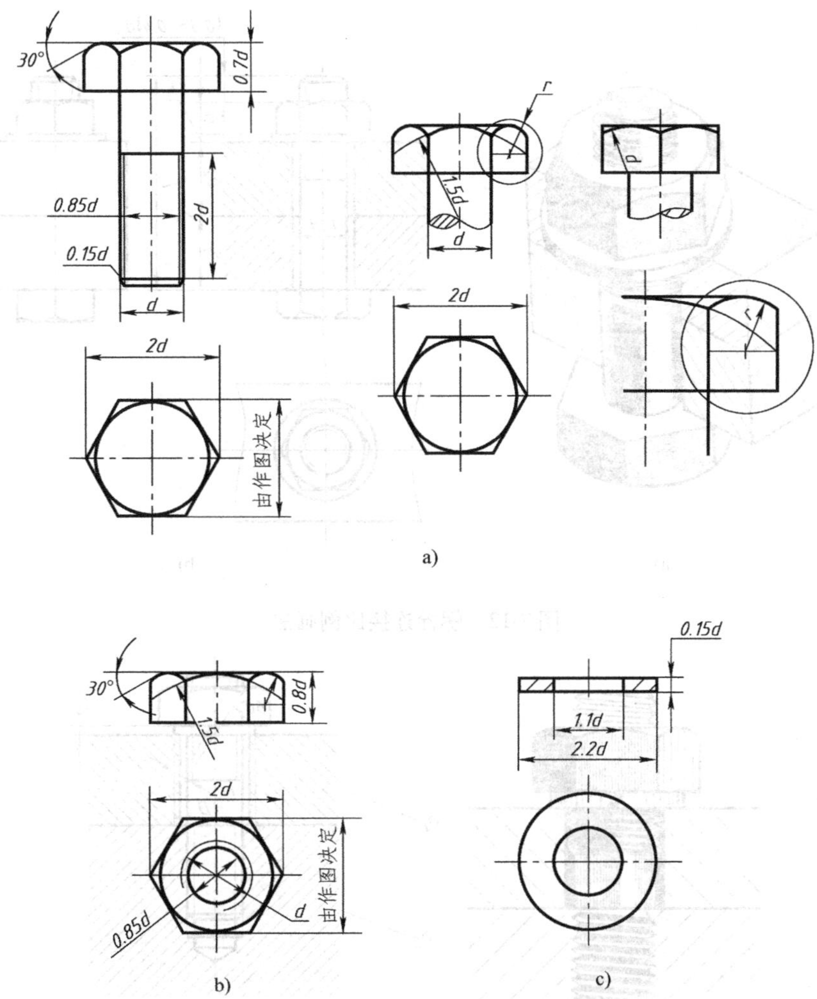

图 7-10　螺栓、螺母、平垫圈的比例画法

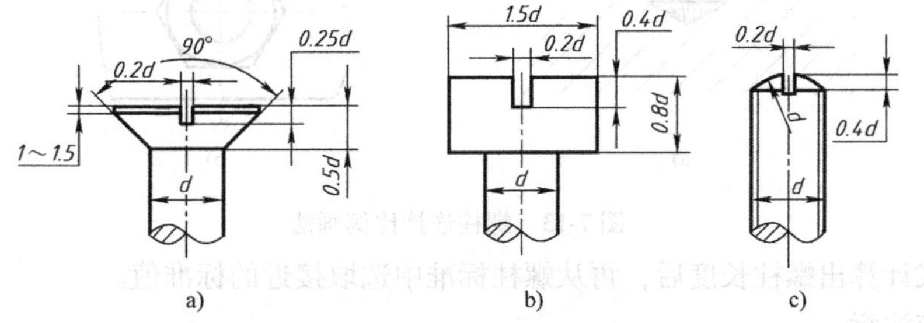

图 7-11　三种螺钉头部的比例画法

为螺柱的旋入端长度尺寸），然后在孔内加工螺纹，螺孔深为 $b_m+0.5d$。b_m 根据被旋入零件的材料而定（当材料为钢时，$b_m=d$；当材料为铸铁时，$b_m=1.25d$ 或 $b_m=1.5d$；当材料为轻金属时，$b_m=2d$）。连接时，将螺柱旋入端完全旋入 δ_2 的螺孔，然后装上 δ_1，套上垫圈，拧紧螺母。螺柱连接的比例画法如图 7-13 所示。螺柱的长度计算公式为

$$l=\delta_1+\text{垫圈厚度}+\text{螺母厚度}+(0.3\sim0.4)d$$

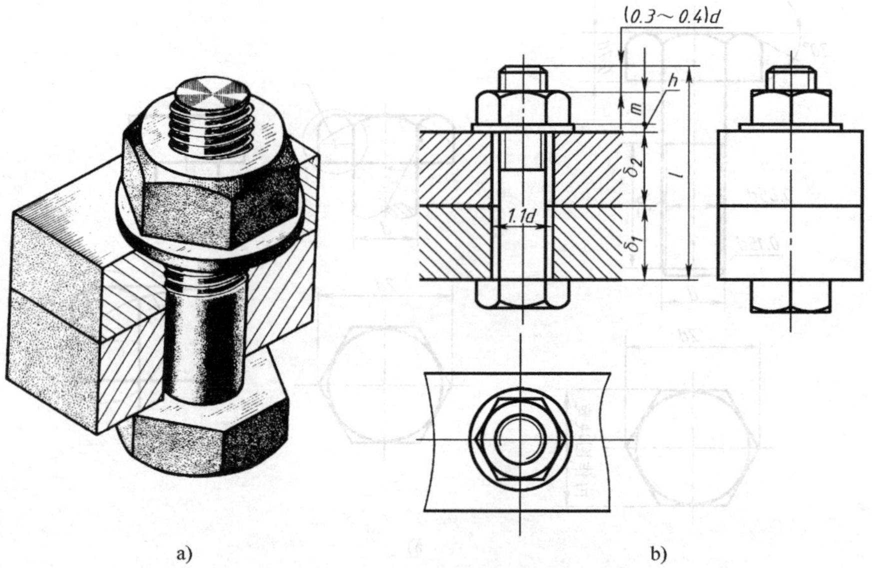

图 7-12 螺栓连接比例画法

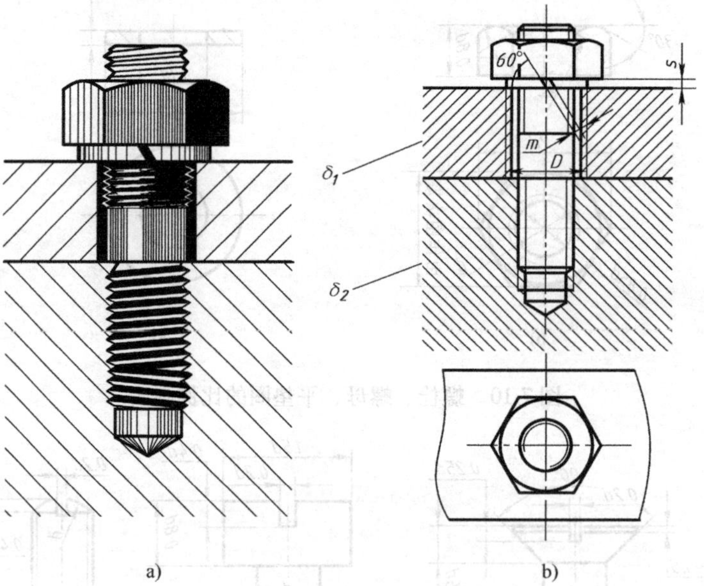

图 7-13 螺柱连接比例画法

根据上式计算出螺柱长度后，再从螺柱标准中选取接近的标准值。

画图时应注意：

1）螺柱旋入端的螺纹终止线应与结合面平齐，以示拧紧。

2）结合面以上部位的画法与螺栓连接一样。

3）弹簧垫圈采用的比例画法：$D=1.5d$，厚度 $s=0.2d$，槽宽 $m=0.1d$，垫圈开槽方向与水平成左斜60°。

（3）螺钉连接　螺钉连接用于受力不大、不经常拆卸的场合。螺钉按其用途分为连接螺钉和紧定螺钉。紧定螺钉用于防止两个相配合的零件产生相对运动。螺钉连接的比例画法如图 7-14 所示。b_m 的长度与螺柱连接相同。螺钉的有效长度计算方法为：先利用公式 $l = \delta_1 + b_m$，然后再根据标准校正。

画图时应注意：

1）沉头螺钉以锥面作为螺钉的定位面。

2）螺钉的螺纹终止线应高出螺孔的端面，或在螺杆全长上都有螺纹。

3）在投影为圆的视图上，一字槽或十字槽投影应画成与中心线倾斜 45°。槽宽小于 2mm 时，可涂黑表示。

4）紧定螺钉是利用其端部起定位、固定作用的。

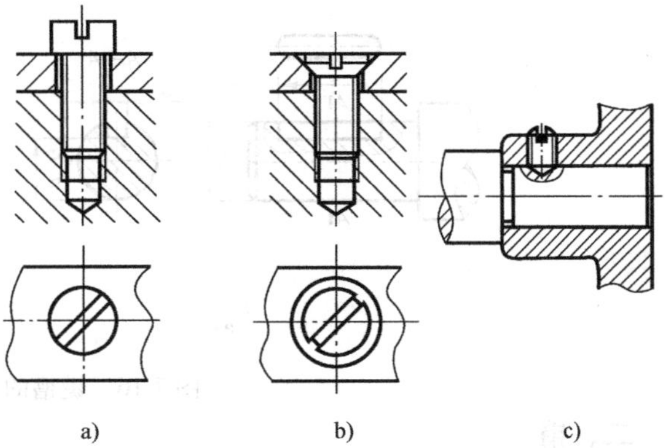

图 7-14　螺钉连接比例画法
a）圆柱头螺钉连接　b）沉头螺钉连接
c）紧定螺钉连接

第三节　键　和　销

一、键

键通常用于连接轴和轴上零件（如齿轮、带轮），起传递转矩的作用。

常用的键有普通平键、半圆键、钩头楔键等（图 7-15）。其中普通平键应用最广，按形状不同分为 A 型、B 型、C 型三种，见附录表 B-9。

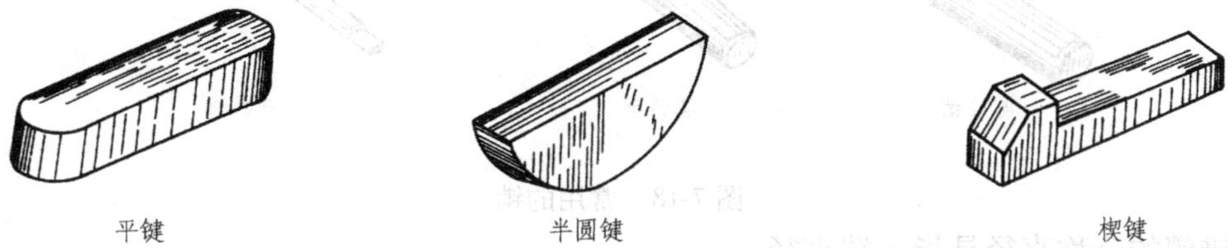

图 7-15　常用的键

键作为标准件，其规定标记为：标准号　键　类型代号 $b \times h \times L$

例如：宽度 $b = 16\text{mm}$、高度 $h = 10\text{mm}$、长度 $L = 100\text{mm}$ 的普通 A 型平键的标记为：

GB/T 1096　键 16 × 10 × 100

又如：宽度 $b = 16\text{mm}$、高度 $h = 10\text{mm}$、长度 $L = 100\text{mm}$ 的普通 B 型平键的标记为：

GB/T1096　键 B 16 × 10 × 100

除 A 型可省略型号“A”外，B 型和 C 型均要注出型号。

键和键槽的尺寸可以从国标中查出。键槽的尺寸注法如图 7-16 所示。

普通平键连接的画法如图 7-17 所示，键的两侧面是工作面，与轮毂和轴的键槽侧面接触，只画一条线，键的顶面与轮毂上键槽的底面不接触，有间隙，要画成两条线；剖切平面通过键的对称平面作纵向剖切时，键按不剖绘制，将轴作局部剖切。

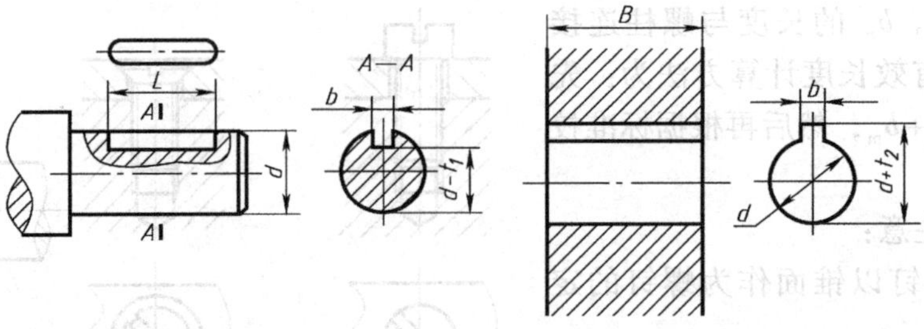

a)　　b)

图 7-16　键槽的尺寸标注

二、销

销主要用于机件之间的连接和定位。常用的销有圆柱销、圆锥销和开口销，如图 7-18 所示。

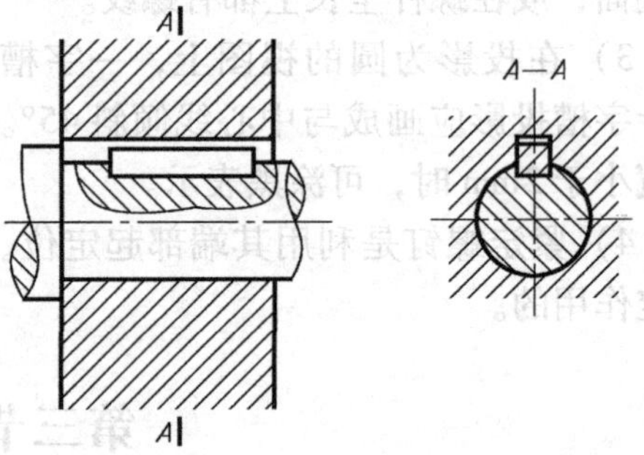

图 7-17　普通平键连接画法

销也是标准件，其规定标记如下：

销　标准号　类型代号 $d \times l$

例如：公称直径 $d = 6\text{mm}$、公称长度 $l = 30\text{mm}$、材料为 35 钢、热处理硬度 28 ~ 38HRC、表面氧化处理的 A 型圆锥销的标记为：销 GB/T 117 6 ×30

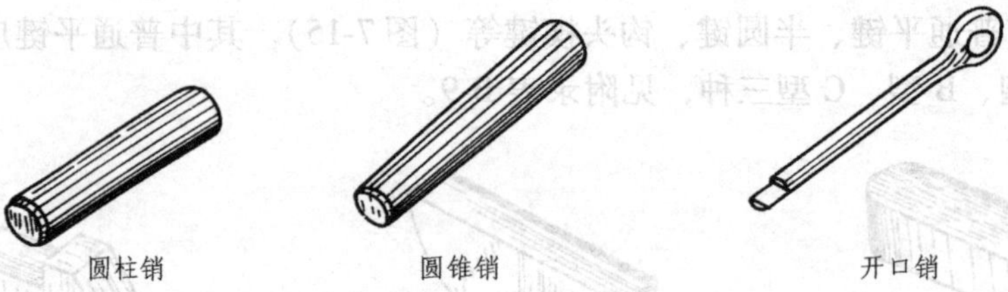

图 7-18　常用的销

圆锥销的公称直径是指小端直径。

销的类型和尺寸可以从国标中查出。

销连接的画法，如图 7-19 所示。当剖切平面通过销的轴线时，销按不剖处理。

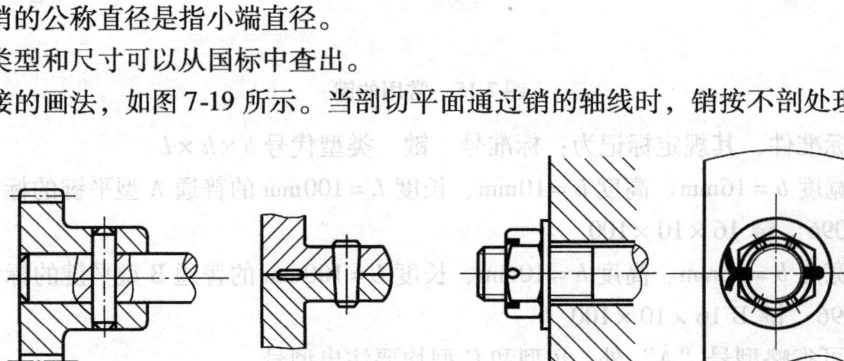

a)　　b)　　c)

图 7-19　销连接画法

a）圆柱销连接　b）圆锥销连接　c）开口销连接

第四节 齿 轮

齿轮被广泛地应用于机器和部件中，其作用是传递动力或改变转速和旋转方向。常见的齿轮传动形式有：

圆柱齿轮——用于两平行轴间的传动（图7-20a）。

锥齿轮——用于两相交轴间的传动（图7-20b）。

蜗杆蜗轮——用于两交错轴间的传动（图7-20c）。

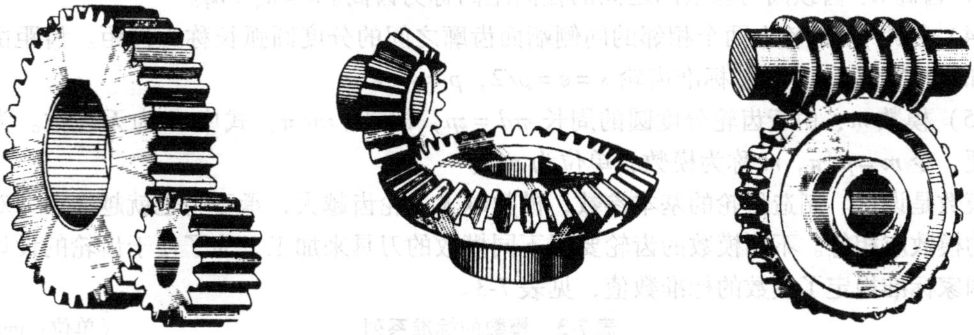

a) b) c)

图7-20 齿轮传动

a）圆柱齿轮 b）锥齿轮 c）蜗杆蜗轮

齿轮按其轮齿的方向可分成直齿、斜齿和人字齿，齿廓曲线有渐开线、摆线或圆弧。本节主要介绍齿廓曲线为渐开线的标准直齿圆柱齿轮的基本知识和画法。

一、圆柱齿轮

1. 直齿圆柱齿轮各部分名称、代号和尺寸关系（图7-21）

（1）齿数 z 一个齿轮的轮齿总数。

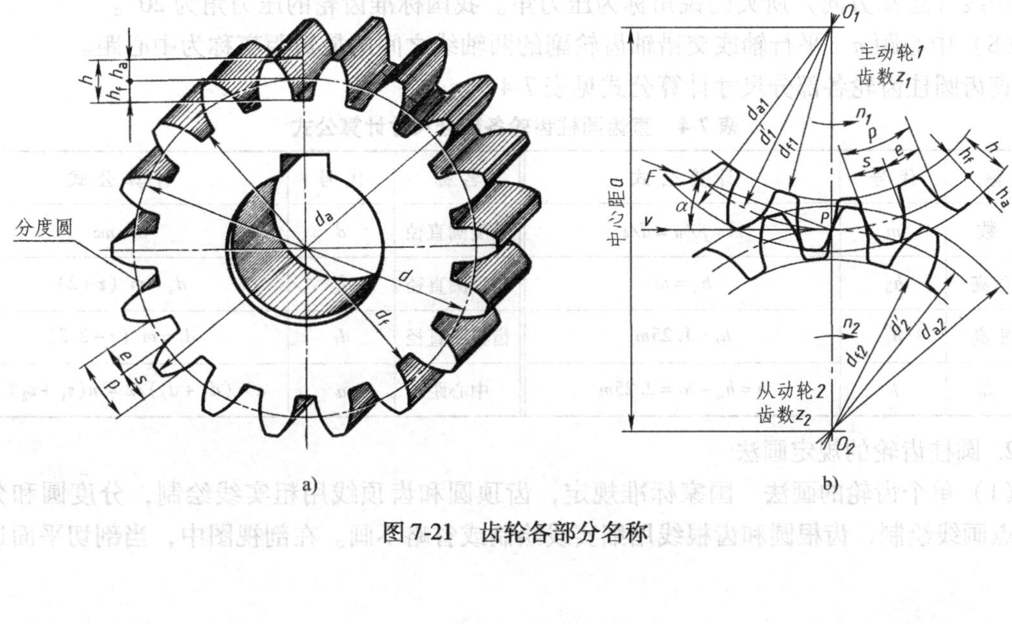

a) b)

图7-21 齿轮各部分名称

(2) 齿顶圆、齿根圆和分度圆

1) 齿顶圆(直径 d_a):在圆柱齿轮上,齿顶圆柱面与端平面的交线称为齿顶圆。

2) 齿根圆(直径 d_f):在圆柱齿轮上,齿根圆柱面与端平面的交线称为齿根圆。

3) 分度圆(直径 d):在圆柱齿轮上,分度圆柱面与端平面的交线称为分度圆。分度圆是设计、制造齿轮时进行尺寸计算的基准圆,也是加工齿轮时作为齿轮分度的圆。

(3) 齿顶高、齿根高和齿高

1) 齿顶高 h_a:齿顶圆与分度圆之间的径向距离称为齿顶高。

2) 齿根高 h_f:齿根圆与分度圆之间的径向距离称为齿根高。

3) 齿高 h:齿顶圆与齿根圆之间的径向距离称为齿高。$h = h_a + h_f$。

(4) 齿距 p:齿轮上两个相邻的同侧端面齿廓之间的分度圆弧长称为齿距。齿距由齿厚(s)和齿槽宽(e)组成。标准齿轮 $s = e = p/2$,$p = s + e$。

(5) 模数 m:由于齿轮分度圆的周长 $\pi d = zp$,即 $d = zp/\pi$,式中 π 为无理数。为了计算方便,令 $m = p/\pi$,m 称为模数,单位为 mm。

模数是设计、制造齿轮的基本参数,模数越大,轮齿越大,承受力也就越大。一对啮合齿轮的模数应相等。不同模数的齿轮要用不同模数的刀具来加工,为了便于齿轮的设计和制造,国家标准规定了模数的标准数值,见表 7-3。

表 7-3　模数的标准系列　　(单位:mm)

第一系列	1, 1.25, 1.5, 2, 2.5, 3, 4, 5, 6, 8, 10, 12, 16, 20, 25, 32, 40, 50
第二系列	1.75, 2.25, 2.75, (3.25), 3.5, (3.75), 4.5, 5.5, (6.5), 7, 9, (11), 14, 18, 22, 28, 36, 45

注:选用模数时,应优先采用第一系列,其次是第二系列,括号内的模数尽可能不用。

(6) 节圆(直径 d')　一对啮合齿轮的齿廓在两中心连线 O_1O_2 上的啮合接触点 P 称为节点,过节点 P 的两个圆称为节圆。齿轮的啮合传动,可想象为两个节圆作无滑动纯滚动。一对安装准确的标准齿轮,其节圆与分度圆重合。

(7) 压力角 α　两相啮合轮齿齿廓曲线在接触点 P 处的公法线(受力方向)与两节圆的公切线(运动方向)所夹的锐角称为压力角。我国标准齿轮的压力角为 20°。

(8) 中心距 a　平行轴或交错轴齿轮副的两轴线之间的最短距离称为中心距。

直齿圆柱齿轮各部分尺寸计算公式见表 7-4。

表 7-4　直齿圆柱齿轮各部分尺寸计算公式

名 称	代 号	计 算 公 式	名 称	代 号	计 算 公 式
模　数	m	$m = p/\pi = d/z$	分度圆直径	d	$d = mz$
齿 顶 高	h_a	$h_a = m$	齿顶圆直径	d_a	$d_a = m\ (z+2)$
齿 根 高	h_f	$h_f = 1.25m$	齿根圆直径	d_f	$d_f = m\ (z-2.5)$
齿　高	h	$h = h_a + h_f = 2.25m$	中心距	a	$a = (d_1 + d_2)/2 = m(z_1 + z_2)\ /2$

2. 圆柱齿轮的规定画法

(1) 单个齿轮的画法　国家标准规定,齿顶圆和齿顶线用粗实线绘制,分度圆和分度线用点画线绘制,齿根圆和齿根线用细实线绘制或省略不画。在剖视图中,当剖切平面通过齿轮的轴线时，轮齿一律按不剖处理，齿根线用粗实线绘制。对于斜齿或人字齿，在投影为非圆的视图中，可画成半剖视图或局部剖视图，在外形上画三条与齿线方向一致的细实线，如图 7-22 所示。

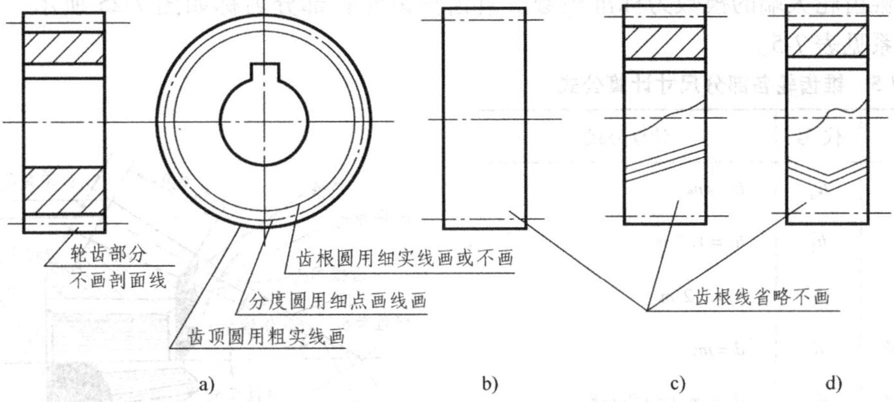

图 7-22　单个圆柱齿轮的画法

a）规定画法　b）外形视图（直齿）　c）外形视图（斜齿）　d）外形视图（人字齿）

（2）齿轮啮合画法　在投影为圆的视图中，啮合区内的节圆相切，齿顶圆均用粗实线绘制，也可省略不画，如图 7-23a、b 所示。在通过轴线的剖视图中，啮合区内一个齿轮的轮齿用粗实线绘制，另一个齿轮的轮齿被遮挡的部分用虚线绘制（图 7-24），或省略不画。在投影为非圆的外形视图中，啮合区内的齿顶线不需画出，节线用粗实线绘制，如图 7-23c、d 所示。

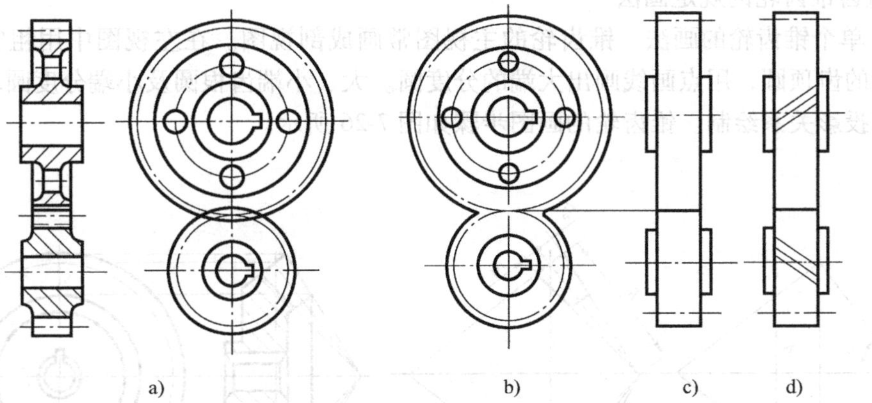

图 7-23　圆柱齿轮啮合的规定画法

a）规定画法　b）省略画法　c）外形视图（直齿）　d）外形视图（斜齿）

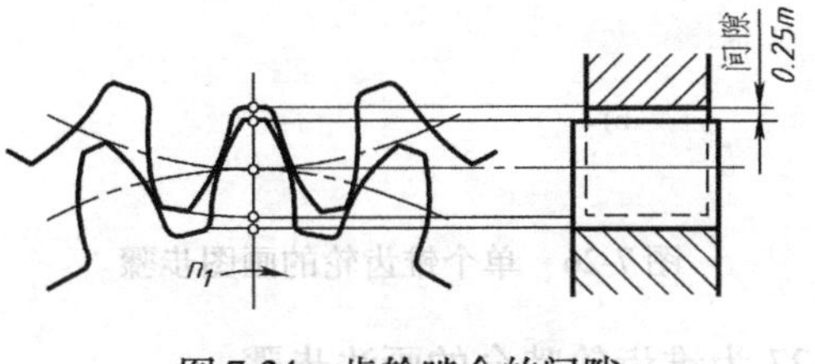

图 7-24　齿轮啮合的间隙

*二、直齿锥齿轮

1. 直齿锥齿轮各部分尺寸关系

锥齿轮的轮齿是在圆锥面上制出的，因此它的轮齿一端大，一端小。为了计算和制造方便，规定锥齿轮大端的模数为标准模数。直齿锥齿轮各部分名称如图 7-25 所示，其各部分的尺寸关系见表 7-5。

表 7-5　锥齿轮各部分尺寸计算公式

名称	代 号	计算公式
齿顶高	h_a	$h_a = m$
齿根高	h_f	$h_f = 1.2\ m$
齿高	h	$h = 2.2\ m$
分度圆直径	d	$d = mz$
齿顶圆直径	d_a	$d_a = m\ (z + 2\cos\delta)$
齿根圆直径	d_f	$d_f = m\ (z - 2.4\cos\delta)$
锥距	R	$R = \dfrac{mz}{2\sin\delta}$
分锥角	δ_1、δ_2	$\tan\delta_1 = \dfrac{z_1}{z_2}$　$\tan\delta_2 = \dfrac{z_2}{z_1}$
齿宽	b	$b \leqslant R/3$

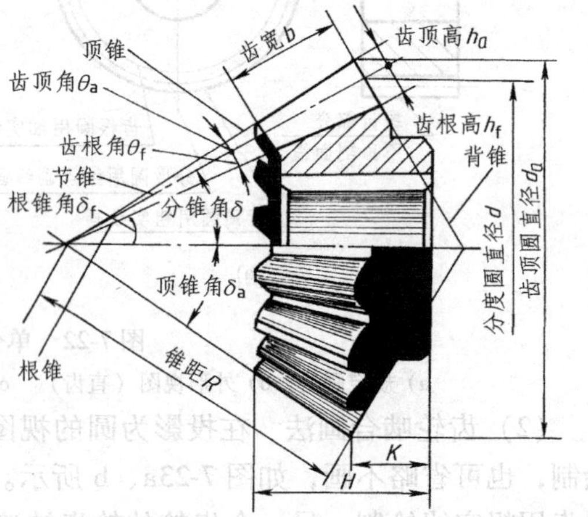

图 7-25　直齿锥齿轮各部分名称

2. 直齿锥齿轮的规定画法

（1）单个锥齿轮的画法　锥齿轮的主视图常画成剖视图。在左视图中用粗实线画出大端和小端的齿顶圆，用点画线画出大端的分度圆。大、小端齿根圆及小端分度圆均不画，其余部分按投影关系绘制。锥齿轮的画图步骤如图 7-26 所示。

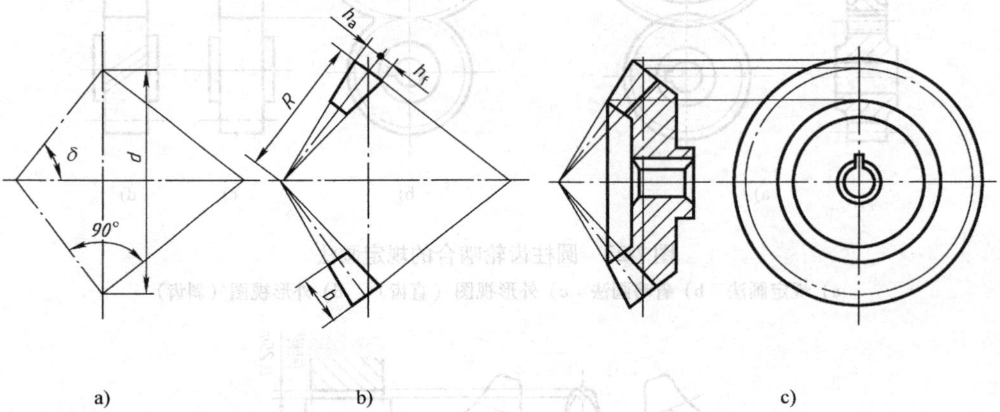

图 7-26　单个锥齿轮的画图步骤

（2）啮合画法　图 7-27 为锥齿轮啮合的画法步骤。

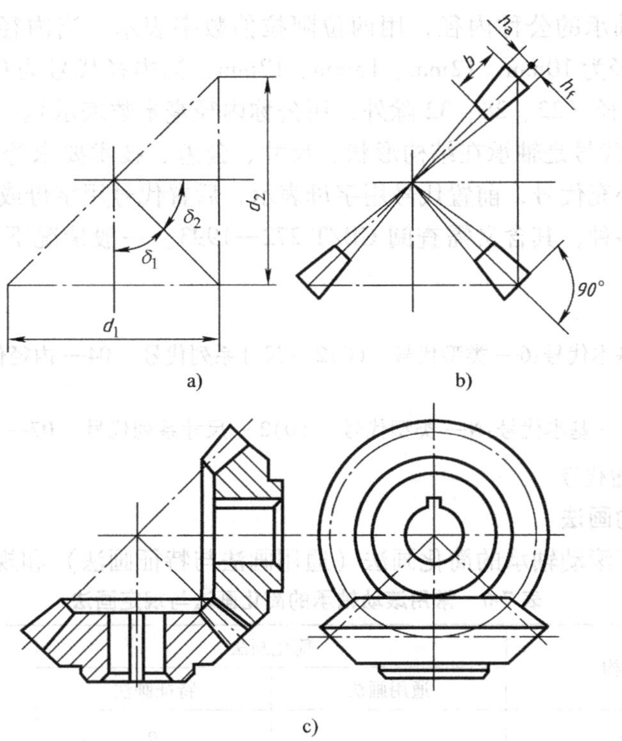

图 7-27　锥齿轮啮合的画法步骤

第五节　滚动轴承

一、滚动轴承的类型、代号

滚动轴承在机器中用于支承转动轴，其规格形式很多，且都已标准化。滚动轴承一般由外圈、内圈、滚动体和保持架四部分组成，见表7-6。外圈装在机座的孔内，一般固定不动；内圈套在轴上，随轴一起转动。

滚动轴承按受力方向可分为三类：

1）向心轴承——主要承受径向力。

2）推力轴承——只承受轴向力。

3）向心推力轴承——同时承受径向力和轴向力。

滚动轴承代号由基本代号、前置代号和后置代号构成，其排列顺序如下：

前置代号　基本代号　后置代号

1）基本代号表示轴承的基本类型、结构和尺寸，是轴承代号的基础。它由轴承类型代号、尺寸系列代号、内径代号三部分自左至右顺序排列组成。

类型代号用阿拉伯数字或大写拉丁字母表示。例如，类型代号中，“6”表示深沟球轴承，“5”表示推力球轴承，“3”表示圆锥滚子轴承。

尺寸系列代号由轴承的宽（高）度系列代号和直径系列代号组合而成，均用两位阿拉伯数字表示。它的主要作用是区别内径相同而宽（高）度和外径不同的轴承。

内径代号表示轴承的公称内径，用两位阿拉伯数字表示。当内径代号为00、01、02、03时，分别表示内径为10mm、12mm、15mm、17mm；当内径代号为04～99时，代号数字乘以5，即为轴承内径（22、28、32除外，用公称内径毫米数表示）。

2）前置、后置代号是轴承在结构形状、尺寸、公差、技术要求等有改变时，在其基本代号左、右添加的补充代号，前置代号用字母表示，后置代号用字母或字母加数字表示。前置、后置代号有许多种，其含义需查阅GB/T 272—1993。一般情况下，滚动轴承仅用基本代号来表示。

例如：6204
　　　——基本代号:6— 类型代号　(0)2— 尺寸系列代号　04— 内径代号

又如：L　N 207
　　　——基本代号:N— 类型代号　(0)2— 尺寸系列代号　07— 内径代号
　　　——前置代号

二、滚动轴承的画法

国家标准规定了滚动轴承的简化画法（通用画法与特征画法）和规定画法（表7-6）。

表7-6　常用滚动轴承的简化画法与规定画法

类型名称和标准号	结构	简化画法		规定画法
		通用画法	特征画法	
深沟球轴承 GB/T 276 —1994	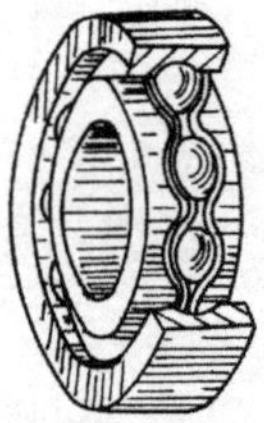		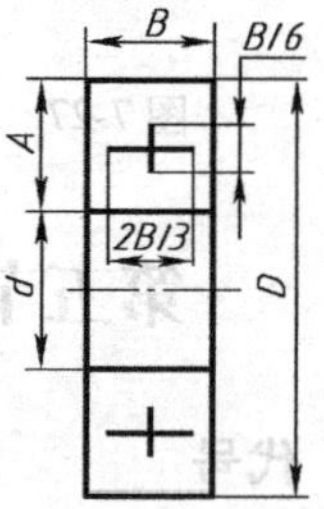	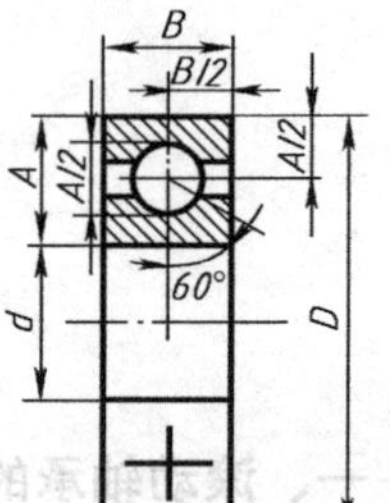
圆锥滚子轴承 GB/T 297 —1994	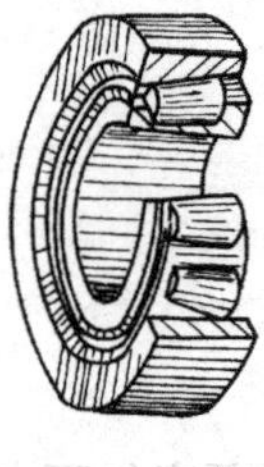	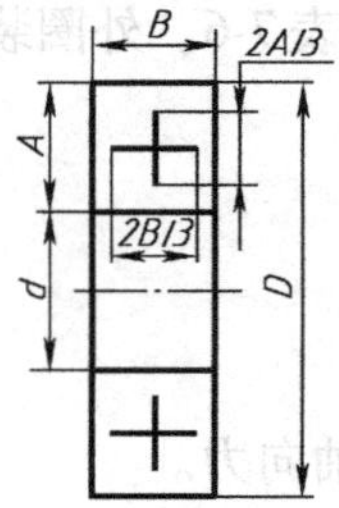	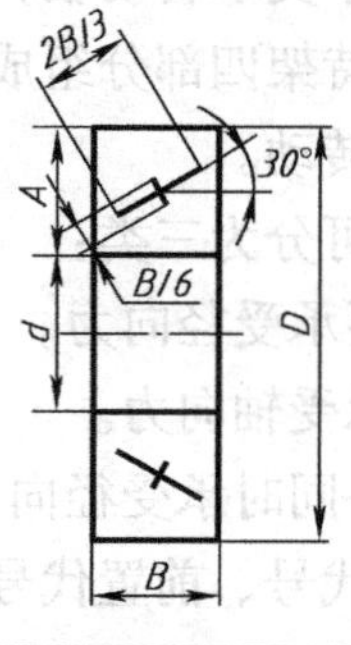	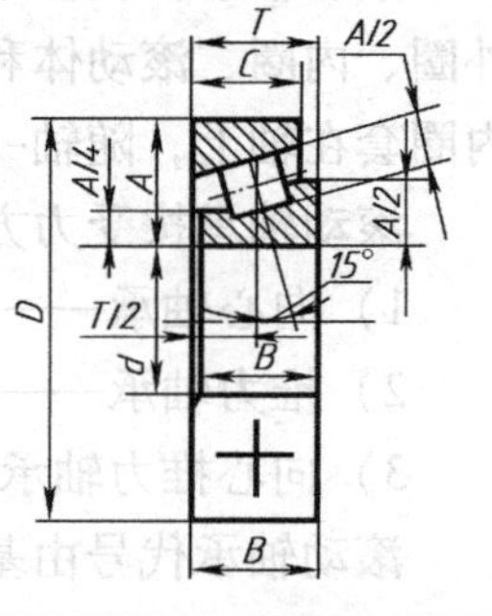
推力球轴承 GB/T 301 —1995	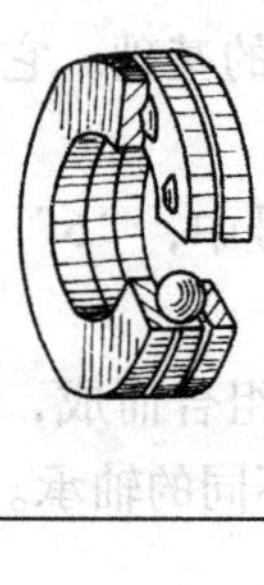		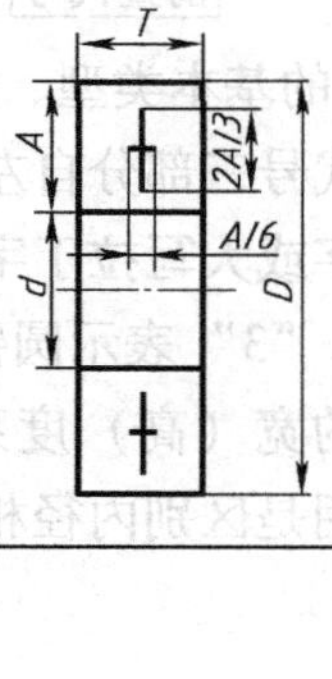	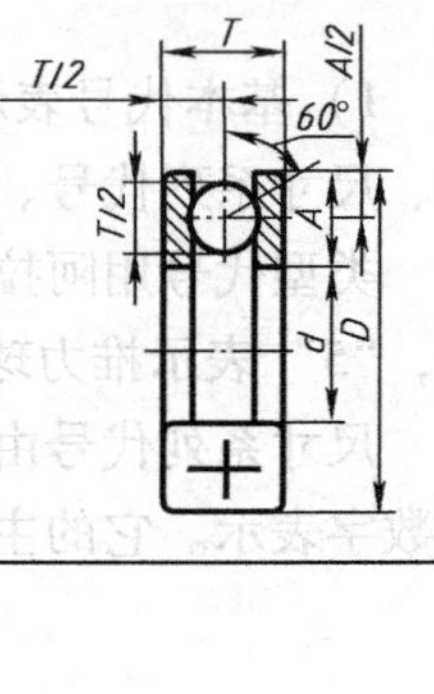

绘制滚动轴承时应遵守以下规则：

1）各种符号、矩形线框和轮廓线均画粗实线。

2）矩形线框或外形轮廓的大小应与滚动轴承的外形尺寸一致。

3）用简化画法绘制滚动轴承时，应采用通用画法或特征画法。但在同一图样中一般只采用一种画法。

通用画法，可用矩形线框及位于线框中央正立的十字形符号来表示。十字形符号不应与矩形线框接触。

特征画法，可在矩形线框内画出其结构要素符号表示结构特征。

4）在滚动轴承的产品图样、产品样本及说明书等图样中，可采用规定画法绘制。规定画法一般采用剖视图绘制在轴的一侧，此时，滚动体不画剖面线，其内、外圈剖面线应画成同方向、同间隔；在轴的另一侧按通用画法绘制。

第六节　弹　　簧

弹簧在机械中主要用来减振、夹紧、储存能量和测力等。它的种类很多，有螺旋弹簧、碟形弹簧、涡卷弹簧、板簧等。其中螺旋弹簧又有压缩弹簧、拉伸弹簧及扭转弹簧（图 7-28）等。本节仅简要介绍使用较多的圆柱螺旋压缩弹簧的尺寸计算和画法。

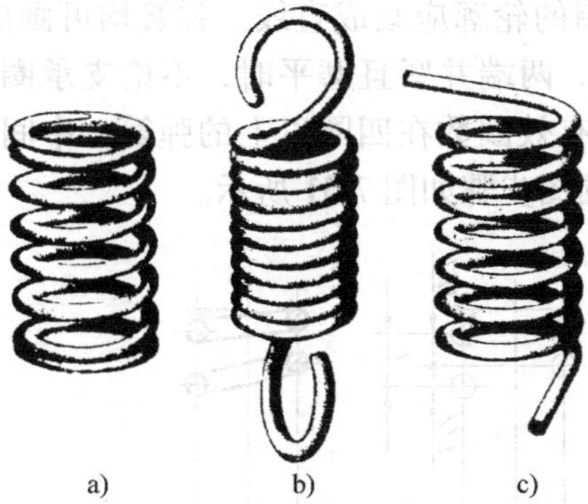

图 7-28　圆柱螺旋弹簧

a）压缩弹簧　b）拉伸弹簧　c）扭转弹簧

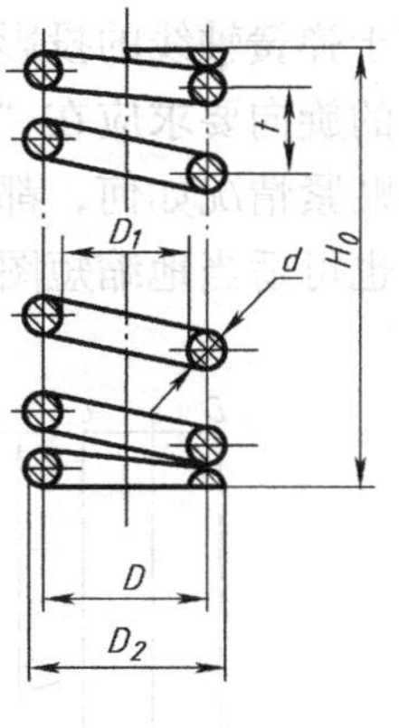

图 7-29　压缩弹簧的尺寸

一、圆柱螺旋压缩弹簧各部分名称及尺寸关系（图 7-29）

（1）弹簧线径 d　弹簧丝截面直径。

（2）弹簧外径 D_2　弹簧的最大直径。

（3）弹簧内径 D_1　弹簧的最小直径。

$$D_1 = D_2 - 2d$$

（4）弹簧中径 D　弹簧的平均直径。

$$D = (D_2 + D_1)/2。$$

（5）节距 t　除支承圈外，相邻两圈间的轴向距离。

（6）自由高度 H_0　弹簧不受外力作用时的高度。

（7）弹簧的总圈数 n_1、支承圈数 n_2、有效圈数 n　为保证圆柱压缩弹簧工作时受力均匀，使中心轴线垂直于支承面，需将弹簧两端并紧、磨平2.5圈，并紧、磨平的各圈仅起支承作用，故称为支承圈；保持节距的圈称为有效圈；有效圈数 n 与支承圈数 n_2 之和称为总圈数 n_1。

（8）展开长度 L　制造弹簧时，簧丝的下料长度，$L = n_1\sqrt{(\pi D)^2 + t^2}$。

二、圆柱螺旋压缩弹簧的规定画法

圆柱螺旋压缩弹簧可画成视图、剖视图或示意图，如图7-30所示。

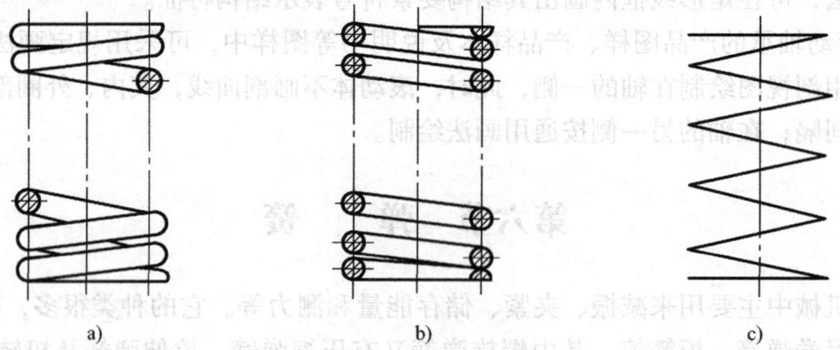

图7-30　圆柱螺旋压缩弹簧画法

a）视图　b）剖视图　c）示意图

在平行于弹簧轴线的投影面的视图中，其各圈的轮廓应画成直线。弹簧均可画成右旋，对必须保证的旋向要求应在“技术要求”中注明。两端并紧且磨平时，不论支承圈的圈数多少及端部贴紧情况如何，都可按图7-30画出。有效圈数在四圈以上的弹簧，中间部分可省略不画，也可适当地缩短图形的长度。弹簧的画图步骤如图7-31所示。

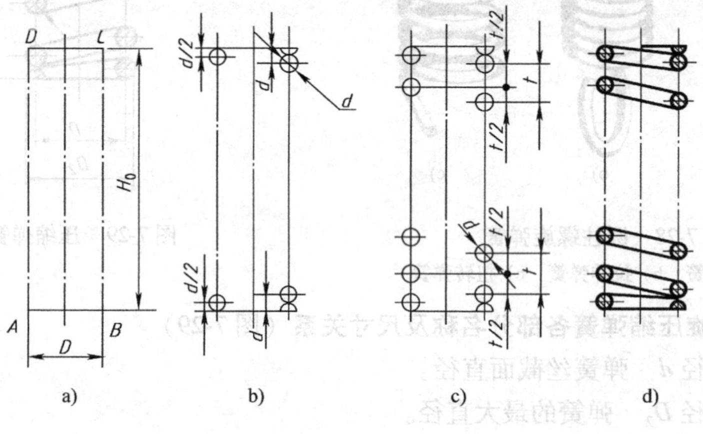

图7-31　弹簧的画图步骤

a）以自由高度 H_0 和弹簧中径 D 作矩形 $ABCD$　b）画出支承圈数

c）根据节距 t 作簧丝断面

d）按旋向作簧丝断面的切线，检查，加深，画剖面线

在装配图中，被弹簧挡住的结构一般不画出，可见部分应从弹簧的外轮廓线或从弹簧钢丝断面的中心线画起（图7-32a）。弹簧线径在图形上小于或等于2mm时，允许用示意图表

示（图7-32b）；被剖切时，也可用涂黑表示（图7-32c）。

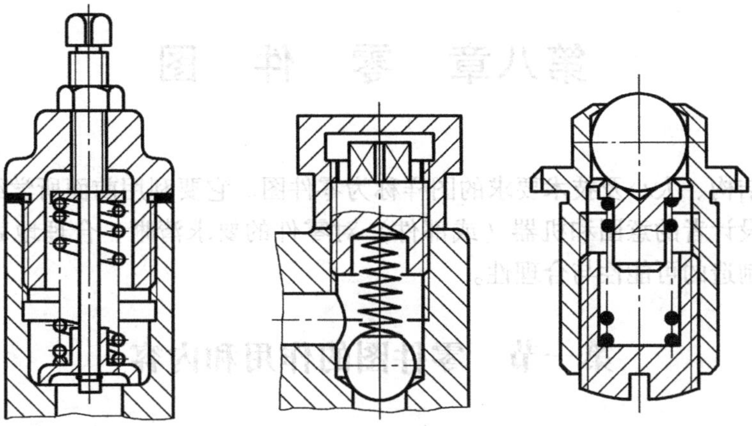

a)　　b)　　c)

图7-32　装配图中弹簧的规定画法

第八章　零　件　图

表示零件结构、大小及技术要求的图样称为零件图。它要利用前面所学组合体和机件的表达方法，把设计者的意图和机器（或部件）对零件的要求清晰、合理地表达出来，同时要考虑结构和制造的可能性与合理性。

第一节　零件图的作用和内容

一、零件图的作用

零件图是加工和检验零件的依据，是生产部门的重要技术文件，是对外技术交流的重要技术资料。

二、零件图的内容

图 8-1 所示是实际生产用的零件图，从图中可以看出一张完整的零件图应该包含下列内容：

1. 一组图形

综合运用视图、剖视图、断面图、局部放大图等一组图形，把零件的内、外形状和结构正确、完整、清晰地表达出来。如图 8-1 所示端盖零件，采用了主、左两个视图，主视图采用两个相交的剖切平面表达端盖的内部结构，左视图表达端盖的外形结构。

2. 全部尺寸

正确、完整、清晰、合理地标出零件各部分形状、大小和相对位置的全部尺寸。具体包含各基本体的定形尺寸、相邻形体间的定位尺寸、零件的总体尺寸等。在图 8-1 中，ϕ35H11、ϕ55、4 × ϕ10 等是定形尺寸；ϕ70、45°是 4 × ϕ10 孔的定位尺寸；44、75 × 75 是零件的总体尺寸。

3. 技术要求

用规定的符号、数字或文字注明制造、检验和使用零件时应达到的技术方面的要求，如表面结构要求、尺寸公差、几何公差、表面热处理等。

4. 标题栏

在标题栏中明确地填写零件名称、材料、数量、比例、图号，以及设计、校核人员的姓名、日期等。

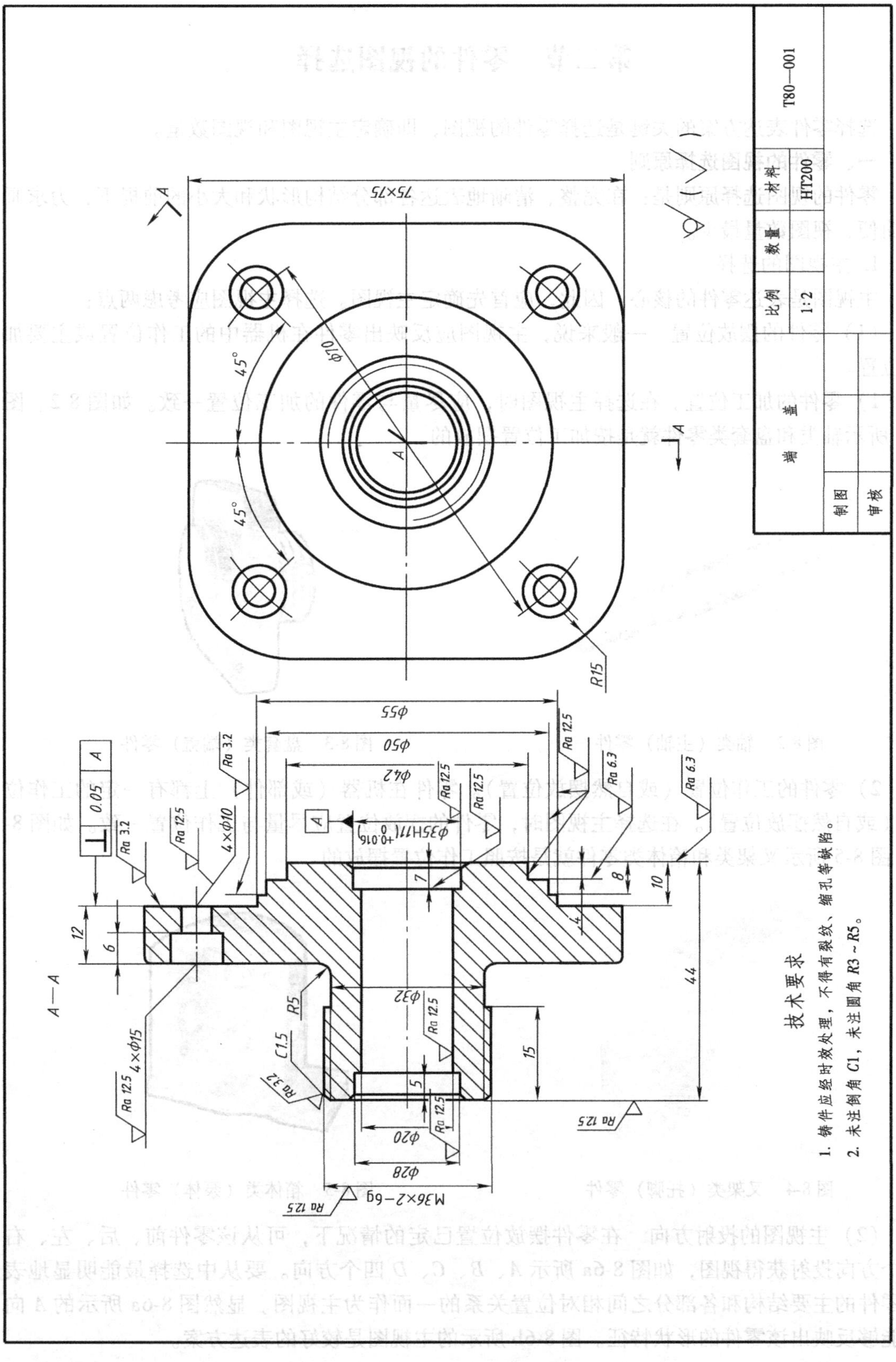
T80—001
比例
1:2
数量
材料
HT200
端　盖
制图
审核
75×75
φ70
45°
45°
R15
A
A
A—A
φ55
φ50
φ42
φ35H11(+0.016 0)
A
⊥ 0.05 A
4×φ10
4×φ15
12
6
7
8
10
4
44
15
5
φ32
φ20
φ28
M36×2−6g
R5
C1.5
Ra 3.2
Ra 12.5
Ra 6.3
Ra 25
技术要求
1. 铸件应经时效处理，不得有裂纹、缩孔等缺陷。
2. 未注倒角 C1，未注圆角 R3～R5。

图 8-1　端盖零件图

第二节 零件的视图选择

选择零件表达方案的关键是选择零件的视图，即确定主视图和视图数量。

一、零件的视图选择原则

零件的视图选择原则是：在完整、清晰地表达各部分结构形状和大小的前提下，力求画图简便，视图数量最少。

1. 主视图的选择

主视图是表达零件的核心。因此，应首先确定主视图。选择主视图应考虑两点：

（1）零件的摆放位置　一般来说，主视图应反映出零件在机器中的工作位置或主要加工位置。

1）零件的加工位置。在选择主视图时，应尽量与零件的加工位置一致。如图 8-2、图 8-3 所示轴类和盘套类零件就是按加工位置摆放的。

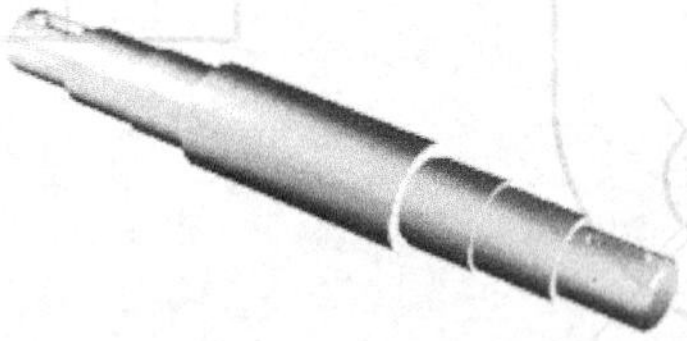

图 8-2　轴类（主轴）零件

图 8-3　盘套类（端盖）零件

2）零件的工作位置（或自然摆放位置）。零件在机器（或部件）上都有一定的工作位置（或自然摆放位置）。在选择主视图时，零件的摆放位置应尽量与工作位置一致。如图 8-4、图 8-5 所示叉架类和箱体类零件就是按照工作位置摆放的。

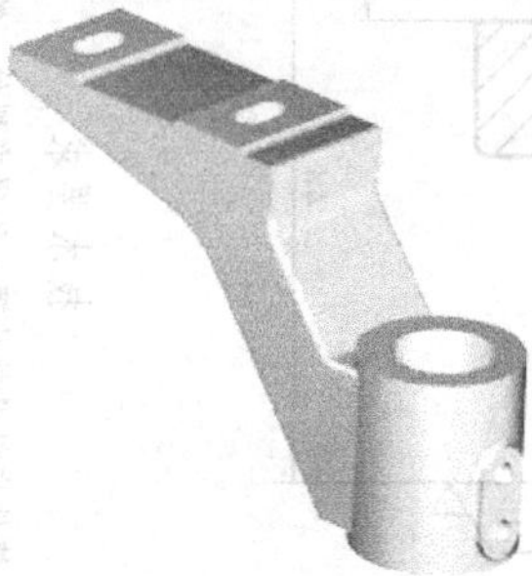

图 8-4　叉架类（托脚）零件

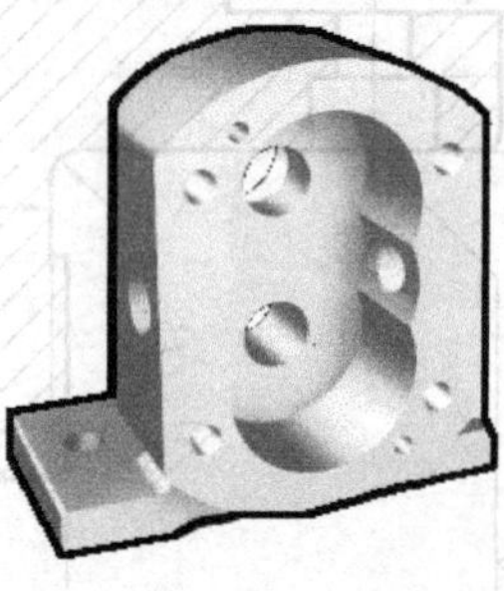

图 8-5　箱体类（泵体）零件

（2）主视图的投射方向　在零件摆放位置已定的情况下，可从该零件前、后、左、右四个方向投射获得视图，如图 8-6a 所示 *A*、*B*、*C*、*D* 四个方向。要从中选择最能明显地表达零件的主要结构和各部分之间相对位置关系的一面作为主视图。显然图 8-6a 所示的 *A* 向最能够反映出该零件的形状特征。图 8-6b 所示的主视图是较好的表达方案。

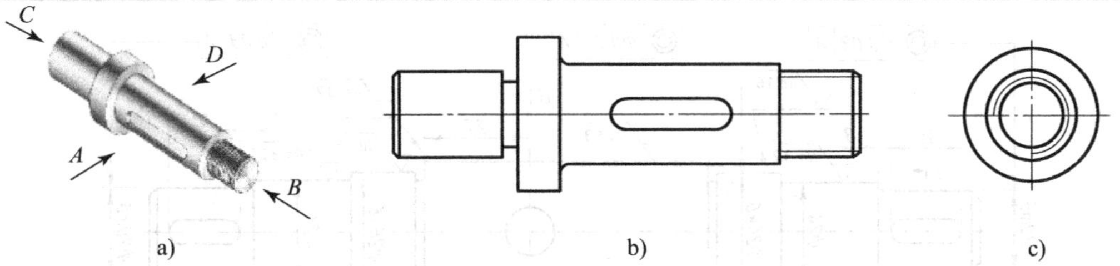

图 8-6　轴的主视图投射方向选择方案比较

2. 其他视图的选择

选择其他视图时，应以主视图为基础，根据零件形状的复杂程度和结构特点，以完整、清晰表达各部分结构为主线，优先考虑其他基本视图，采用相应的剖视、断面等方法，使每个视图都有一个表达重点。对于零件尚未表达清楚的局部形状或细部结构，则可选择必要的局部视图、斜视图或局部放大图等来表达。

一般情况下，视图的数量与零件的复杂程度有关，零件越复杂，视图数量越多。对于同一个零件，特别是结构较为复杂的零件，可选择不同的表达方案，对这些方案进行比较、归纳，最后确定一个最佳方案。

二、典型零件的视图选择

1. 轴套类零件

（1）了解零件的作用，分析其结构特点　轴套类零件主要起支承、传递动力和轴向定位的作用。它的结构特点是：由若干段不同直径的同轴线回转体组合而成。为了装配方便，轴上还加工有倒角、圆角、退刀槽等结构，如图 8-6b 所示。

（2）视图选择

1）主视图的选择。轴套类零件主要在车床或磨床上加工，主视图按加工位置（轴线水平）放置，以垂直轴线方向作为主视图的投射方向。如图 8-7 所示轴的主视图水平摆放，键槽、孔等结构面向观察者。

2）其他视图的选择。一般采用断面图、局部视图、局部放大图等来表示键槽、退刀槽及其他细小结构。如图 8-7 所示主轴采用了三个移出断面图、一个局部放大图来表达轴上键槽、孔、退刀槽等结构。

因此，轴套类零件常采用一个主视图，若干个断面图、局部视图、局部放大图等来表达其结构。

2. 轮盘类零件

（1）了解零件的作用，分析其结构特点　轮盘类零件包括轮类零件和盘类零件。轮类零件主要起传递动力和转矩的作用；盘类零件主要起支承、定位和密封作用。它们的结构特点是由同一轴线的回转体组成，轴向尺寸较小，径向尺寸较大，其上常有孔、螺孔、键槽、凸台、轮辐等结构，如图 8-3 所示。

（2）视图选择

1）主视图的选择。轮盘类零件主视图一般按加工位置（轴线水平）放置，选择垂直轴线的投射方向画主视图。为了表达内部结构，主视图常采用剖视图。如图 8-1 所示的端盖主视图即采用了两个相交的剖切平面剖得的全剖视图。

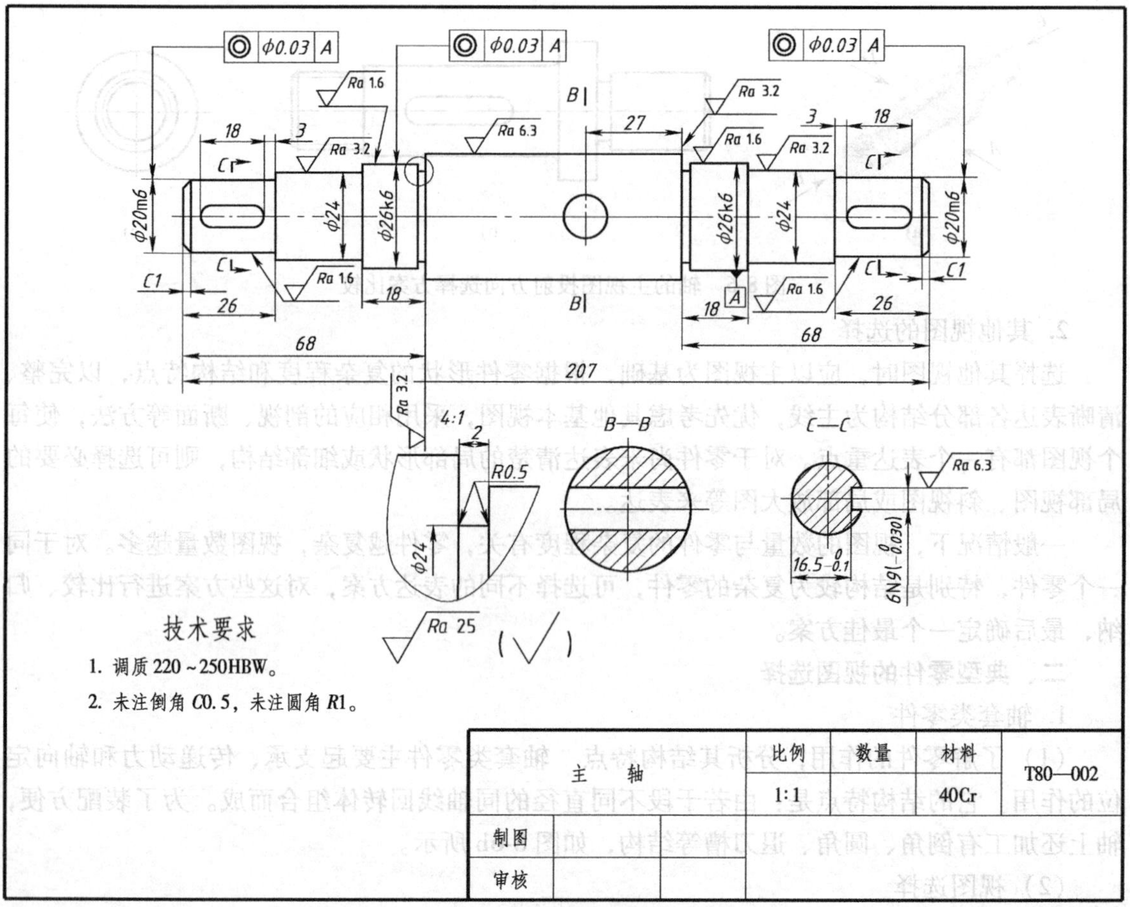

图 8-7 主轴零件图

2）其他视图的选择。其他视图的确定必须根据零件结构的复杂程度而定，一般情况下，常用左视图或右视图来表达该类零件的外形结构。如图 8-1 所示左视图即表达了端盖的外形。

因此，轮盘类零件一般用两个基本视图来表达，有时为了表达局部结构也采用局部视图和局部放大图来表达。

3. 叉架类零件

（1）了解零件的作用，分析其结构特点　叉架类零件包括各种用途的拨叉和支架。拨叉主要起操纵调速的作用，支架主要起支承和联接的作用。它们的结构形状差别很大，但一般都由支承部分、工作部分和联接部分所组成，如图 8-4 所示。

（2）视图选择

1）主视图的选择。通常按叉架类零件的工作位置放置，且选择反映形状特征的一面作为主视图。为了画图方便，一般都把零件主要轮廓放置成垂直或水平位置，主视图常采用局部剖视图。如图 8-8 所示托脚零件主视图采用了两处局部剖视。

2）其他视图的选择。叉架类零件由支承部分（如肋板）、工作部分（如圆筒、叉口）和联接部分（底板）所组成，因此通常用两个或两个以上的基本视图来表达，对其上支承部分弯曲、倾斜的结构，常选用断面图、局部剖视图、斜视图等来表达。如图 8-8 所示托脚零件图采用了一个俯视图，表达托脚的外形；并采用了一个移出断面图，表达肋板结构；还采用了一个局部视图表达凸台的结构。

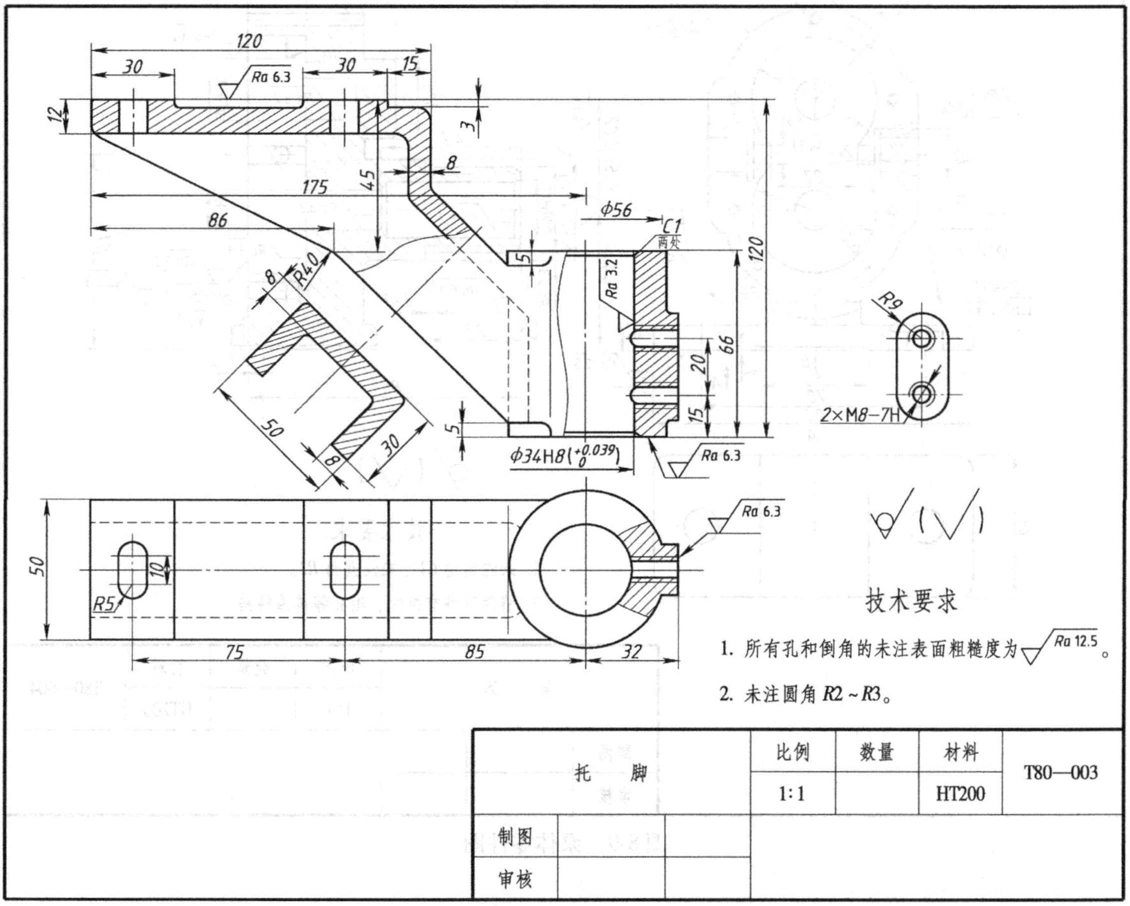

图 8-8　托脚零件图

4. 箱体类零件

（1）了解零件的作用，分析其结构特点　箱体类零件主要起支承、包容和密封其他零件的作用。这类零件的结构形状比较复杂，一般它的内部有较大的空腔、肋板、凸台、螺孔等结构，如图 8-5 所示。

（2）视图选择

1）主视图的选择。箱体在机器中的工作位置是固定不变的，因此常按箱体类零件的工作位置摆放，以便对照装配图，从装配关系来了解箱体类零件的结构形状，并选用形状特征最明显的视图来作主视图。为了表达箱体类零件的内部结构，主视图一般采用全剖视图或局部剖视图。如图 8-9 所示泵体零件的主视图中采用了三个局部剖视图，分别表达泵体的外形特征、G1/4 进（出）油螺纹孔和 2 × ϕ11 安装孔的结构。

2）其他视图的选择。对于箱体类零件，一般采用全剖视图来表示零件的内部结构，也可采用局部剖视图和半剖视图同时表达零件的内、外部结构。箱体类零件的视图一般都在三个以上。图 8-9 所示泵体零件图还采用了一个全剖的左视图、一个 *A* 向局部视图来表达泵体的其他结构。

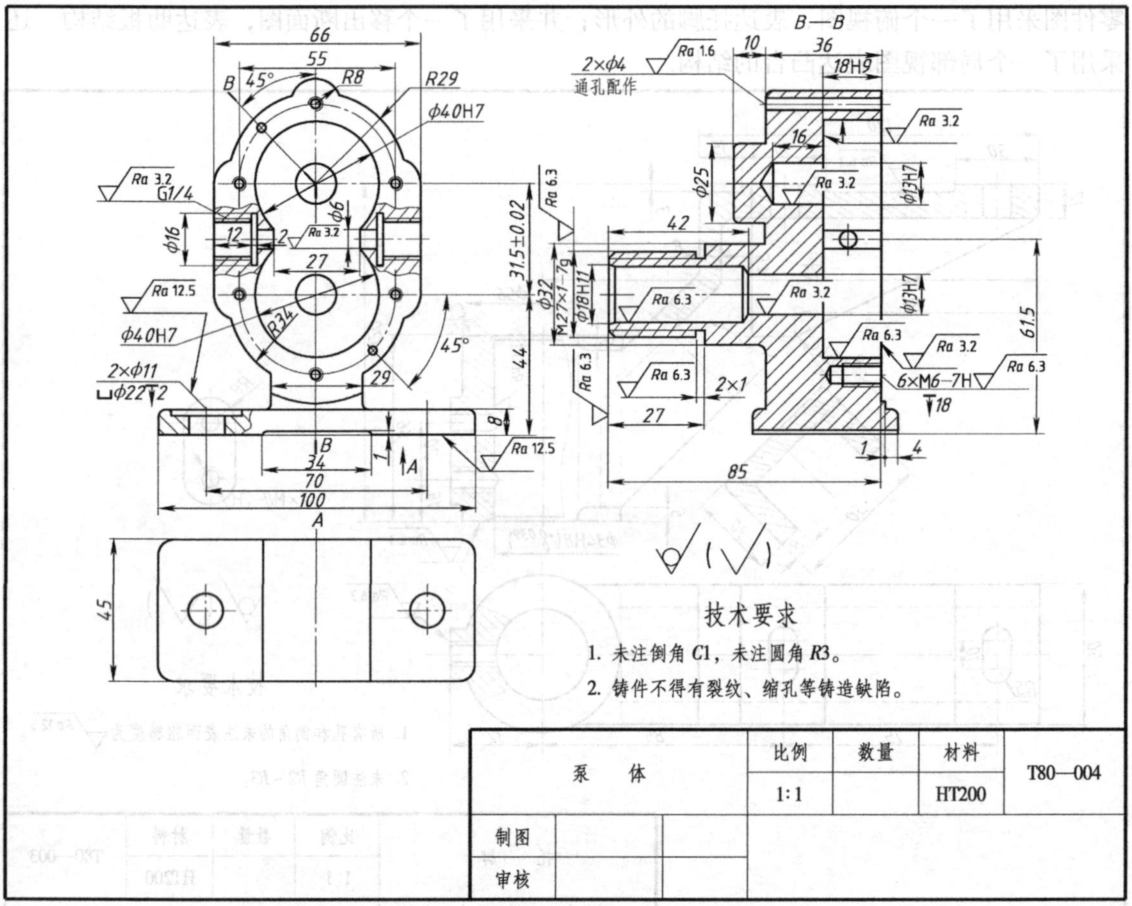

图 8-9 泵体零件图

第三节 零件的工艺结构

大部分零件都要经过铸造或锻造热加工和机械加工等过程制造出来，因此，零件的结构形状不仅要满足设计要求，还要符合机械加工和热加工的要求。常见的工艺结构有铸造工艺结构和机械加工工艺结构。

一、铸造工艺结构

（1）起模斜度 铸造毛坯时，为了便于从砂型中起模，铸件的内、外壁沿起模方向应设计有斜度，称为起模斜度，如图 8-10a 所示。起模斜度在图中一般不画出，也可以不标注，必要时可在技术要求中注明，如图 8-10b、c 所示。

起模斜度，木模造型常选 1°~3°，金属模手工造型常选 1°~2°，机械造型常选 0.5°~1°。

（2）铸造圆角 为了避免砂型落砂或铸件在冷却时产生裂纹和缩孔，在铸件各表面相交处要做成圆角，称为铸造圆角。铸造圆角半径一般取壁厚的 0.2~0.3 倍，并且铸造圆角半径的种类尽可能减少。铸造圆角在图中一般不标注，通常在技术要求中统一注明，如图 8-11 所示。

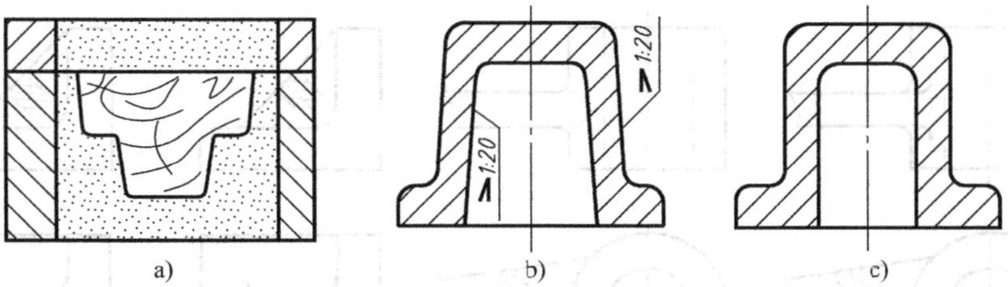

图 8-10　起模斜度

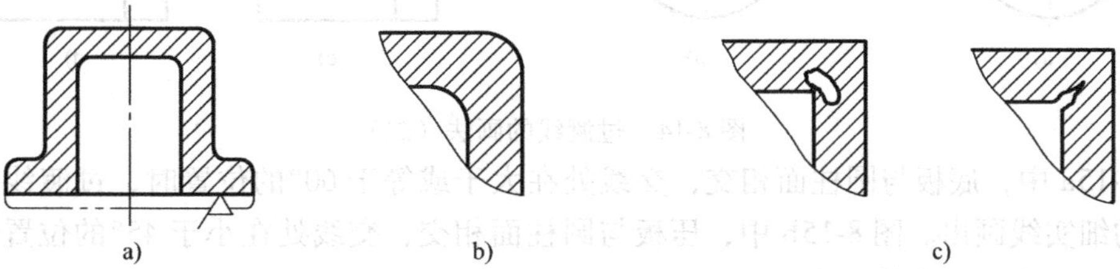

图 8-11　铸造圆角

a）铸造圆角加工后成尖角　b）铸造圆角　c）没有圆角产生缩孔和裂纹

（3）铸件壁厚　在浇注零件时，为了避免零件各部分因冷却速度的不同而产生裂纹、缩孔或缩松等铸造缺陷，铸件壁厚应均匀变化、逐渐过渡。图 8-12 a 、b 所示结构合理，图 8-12 c 所示结构不合理。

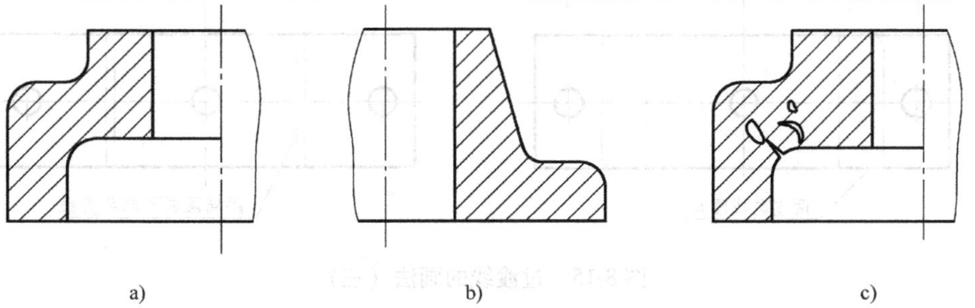

图 8-12　铸件壁厚

a）壁厚均匀　b）逐渐过渡　c）壁厚不均匀产生缩孔和裂纹

由于铸造圆角、起模斜度的存在，使得铸件表面的交线变得不太明显，这种线称为过渡线。过渡线的画法与相贯线一样，按没有圆角的情况求出相贯线的投影，画到理论交点处。过渡线不宜与轮廓线相连，应按细实线画出，如图 8-13、图 8-14、图 8-15 所示。

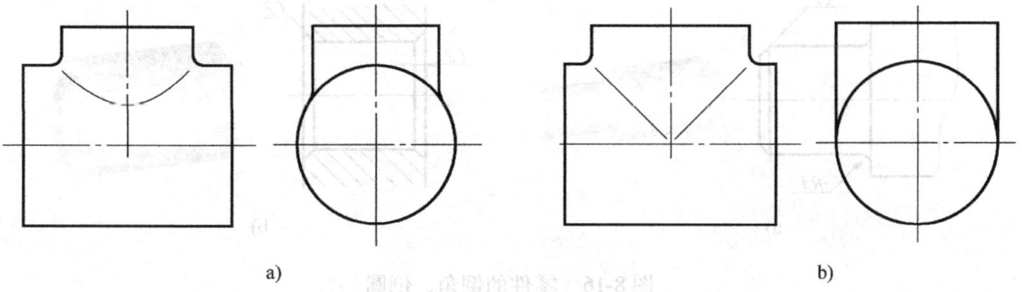

图 8-13　过渡线的画法（一）

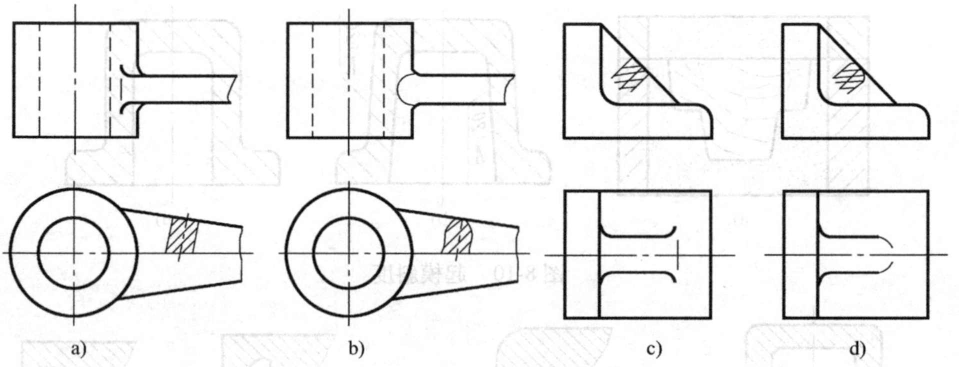

图 8-14 过渡线的画法（二）

图 8-15a 中，底板与圆柱面相交，交线处在大于或等于 60°的位置时，过渡线按两端带小圆角的细实线画出。图 8-15b 中，压板与圆柱面相交，交线处在小于 45°的位置时，过渡线按两端不到头的细实线画出。

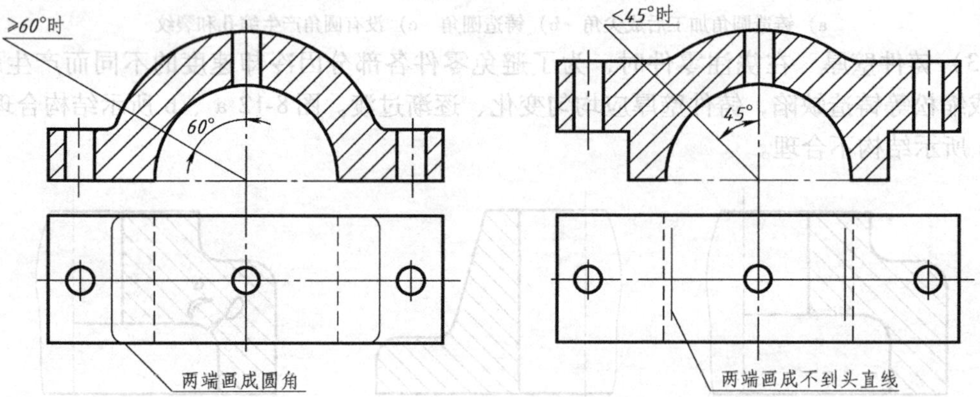

图 8-15 过渡线的画法（三）

二、机械加工工艺结构

1. 倒角和倒圆

在机械加工时，为了装配时起导向作用，以及保护装配面不受损伤，把轴或孔的端部加工出锥面，此锥面称为倒角。在轴肩处，为了防止应力集中，把轴肩处加工出圆角，此圆角称为倒圆，如图 8-16 所示。

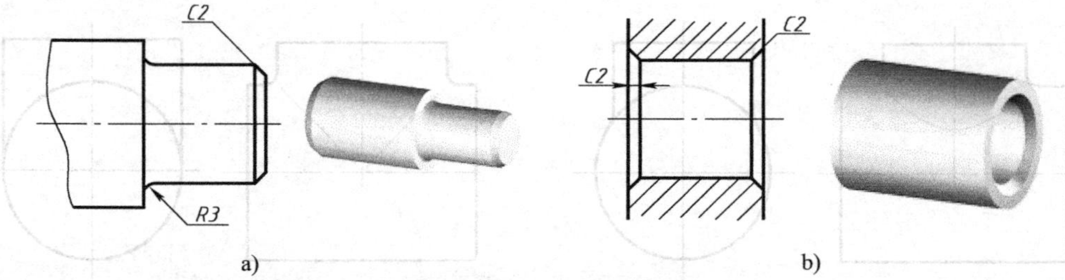

图 8-16 零件的倒角、倒圆

a）轴上倒角、倒圆的画法与标注 b）孔上倒角的画法与标注

2. 退刀槽和砂轮越程槽

为了在切削加工时不致于使刀具损坏，便于退刀，并且在装配时能与相邻零件贴紧，常在加工表面的轴肩处预先加工出槽，称为退刀槽，如图 8-17 所示。砂轮磨削时，轴表面上加工的退刀槽又称为砂轮越程槽。退刀槽和砂轮越程槽的尺寸是标准的，可查阅有关手册。退刀槽的画法与标注如图 8-17 所示。砂轮越程槽的画法与标注如图 8-18 所示。

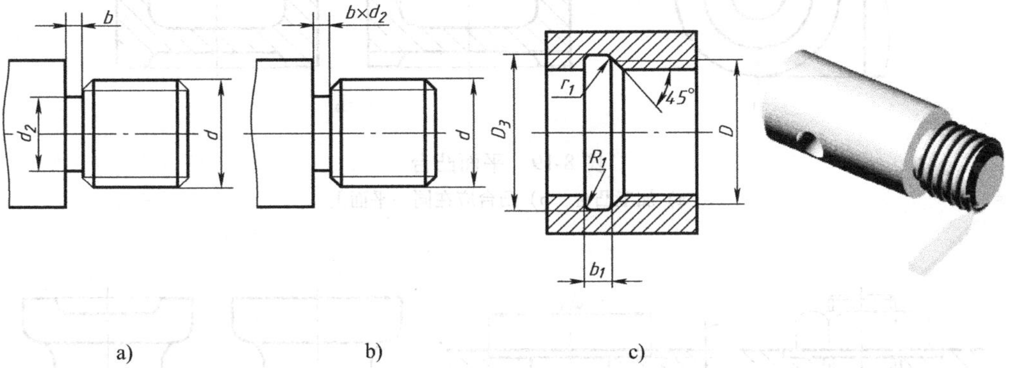

图 8-17　退刀槽的画法与标注

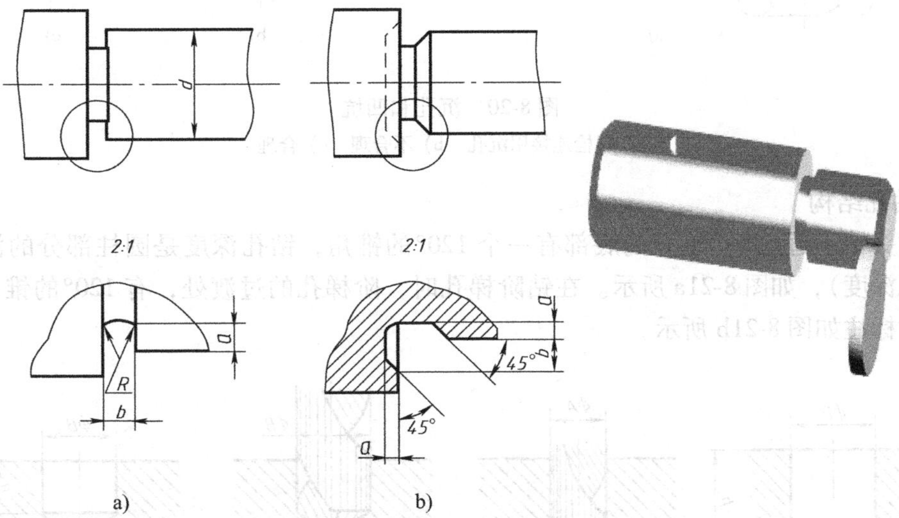

图 8-18　砂轮越程槽的画法与标注

3. 凸台和凹坑

（1）凸台　为了减少加工面积，降低制造成本，通常在铸件上设计出凸台结构，如图 8-19 a 所示。图 8-19 b 所示凸台应在同一平面上，以方便加工。

（2）凹坑　为了减少加工面积，节约加工成本，有时也在零件表面上加工出凹坑（或沉孔），来保证零件的良好接触。如图 8-20a 所示为螺栓连接中用锪平的方法加工出的沉孔，及其沉孔的尺寸标注。如图 8-20c 所示为平面上加工的凹坑。

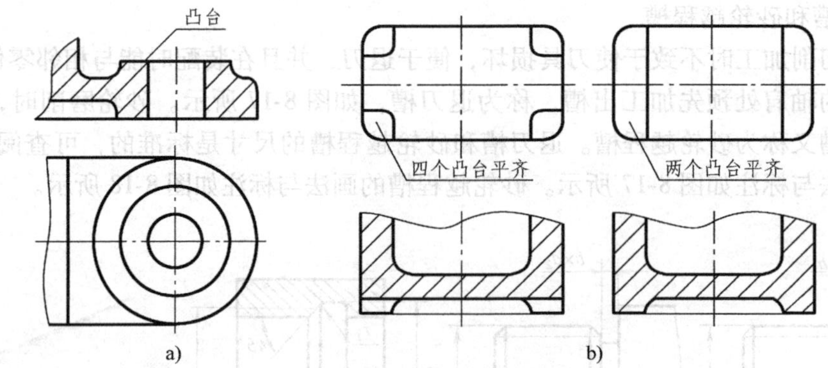

图 8-19　平面凸台

a）加工凸台　b）凸台应在同一平面上

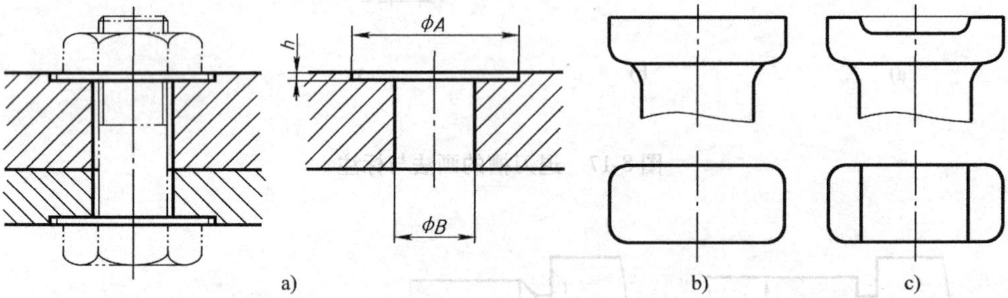

图 8-20　沉孔和凹坑

a）螺栓连接用沉孔　b）不合理　c）合理

4. 钻孔结构

用钻头钻不通孔时，在孔的底部有一个 120°的锥角，钻孔深度是圆柱部分的深度（不包括锥坑深度），如图 8-21a 所示。在钻阶梯孔时，阶梯孔的过渡处，有 120°的锥台，其画法与尺寸标注如图 8-21b 所示。

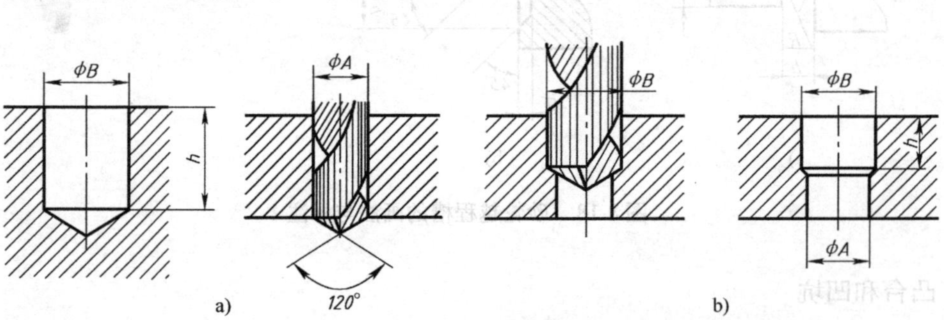

图 8-21　钻孔结构

a）不通孔结构　b）阶梯孔结构

用钻头钻孔时，要求钻头轴线垂直于被钻孔的端面，以保证钻孔准确并避免钻头折断，如图 8-22 所示。

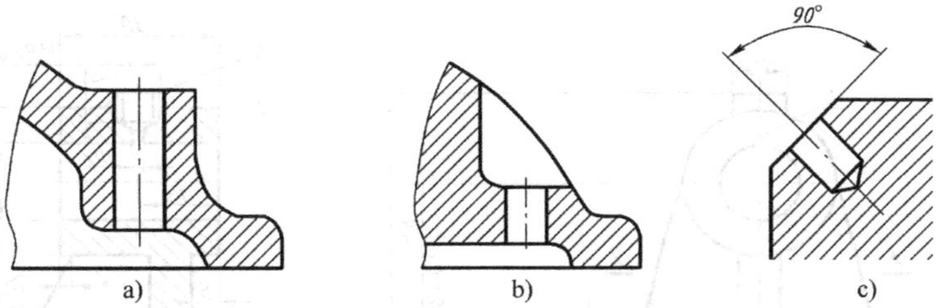

图 8-22 钻孔端面的正确结构

a）凸台结构 b）凹坑结构 c）倾斜结构（轴线⊥斜面）

第四节 零件图上的尺寸标注

零件图的尺寸标注，除了第一、五章中介绍的正确、完整、清晰外，还必须合理，即标注的尺寸既要满足设计要求，以保证机器的工作性能，又要满足工艺要求，以便于加工制造和检测。为了做到合理，在标注尺寸时，要对零件进行形体分析、结构分析和工艺分析，确定零件的尺寸基准，然后标注尺寸。要真正做到这一点，需要有一定的专业知识和实际生产经验。这里仅对尺寸合理标注作初步介绍。

一、合理地选择尺寸基准

在“组合体的尺寸标注”一节（第五章第三节）中，我们对基准有了初步理解。在本章中，结合零件的特点引入有关设计和工艺方面的知识加以讨论。

1. 尺寸基准的概念

基准是指零件在机器（部件）中或加工、测量时，用来确定其位置的一些点、线或面。由于用途不同，基准可分为两类：

（1）设计基准 在设计时用来确定零件在机器（或部件）中的位置及其几何关系的一些点、线或面称为设计基准。如图 8-23 所示，底面 *B* 为设计基准，以保证轴承孔到底面的高度；对称面 *C* 也是设计基准，以保证两孔之间的距离及其对轴孔的对称关系。两者均是满足设计要求的基准，故为设计基准。

（2）工艺基准 在加工或测量时用来确定零件位置的一些点、线或面称为工艺基准。如图 8-23 所示，端面 *D* 为工艺基准，以保证轴承孔的长度尺寸 30 和加油螺孔的定位尺寸 15；端面 *E* 也是工艺基准，以此标出尺寸 6，以便测量加油螺孔的深度。两者均是满足加工工艺要求的基准，故为工艺基准。

由于零件有三个方向的尺寸，因此，零件在长、宽、高三个方向都有一个主要基准，可能还有一个或数个辅助基准。

2. 尺寸基准的选择

尺寸基准的选择就是在标注尺寸时，是以设计基准为主，还是以工艺基准为主。以设计基准为主，其优点是反映了设计要求，能保证零件在机器上的工作性能。以工艺基准为主，其优点是反映了工艺要求，使零件便于加工和测量。

在标注尺寸时，最好把设计基准与工艺基准统一起来考虑。这样，既能满足设计要求，又能满足工艺要求。如两者不能统一，应以保证设计要求为主。

二、尺寸标注的注意事项

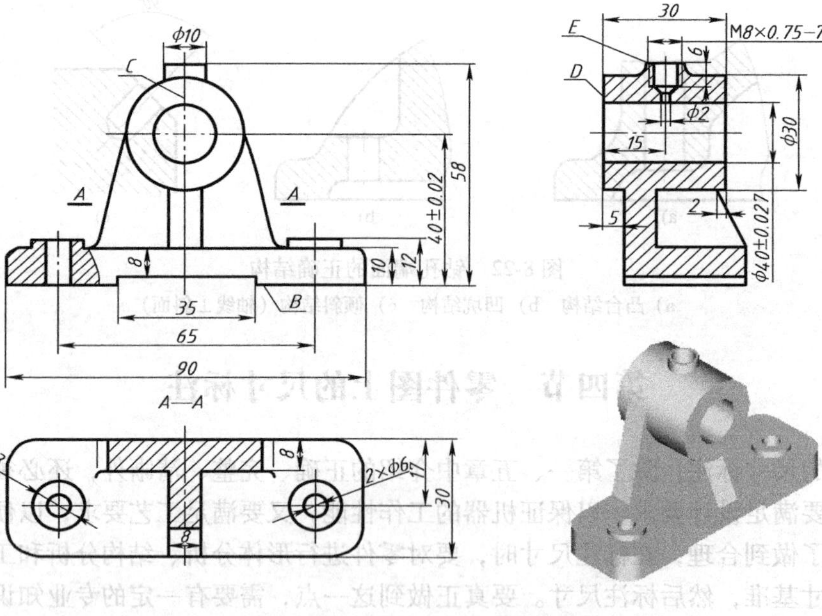

图 8-23　轴承座尺寸及尺寸基准分析

1. 主要尺寸直接标注

主要尺寸包括零件的规格性能尺寸、配合尺寸，确定零件之间相对位置的尺寸、连接尺寸、安装尺寸等，一般都有公差要求。

图 8-24 a 中尺寸 A、L 分别表示轴承座中轴承孔的定位尺寸和 $2\times\phi6$ 安装孔的定位尺寸，是轴承座的主要尺寸，应直接注出。图 8-24b 中主要尺寸直接注成 B、C，由于加工误差的存在，A 尺寸的误差等于 B、C 尺寸误差之和，不合理。同理，$2\times\phi6$ 安装孔标有两个 E 尺寸，也不合理。

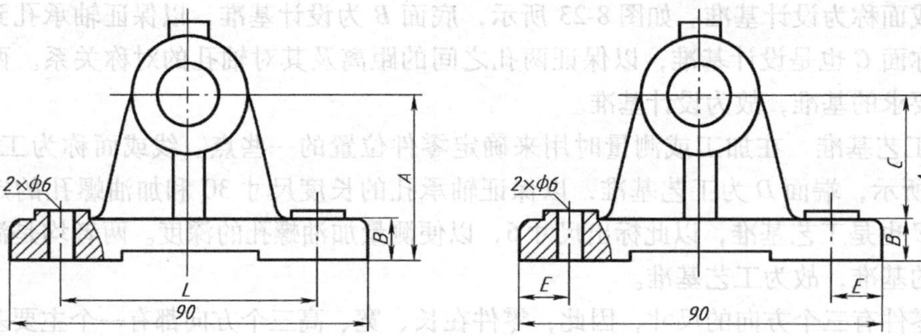

a)　　　　　　b)

图 8-24　主要尺寸直接标注

a）正确　b）错误

2. 按加工顺序标注尺寸

按加工顺序标注尺寸，便于读图、测量，且容易保证零件的加工精度，如图 8-25 所示。

3. 考虑测量方便

加工阶梯孔时，应先加工出小孔，然后依次加工出大孔。标注孔的轴向尺寸时则相反，应从端面先注出大孔的深度，再依次注出小孔的深度，以便于测量，如图 8-26 所示。

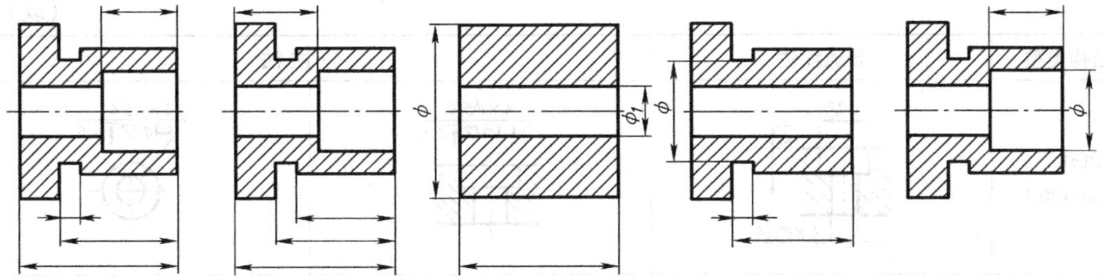

a)　　b)　　c)

图 8-25　按加工顺序标注尺寸

a）合理　b）不合理　c）零件的加工顺序

4. 避免封闭的尺寸链

零件上同一方向的尺寸首尾相接，就形成了封闭尺寸链，如图 8-27 a 所示。由于零件在加工过程中总会有一定的误差，*a* 尺寸作为封闭链，其误差应为 *b*、*c*、*d* 尺寸误差之和。要保证 *a* 尺寸的误差限定在一定范围内，就要减小 *b*、*c*、*d* 尺寸的误差，这样使得加工成本增高。为了保证每一个尺寸的精度要求，常去掉一个尺寸精度要求不高的尺寸，这样既可满足设计要求，又能降低加工成本，如图 8-27 b 所示。

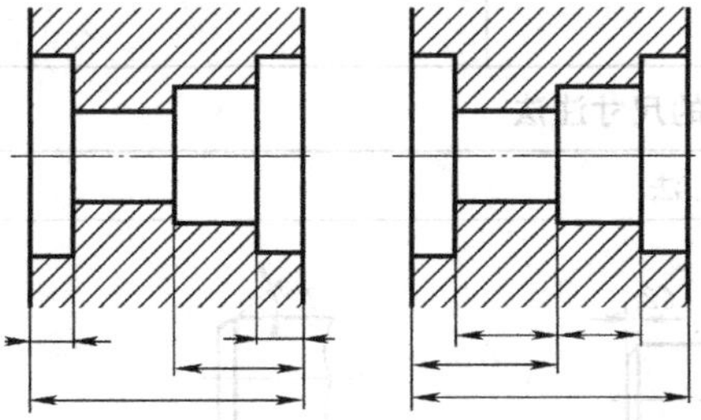

a)　　b)

图 8-26　便于测量

a）合理　b）不合理

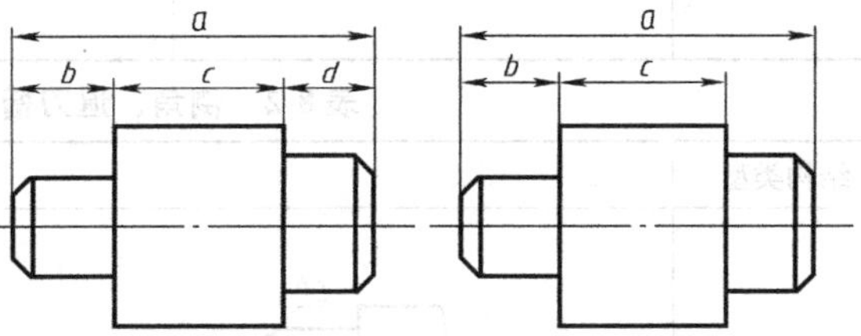

a)　　b)

图 8-27　应避免封闭的尺寸链

a）封闭的尺寸链（不合理）　b）有开环的尺寸标注（合理）

三、零件上常见结构的尺寸注法

零件上常见结构的尺寸标注见表 8-1、表 8-2。

表 8-1　沉孔和螺纹孔的尺寸注法

结构类型	普通注法	旁注法	
沉孔一（锪平）	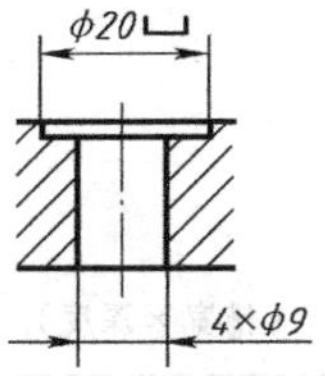	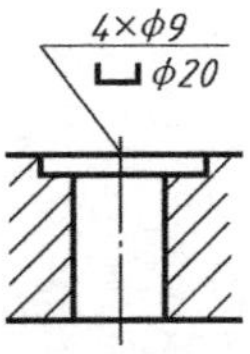	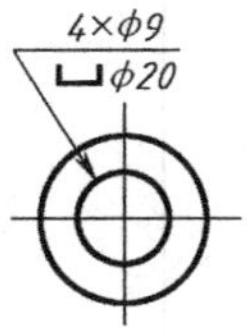
沉孔二（锥面）	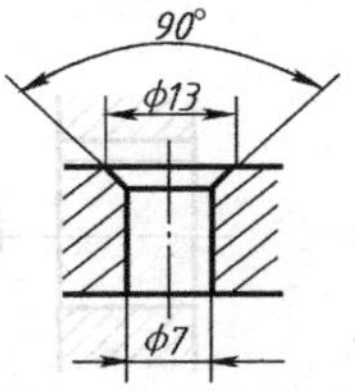	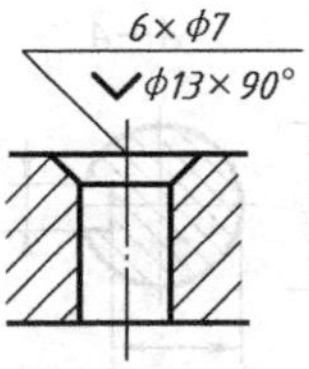	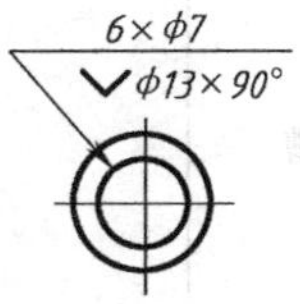

（续）

结构类型	普通注法	旁注法	
沉孔三（定深度）	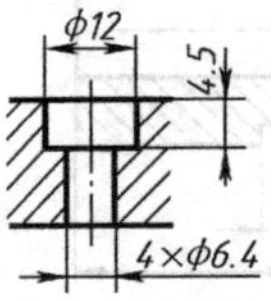	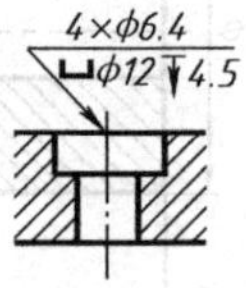	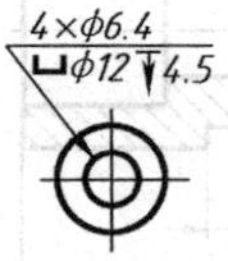
螺纹孔	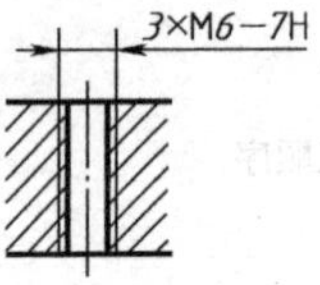	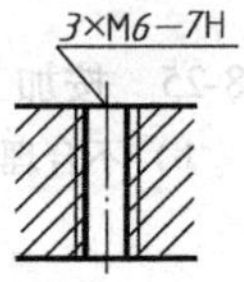	
	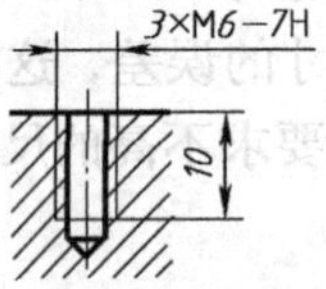	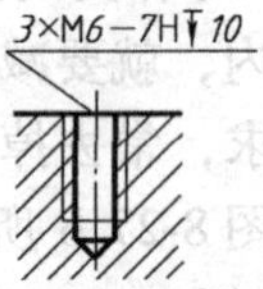	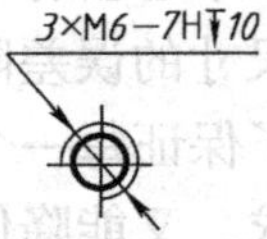

表 8-2　倒角、退刀槽和键槽的尺寸注法

结构类型	尺寸注法
外倒角	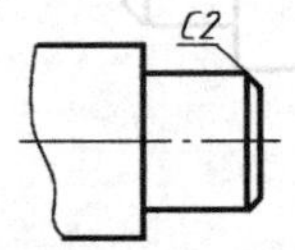 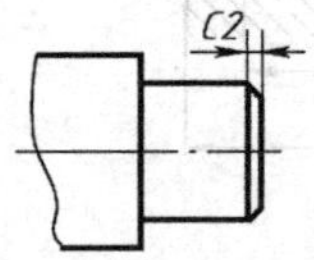 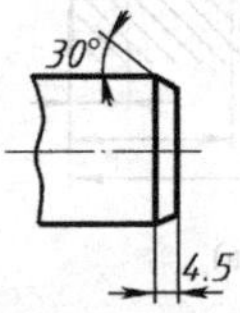
内倒角	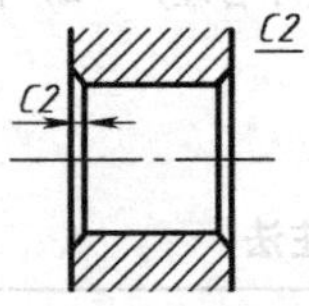 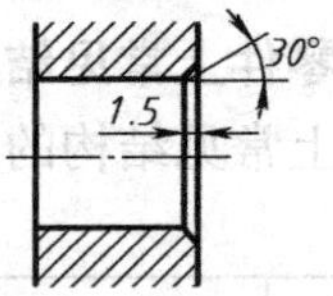
退刀槽	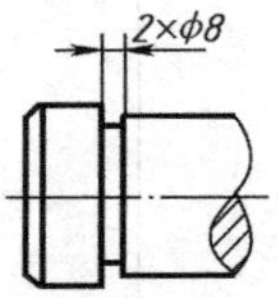 （槽宽×直径） 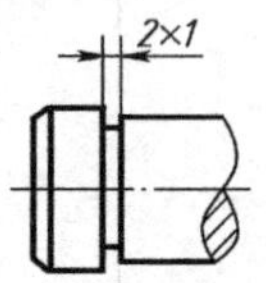 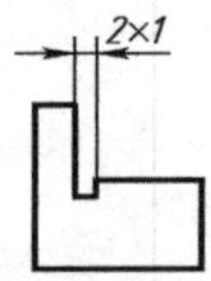 （槽宽×深度）
键槽	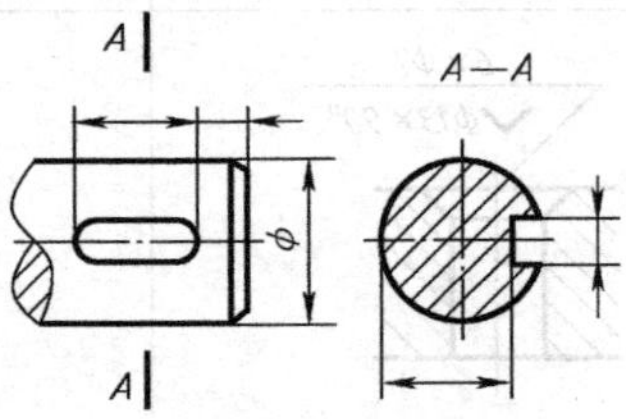 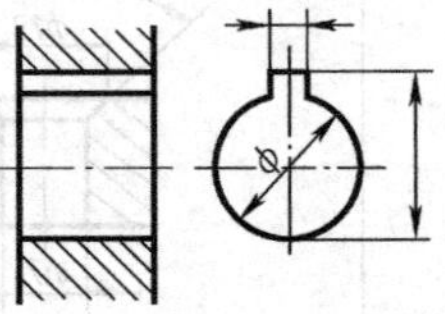

四、常用尺寸的简化注法（表 8-3）

表 8-3　常用尺寸的简化注法

标注要求	简化示例	说明
同一基准尺寸标注	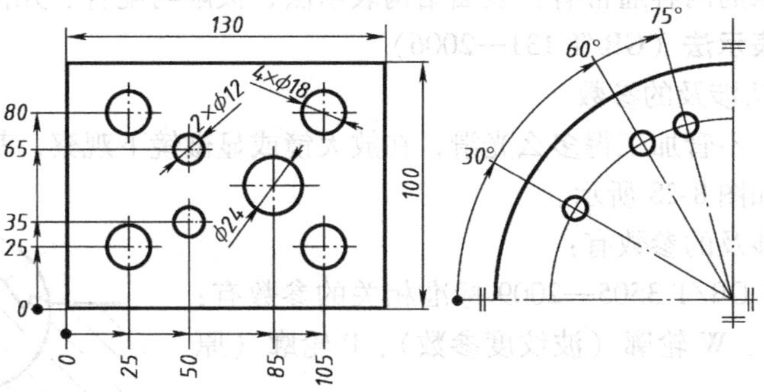	用小黑点标注基准，用单箭头标注相对于基准的尺寸数字
同心圆弧、同心圆的尺寸标注	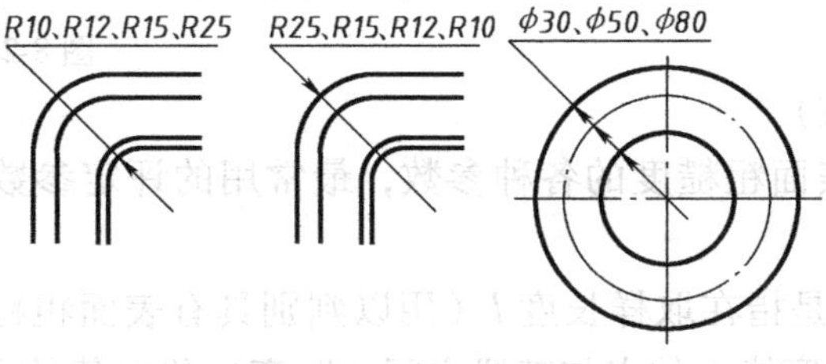	用箭头指向圆弧并依次标出半径或直径值，除起始箭头外，其余箭头可省略
阶梯孔的尺寸标注	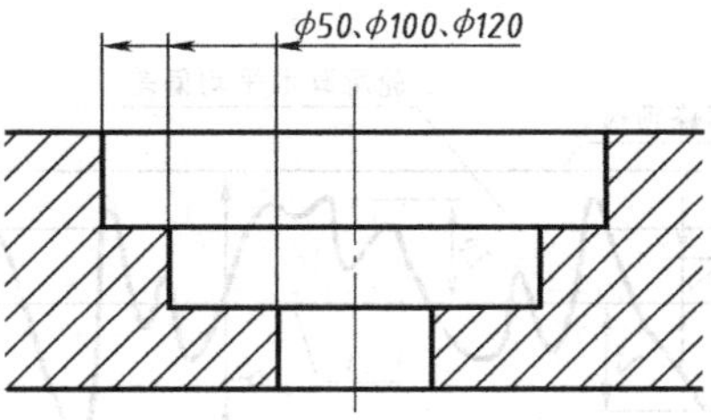	阶梯孔可共用一个尺寸线，并用箭头指向不同的尺寸界线，同时以起始箭头为首，依次注出直径
45°倒角的标注	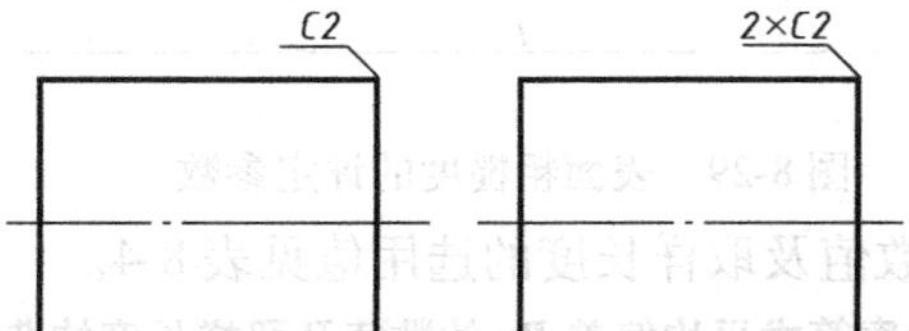	用符号 C 表示 45°，不必画出倒角（如两端均有倒角，可用 2×C2 表示，其中数字“2”表示倒角宽度）
间隔相等的链式尺寸标注	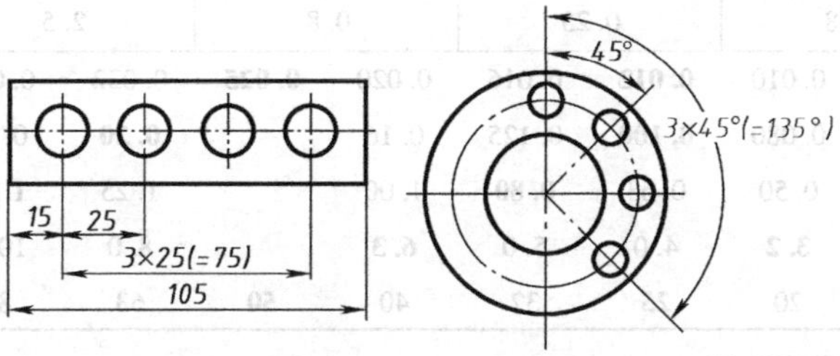	间隔相等的链式尺寸可标出一个间隔尺寸，其余用“n×间隔尺寸”表示，括号中的尺寸为参考尺寸

第五节　零件图上的技术要求

零件图上技术要求的内容通常有：表面结构表示法、极限与配合、几何公差。

一、表面结构的表示法（GB/T 131—2006）

1. 表面结构表示法涉及的参数

零件的各个表面，不管加工得多么光滑，在放大镜或显微镜下观察，都可以看到表面有凹凸不平的峰和谷，如图 8-28 所示。

表面结构表示法涉及的参数有：

1）轮廓参数。与 GB/T 3505—2009 标准相关的参数有：R 轮廓（粗糙度参数）、W 轮廓（波纹度参数）、P 轮廓（原始轮廓参数）。

2）图形参数。与 GB/T 18618—2002 标准相关的参数有：粗糙度图形、波纹度图形。

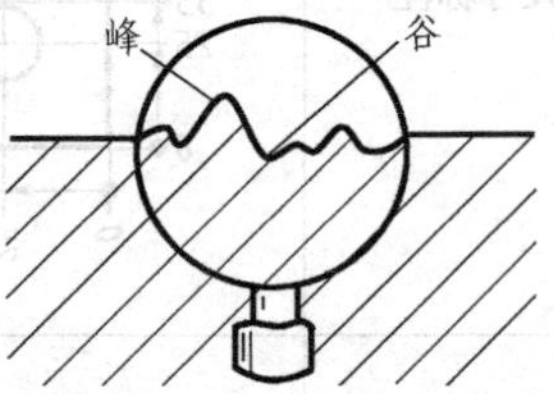

图 8-28　零件表面微小不平

2. R 轮廓（粗糙度参数）

国家标准规定了评定表面粗糙度的各种参数，最常用的评定参数为轮廓算术平均偏差 *Ra*。

轮廓算术平均偏差 *Ra* 是指在取样长度 l（用以判别具有表面粗糙度特征的一段基准线长度）内，轮廓偏距 z（轮廓线上的点与基线之间的距离）绝对值的算术平均值，如图 8-29 所示。

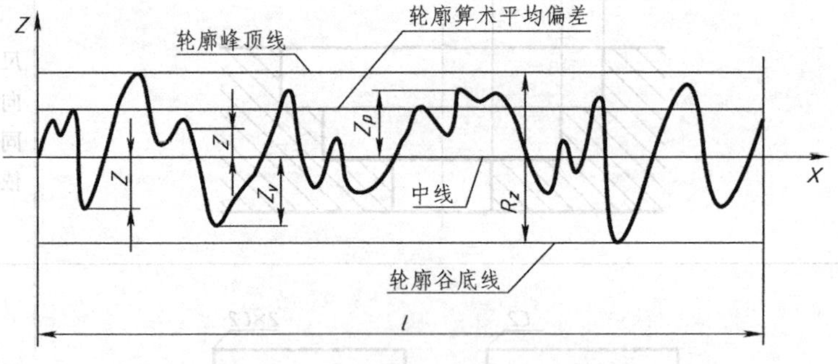

图 8-29　表面粗糙度的评定参数

轮廓算术平均偏差 *Ra* 的数值及取样长度的选用值见表 8-4。

表 8-4　轮廓算术平均偏差 *Ra* 的数值及取样长度的选用值

Ra /μm	≥0.008 ~ 0.02		≥0.02 ~ 0.1		≥0.1 ~ 2.0		≥0.2 ~ 10		≥10 ~ 80
取样长度 l/mm	0.08		0.25		0.8		2.5		8.0
	0.008	0.010	**0.012**	0.016	0.020	**0.025**	0.032	0.040	**0.050**
	0.063	0.080	**0.100**	0.125	0.16		**0.20**	0.25	0.32
Ra 系列/ μm	**0.4**	0.50	0.63	**0.80**	1.00		1.25	**1.60**	2.0
	2.5	**3.2**	4.0	5.0	**6.3**		8.0	10.0	**12.5**
	16	20	**25**	32	40	**50**	63	80	**100**

注：黑体字为第一系列，应优先选用。

3. 表面结构的符号、代号及标注

（1）表面结构的符号及意义，见表8-5。

表8-5　表面结构的符号及意义

符　号		意义及说明
基本图形符号		基本符号，表示表面可用任何方法获得。当不加注表面粗糙度数值或有关说明（例如：表面处理、局部热处理方法等）时，仅适用于简化代号标注
扩展图形符号	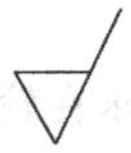	基本符号加一短画，表示表面是用去除材料的方法获得的，例如：车、铣、钻、磨、电火花加工等
		基本符号加一小圆，表示表面是用不去除材料的方法获得的，例如：铸造、锻造、冲压变形、冷轧、热轧、粉末冶金等
完整图形符号	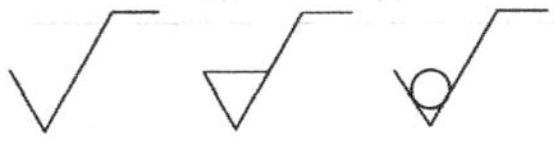	在上述三个符号的上边均可加一横线，用于标注有关参数和说明
	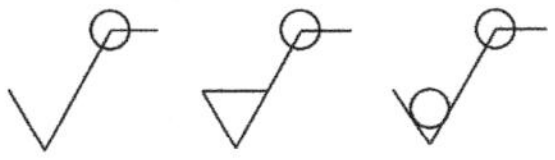	在上述三个符号的上边均可加一小圆，表示所有表面具有相同的表面粗糙度要求
表面结构的符号画法		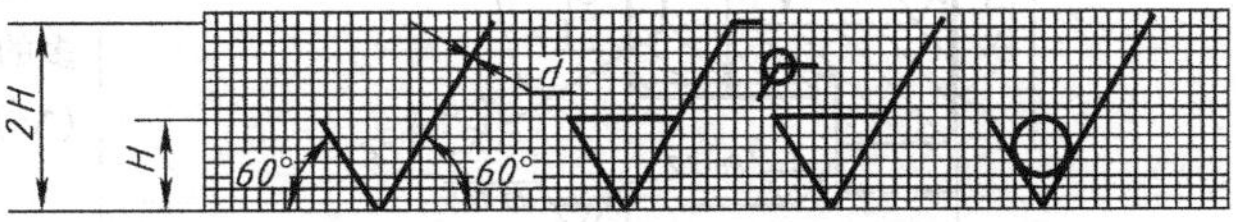 H为字高1.4倍　d为线宽 $d' = h/10$　$H_1 = 1.4h$　$H_2 \approx 2.1H_1$（h为字体高度）

（2）常用表面结构代号及意义，见表8-6。

表8-6　常用表面结构代号及意义

代号示例	意义说明
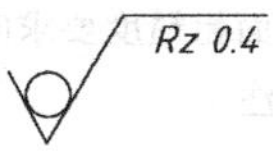	表示去除材料，单向上限值，传输带0.008～0.8mm，R轮廓，算术平均偏差3.2μm，评定长度为5个取样长度（默认）
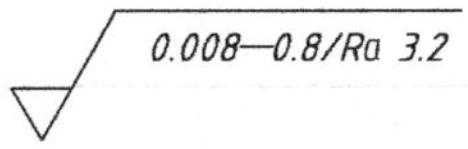	表示去除材料，单向上限值，取样长度0.8μm，R轮廓，算术平均偏差3.2μm
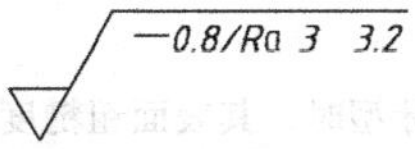	表示不允许去除材料，单向上限值，默认传输带，R轮廓，粗糙度的最大高度0.4μm，评定长度为5个取样长度
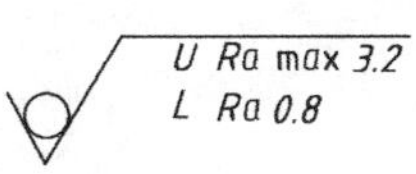	表示不允许去除材料，双向极限值，两极限值均使用默认传输带，R轮廓。上限值：算术平均偏差3.2μm，评定长度为5个取样长度；下限值：算术平均偏差0.8μm，评定长度为5个取样长度

（3）表面结构要求在图样上的标注

1）表面结构要求在图样上的标注规定。符号、代号一般标注在可见轮廓线、尺寸界线、引出线或其延长线上。符号的尖端必须从材料外指向表面。同一图样上，每一表面只标注一次代号。空间狭小（或不便标注）时，代号可以引出标注。重复要素（孔、槽、齿等）的表面结构要求只标注一次。表面结构要求数字及符号方向的注写，如图8-30所示。

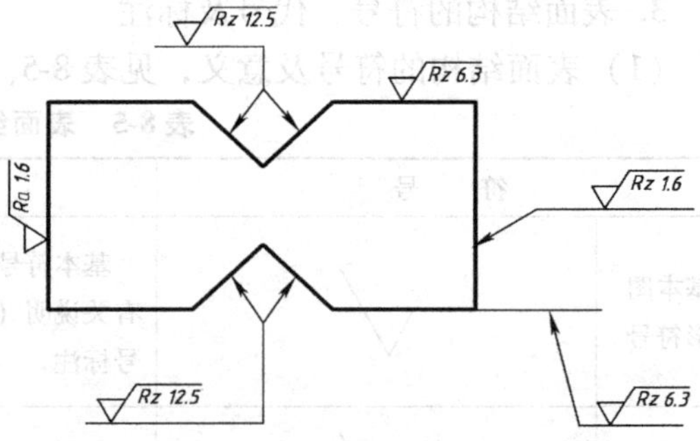

图8-30 表面结构要求在轮廓线上的标注

2）表面结构要求在图样上的标注方法见表8-7。

表8-7 表面结构要求在图样上的标注方法示例

图　例	含 义 说 明
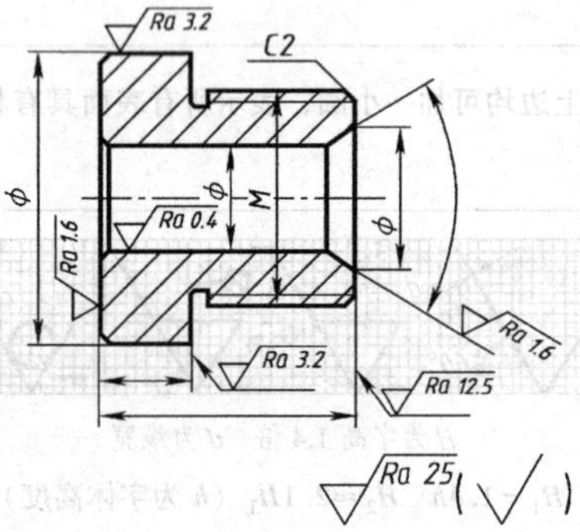	代号及数字和符号方向的注写按图示。其中使用最多的一种代号可以统一注在图样的右下角，并加注（√）
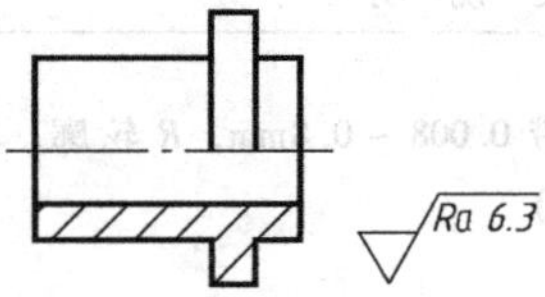	当零件所有表面具有相同的表面粗糙度要求时，其代号可以在图样的右下角统一标注
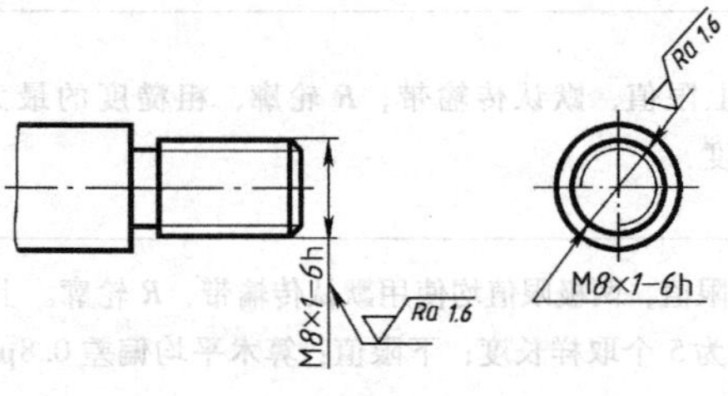	螺纹工作表面在没有画出牙型时，其表面粗糙度代号的标注

（续）

图　例	含 义 说 明
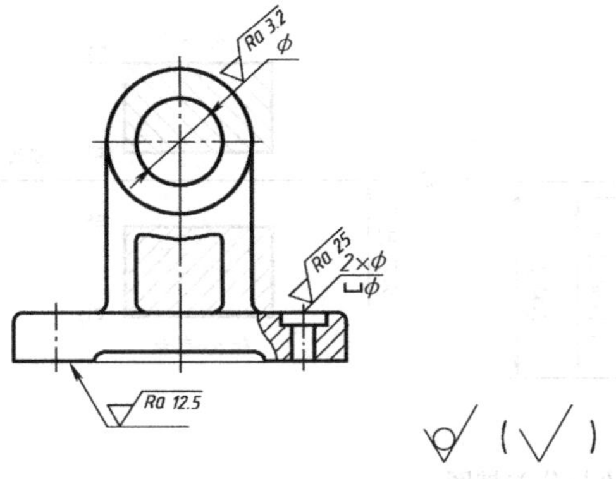	对不连续的同一表面，可用细实线连接，其表面粗糙度代号只标注一次 当空间狭小或不便标注时，代号可以引出标注
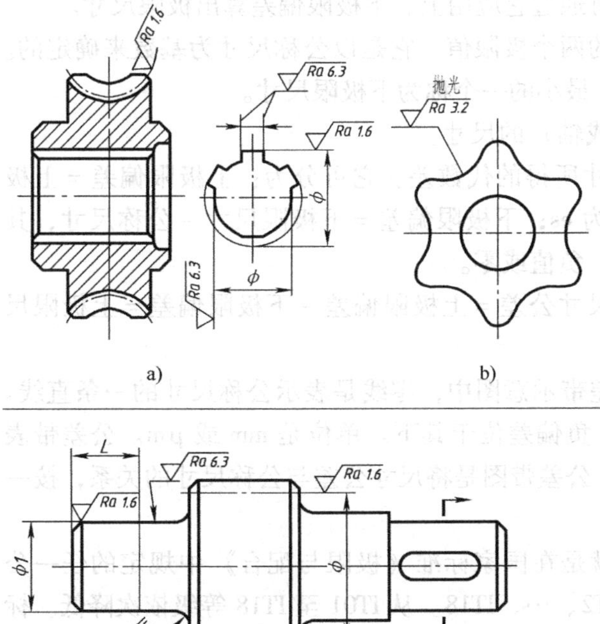a)　b)	零件上连续表面及重复要素（如孔、槽、齿等）的表面粗糙度代号，只标注一次，如图 a 所示 当零件表面需要抛光时，可在表面粗糙度符号上方画一横线，注出“抛光”两字，如图 b 所示
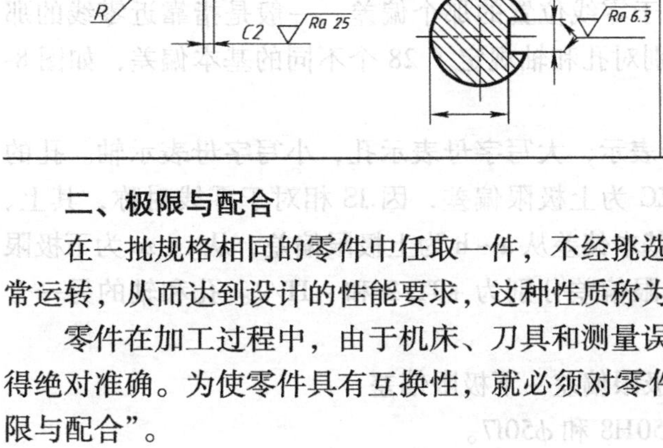	同一表面上有不同的表面粗糙度要求时，需用细实线画出分界线，然后注出相应的表面粗糙度代号和尺寸，如左图尺寸 L、$\phi 1$ 所示部位 齿轮工作表面，在没有画出齿形时，标注表面粗糙度代号的方法如左图尺寸 ϕ 所示部位 键槽、倒角、圆角的表面粗糙度代号的标注方法如左图所示相应部位

二、极限与配合

在一批规格相同的零件中任取一件，不经挑选或修配，就能装到机器上，并能使机器正常运转，从而达到设计的性能要求，这种性质称为互换性。

零件在加工过程中，由于机床、刀具和测量误差等因素的影响，不可能把零件尺寸加工得绝对准确。为使零件具有互换性，就必须对零件尺寸限定一个变动范围，即形成了“极限与配合”。

1. 极限的基本概念

现以图 8-31 为例来说明极限的基本概念。

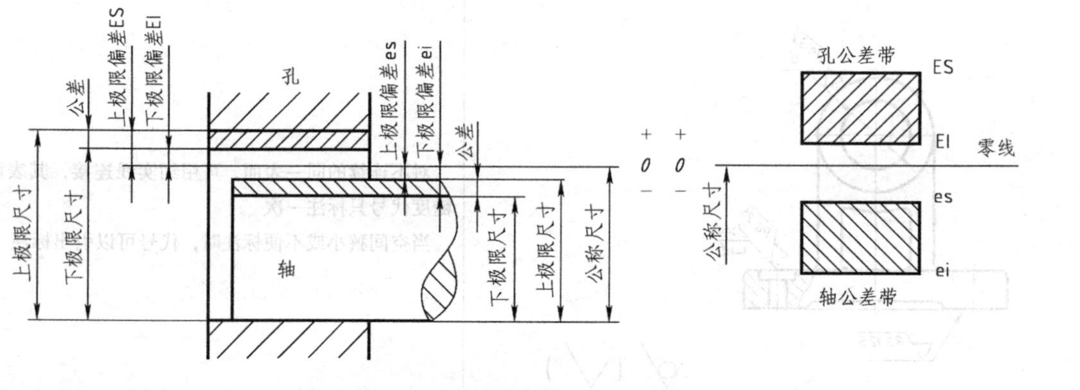

图 8-31 公差术语与公差带图

（1）公称尺寸 设计时给定的尺寸，可通过它应用上、下极限偏差算出极限尺寸。

（2）极限尺寸 孔或轴允许尺寸变化的两个极限值。它是以公称尺寸为基数来确定的。两个极限值中最大的一个称为上极限尺寸；最小的一个称为下极限尺寸。

（3）实际尺寸 通过测量所得到（孔或轴）的尺寸。

（4）尺寸偏差 某一尺寸减其公称尺寸所得的代数差。它可分为：上极限偏差 = 上极限尺寸 - 公称尺寸，其代号，孔为 ES，轴为 es；下极限偏差 = 下极限尺寸 - 公称尺寸，其代号，孔为 EI，轴为 ei。偏差值可为正值、负值或零。

（5）尺寸公差 允许尺寸的变动量。尺寸公差 = 上极限偏差 - 下极限偏差 = 上极限尺寸 - 下极限尺寸。

（6）零线、公差带及公差带图 在公差带示意图中，零线是表示公称尺寸的一条直线。当零线画成水平位置时，正偏差位于其上，负偏差位于其下。单位是 mm 或 μm。公差带表示公差大小和相对于零线位置的一个区域。公差带图是将尺寸公差与公称尺寸的关系，按一定比例放大画成的简图。

（7）标准公差及公差等级 标准公差就是在国家标准《极限与配合》中规定的任一公差。它分为 20 级，即：IT01、IT0、IT1、IT2、…、IT18。从 IT01 至 IT18 等级依次降低。标准公差数值参见表 C-3。

（8）基本偏差 用以确定公差带相对于零线位置的那个偏差。一般是指靠近零线的那个上极限偏差或下极限偏差。国家标准分别对孔和轴规定了 28 个不同的基本偏差，如图 8-32 所示。

从图 8-32 可知：基本偏差用拉丁字母表示，大写字母表示孔，小写字母表示轴。孔的基本偏差从 A ~ H 为下极限偏差，从 J ~ ZC 为上极限偏差，因 JS 相对于零线对称，其上、下极限偏差分别为 +IT/2 和 -IT/2；轴的基本偏差从 a ~ h 为上极限偏差，从 j ~ zc 为下极限偏差，因 js 相对于零线对称，其上、下极限偏差分别为 +IT/2 和 -IT/2。孔和轴的另一个偏差可按下面的代数式来计算

$$标准公差 = 上极限偏差 - 下极限偏差$$

【例 8-1】 解释公差代号的含义：ϕ50H8 和 ϕ50f7。

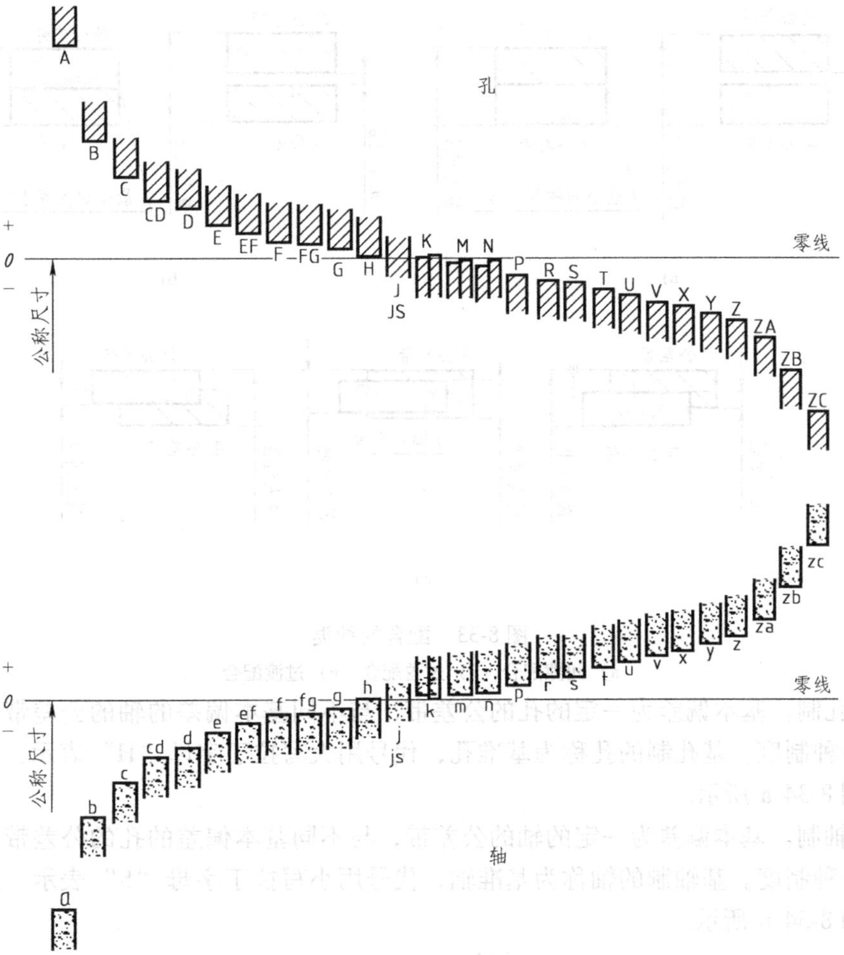

图 8-32　基本偏差系列

ϕ50H8 孔的公差带代号含义如下：

8 —— 公差等级代号，H —— 孔的基本偏差代号；ϕ50 —— 公称尺寸。

ϕ50f7 轴的公差带代号含义如下：

7 ——公差等级代号，f —— 轴的基本偏差代号；ϕ50 —— 公称尺寸。

2. 配合的有关术语

配合是指公称尺寸相同的相互结合的孔和轴公差带之间的关系。

（1）配合的种类　根据设计和工艺的实际需要，国家标准将配合分为间隙配合、过渡配合和过盈配合三大类。

1）间隙配合。具有间隙（包括最小间隙为零）的配合。该配合孔的公差带完全在轴的公差带之上（孔的实际尺寸 > 轴的实际尺寸），如图 8-33 a 所示。

2）过盈配合。具有过盈（包括最小过盈为零）的配合。该配合孔的公差带在轴的公差带之下（孔的实际尺寸 < 轴的实际尺寸），如图 8-33 b 所示。

3）过渡配合。可能具有间隙或过盈的配合，介于间隙与过盈配合之间的一种配合。该配合孔的公差带和轴的公差带相互交叠，如图 8-33 c 所示。

（2）配合的基准制　国家标准规定了两种配合基准制：基孔制和基轴制。

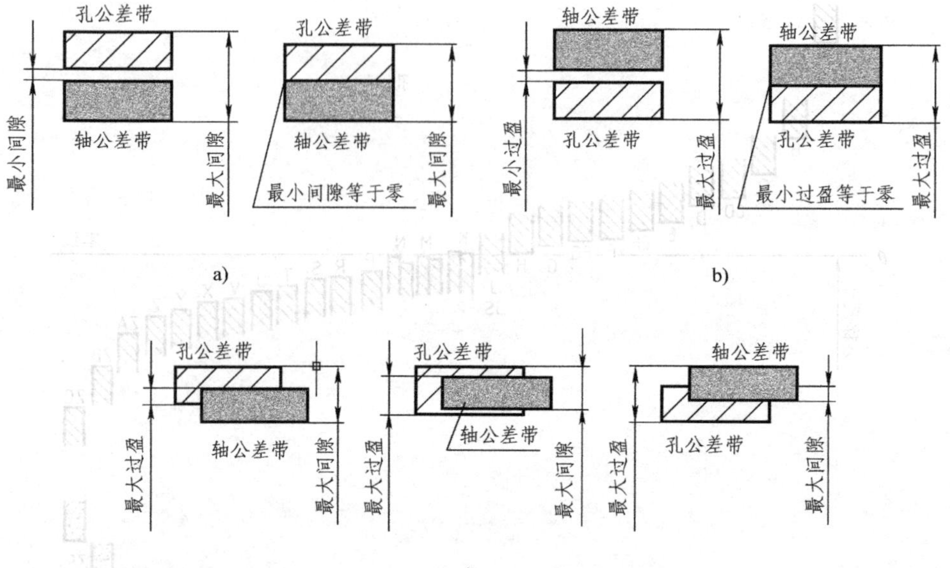

a) b) c)

图 8-33 配合的种类

a）间隙配合 b）过盈配合 c）过渡配合

1）基孔制。基本偏差为一定的孔的公差带，与不同基本偏差的轴的公差带形成各种不同配合的一种制度。基孔制的孔称为基准孔，代号用大写拉丁字母“H”表示，下极限偏差为零，如图 8-34 a 所示。

2）基轴制。基本偏差为一定的轴的公差带，与不同基本偏差的孔的公差带形成各种不同配合的一种制度。基轴制的轴称为基准轴，代号用小写拉丁字母“h”表示，上极限偏差为零，如图 8-34 b 所示。

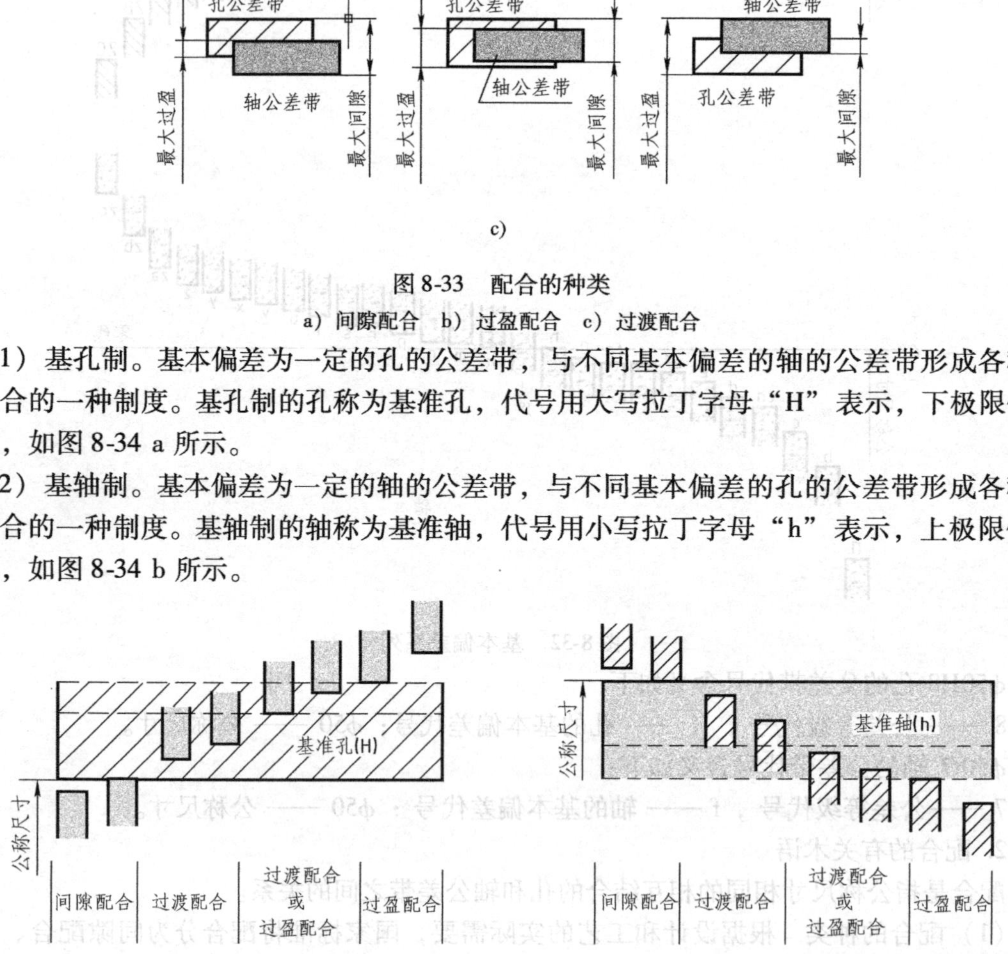

a) b)

图 8-34 配合基准制种类

a）基孔制配合 b）基轴制配合

一般情况下，优先选用基孔制配合。基本偏差 A ~ H（a ~ h）用于间隙配合，J ~ ZC（j ~ zc）用于过渡配合和过盈配合。

3. 极限与配合的标注

（1）在零件图中的注法 在零件图中标注尺寸公差有三种形式。图 8-35a 所示注法适合大批量生产的需要，只注公差带代号；图 8-35b 所示注法适合小批量或单件生产的需要，只注公差数值，以便加工和检验时直接读出数值。图 8-35c 所示注法适合批量不明或检验工具未定的情况，公差带代号和偏差数值同时注出，且偏差数值要放到后面的括号内。

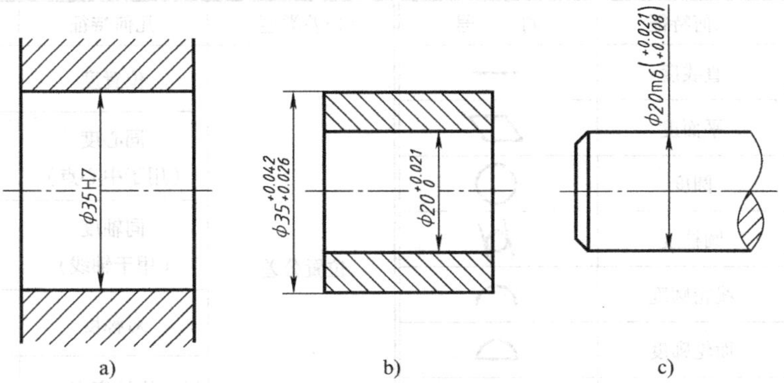

图 8-35 零件图中三种尺寸公差的注法

标注极限偏差值时应注意：上极限偏差应注在公称尺寸的右上方，下极限偏差应与公称尺寸注在同一底线上，偏差数字比基本尺寸数字小一号。上、下极限偏差小数点须对齐，小数点后右端的“0”一般不注出；为了使上、下极限偏差值小数点后的位数相同，可以用“0”补齐。偏差为“零”时，用数字“0”标注。上、下极限偏差的绝对值相等时，偏差数字可以只注写一次，并应在偏差数字与公称尺寸之间注出“ ±”，且两者数字高度相同。

（2）在装配图中的注法 配合代号由两个相互配合的孔和轴的公差带代号组成，用分数表示，分子是孔的公差带代号，分母是轴的公差带代号，如图 8-36 所示。

与滚动轴承相配合的孔和轴，只需标注孔和轴自身的公差带代号，如图 8-37 所示。

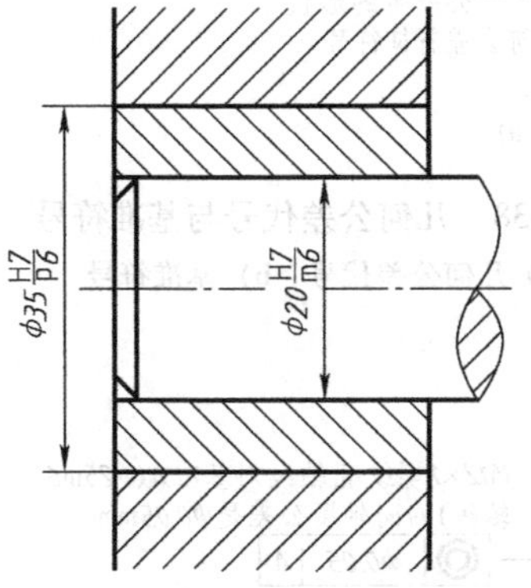

图 8-36 装配图中配合代号的注法

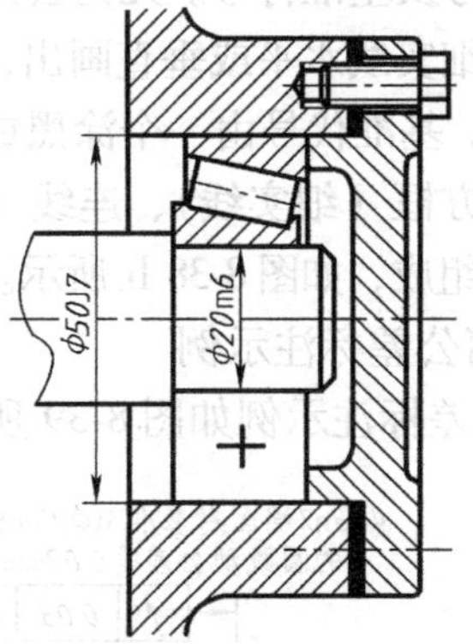

图 8-37 滚动轴承配合的注法

三、几何公差简介

任何一个零件，要满足设计和使用要求，不但要对零件的尺寸用尺寸公差来限制，而且零件的形状和零件要素间的相对方向、位置等，还要用几何公差来加以限制。

1. 几何公差的概念

几何公差包括形状公差、位置公差、方向公差、跳动公差。形状公差是零件被测要素（如轴线、表面）的实际形状允许的变动全量。位置公差是零件被测要素（如轴线、表面）的实际位置与理想位置（基准）的变动全量。

几何公差的特征符号见表 8-8。

表 8-8　几何公差的特征符号（GB/T1182—2008）

公差类型	几何特征	符　号	公差类型	几何特征	符　号
形状公差	直线度	—	位置公差	位置度	⌖
	平面度	⏥		同心度（用于中心点）	◎
	圆度	○		同轴度（用于轴线）	◎
	圆柱度	⌭		对称度	⌯
	线轮廓度	⌒		线轮廓度	⌒
	面轮廓度	⌓		面轮廓度	⌓
方向公差	平行度	//	跳动公差	圆跳动	↗
	垂直度	⊥		全跳动	⌰
	倾斜度	∠			
	线轮廓度	⌒			
	面轮廓度	⌓			

2. 几何公差代号

几何公差代号包括几何公差特征符号、几何公差框格、指引线、几何公差数值、有关符号及基准符号。几何公差框格和指引线用细实线水平或垂直画出，如图 8-38 a 所示。基准代号由一个涂黑或空白的三角形、方框（细实线）、连线（细实线）和字母组成，如图 8-38 b 所示。

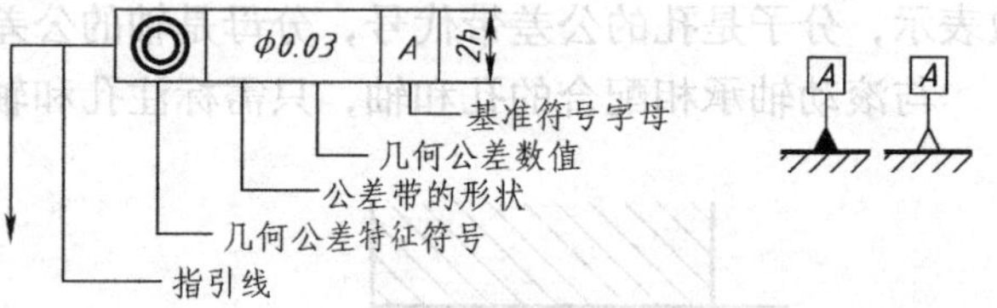

a)　　b)

图 8-38　几何公差代号与基准符号
a）几何公差代号　b）基准符号

3. 几何公差标注示例

几何公差标注示例如图 8-39 所示。

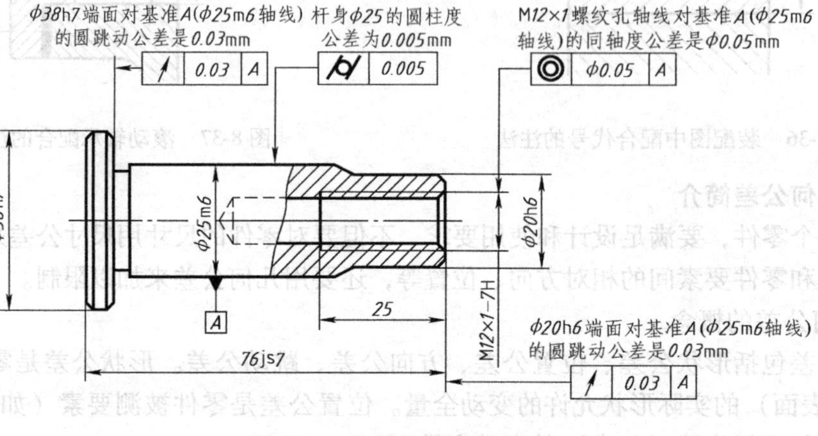

图 8-39　几何公差标注示例

第六节　零件的测绘

零件测绘是根据已有零件对其进行结构分析、尺寸测量，制订技术要求，画出零件草图，最后根据草图整理和绘制零件图的过程。

一、零件的测绘方法与步骤

1. 准备

了解零件在机器（或部件）中的位置和作用，以及零件的结构形状。

2. 画零件草图（徒手绘图）

1）在图纸上定出各视图的位置，画出各视图的基准线、中心线，如图 8-40a 所示。

2）依据零件的加工位置或工作位置，选择适当的表达方案（一组图形），画出草图图形，如图 8-40b 所示。

3）标注零件各部分的表面结构符号，选择合理的尺寸基准，画出所有要标注的尺寸界线、尺寸线和箭头，如图 8-40c 所示。

4）集中测量尺寸，并标注在相应的位置上。

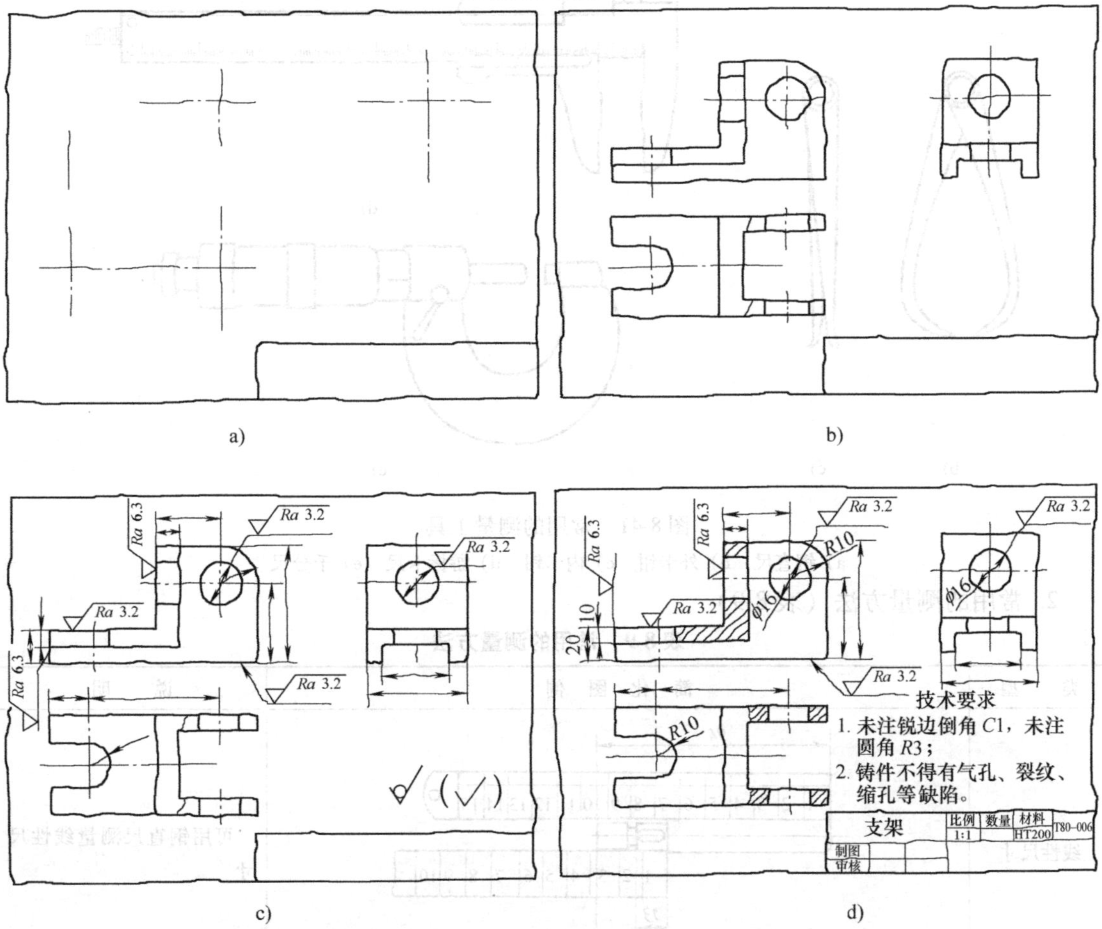

图 8-40　支架零件草图的绘制步骤

5）标注零件尺寸公差和文字性的技术要求等。

6）仔细检查、加深并画剖面线，填写标题栏，如图 8-40d 所示。

应该把零件上全部尺寸集中在一起测量，使相关的尺寸能够联系起来，这不但可以提高工作效率，还可以避免错误和遗漏尺寸。

3. 绘制零件工作图

零件草图完成后，经校核、修改和整理，按零件图的要求，用绘图仪器画零件工作图。

二、常用零件的测量工具及测量方法

1. 常用的测量工具

常用的测量工具有：钢直尺、内卡钳、外卡钳和测量较精密零件用的游标卡尺、千分尺等，如图 8-41 所示。

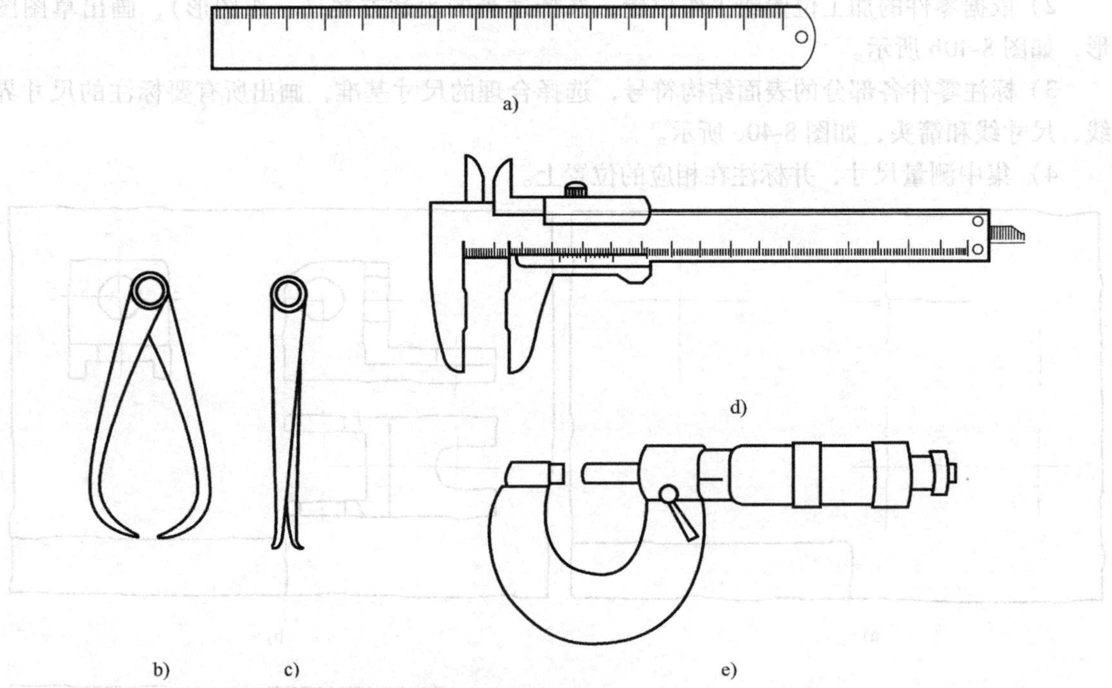

图 8-41 常用的测量工具

a）钢直尺 b）外卡钳 c）内卡钳 d）游标卡尺 e）千分尺

2. 常用的测量方法（表 8-9）

表 8-9 常用的测量方法

类 型	简 化 图 例	说 明
线性尺寸		可用钢直尺测量线性尺寸

（续）

类 型	简 化 图 例	说 明
直径尺寸	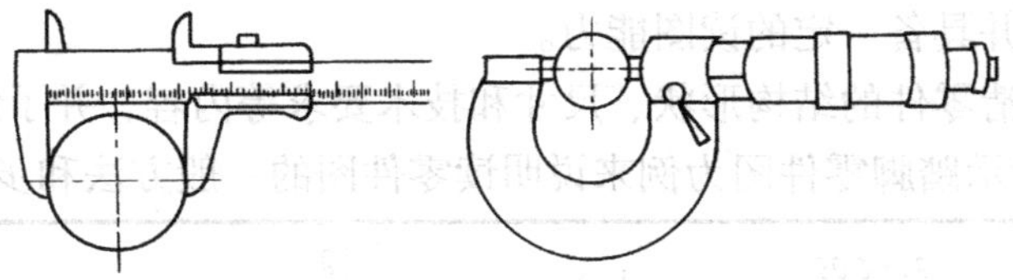	可用游标卡尺或千分尺测量直径
壁厚尺寸	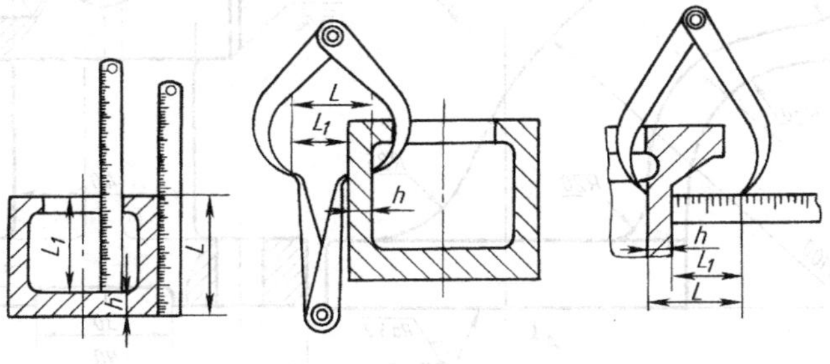 $h=L-L_1$	可用钢直尺测量壁厚尺寸。也可用内卡钳、外卡钳和钢直尺分步测量壁厚尺寸
阶梯孔直径	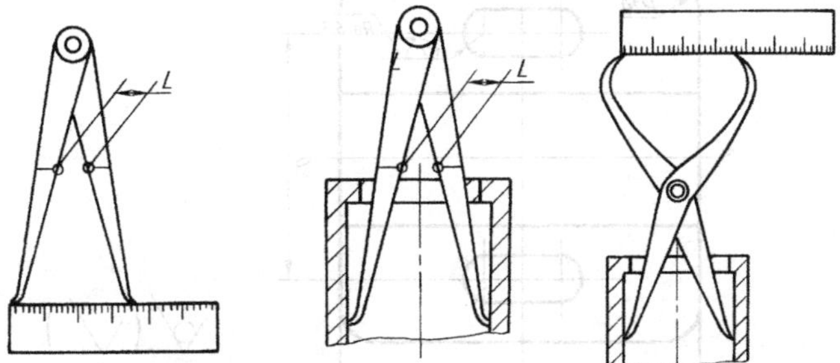 a) b)	用游标卡尺或钢直尺无法直接测量内孔直径时，可用内卡钳和钢直尺间接测量，如左图 a 所示；或用内外卡钳和钢直尺测量，如左图 b 所示
中心高	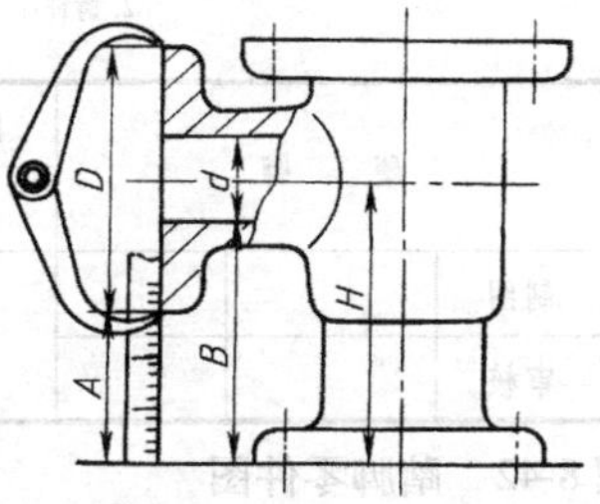 $H=A+D/2$ 或 $H=B+d/2$	可用钢直尺、外卡钳间接测量中心高

第七节 读零件图

在零件的设计、制造过程中经常要阅读零件图。因此，作为一名未来的工程技术人员，必须掌握正确的读图方法并具备一定的读图能力。

读零件图，主要是弄清零件的结构形状、尺寸和技术要求等内容，并了解零件在机器中的作用。下面以图 8-42 所示踏脚零件图为例来说明读零件图的一般方法和步骤。

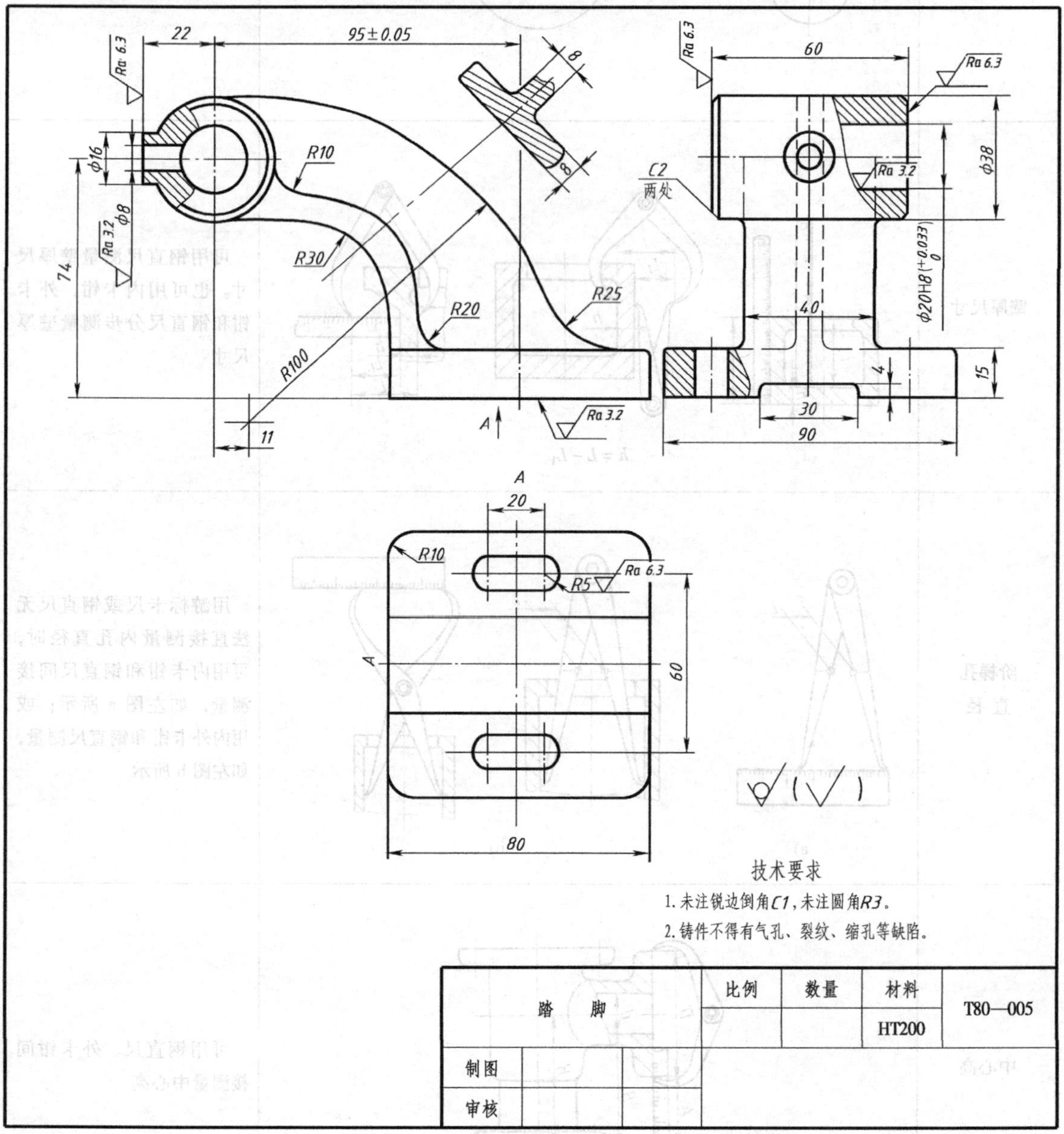

图 8-42 踏脚零件图

一、看标题栏，概括了解零件

从图 8-42 标题栏中可知，该零件名称是踏脚，属于叉架类零件，起连接和支承作用；

该零件是铸件，材料用 HT200（灰铸铁）。通过装配图可了解零件在机器（或部件）中的作用和与其他零件的装配关系。

二、分析视图和投影，想象零件的结构形状

图 8-42 踏脚零件图采用了两个基本视图、一个局部视图、一个移出断面图来表达。两个基本视图分别是主、左视图，表达零件的主要外形结构，并采用局部剖视表达孔的内部结构；局部视图表达该零件的连接板外形；移出断面图表达该零件的肋板结构。通过对零件四个视图的分析，可以想象踏脚零件由四部分组成，即 80 × 90 的方形连接板、T 字形肋板、$\phi38$ 和 $\phi16$ 两个圆筒。两个圆筒相贯。踏脚的实体如图 8-43 所示。

三、分析尺寸

图 8-43　踏脚实体图

零件的尺寸分析可按下列顺序进行：

1）根据零件的结构特点，了解尺寸基准和尺寸的标注形式。

2）根据形体分析，了解定形尺寸和定位尺寸。

3）分析了解功能尺寸和非功能尺寸。

4）分析了解零件的总体尺寸。

踏脚零件图中长度方向的主要尺寸基准是 $\phi20H8$ 孔的中心线，高度方向的主要尺寸基准是方形连接板底面，宽度方向的主要尺寸基准是左视图中的前后对称中心线。尺寸标注形式大部分为综合式。

踏脚零件图上的定形尺寸和定位尺寸很多，其中几个主要的定形尺寸和定位尺寸是：$\phi38$ 圆筒的定形尺寸 $\phi38$、$\phi20$、60，定位尺寸 95 和 74；$\phi16$ 圆筒的定形尺寸 $\phi16$、$\phi8$，定位尺寸是 22 和 74；连接板的定形尺寸 80、90 和 15 等；椭圆形槽安装孔的定位尺寸 60。

图上功能尺寸很多，如 $\phi20H8$、95 ± 0.05 等。它的总体尺寸：宽为 90，长为 157（95 + 22 + 80/2），高为 93（74 + 38/2）。

四、分析技术要求

分析技术要求可从表面粗糙度、尺寸公差和技术要求三方面着手：踏脚零件下端面和圆筒两内孔表面的表面粗糙度数值是 3.2μm，两个圆筒端面的表面粗糙度数值是 6.3μm，肋板表面为不加工表面，表面粗糙度代号为$\circ\!\!\!\!\sqrt{}$。

踏脚零件中 95 ± 0.05 为圆筒 $\phi38$ 的左右位置尺寸，有公差要求。上极限偏差为 +0.05，下极限偏差为 −0.05。轴孔 $\phi20H8$（$^{+0.033}_{\ \ 0}$），表示孔的公称尺寸为 $\phi20$，孔的上极限尺寸是 $\phi20.033$，孔的下极限尺寸是 $\phi20$，是基准孔。

文字技术要求如图 8-42 所示。

其他技术要求，读者可自行分析。

综合上述四个方面，就可以对该零件的结构形状有一个完整的了解，从而真正读懂这张零件图。

第九章　装　配　图

机器（或部件）是由若干个零件按照一定装配关系和技术要求装配而成的，如图9-1所示。表达机器（或部件）及其组成部分的连接和装配关系的图样，称为装配图。表达一台完整机器的装配图为总装配图。

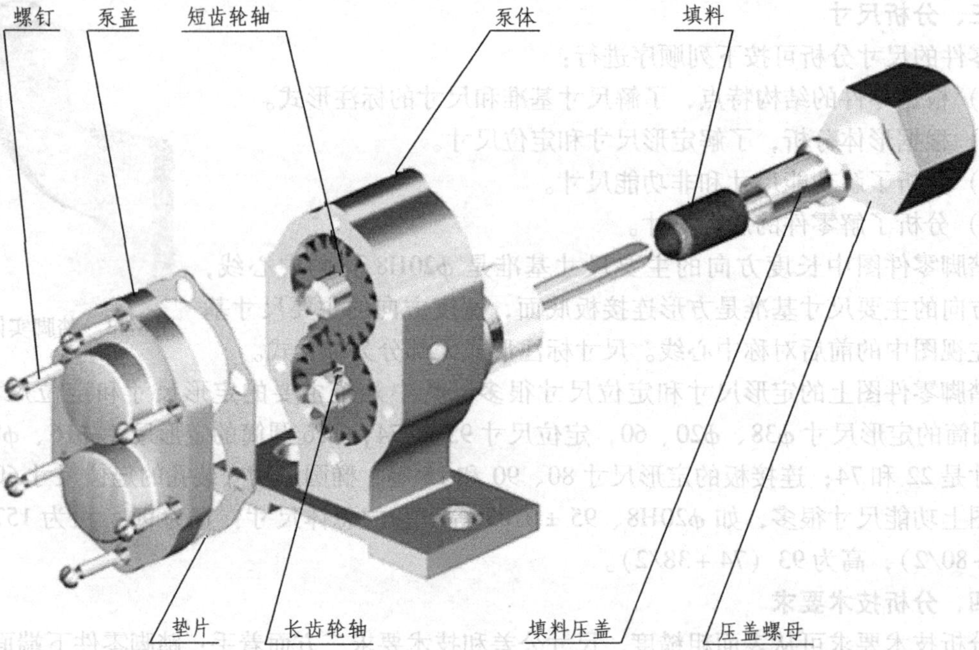

图9-1　齿轮泵装配实体图

第一节　装配图的作用和内容

一、装配图的作用

装配图是进行零件设计的依据，是装配、安装、调试、检测机器（或部件）的重要技术文件，也是技术人员进行设计交流的重要技术资料。

二、装配图的内容

图9-2所示为齿轮泵装配图。一张完整的装配图应包含如下内容：

（1）一组视图　用一组恰当的视图表达机器（或部件）的工作原理，各零件间的装配、连接关系和主要零件的结构形状。图9-2采用了全剖的主视图表达齿轮泵的主要装配干线；左视图采用半剖视图表达泵体的内外形结构，并用两个局部剖视表达泵体的进（出）油孔和安装孔。

（2）必要的尺寸　装配图中一般只标注机器（或部件）的性能（规格）尺寸、配合尺寸、安装尺寸、总体尺寸以及其他重要尺寸。图9-2中油孔$\phi 6$为性能（规格）尺寸；

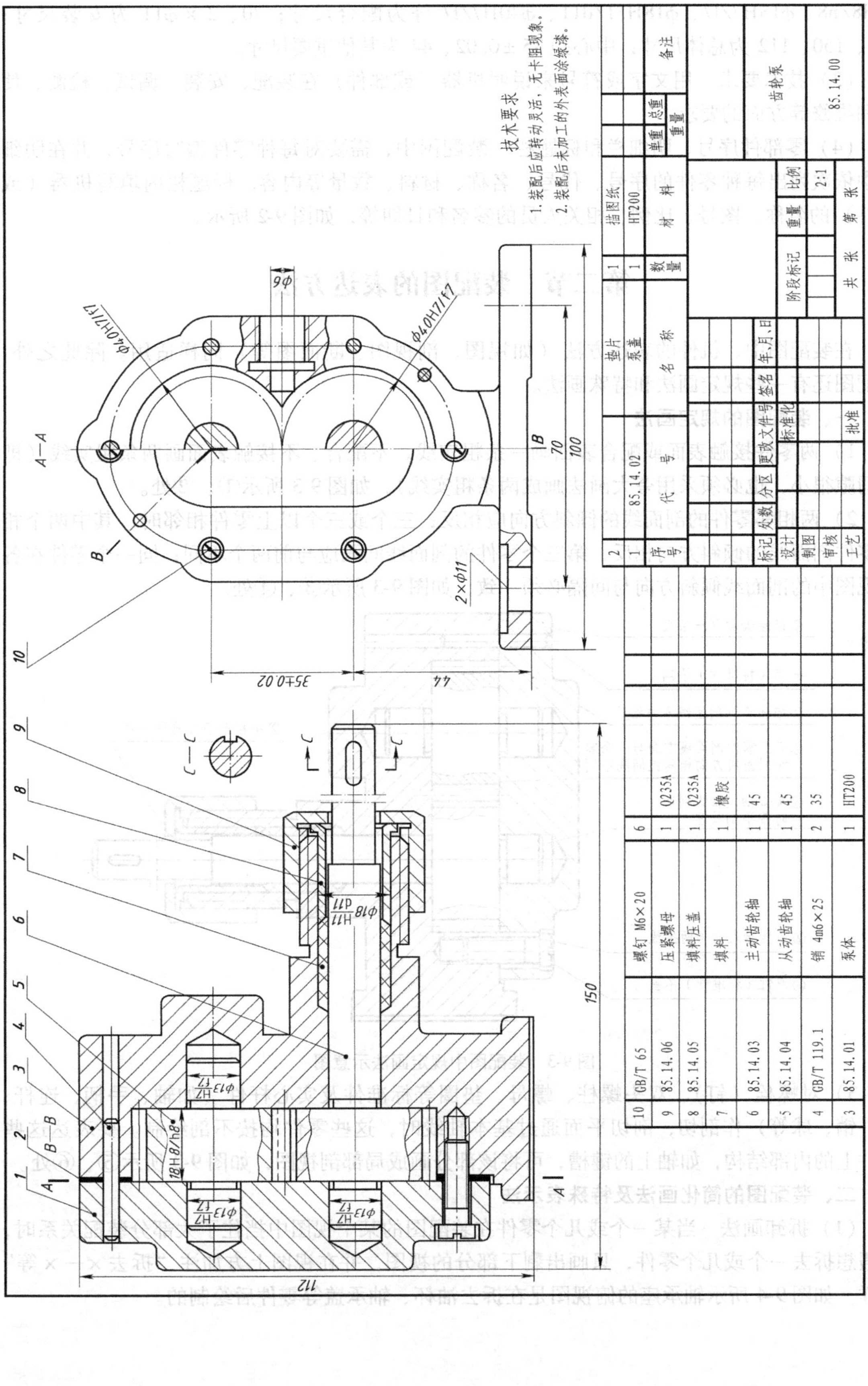
技术要求
1.装配后应转动灵活，无卡阻现象。
2.装配后未加工的外表面涂绿漆。
A—A
B—B
C—C
B
φ40H7/f7
φ6
2×φ11
35±0.02
44
70
100
φ18 H11/d11
18H8/h8
φ13 H7/f7
150
112
1 2 3 4 5 6 7 8 9 10
10 GB/T 65 螺钉 M6×20 6
9 85.14.06 压紧螺母 1 Q235A
8 85.14.05 填料压盖 1 Q235A
7 填料 1 橡胶
6 85.14.03 主动齿轮轴 1 45
5 85.14.04 从动齿轮轴 1 45
4 GB/T 119.1 销 4m6×25 2 35
3 85.14.01 泵体 1 HT200
2 垫片 1 描图纸
1 85.14.02 泵盖 1 HT200
序号 代号 名称 数量 材料 单重 总重 重量 备注
标记 处数 分区 更改文件号 签名 年、月、日
设计 标准化 阶段标记 重量 比例
制图 2:1
审核
工艺 批准 共 张 第 张
齿轮泵
85.14.00

图 9-2 齿轮泵装配图

18H8/h8、ϕ13H7/f7、ϕ18H11/d11、ϕ40H7/f7 等为配合尺寸；70、2 × ϕ11 为安装尺寸；100、150、112 为总体尺寸；中心距 35 ±0.02、44 为其他重要尺寸。

（3）技术要求　用文字或符号来说明机器（或部件）在装配、安装、调试、检测、使用和维修等方面的要求。

（4）零部件序号、明细栏和标题栏　装配图中，需要对每种零件编写序号，并在明细栏中依次列出每种零件的序号、代号、名称、材料、数量等内容。标题栏内填写机器（或部件）的名称、图号、比例、相关人员的签名和日期等，如图 9-2 所示。

第二节　装配图的表达方法

在装配图中，机件的表达方法（如视图、剖视图、断面图等）同样适用。除此之外，装配图还有一些规定画法和特殊画法。

一、装配图的规定画法

1）两零件接触表面或配合表面画一条粗实线，不配合、不接触表面画两条粗实线（即使间隙很小，也必须采用夸大画法画成两条粗实线），如图 9-3 所示①、②处。

2）两相邻零件的剖面线的倾斜方向应相反；三个或三个以上零件相邻时，其中两个相邻零件剖面线的倾斜方向相反，第三个零件的剖面线间隔应与前两个不同；同一个零件在各个视图中的剖面线倾斜方向与间隔必须一致，如图 9-3 所示③、④处。

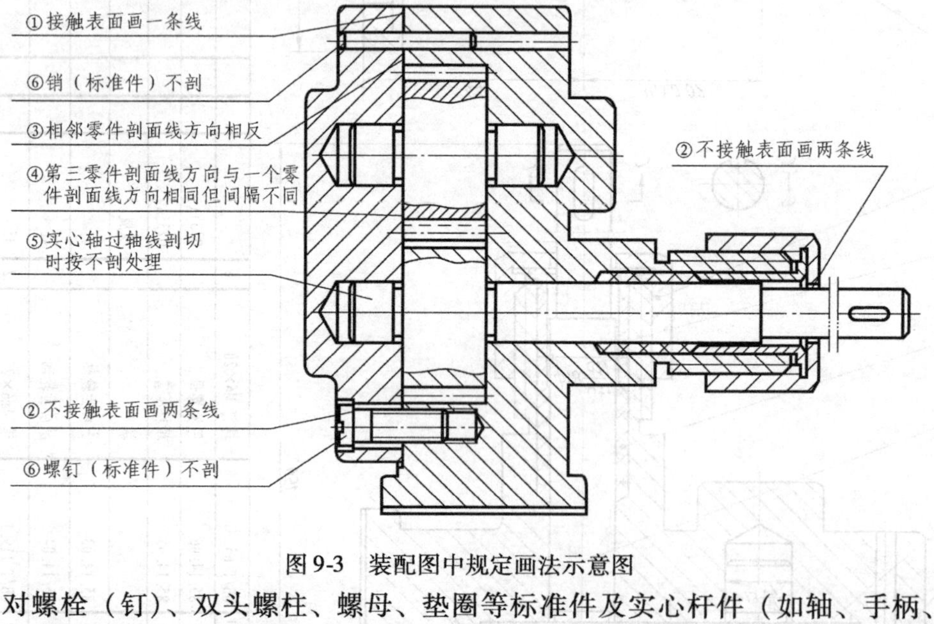

图 9-3　装配图中规定画法示意图

3）对螺栓（钉）、双头螺柱、螺母、垫圈等标准件及实心杆件（如轴、手柄、连杆、键、销、球等）作剖切，剖切平面通过基本轴线时，这些零件均按不剖绘制。要表达这些零件上的内部结构，如轴上的键槽，可将该部分画成局部剖视图，如图 9-3 所示⑤、⑥处。

二、装配图的简化画法及特殊表示法

（1）拆卸画法　当某一个或几个零件在装配图的某个视图中挡住了大部分装配关系时，可假想拆去一个或几个零件，只画出剩下部分的视图，并在视图上方加注“拆去 ×—× 等”字样。如图 9-4 所示轴承座的俯视图是在拆去油杯、轴承盖等零件后绘制的。

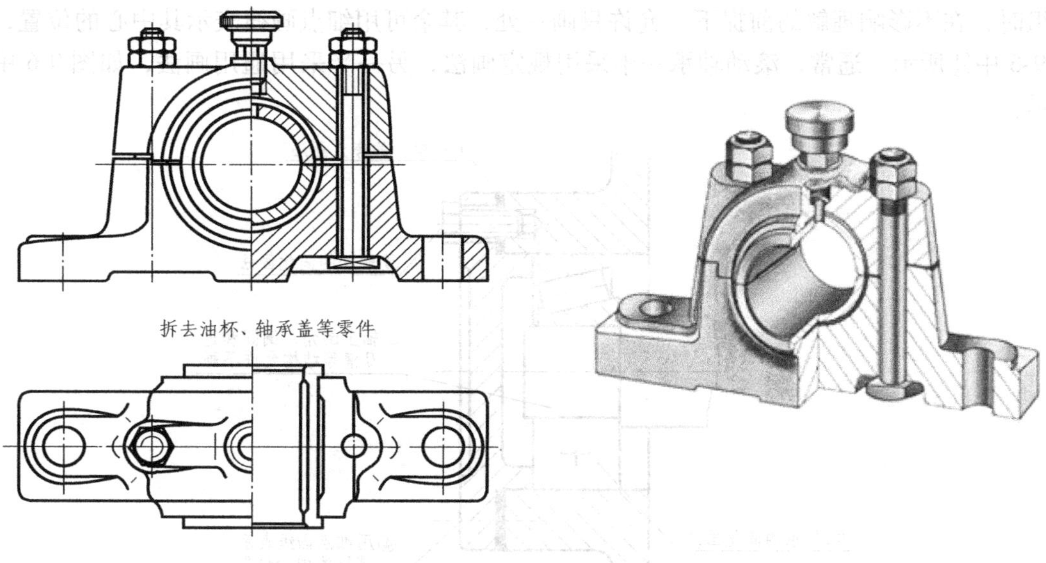

图 9-4　轴承座的拆卸画法

（2）沿零件结合面剖切画法　为了表达机器（或部件）的内部结构，可假想沿零件结合面剖切，结合面不画剖面线，而其他零件按剖视图的要求画出。如图 9-2 所示齿轮泵的 *A—A* 剖视图是沿泵盖和泵体结合面剖切后绘制的。

（3）假想画法　为了表达机器（或部件）和相邻零件的位置关系，以及机器（或部件）中运动零件的极限位置，可用细双点画线画出相邻零件的轮廓或运动零件的极限位置。图 9-5a 所示为齿轮泵泵体与机座的连接关系；图 9-5b 所示为球阀手柄的运动极限位置。

（4）夸大画法　画装配图时，如遇到薄壁件和微小间隙，按实际尺寸无法画出，可采用夸大画法，如图 9-6 中①所示。

图 9-5　假想画法

a）相邻零件的连接关系　b）运动零件的极限位置

（5）简化画法　画装配图时，圆角、倒角、退刀槽等结构允许不画，如图 9-6 中②所示。螺栓、螺母和轴承允许采用简化画法，如图 9-6 中③所示。当遇到螺纹紧固件等相同零件组时，在不影响理解的前提下，允许只画一处，其余可用细点画线表示其中心的位置，如图 9-6 中④所示。通常，滚动轴承一半采用规定画法，另一半采用通用画法，如图 9-6 中⑤所示。

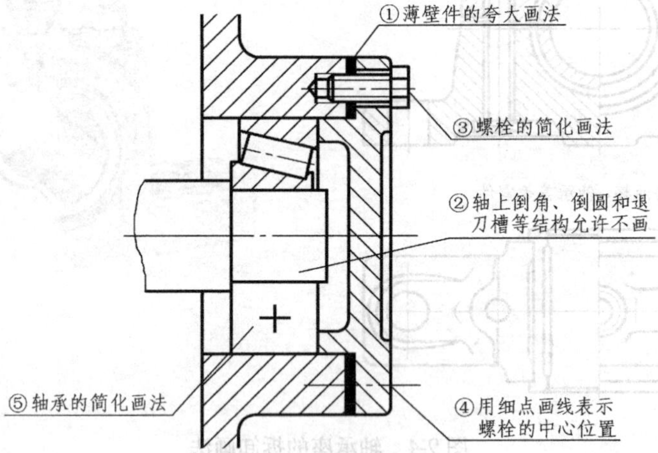

图 9-6 简化画法和夸大画法

第三节 装配图上的尺寸标注和技术要求

一、装配图中的尺寸标注

装配图中的尺寸标注与零件图不同，通常只需标出以下几类必要的尺寸：

1. 性能（规格）尺寸

性能（规格）尺寸表示机器（或部件）性能（规格）的尺寸，是设计时确定的尺寸。如图 9-2 中齿轮泵进出油孔的尺寸 $\phi6$，它和进出油量有关，因此是性能（规格）尺寸。

2. 配合尺寸

配合尺寸是保证有关零件间配合性质的尺寸。如图 9-2 中的 $\phi13H7/f7$、$\phi18H11/d11$ 等。

3. 安装尺寸

安装尺寸是表示机器（或部件）安装到基座或其他零部件上所需要的尺寸。如图 9-2 中的 $2\times\phi11$孔和两孔的间距 70。

4. 总体尺寸

总体尺寸表示机器（或部件）总长、总宽和总高的尺寸。如图 9-2 中的 150 和 100 等，它反映机器（或部件）的大小及包装、运输和安装所占的空间。

5. 其他重要尺寸

其他重要尺寸即表示机器（或部件）一些重要的尺寸。如图 9-2 中的中心高 44 和两齿轮的中心距 35 ±0.02 等尺寸。

二、装配图中的技术要求

装配图中的技术要求，主要是指对机器（或部件）的性能、装配、安装、调试、检测、使用和维修等方面的要求。对此一般用文字注写在图样下方的空白处。

第四节 装配图中零部件的序号和明细栏

为了便于看图和图样管理，在装配图中需对每个零件进行编号，并在明细栏中填写各个零件的相关信息。

1. 零件编号

零件编号应遵循以下规定：

1）编号形式如图 9-7a 所示，在所标注的零件投影内画一小圆点，以小圆点为起点用细实线画一指引线，指引线的另一端画一水平线或圆（均为细实线），在水平线上或圆圈内注写序号，序号数字比该装配图上尺寸数字大一或两号。

2）装配图中所有零件都要编号，相同零件只编一个序号。

3）标准化组件，如滚动轴承、油杯等可看作一个整体，只编一个序号。

4）指引线不能相交，当指引线通过有剖面线的区域时，尽量不与剖面线平行。但允许画成折线，且只能弯折一次。

5）一组连接件和装配关系清晰的零件组，可采用公共指引线编号，如图 9-7b 所示。

6）装配图中零件编号应按水平或垂直方向整齐排列，并按顺时针或逆时针方向依次编号，如图 9-7c 所示螺纹连接装配实例。

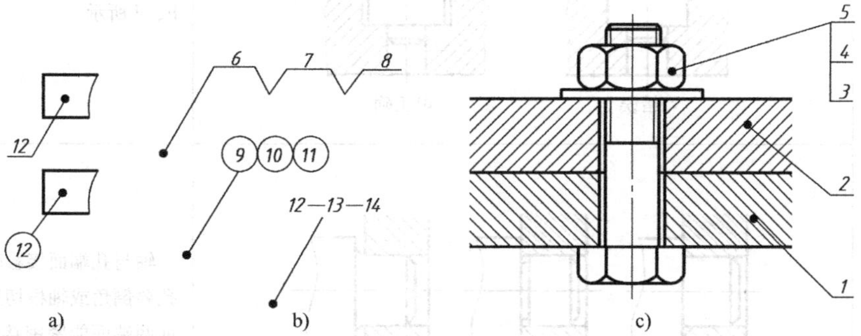

图 9-7 零件编号形式

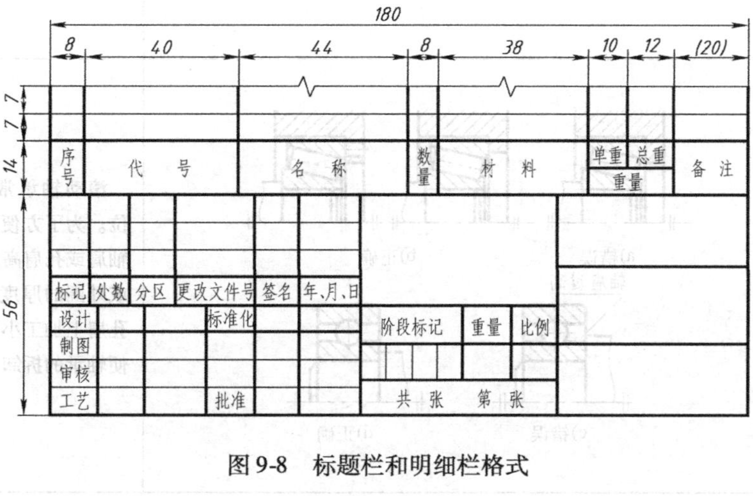

图 9-8 标题栏和明细栏格式

2. 明细栏

明细栏是装配图中全部零件的详细目录。明细栏中零件的序号与装配图中所编零件序号应一致。明细栏画在标题栏上方。明细栏中，零件序号的编写顺序是从下往上，以便增加零件。生产图样中的明细栏按 GB/T10609. 2—1989 规定的格式，如图 9-8 所示。

第五节　装配结构的合理性

在设计和绘制装配图的过程中，应该考虑装配结构的合理性，以保证机器（或部件）的使用性能和装拆的方便。表 9-1 列举了一些常用的装配结构及其画法，以及正、误辨析，供画装配图时参考。

表 9-1　装配结构的合理性

结构类型	图　例	说　明
两个零件同一方向接触面的结构	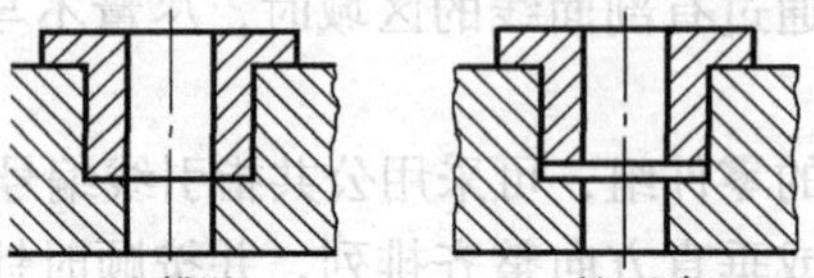 a) 错误　b) 正确 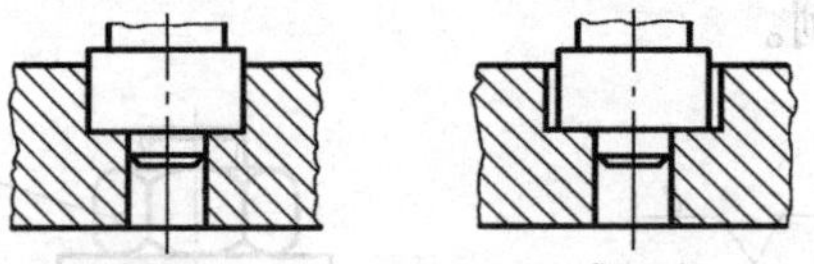 c) 错误　d) 正确	两个零件在同一方向只能有一个接触面，否则就要提高接触面的精度，增加加工成本。如左图 b、d 所示
两个零件接触处拐角的结构	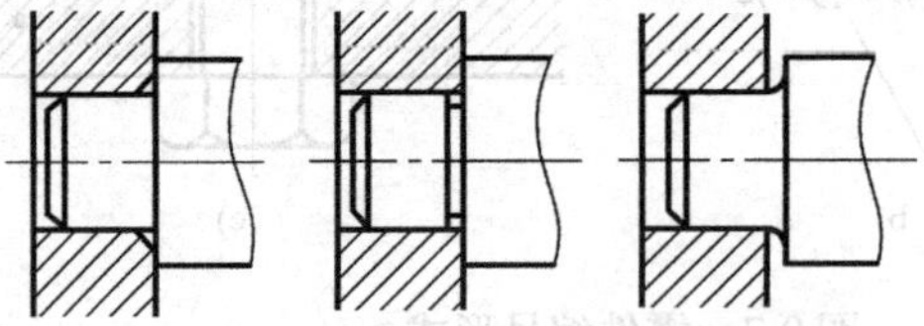 a) 正确　b) 错误	轴与孔端面接触时，在拐角处孔要倒角或轴根切退刀槽，以保证两端面能紧密接触。如左图 a 所示
考虑维修、安装、拆卸的方便　滚动轴承合理安装	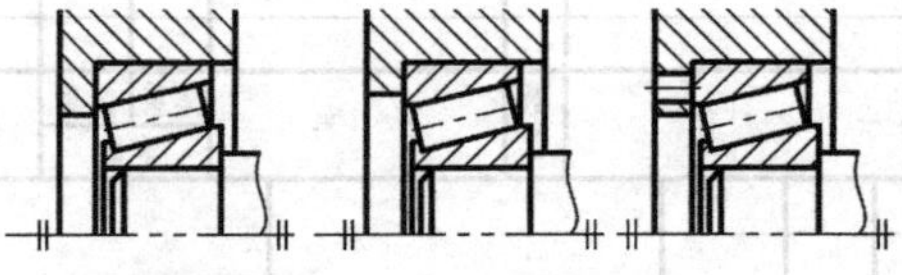 a) 错误　b) 正确 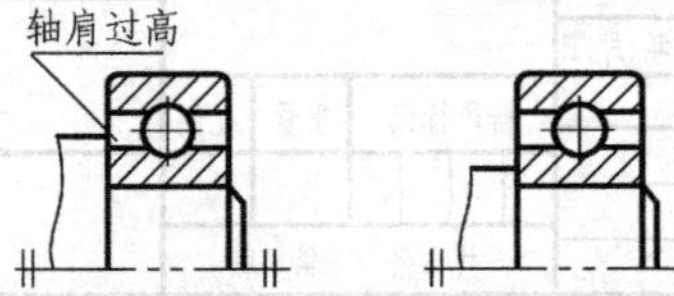 c) 错误　d) 正确	滚动轴承常用轴肩或孔肩定位。为了方便滚动轴承的拆卸，轴肩或孔肩高度应小于轴承内圈或外圈的厚度。如左图 b 所示，孔肩上加工小孔，同样是为了方便轴承的拆卸

（续）

<table>
<tr><th colspan="2">结构类型</th><th>图 例</th><th>说 明</th></tr>
<tr><td>考虑维修、安装、拆卸的方便</td><td>扳手的活动空间和螺栓合理拧入</td><td>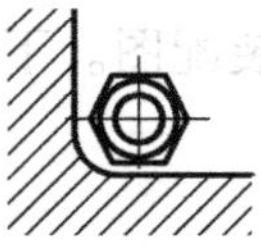
a)不合理
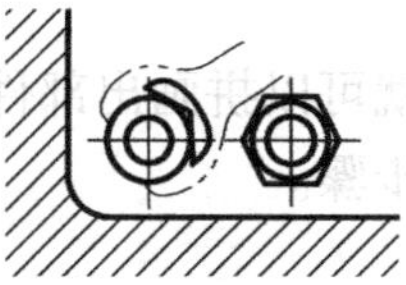
b)合理
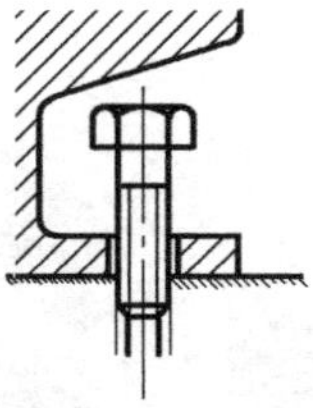
c)错误
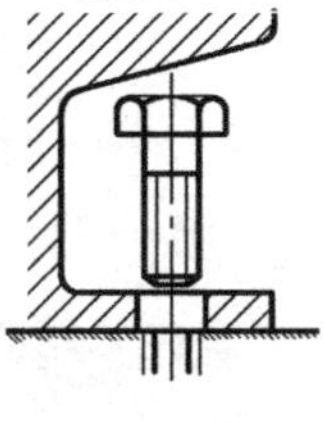
d)正确</td><td>在安排螺栓的位置时，应考虑扳手的空间活动范围，空间太小，扳手无法使用。左图 b 为合理
安装螺栓时，应考虑螺栓放入时所需要的空间，空间太小，螺栓无法放入。左图 d 所示正确</td></tr>
<tr><td colspan="2">填料密封装置结构</td><td>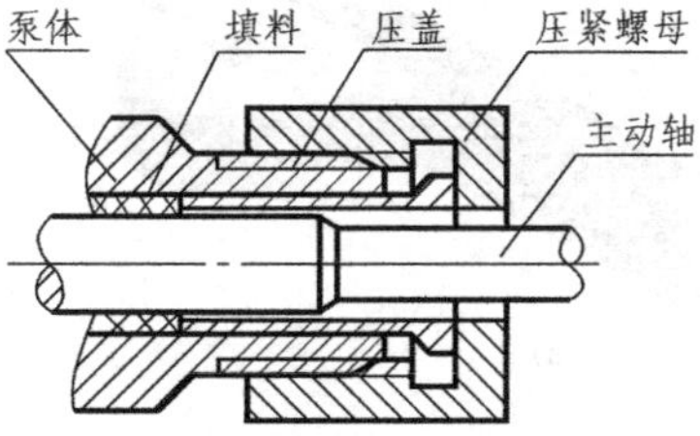

a) 螺母拧紧填料的密封装置
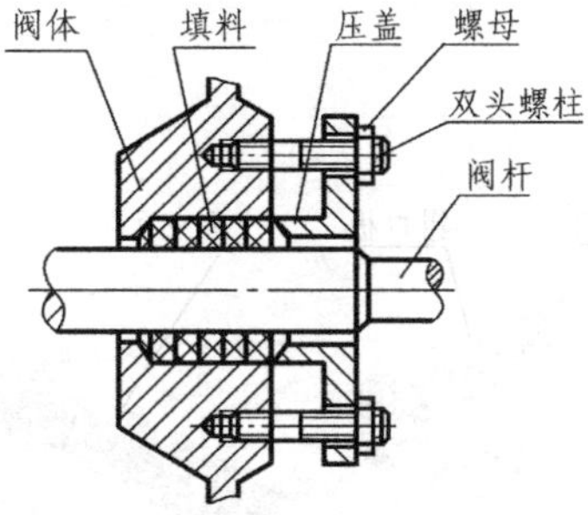

b) 端盖压紧填料的密封装置</td><td>左图 a 所示是用螺母拧紧填料的密封装置。通常用石棉绳或橡胶作填料，通过拧压紧螺母，由压盖将填料压紧，起到密封作用
左图 b 所示是用压盖压紧填料的密封装置。通常用橡胶作填料，通过拧压紧螺母和双头螺柱，由压盖将填料压紧，起到密封作用</td></tr>
<tr><td colspan="2">零件在轴向定位的结构</td><td>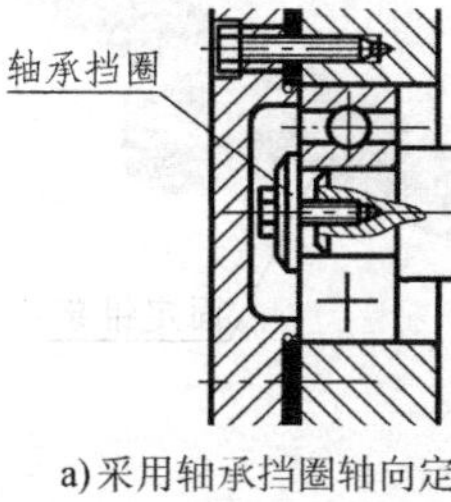

a) 采用轴承挡圈轴向定位
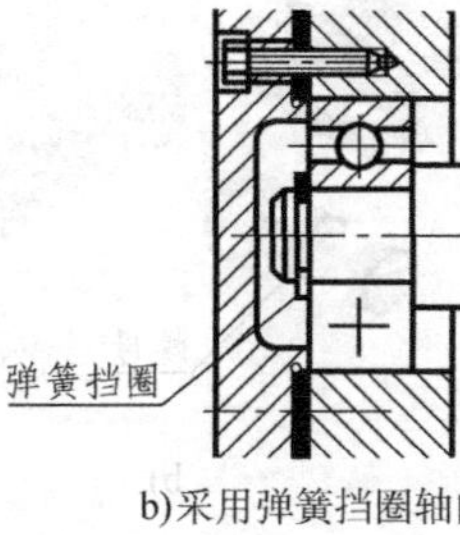

b) 采用弹簧挡圈轴向定位</td><td>装在轴上的滚动轴承等一般都要有轴向定位。左图 a 采用轴承挡圈进行轴向定位
左图 b 采用弹簧挡圈进行轴向定位</td></tr>
</table>

第六节　画装配图的方法和步骤

根据已知部件所包含的零件图，就可以拼画出部件的装配图。下面以图 9-9 所示的机用平口钳为例来说明画装配图的方法和步骤。

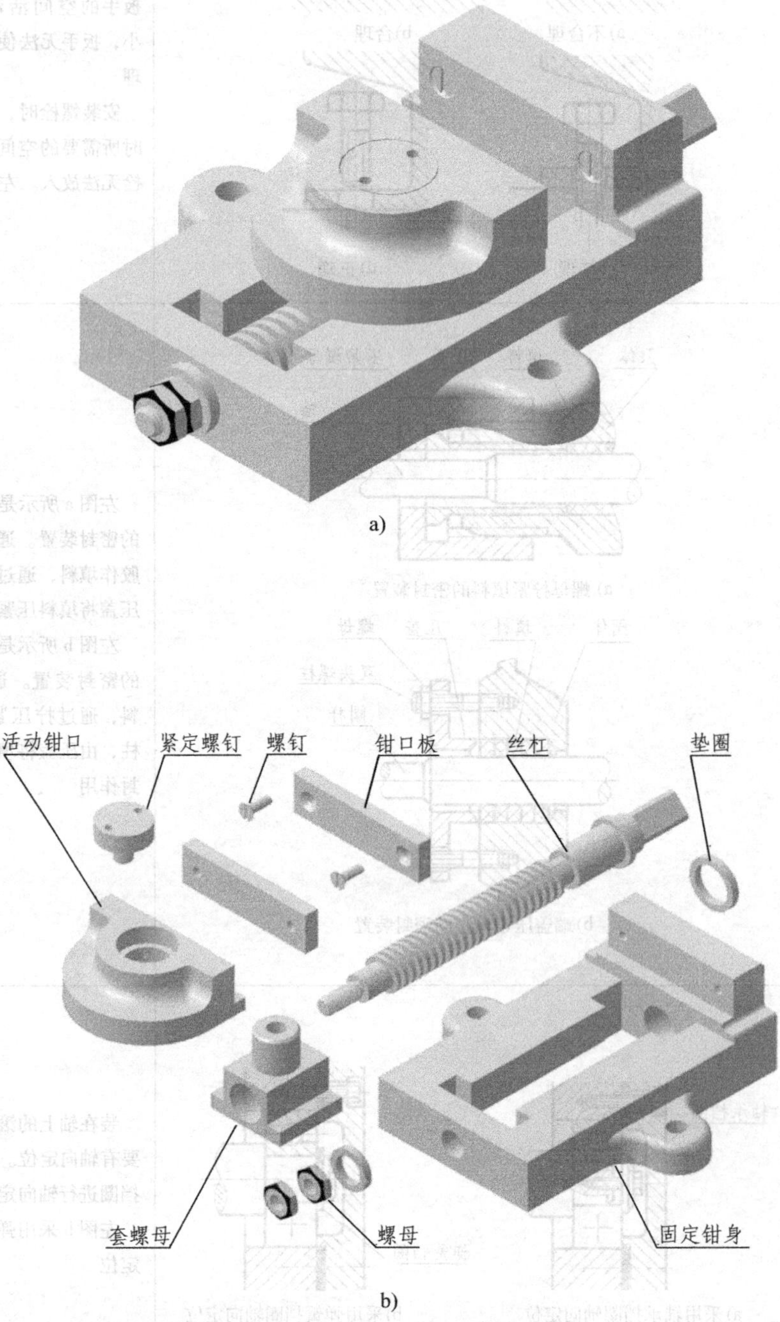

图 9-9　机用平口钳实物图和拆卸图

一、了解机器（或部件）的装配关系和工作原理

在画装配图之前，必须对所表达的机器（或部件）的功用、工作原理、零件之间的装配关系及技术要求等进行分析，以便于考虑装配图的表达方案。通过图 9-9a 所示机用平口钳实物图了解其装配关系和工作原理。

机用平口钳是用来夹持工件进行加工的部件。它主要由固定钳身、活动钳口、钳口板、丝杠和套螺母等组成。丝杠固定在固定钳身上。转动丝杠可带动套螺母作直线移动。套螺母与活动钳口用螺钉连成整体，因此，当丝杠转动时，活动钳口就会沿固定钳身移动。这样钳口闭合或开放从而夹紧或松开工件。

二、确定表达方案

1. 选择主视图

机器（或部件）一般按工作位置摆放，并使主视图能够较多地表达出机器（或部件）的工作原理、传动系统、零件间的主要装配关系和主要零件结构形状特征。一般在机器（或部件）中，将组装在同一轴线上的一系列相关零件称为装配干线。主视图一般表达机器（或部件）的主要装配关系（主要装配干线）。

如图 9-10 和图 9-11 所示，机用平口钳的主视图按工作位置放置，视图采用了全剖的方式，沿丝杠轴向把螺母、垫圈、套螺母、固定钳身、活动钳身等相关零件组装在一起，为主要装配关系（装配干线）。垂直方向的紧定螺钉、套螺母、活动钳身连接部分是次要装配干线。

2. 选择其他视图

主视图确定后，机器（或部件）的主要装配关系和工作原理，一般能表达清楚。但只有一个主视图，往往还不能把机器（或部件）的所有装配关系和工作原理全部表达出来，因此，还要根据机器（或部件）的结构形状特征，选择其他表达方法，并确定视图数量，表达出次要的装配关系、工作原理和主要零件的结构形状。

如图 9-11 所示，俯、左视图表达了机用平口钳主要零件的结构形状和局部结构。其中，左视图采用了半剖视图，补充表达紧定螺钉、套螺母、固定钳身、活动钳身等的装配关系及固定钳身、活动钳身等的结构形状；俯视图采用局部剖视图，突出表达了活动钳板与活动钳身、固定钳身等的次要装配关系及固定钳身的外部形状。

3. 画装配图的方法和步骤

1）定方案、比例、图幅，画出图框和标题栏。

2）合理布局，各视图之间留出适当的空隙，画出各个视图的主要基准线。

3）先画出主要零件（固定钳身）的外形图。画图时首先从主视图开始，几个视图同时画，如图 9-10a 所示。

4）按装配关系逐个画出主要装配线上的零件轮廓图，再依次画出次要装配线上的零件轮廓图。画零件间装配关系时，先画起定位作用的基准件，后画其他零件，并随时检查零件间的装配关系是否正确，如图 9-10b 所示。

5）检查、加深，画剖面线，标注尺寸及公差配合。

6）对零件进行编号，填写明细栏、标题栏和技术要求，如图 9-11 所示。

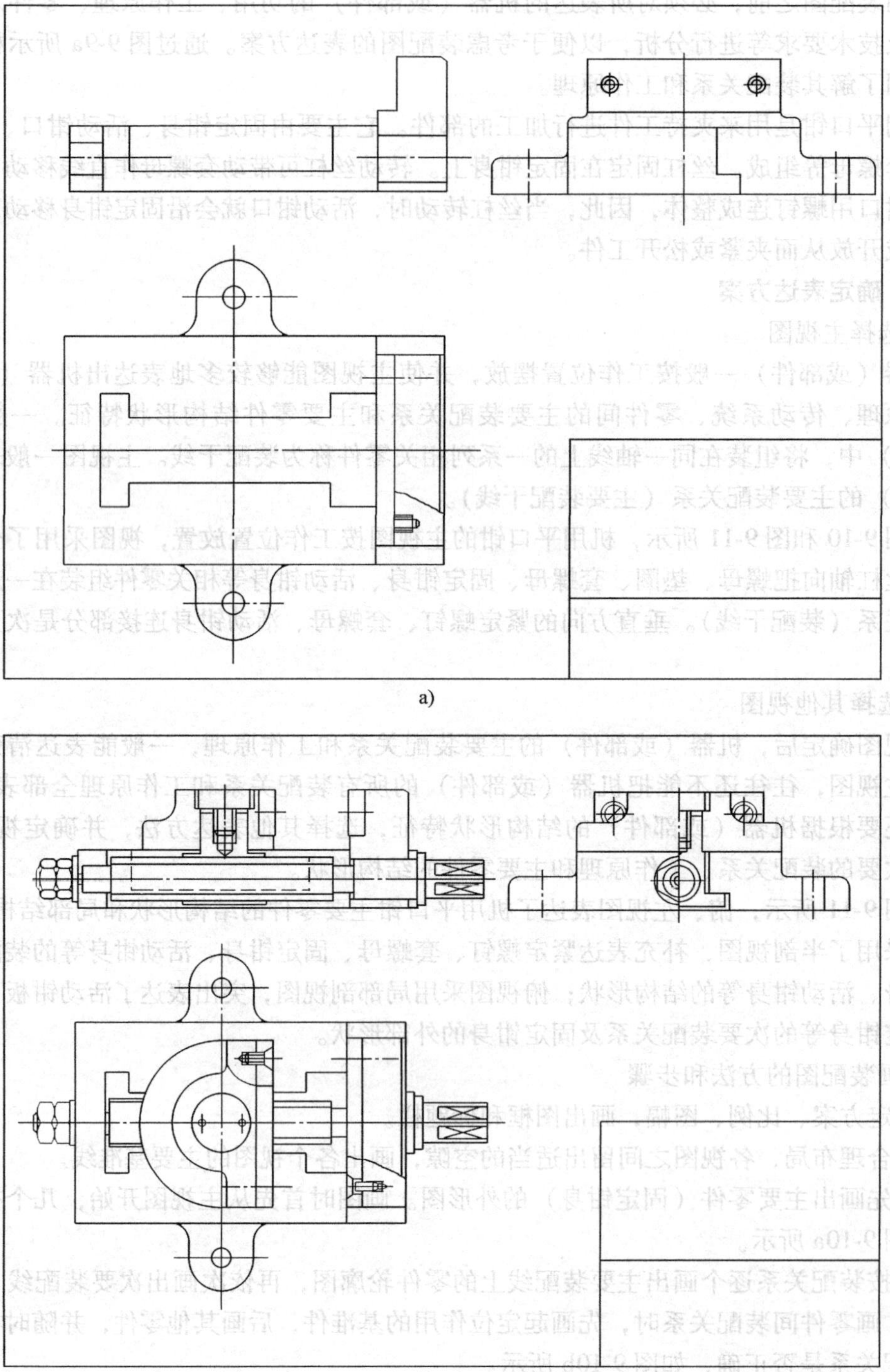

a)

b)

图 9-10 画机用平口钳装配图的步骤

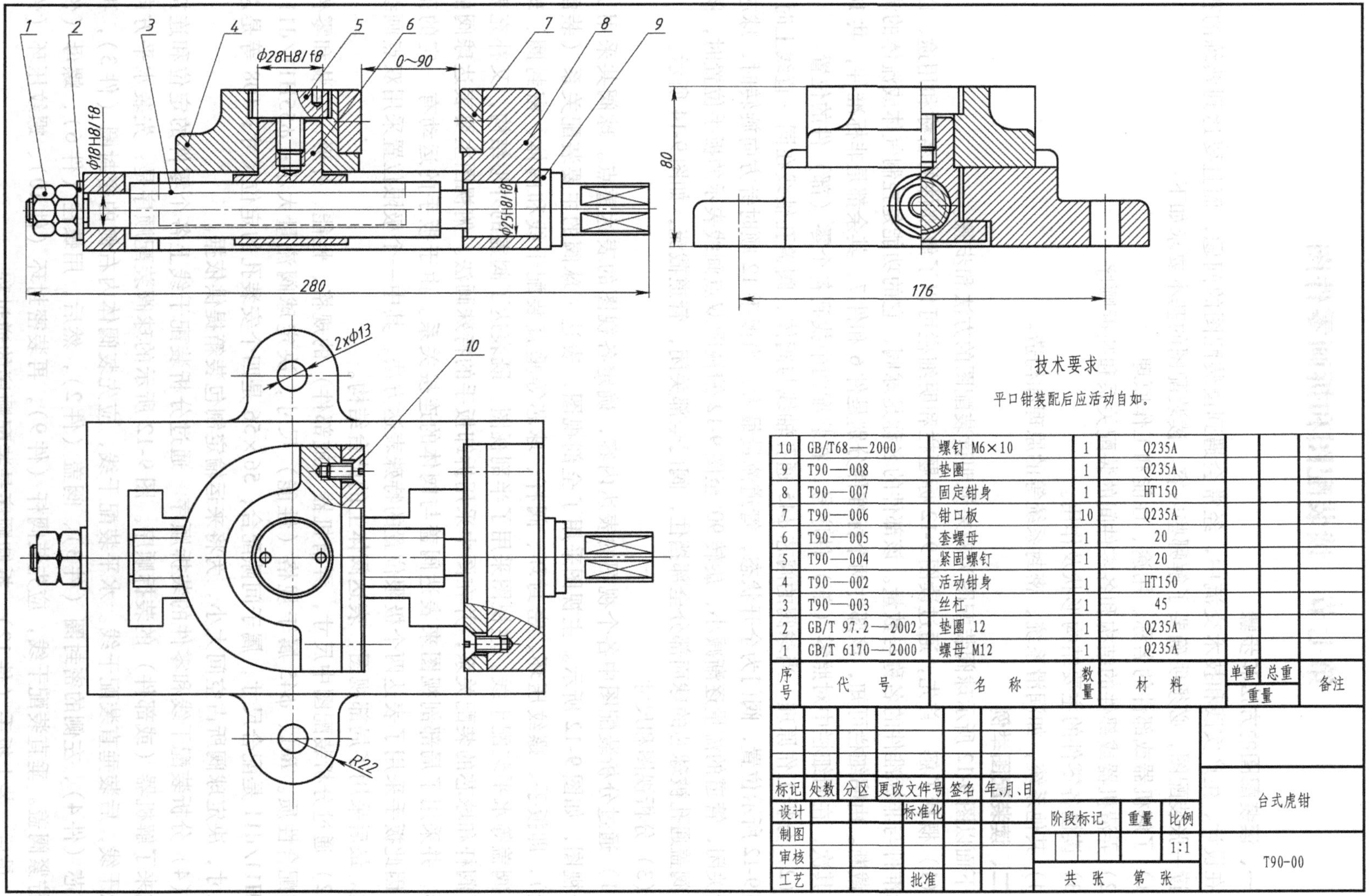

图 9-11 机用平口钳的装配图

第七节 读装配图和拆画零件图

一、读装配图的方法和步骤

在设计、生产实践和技术交流中，经常会遇到读装配图的问题，而且要达到熟练的程度。读一张装配图，必须明确要了解哪些内容。读装配图的基本要求如下：

1）了解机器或部件的名称、用途、性能和工作原理。

2）弄清机器或部件的结构和各零件间的装配关系和装拆顺序。

3）读懂各零件的主要结构形状及作用。

4）其他系统，如润滑系统、密封系统等的原理和构造。

二、读装配图举例

下面以图 9-12 所示球阀装配图为例来说明读装配图的方法和步骤。

（1）概括了解　首先，通过读图 9-12 标题栏和明细栏可以了解部件的名称和用途，以及标准件与非标准件的名称与数量。该部件的名称是球阀，它的功能是控制气体或流体的流通与截断。由明细栏可知，该部件两个标准件分别是件 6 和件 7，其余都是非标准件，共 10 种。其次，在明细栏中对照零（部）件序号，在装配图中找到各个零（部）件的位置。

（2）分析工作原理　当球阀的阀芯 $\phi 45$ 通孔轴线与阀体、阀盖孔轴线在同一直线上时，在图 9-12 所示位置，阀门为全开状态，管道流量最大；当扳手 12 顺时针方向旋转时，球芯逐渐关闭，管道的流量逐渐减小，旋转 90°至图 9-12 俯视图双点画线表示的扳手位置时，阀体、阀盖通孔被球芯的球面部分全部挡住，阀门全部关闭，管道截流，如图 9-14 所示。

（3）分析视图和尺寸

1）通过分析装配图中各个视图的表达内容，确定各视图的表达重点。球阀共采用了四个视图，如图 9-12 所示。主视图采用了全剖视图，表达了球阀的主要装配关系（装配干线），即扳手、螺纹压环、密封环、阀杆、球芯等垂直装配干线和阀体、密封圈、球芯、阀盖等水平装配干线。左视图采用了半剖视图，既表达了阀盖的外形结构，又补充表达了阀杆和球芯的装配关系，并在图中采用拆卸扳手的特殊画法。俯视图主要表达球阀的外形，并采用了局部剖视图来表达阀盖与阀体的连接关系。由于扳手的运动有一定的范围，因此扳手采用了表达两个极限位置的特殊表达方法，其中一个极限位置采用双点画线表达。最后采用了局部视图，表达阀体上的凸台结构。

2）通过分析装配图中尺寸，弄清机器（或部件）的规格、性能、外形、安装和零件间的配合性质。*Rc*1、$\phi 45$ 属于规格（性能）尺寸，决定球阀流量大小；$\phi 55\mathrm{H11/d11}$、$\phi 16\mathrm{H11/d11}$ 是配合尺寸，属于间隙配合；56×56 是四个安装孔的定位尺寸；108 等是总体尺寸，决定球阀所占空间大小，为将来运输定制包装箱提供依据。

（4）分析装配干线和零件的装拆顺序　通过分析装配干线上各个零件的定位和连接方式来了解机器（或部件）的装拆顺序。图 9-12 所示的球阀装配顺序是：先装水平方向装配干线，后装垂直装配干线。水平装配干线，应先装阀体内右侧的密封圈（件 3），再装球芯（件 4）、左侧的密封圈（件 3）、阀盖（件 2），然后，用螺柱（件 6）、螺母（件 7）拧紧阀盖。垂直装配干线，应先装阀杆（件 9），再装密封环（件 10）、螺纹压环（件 11），最后，装上扳手（件 12）。拆卸顺序是装配顺序的逆过程。

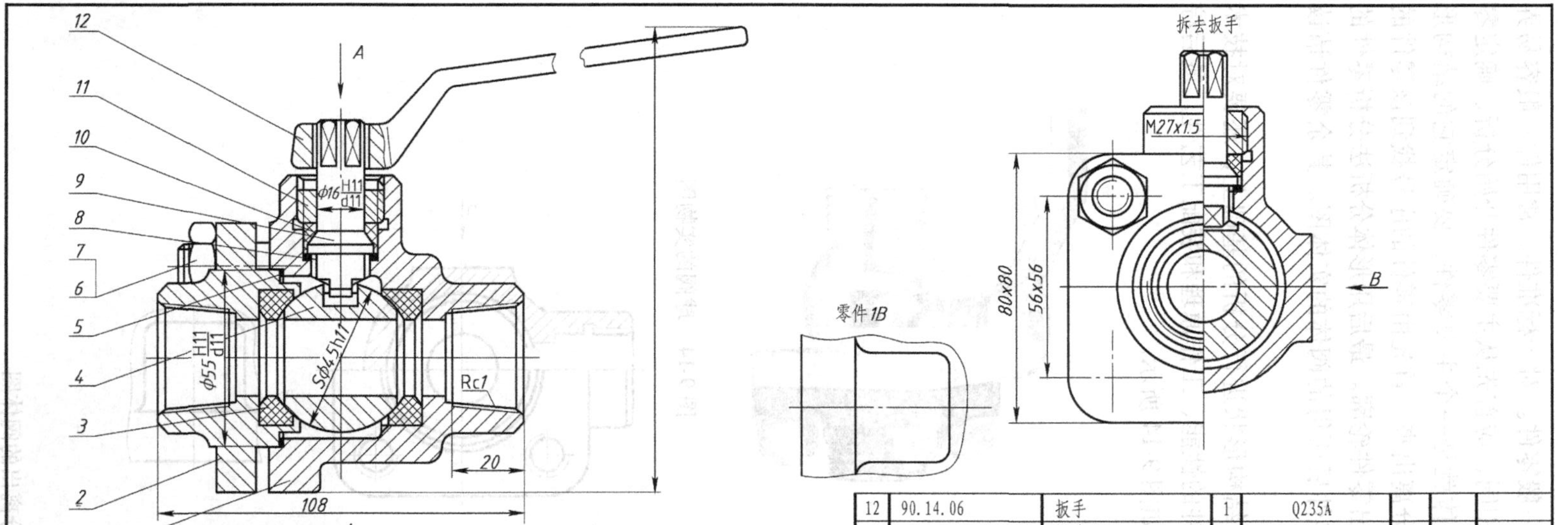

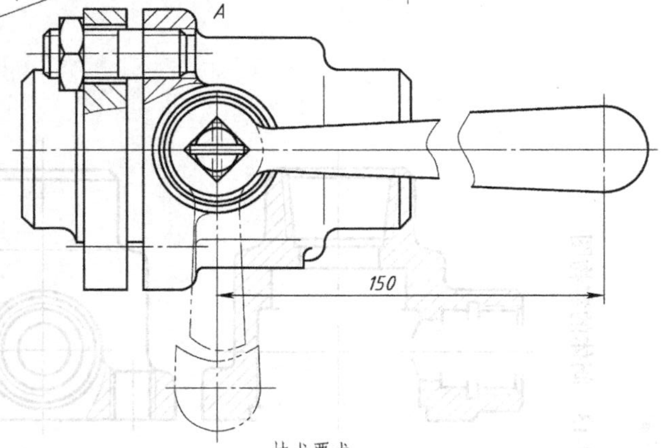

技术要求

1. 全部零件在装配前，应清除油污、毛刺等。
2. 关闭阀门时，手柄应按顺时针方向旋转。
3. 装配好后，球阀应旋转灵活，并做密封实验。

序号	代号	名称	数量	材料	单重	总重	备注
12	90.14.06	扳手	1	Q235A			
11	90.14.05	螺纹压环	1	35			
10	90.14.10	密封环	1	橡胶			
9	90.14.04	阀杆	1	45			
8	90.14.09	垫圈	1	橡胶			
7	GB/T 1670—2000	螺母 M12	1				
6	GB/T 897—1988	螺柱 M12×30	1				
5	85.14.08	垫片	1	L2			
4	90.14.03	球芯	1	35			
3	90.14.07	密封圈	1	橡胶			
2	90.14.02	阀盖	1	HT200			
1	90.14.01	阀体	1	HT200			

(单重、总重两栏合称“重量”。)

标记	处数	分区	更改文件号	签名	年、月、日				
设计			标准化			阶段标记	重量	比例	球阀
制图								1:1	90.14.00
审核									
工艺			批准			共 张 第 张			

图 9-12 球阀的装配图

（5）确定零件的结构形状　分析零件的目的是弄清每个零件的结构形状和零件间的装配关系。一台机器或部件上有标准件、常用件和一般零件。对于标准件、常用件一般容易弄懂。一般零件有简有繁，它们的作用和地位也不相同，应首先从主要零件开始分析，确定零件的结构、形状、功能和装配关系。球阀中的阀体就是一个主要零件，要确定它的结构形状，必须把该零件的视图从装配图的各个视图中分离出来。首先由零件的序号找到该零件的位置，其次由投影关系和剖面线的方向、间距定出零件轮廓。最后用形体分析法分析零件的结构形状。如图 9-13 所示就是球阀中拆卸其他零件后所得的阀体的实体图。其余零件请读者用同样的方法逐个分析清楚。

（6）归纳总结　在对装配关系和主要零件的结构形状进行分析的基础上，还要对技术要求、全部尺寸进行研究，进一步了解机器或部件的性能、工作原理和装配工艺性。最后综合起来，想象出整个机器或部件的形状和结构，如图 9-14 所示。

图 9-13　阀体的实物图

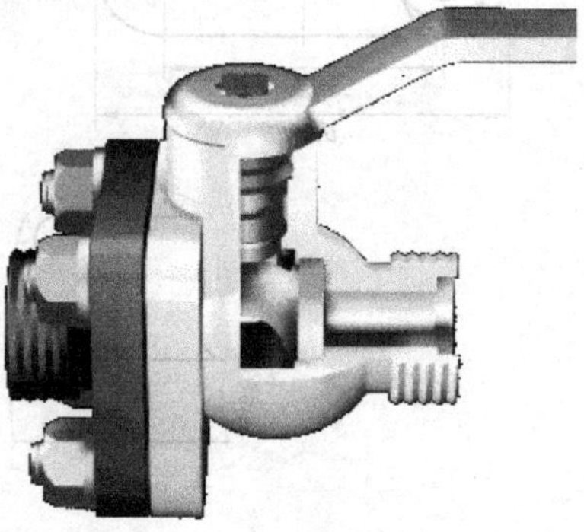

图 9-14　球阀的实物图

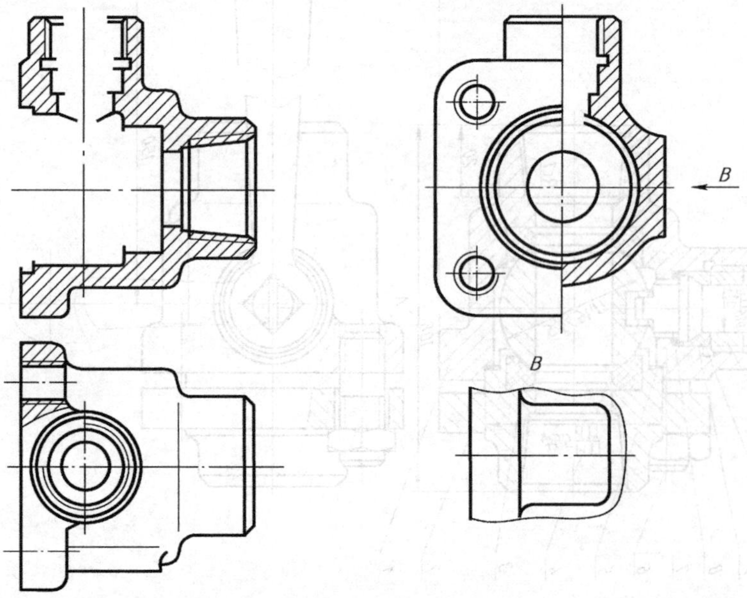

图 9-15　从装配图中分离出的阀体图

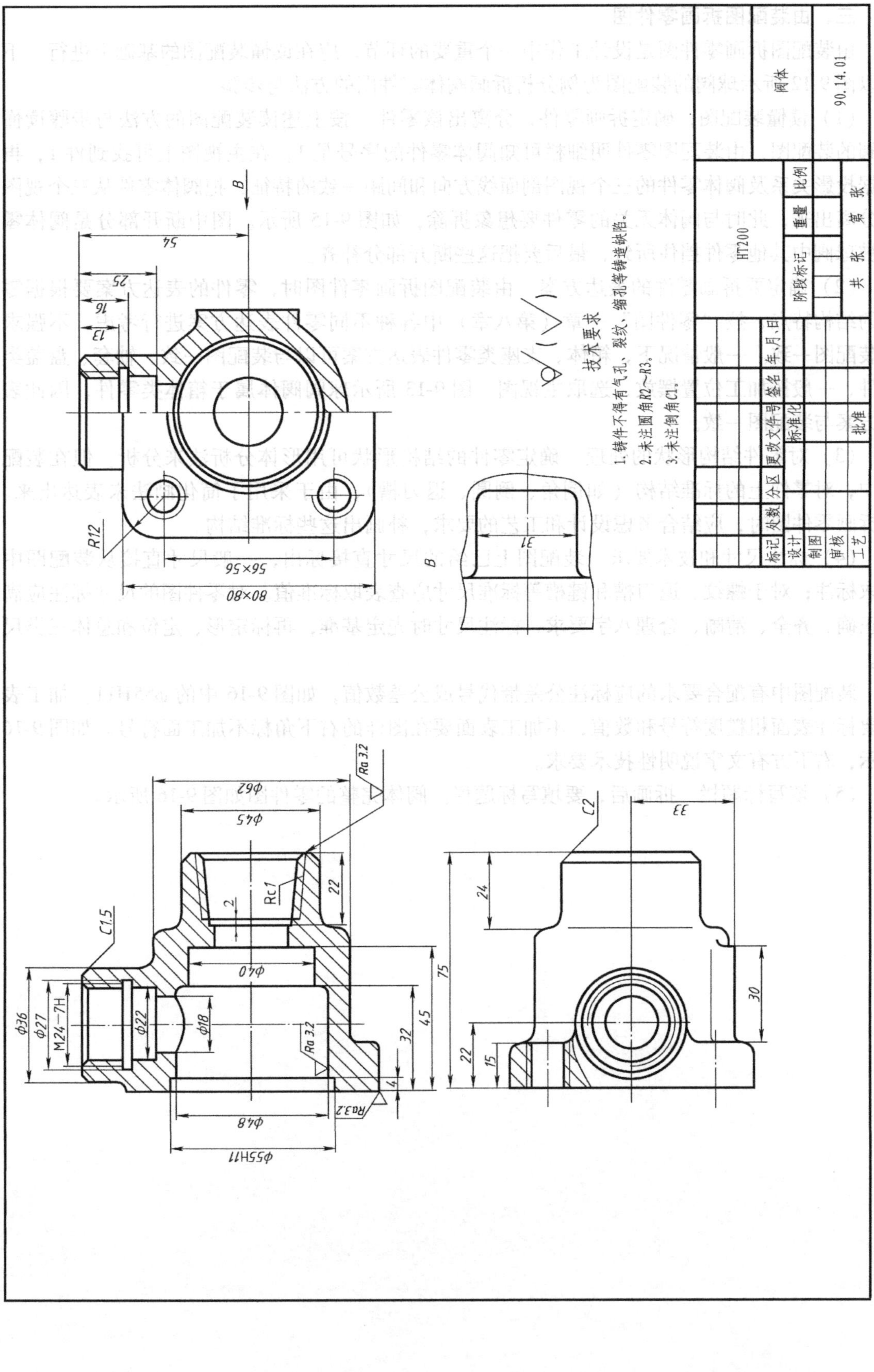
技术要求
1.铸件不得有气孔、裂纹、缩孔等铸造缺陷。
2.未注圆角R2~R3。
3.未注倒角C1。
阀体
90.14.01
HT200
标记 处数 分区 更改文件号 签名 年、月、日
设计 标准化 阶段标记 重量 比例
制图
审核
工艺 批准 共 张 第 张
54
25
16
13
B
R12
56×56
80×80
31
φ62
φ45
Ra 3.2
Rc1
2
22
C1.5
C2
33
24
φ40
φ36
φ27
M24−7H
φ22
φ18
75
45
32
4
φ48
φ55H11
30
22
15
图9-16 阀体的零件图

三、由装配图拆画零件图

由装配图拆画零件图是设计工作中一个重要的环节，应在读懂装配图的基础上进行。下面以图 9-12 所示球阀的装配图为例分析拆画阀体零件图的方法与步骤。

（1）读懂装配图，确定拆画零件，分离出该零件　按上述读装配图的方法与步骤读懂球阀的装配图，由装配图零件明细栏可知阀体零件的序号是 1，在主视图上可找到件 1，再根据投影关系及阀体零件的三个视图剖面线方向和间距一致的特征，把阀体零件从三个视图中分离出来，此时与阀体无关的零件要想象拆除，如图 9-15 所示。图中断开部分是阀体零件被球阀中其他零件挡住所致，最后要把这些断开部分补齐。

（2）确定要拆画零件的表达方案　由装配图拆画零件图时，零件的表达方案要根据零件的结构特点，按“零件图”一章（第八章）中各种不同零件表达方案进行考虑，不强求与装配图一致。一般情况下，箱体、支座类零件表达方案可以与装配图一致。轴套、盘盖类零件，一般按加工位置摆放，选取主视图。图 9-13 所示球阀阀体属于箱体类零件，因此表达方案与装配图一致。

（3）对零件结构形状的处理　确定零件的结构形状可用形体分析法来分析。但在装配图中，对零件上的标准结构（如倒角、倒圆、退刀槽），由于采用了简化画法未表达出来。在拆画零件图时，应结合考虑设计和工艺的要求，补画出这些标准结构。

（4）标注尺寸和技术要求　装配图上已给的尺寸直接标出，一般尺寸直接从装配图中量取标注；对于螺纹、退刀槽和键槽等标准尺寸应查表取标准值。对零件图的尺寸标注应满足正确、齐全、清晰、合理八字要求，标注尺寸时先定基准，再标定形、定位和总体三类尺寸。

装配图中有配合要求的应标注公差带代号或公差数值，如图 9-16 中的 ϕ55H11。加工表面要标注表面粗糙度符号和数值，不加工表面要在图样的右下角标不加工面符号。如图 9-16 所示，右下方有文字说明性技术要求。

（5）填写标题栏　拆画后，要填写标题栏。阀体完整的零件图如图 9-16 所示。

*第十章　其 他 图 样

第一节　房屋建筑图

一、房屋建筑图的基本知识

房屋建筑是人们生产、生活的场所，是土建工程中最常见的工程之一。对于从事电子、化工、仪表、矿冶及机械制造等专业的工程技术人员来说，在工艺设计过程中，可能会与土建工程特别是房屋建筑有联系。因此工程技术人员应该掌握房屋建筑的基本知识并具备看房屋建筑图的初步能力。

1. 房屋的组成及其作用

房屋的组成如图10-1所示，为一幢三层房屋的轴测图。

从图中可以看出，房屋是由许多构件、配件组成的。组成建筑结构的元件叫构件，具有某种特定功能的组件叫配件。这些构件、配件有的起着直接或间接支撑和传递风、雪、人、物等载荷以及房屋自重的作用，如基础、墙、柱、梁、楼梯、屋面等；有的起防止风沙、雨雪、阳光的侵蚀和干扰的作用，如屋面、外墙、窗等；有的起联系室内外或上下交通的作

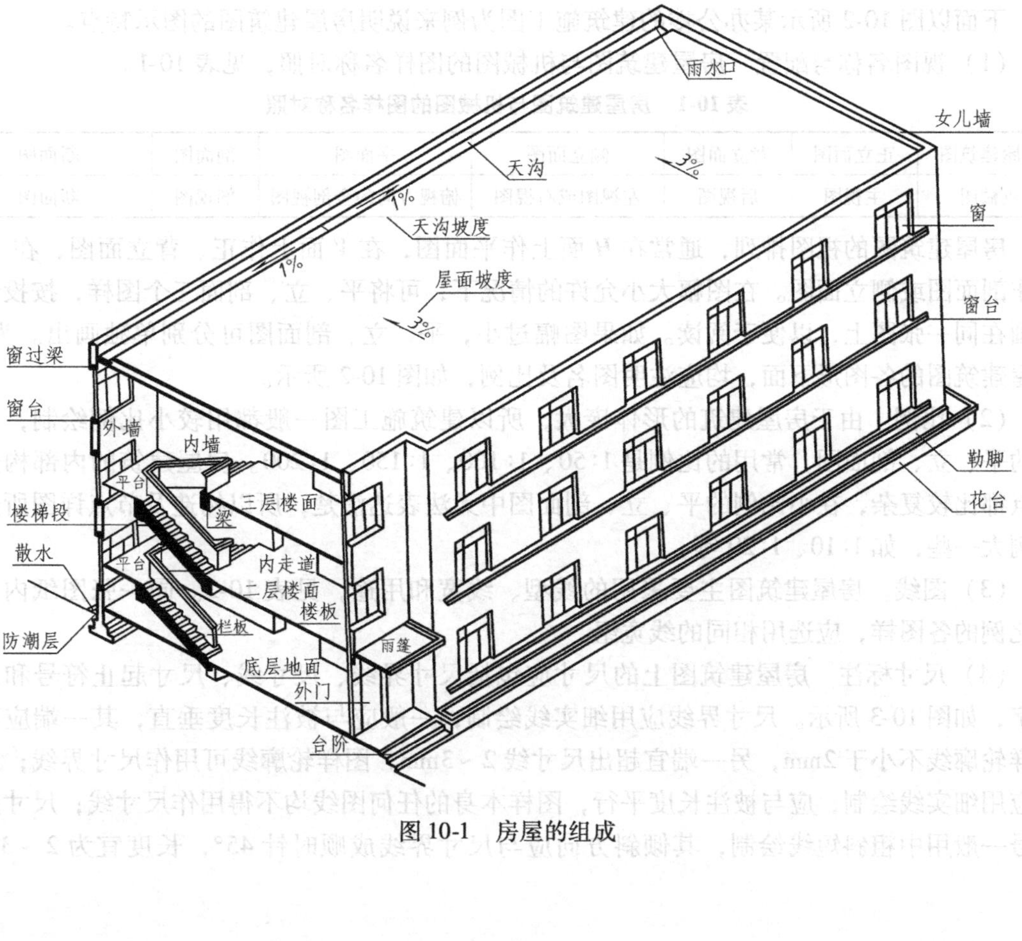

图10-1　房屋的组成

用，如门、过道、楼梯等；有的起排水作用，如雨水管、散水等；有的起保护墙身的作用，如勒脚等。

2. 房屋建筑图的分类

一套建筑图一般可分为三大类，即建筑施工图、结构施工图、设备施工图。

1）建筑施工图（简称建施图）主要反映建筑物的规划位置、内外装修、构造及施工要求等。建筑施工图包括首页（图样目录、设计总说明等）、总平面图、平面图、立面图、剖面图和详图。

2）结构施工图（简称结施图）主要反映建筑物承重结构的布置、构件类型、材料、尺寸和构造作法等。结构施工图包括结构设计说明书、基础图、结构布置平面图和各种结构构件详图。

3）设备施工图（简称设施图）主要反映建筑物的给排水、采暖、通风、电器等设备的布置和施工要求等。设备施工图包括设备的平面布置图、系统图和详图。

3. 房屋建筑图的图示特点

房屋建筑图与机械图一样，都是按正投影原理绘制的。但由于房屋建筑与机械设备无论是形状、大小或者材料方面都存在较大差异，所以其表达方法不尽相同。如视图的名称与配置、选用的比例、线型规格、尺寸注法等方面都各有特点。在学习时，必须弄清房屋建筑图与机械图的区别，要熟悉国家标准《房屋建筑制图统一标准》（GB/T 50001—2001）的有关规定，掌握房屋建筑图的表达方法和图示特点。

下面以图 10-2 所示某办公楼的建筑施工图为例来说明房屋建筑图的图示特点。

（1）视图名称与配置　房屋建筑图与机械图的图样名称对照，见表 10-1。

表 10-1　房屋建筑图与机械图的图样名称对照

房屋建筑图	正立面图	背立面图	侧立面图	平面图	剖面图	断面图
机械图	主视图	后视图	左视图或右视图	俯视方向的全剖视图	剖视图	断面图

房屋建筑图的视图排列，通常在 H 面上作平面图，在 V 面上作正、背立面图，在 W 面上作剖面图或侧立面图。在图幅大小允许的情况下，可将平、立、剖面三个图样，按投影关系画在同一张图上，以便于阅读。如果图幅过小，平、立、剖面图可分别单独画出。为此，房屋建筑图的各图形下面，均应注明图名及比例，如图 10-2 所示。

（2）比例　由于房屋建筑的形体庞大，所以建筑施工图一般都用较小比例绘制，如房屋的平、立、剖面图，常用的比例是 1∶50、1∶100、1∶150、1∶200。房屋建筑的内部构造和节点都比较复杂，在小比例的平、立、剖面图中无法表达清楚，所以构造及节点详图所选用比例大一些，如 1∶10、1∶20 等。

（3）图线　房屋建筑图主要采用的线型、线宽和用途，见表 10-2。同一张图纸内，相同比例的各图样，应选用相同的线宽组。

（4）尺寸标注　房屋建筑图上的尺寸应包括尺寸界线、尺寸线、尺寸起止符号和尺寸数字，如图 10-3 所示。尺寸界线应用细实线绘制，一般应与被注长度垂直，其一端应离开图样轮廓线不小于 2mm，另一端宜超出尺寸线 2～3mm，图样轮廓线可用作尺寸界线；尺寸线应用细实线绘制，应与被注长度平行，图样本身的任何图线均不得用作尺寸线；尺寸起止符号一般用中粗斜短线绘制，其倾斜方向应与尺寸界线成顺时针 45°，长度宜为 2～3mm，

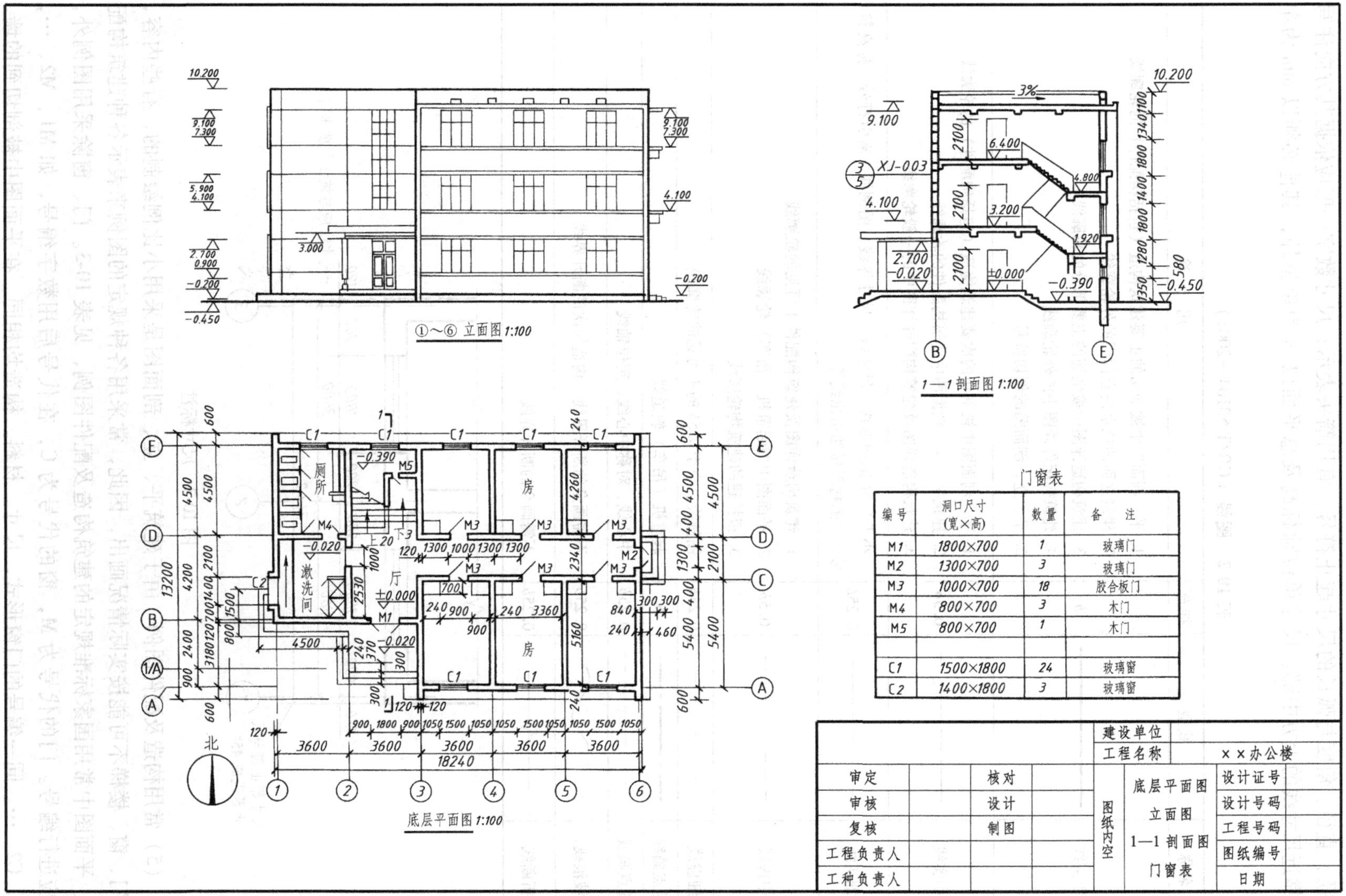

门窗表

编号	洞口尺寸(宽×高)	数量	备注
M1	1800×700	1	玻璃门
M2	1300×700	3	玻璃门
M3	1000×700	18	胶合板门
M4	800×700	3	木门
M5	800×700	1	木门
C1	1500×1800	24	玻璃窗
C2	1400×1800	3	玻璃窗

图 10-2 某办公楼的建筑施工图

半径、直径、角度与弧长的尺寸起止符号，宜用箭头表示；尺寸数字一般应依据其方向注写在靠近尺寸线的上方中部。尺寸单位除标高及总平面以 m 为单位外，其他必须以 mm 为单位。

表 10-2 图线（GB/T 50104—2001）

名称	线型	线宽	用途
粗实线	——	b	1. 平、剖面图中被剖切的主要建筑构造（包括构配件）的轮廓线 2. 建筑立面图或室内立面图的外轮廓线 3. 建筑构造详图中被剖切的主要部分的轮廓线 4. 建筑构配件详图中的外轮廓线 5. 平、立、剖面图的剖切符号
中实线	——	$0.5b$	1. 平、剖面图中被剖切的次要建筑构造（包括构配件）的轮廓线 2. 建筑平、立、剖面图中建筑构配件的轮廓线 3. 建筑构造详图及建筑构配件详图中的一般轮廓线
细实线	——	$0.25b$	小于 $0.5b$ 的图形线、尺寸线、尺寸界线、图例线、索引符号、标高符号、详图材料做法引出线等
中虚线	- - - -	$0.5b$	1. 建筑构造详图及建筑构配件不可见的轮廓线 2. 平面图中的起重机（吊车）轮廓线 3. 拟扩建的建筑物轮廓线
细虚线	- - - -	$0.25b$	图例线、小于 $0.5b$ 的不可见的轮廓线
粗点画线	—·—	b	起重机（吊车）轨道线
细点画线	—·—	$0.25b$	中心线、对称中心线、定位轴线
波浪线	～	$0.25b$	不需画全的断开界线、构造层次的断开界线
折断线	—\/—	$0.25b$	不需画全的断开界线

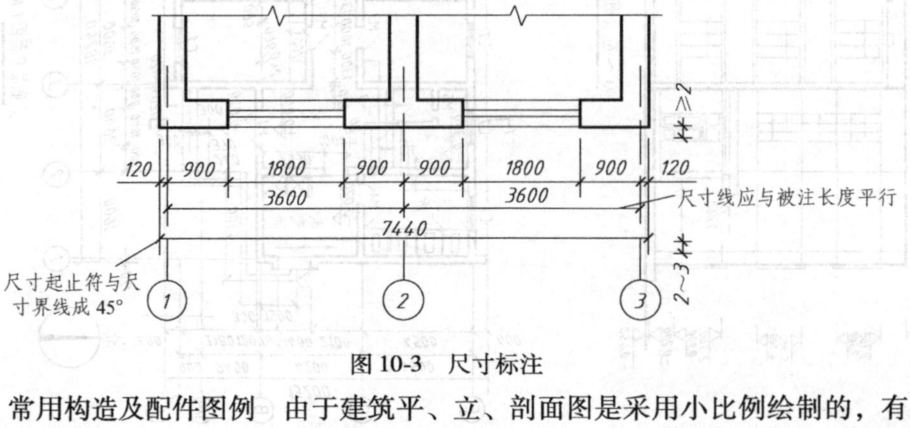

图 10-3 尺寸标注

（5）常用构造及配件图例 由于建筑平、立、剖面图是采用小比例绘制的，有些内容，如门、窗、楼梯不可能按实际情况画出，因此，常采用各种规定的图例来表示各种建筑构配件。平面图中常用国家标准规定的建筑构造及配件图例，见表 10-3。门、窗除采用图例外，还应进行编号。门的代号为 M，窗的代号为 C，在代号后用数字编号，如 M1、M2、…，C1、C2、…。同一编号的门窗形式、尺寸、材料、构造均相同。在平面图中被剖切到的墙、柱等的轮廓线用粗实线绘制；开启的门用中实线绘制；其余可见轮廓用细实线绘制。

表 10-3 常用建筑构造及配件图例（GB/T 50104—2001）

名称	图例	说 明
单扇门（包括平开或单面弹簧门）	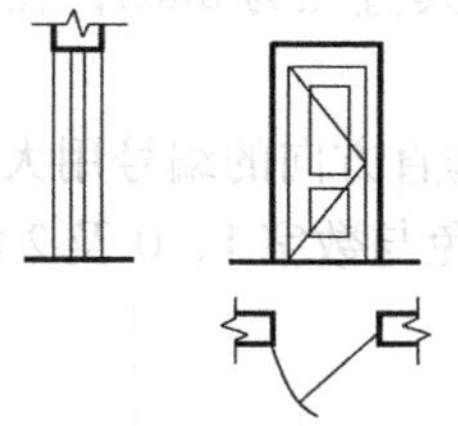	1. 剖面图上左为外，右为内；平面图上下为外，上为内 2. 立面图上开启方向线交角的一侧为安装合页的一侧，实线为外开，虚线为内开 3. 平面图上开启弧线及立面图上的开启方向线，在一般设计图上不需表示，仅在制作图上表示 4. 立面形式应按实际情况绘制
双扇门（包括平开或单面弹簧门）	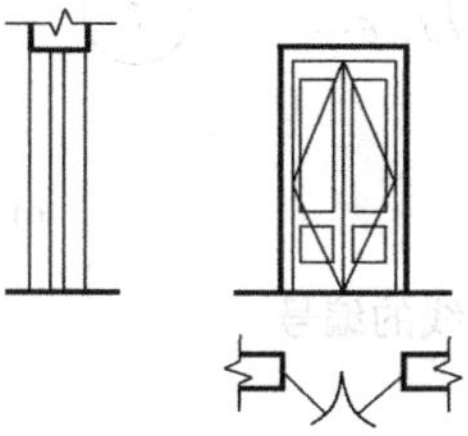	
对开折叠门	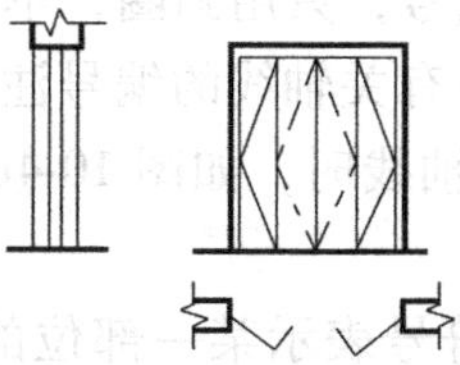	
墙外单扇推拉门	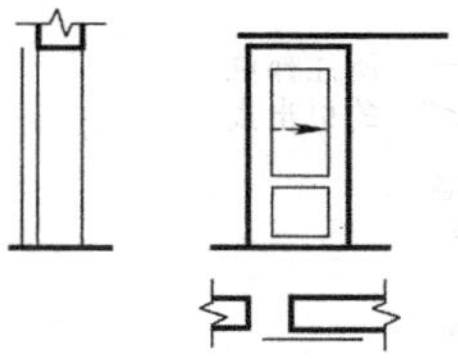	
单层固定窗	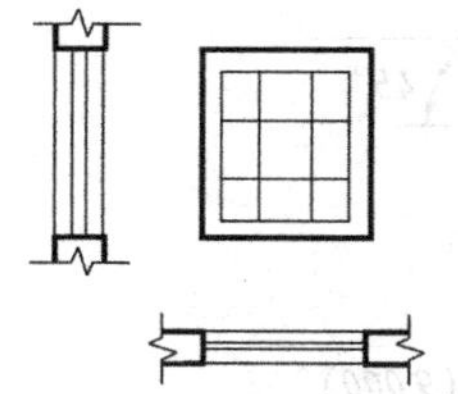	1. 立面图中的斜线表示窗的开启方向，实线为外开，虚线为内开；开启方向线交角的一侧为安装合页的一侧，一般设计图中可不表示 2. 图上左为外，右为内；平面图上下为外，上为内 3. 平、剖面图上的虚线仅说明开关方式，在设计图中不需表示 4. 窗的立面形式应按实际情况绘制
单层中悬窗	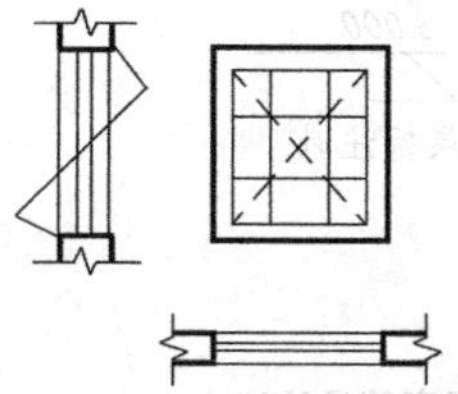	
单层外开平开窗	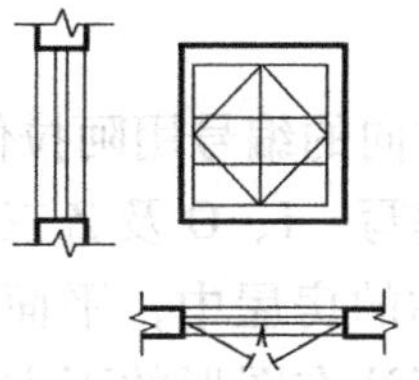	1. 立面图中的斜线表示窗的开启方向，实线为外开，虚线为内开；开启方向线交角的一侧为安装合页的一侧，一般设计图中可不表示 2. 图上左为外，右为内；平面图上下为外，上为内 3. 平、剖面图上的虚线仅说明开关方式，在设计图中不需表示 4. 窗的立面形式应按实际情况绘制
左右推拉窗	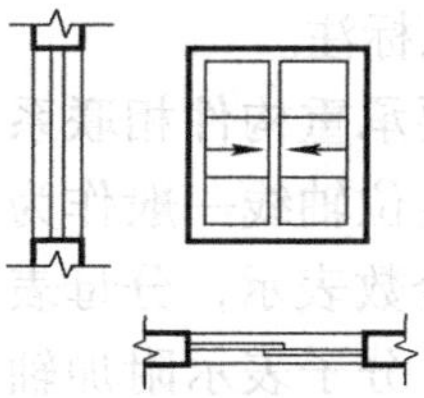	
楼梯	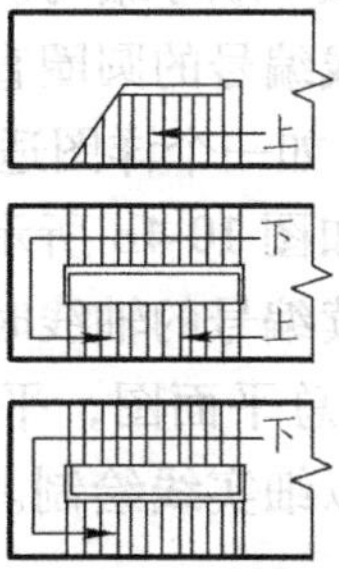	1. 上图为底层楼梯平面图，中图为中间层楼梯平面，下图为顶层楼梯平面 2. 楼梯的形式及步数应按实际情况绘制
检查孔		左图为可见孔；右图为不可见孔
孔洞		阴影部分可以涂色代替
坑槽		
墙预留洞	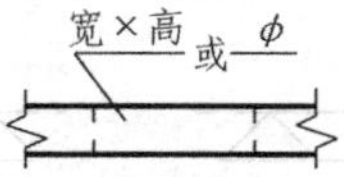	
墙预留槽	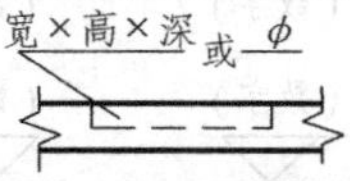	
烟道	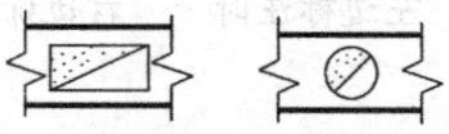	
通风道	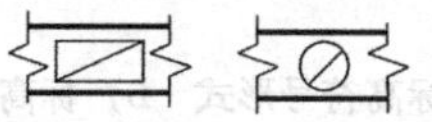	

（6）房屋建筑图中常用的符号

1）定位轴线。在施工图中通常将房屋的基础、墙、柱、墩和屋架等承重构件的轴线画出，并进行编号，以便于施工时定位放线和查阅图样，这些轴线称为定位轴线。

定位轴线用细点画线绘制，轴线编号的圆圈用细实线绘制，其直径为8mm，在圆圈内写上编号。

平面图上水平方向的编号用阿拉伯数字从左向右依次编写；垂直方向的编号用大写拉丁字母自下而上顺次编写。I、O及Z三个字母不得作轴线编号，以免与数字1、0及2混淆。

在较简单或对称的房屋中，平面图的轴线编号一般标注在图形的下方及左侧。较复杂或不对称的房屋，图形上方和右侧也可以标注。

对于一些与主要承重构件相联系的次要构件，它的定位轴线一般作为附加轴线，编号用分数表示，分母表示前一轴线的编号，分子表示附加轴线的编号，用阿拉伯数字顺序编写。

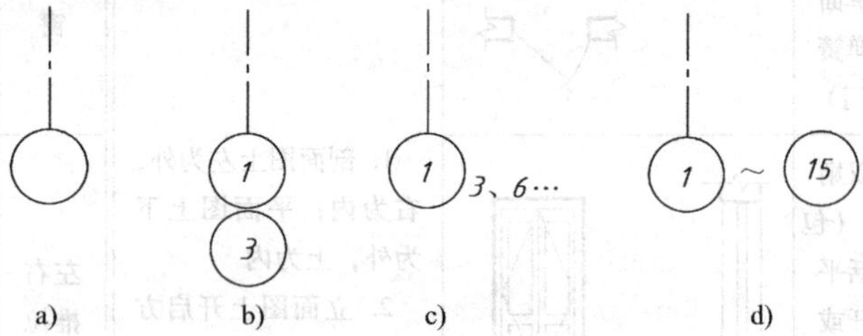

图10-4 轴线的编号

在画详图时，轴线编号的圆圈直径为10mm。通用详图的轴线号，只用圆圈，不注写编号，如图10-4a所示。如一个详图适用于几个轴线时，应同时将各有关轴线的编号注明。详图用于两个轴线时，如图10-4b所示。详图用于三个或三个以上轴线时，如图10-4c所示。详图用于三个以上连续编号的轴线时，如图10-4d所示。

2）标高符号。在总平面图，平、立、剖面图上，常用标高符号表示某一部位的高度。各图上所用标高符号以细实线绘制。标高数值以m为单位，一般注至小数点后三位（总平

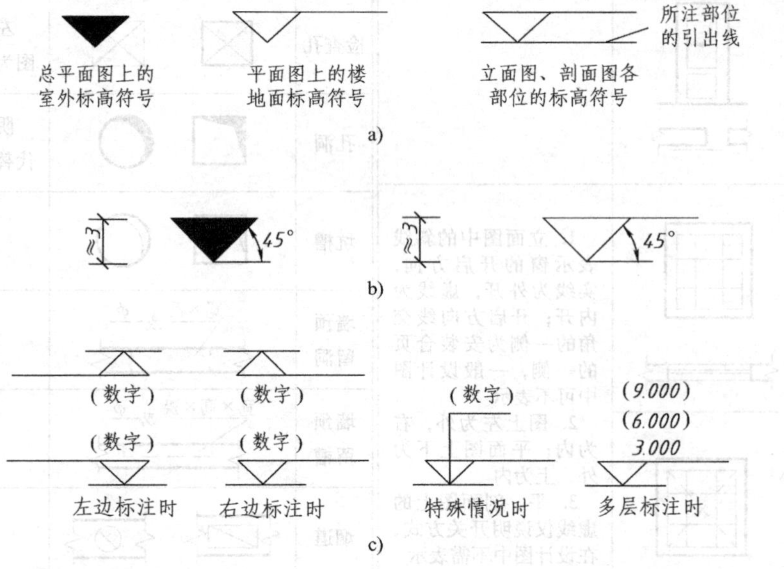

图10-5 标高符号

a）标高符号形式 b）标高符号画法 c）立面图与剖面图上的标高符号注法

面图中为两位）。图中的标高数字表示其完成面的数值。如标高数字前有“－”号，表示该处完成面低于零点标高。如数字前没有符号，表示高于零点标高。标高符号形式如图 10-5a 所示。

标高符号画法如图 10-5b 所示。立面图与剖面图上为标高符号注法如图 10-5c 所示。

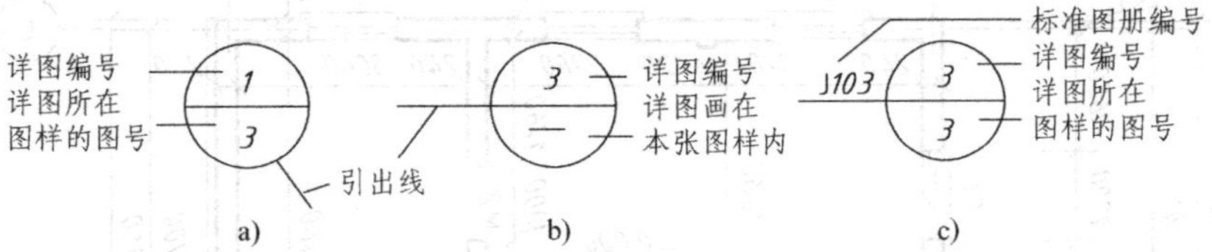

图 10-6　索引符号

3）索引符号和详图符号。在房屋建筑图中某一局部或构配件需要另见详图时，应以索引符号索引。如图 10-6 所示，用一引出线在要另画详图的局部或构件处引出，在引出线的另一端画一细实线圆，其直径为 10mm，并画一水平细实线直径，在上半圆中用阿拉伯数字注明该详图的编号，下半圆中用阿拉伯数字注明该详图所在图样的图样号，如图 10-6a 所示；如果详图与被索引的图样同在一张图内，则在下半圆中间画一水平细实线，如图 10-6b 所示；索引出的详图，若采用标准图，应在索引符号水平直径

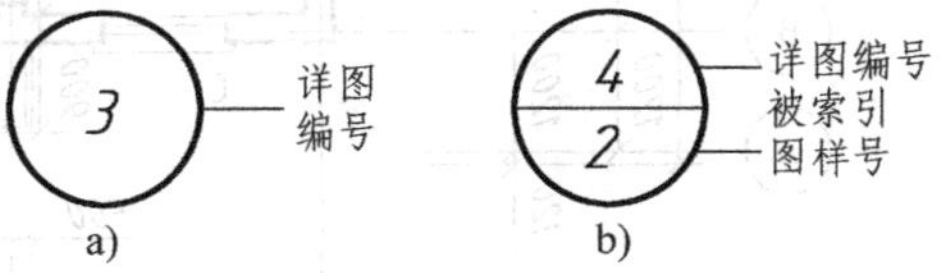

图 10-7　详图符号

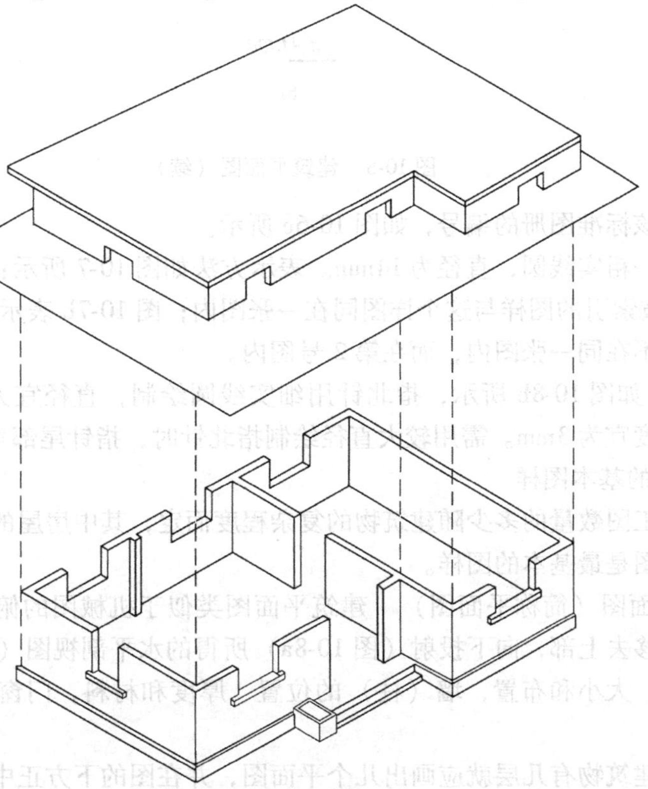

图 10-8　建筑平面图

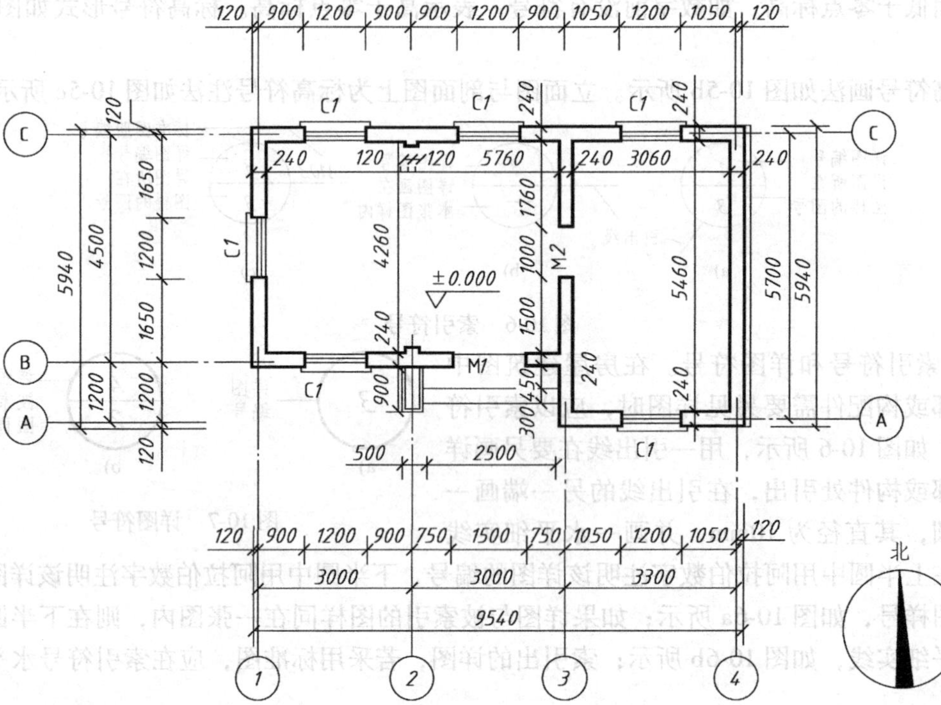

平面图1:100

b)

图 10-8　建筑平面图（续）

的延长线上加注该标准图册的编号，如图 10-6c 所示。

详图符号为一粗实线圆，直径为 14mm。表示方法如图 10-7 所示：图 10-7a 表示这个详图的编号为 3，被索引的图样与这个详图同在一张图内；图 10-7b 表示这个详图的编号为 4，与被索引的图样不在同一张图内，而在第 2 号图内。

4）指北针。如图 10-8b 所示，指北针用细实线圆绘制，直径宜为 24mm。指针尖为北向，指针尾部宽度宜为 3mm。需用较大直径绘制指北针时，指针尾部宽度宜为直径的 1/8。

4. 房屋建筑的基本图样

一套房屋施工图数量的多少随建筑物的复杂程度而定，其中房屋的建筑平面图、建筑立面图、建筑剖面图是最基本的图样。

（1）建筑平面图（简称平面图）　建筑平面图类似于机械图的俯视图，但它是沿水平面作水平剖切，移去上部，向下投射（图 10-8a）所得的水平剖视图（图 10-8b）。它反映建筑物的平面形状、大小和布置，墙（柱）的位置、厚度和材料，门窗的位置和类型以及交通等情况。

一般来说，建筑物有几层就应画出几个平面图，并在图的下方正中标注相应的图名，如底层平面图（也称首层、一层平面图）、二层平面图等，在图名下方画一粗实线。此外，还应有屋顶平面图，即房屋屋顶的水平投影（简单的房屋可不画）。当某些楼层平面布置相同

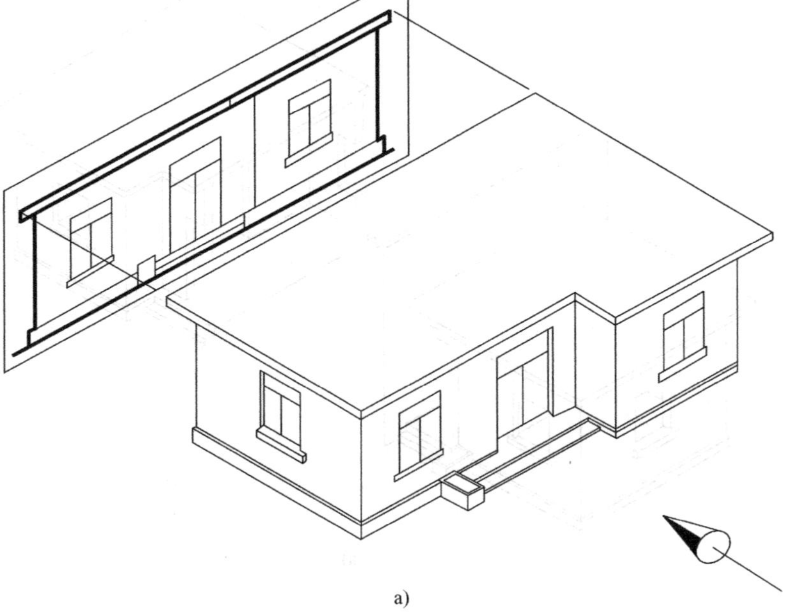

a)

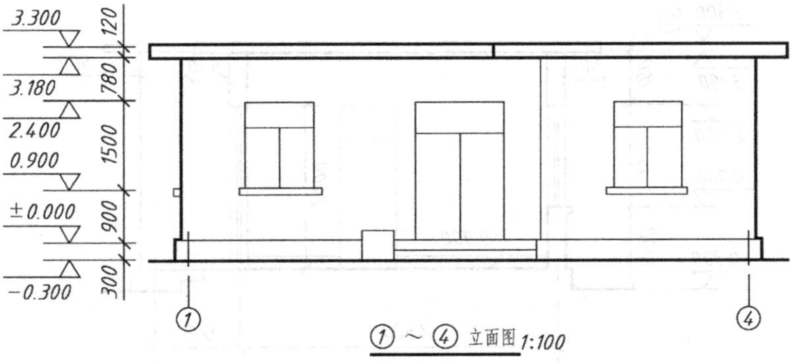

b)

图 10-9 建筑立面图

时，则相同的楼层图画在一起，左边画出某层的左半部分，右边画出另一层的右半部分，中间以一细点画线分界，画上对称符号，并在该图下分别注写图名。

平面图（图 10-8）中应包含下列内容：房屋的建筑面积，各房屋的大小、平面布置及平面交通情况，门、窗洞口的位置、宽度及门窗编号，其他构、配件如台阶、花台、雨篷、雨水管、散水等的布置，承重结构的轴线及其编号，剖面图的剖切位置及其编号等。底层平面图还应画出指北针，以表明房屋的朝向。

（2）建筑立面图（简称立面图） 立面图是房屋四周的外形视图，是表示建筑物外部造型、立面装修及其作法的图样，类似于机械图的主视图、左视图、右视图和后视图。从正面观察房屋所得视图，称为正立面图，正立面图反映了主要出入口或比较显著地反映了房屋外貌特征；从侧面观察房屋所得的视图，称为侧立面图；从背面观察房屋所得的视图，称为背立面图。立面图也可以按房屋的朝向，分别称为东立面图、南立面图、西立面图和北立面图。有时也按轴线编号来命名，如图 10-9b 所示的①～④立面图。

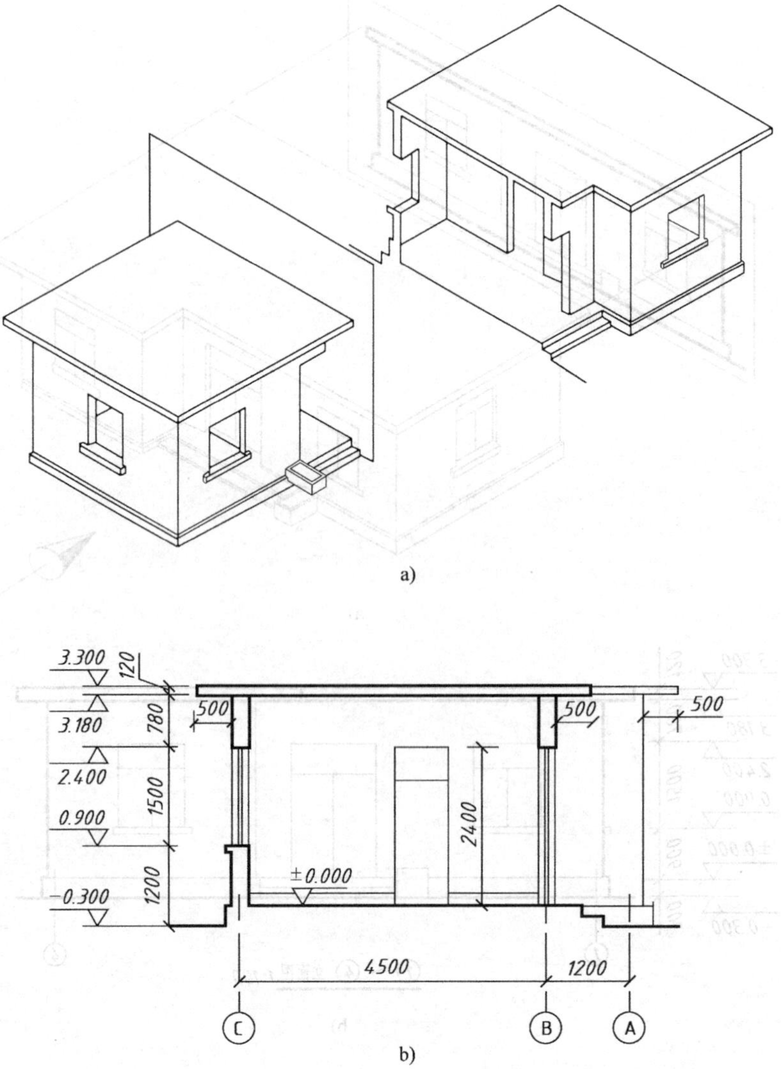

a)

b)

图 10-10 建筑剖面图

立面图表示了房屋的外貌，反映了房屋的高度（称标高）形式和墙面的作法等内容。

由于立面图的比例较小，如门窗扇、檐口构造、阳台栏杆和墙面复杂的装修等细部，一般用图例表示。它们的构造和作法，另用详图或文字说明。因此，习惯上对这些细部只分别画出一两个作为代表，其他只画出轮廓线。若房屋左右对称，正立面图和背立面图也可各画一半，单独布置或合并成一图。

（3）建筑剖面图（简称剖面图） 假想用一个或多个垂直于外墙轴线的铅垂剖切面，将房屋剖开，所得的投影图，称为建筑剖面图，简称剖面图。剖面图表示房屋内部的结构或构造形式、分层情况和各部位的联系、材料及其高度等，是与平、立面图相互配合的重要图样。剖切面一般横向，即平行于侧面，必要时也可纵向，即平行于正面。其位置应选择能反映出房屋内部构造比较复杂与典型的部位。剖面图的名称应与平面图上所标注的一致，如图 10-10 中的剖面图。

二、房屋建筑图的阅读

1. 阅读房屋建筑图的步骤

1）应掌握作投影图的原理和形体的各种表达方法。

2）要熟识施工图中常用的图例、符号、线型、尺寸和比例的意义。

3）由于施工图中涉及一些专业上的问题，故应善于观察和了解房屋的组成和构造上的一些基本情况。

阅读时，应先整体后局部，先文字说明后图样，先图形后尺寸等依次仔细阅读。阅读时还应注意各类图样之间的联系，避免发生矛盾而造成质量事故和经济损失。

2. 读房屋建筑图

（1）建筑平面图　现以图10-2中的底层平面图为例，说明读图方法。

1）房屋的朝向。从右下角指北针所示可知，办公楼的朝向为坐北朝南。

2）房屋的平面布置和交通情况。房屋西部②~③轴线间为主要出入口，上三步台阶经M1可进入门厅。门厅以北是楼梯间，各楼层依靠此楼梯间进行竖向交通联系。在门厅与楼梯间之间有一内走道，其东部端头为次要出入口，设有M2和三步室外台阶；西部端头有厕所和漱洗间，内走道两侧各有三间大小相等的办公室。

轴线Ⓐ处纵墙室外设有通长的转角花台，轴线Ⓔ两端头设有落水管，房屋四周有散水。有时散水在平面图中可不画出，或仅在转角处局部表示。

3）门窗位置、类型、尺寸和编号。从图中可以看出，共设有五种门，即M1、M2、M3、M4、M5，门洞宽度分别为1800、1300、1000、800、800；设有两种窗，即C1、C2，窗洞宽度分别为1500、1400。若窗洞有凸出墙面的窗台或窗套，则应在窗的图例上画出窗台的投影，如C1有凸出的窗台，C2有凸出的窗套。

4）轴线及其编号。从图中定位轴线的编号及其间距，可了解到各承重构件的位置及房间的大小。本例的横向轴线为1~6，竖向轴线为A~E。其中Ⓐ(1/A)为A轴线后的第一条附加轴线。

5）标高。在施工图中（除总平面图以外），一般将房屋底层主要房间的室内地面的标高定为零点，其余各部分的标高以它为基准，这种标高即相对标高。本图中将底层的地面标高定为±0.000，相当于总平面图中的绝对标高54.40。

零点标高记为±0.000；低于零点的标高记为负，在数字前必须加“-”号，如-0.300；高于零点的标高记为正，在数字前不加“+”号，如3.200。图10-2中内走道、办公室室内地面标高皆为±0.000，厕所和漱洗间的地面标高为-0.020。

6）尺寸标注。在外部尺寸方面，由于南、北面的总尺寸、轴线尺寸，C1窗的定形尺寸、定位尺寸是相同的，所以在北面不再标注尺寸；东、西面墙上窗洞、墙面分割不相同，所以要分别标注尺寸。

最外边一道是外包尺寸，表明该房屋的总长为18240mm，总宽为13200mm。

中间一道为轴线尺寸，东面分别为5400mm、2100mm、4500mm；南面皆为3600mm；西面分别为900mm、2400mm、4200mm、4500mm。办公楼中办公室开间为3600mm，进深南面为5400mm，北面为4500mm。

最里面一道是细部尺寸，如M1门洞宽1800mm，门洞两侧距②、③轴线为900mm；①轴线位于墙中心，半墙厚为120mm等。

内部尺寸中，表明办公室室内净空面积：南面为 $5160mm \times 3360mm = 17.34m^2$，北面为 $4260mm \times 3360mm = 14.31m^2$；办公室四侧墙厚均为 240mm；M2 门洞宽 1300mm。

此外还表明了细部如室外花台、台阶等的尺寸。

7）剖面图的剖切位置。平面图上标出了 1—1 剖面图（横剖）的剖切位置。1—1 剖面图的剖切平面通过楼梯间。

8）详图的索引符号。为了表示厕所间卫生器具（大便器、小便池、洗手池）的平面布置及尺寸、次要出入口处室外台阶的详细尺寸，需将这两部分图样用较大比例另画详图。

值得一提的是，在底层平面图中表示的花台、室外台阶、散水等，在二层及其以上各层平面图上不再表示；在二层平面图中应表示的雨篷（如图中 M1 上的大雨篷）在三层及其以上各层平面图中也不再表示。

（2）建筑立面图　以图 10-2 为例，说明其阅读方法。

1）该图为①～⑥立面图，比例为 1:100。

2）房屋的外部造型及细部形状。入口处为带亮子的双扇门 M1，大门上方设有一个大雨篷，雨篷下为室外台阶；大门上方各层为带亮子的三扇玻璃窗 C1；大门东侧外墙上各层均设有带亮子的三扇玻璃窗 C1，大门西侧山墙上各层均设有带窗套的窗 C2；底层窗台下设有一通长转角花台。

3）外墙装修材料、色彩及作法。本设计图中内外墙、楼地面、屋面等处构造层次、材料、色彩及作法均采用列表说明的方式，所以图中不再表示外墙的具体装修方法。

4）尺寸标注。从图中可知，室外地面标高为 -0.450；底层窗洞下口标高为 0.900，上口标高为 2.700，女儿墙顶面标高为 10.200 等。竖向尺寸即为相邻两标高之差，如底层窗洞高度为 1.800，即（2.700 - 0.900）m = 1.800m。

（3）建筑剖面图　以图 10-2 中剖面图为例，说明其阅读方法。

1）从底层平面图中标注的剖切位置线可知，1—1 剖面图是通过楼梯间的房屋横向剖面图，比例为 1:100。

2）屋的构造、结构形式及细部。从图中可以看出，两层楼面将房屋分成三层空间，室外北面有落水管、散水，南面有台阶、雨篷，室内有楼梯间，端部有门和窗，屋面坡度为 3% 等。

3）尺寸标注。由于南、北面外墙上门、窗布置不相同，所以要分别标注标高和竖向尺寸。从图中可以看出，从底层地面起标高分别为 ±0.000、3.200、6.400，即层高为 3.200；楼梯平台标高分别为 1.920、4.800；室外地面标高为 -0.450。还可以看出Ⓔ、Ⓑ轴线上门窗洞上下口、女儿墙顶面的标高及竖向尺寸。由于楼梯间另有详图，所以楼梯部分详细尺寸不在此图中标注。

第二节　焊　接　图

焊接是利用局部加热填充熔化金属或用加压等方法将需要连接的金属零件熔合在一起的过程。焊接施工简单，连接可靠，所以在生产中得到广泛应用。焊接是一种不可拆连接。

两零件焊接的结合处称为焊缝。常见的焊接接头有：对接接头（图 10-11a）、搭接接头（图 10-11b）、T 形接头（图 10-11c）和角接接头（图 10-11d）等。焊缝形式主要有对接焊缝（图 10-11a）、点焊缝（图 10-11b）和角焊缝（图 10-11c、d）等。

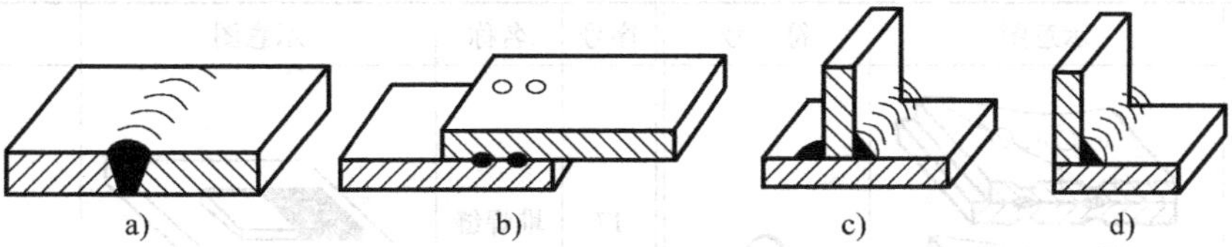

图 10-11　焊接接头和焊缝形式

一、焊缝符号

焊缝符号一般由基本符号与指引线组成，必要时还可以加上补充符号、尺寸符号和数据等。

在图样中，焊缝图形符号的线宽，焊缝符号中字体的字形、字高和字体笔画宽度应与图样中其他符号（如尺寸符号、表面结构图形符号、几何特征符号）的线宽、尺寸以及字体的字形、字高和笔画宽度相同。

1. 基本符号

它表示焊缝横断面的基本形式或特征。焊缝的基本符号见表 10-4。

表 10-4　焊缝的基本符号（GB/T 324—2008）

序号	名称	示意图	符　号	序号	名称	示意图	符　号
1	卷边焊缝（卷边完全熔化）			7	带钝边U形焊缝	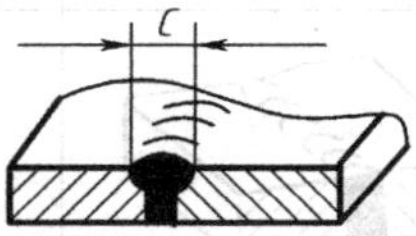	
2	I形焊缝	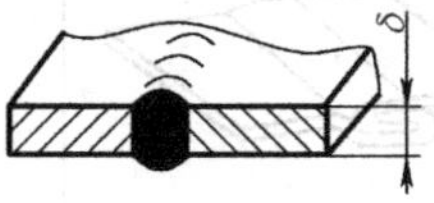	||	8	带钝边J形焊缝	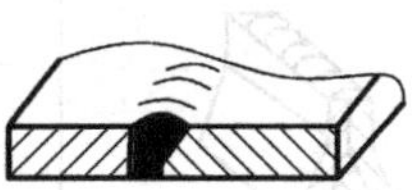	
3	V形焊缝	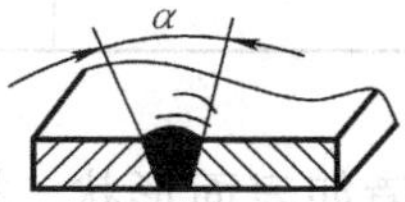	V	9	封底焊缝	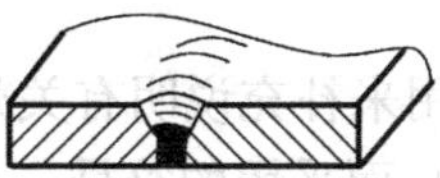	
4	单边V形焊缝	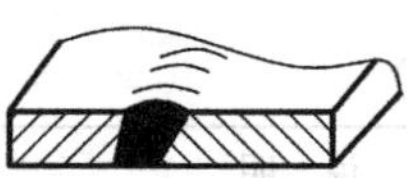		10	角焊缝	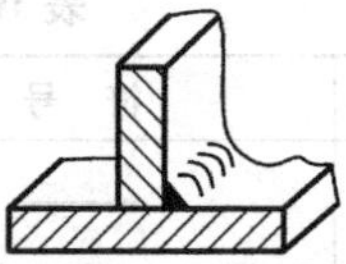	
5	带钝边V形焊缝	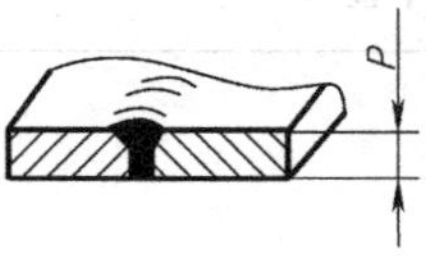	Y	11	塞焊缝或槽焊缝	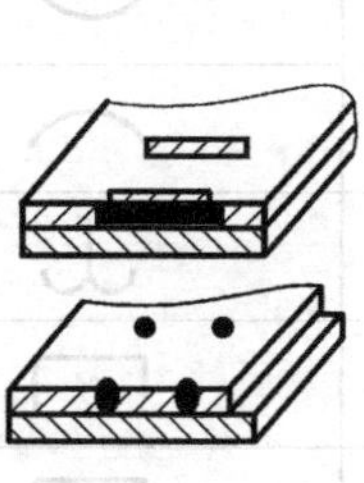	
6	带钝边单边V形焊缝	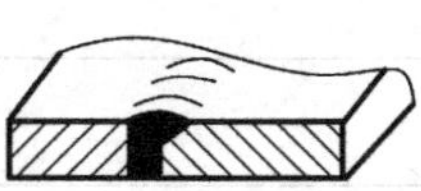					

（续）

序号	名称	示意图	符　号
12	点焊缝	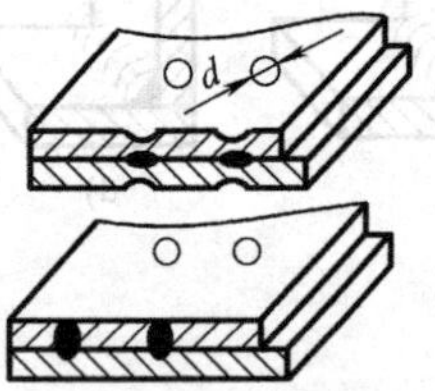 N=2	○
13	缝焊缝	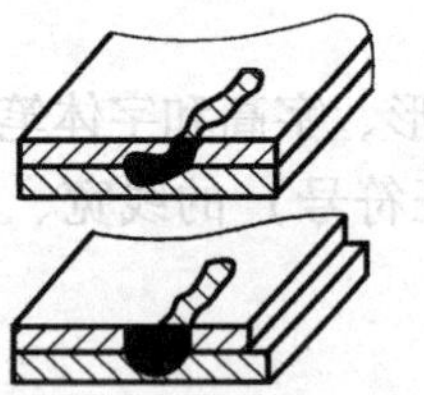	
14	陡边V形焊缝		
15	陡边单V形焊缝	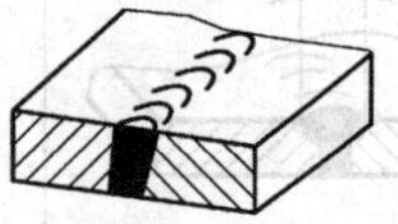	
16	墙焊缝		
17	堆焊缝	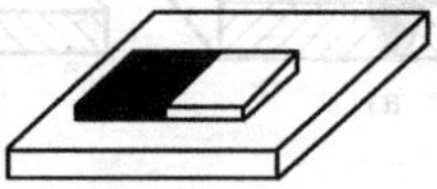	
18	平面连接（钎焊）	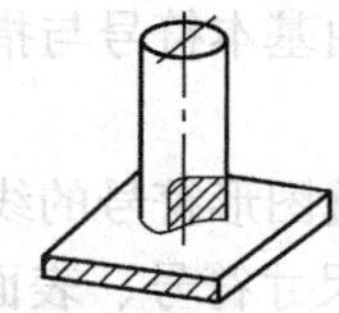 	=
19	斜面连接（钎焊）	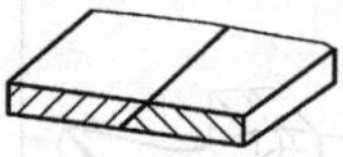	//
20	折叠连接（钎焊）	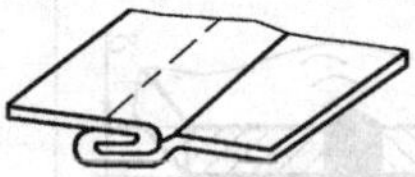	

2. 补充符号

补充符号是用来补充说明有关焊缝或接头的某些特征（诸如表面形状、衬垫、焊缝分布、施焊地点等）而采用的符号，见表10-5。

表10-5　补充符号（GB/T 324—2008）

序号	名　称	符　号	说　明
1	平面	—	焊缝表面通常经过加工后平整
2	凹面		焊缝表面凹陷
3	凸面		焊缝表面凸起
4	圆滑过渡		焊趾处过渡圆滑
5	永久衬垫	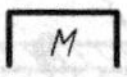 M	衬垫永久保留
6	临时衬垫	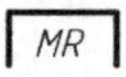 MR	衬垫在焊接完成后拆除

（续）

序号	名 称	符 号	说 明
7	三面焊缝	⊏	三面带有焊缝
8	周围焊缝	○	沿着工作周边施焊的焊缝 标注位置为基准线与箭头线的交点处
9	现场焊缝	▶	在现场焊接的焊缝
10	尾部	＜	可以表示所需的信息

3. 指引线

指引线由箭头线和基准线（一条细实线和一条虚线）组成，如图 10-12 所示。必要时，可在横线末端加一尾部，作为其他说明之用（如焊接方法、焊缝数量等）。

4. 尺寸符号

焊缝尺寸一般不标注，当设计、制造或施工需要注明焊缝尺寸时才标注。

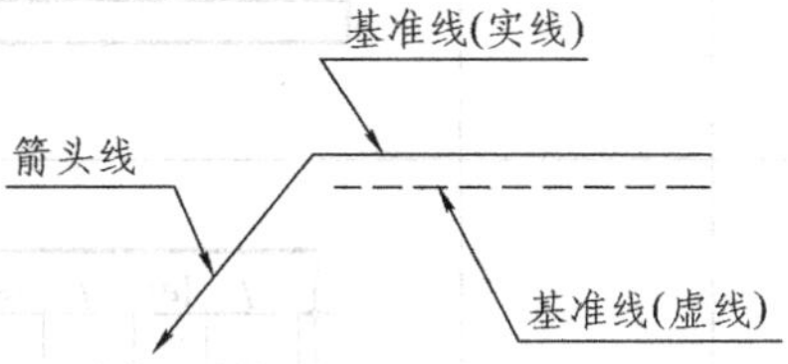

图 10-12 指引线

二、焊缝的标注

1）如果焊缝在接头的箭头侧，则基本符号标在基准线的细实线侧，如图 10-13a 所示。

2）如果焊缝在接头的非箭头侧，则基本符号标在基准线的虚线侧，如图 10-13b 所示。

3）标注对称焊缝及双面焊缝时，可不加虚线，对称焊缝如图 10-13c 的左图所示，双面焊缝如图 10-13c 右图所示。焊缝的尺寸标注示例见表 10-6。

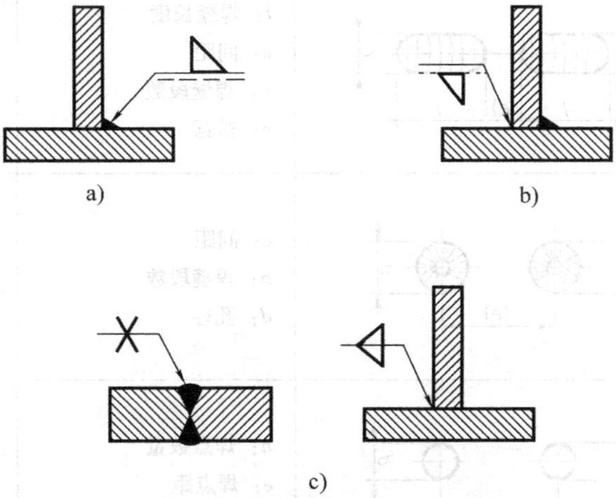

图 10-13 基本符号相对基准线的位置

a）焊缝在接头箭头侧 b）焊缝在接头的非箭头侧 c）对称焊缝与双面焊缝

三、焊件图示例

金属焊接图除了应把构件的形状、尺寸和一般要求表达清楚外，还必须把与焊接有关的内容表达清楚。结构简单的焊接件，将各组成构件的全部尺寸标注在焊接图中，不必再画零件图，如图 10-14 所示的弯头焊接图。若焊接件较复杂，则按装配图要求，每个构件要另画零件图。

表 10-6　尺寸标注示例（GB/T 324—2008）

序号	名称	示意图	尺寸符号	表示方法
1	对接焊缝	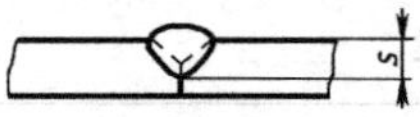	s：焊缝有效厚度	
2	连续角焊缝	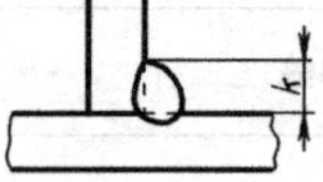	k：焊脚尺寸	
3	断续角焊缝	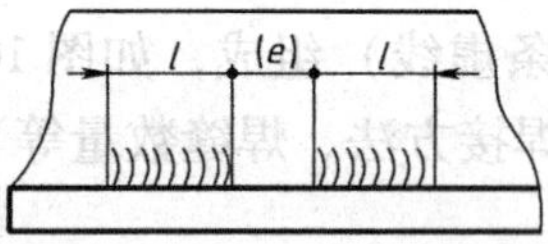	l：焊缝长度 e：间距 n：焊缝段数 k：焊脚尺寸	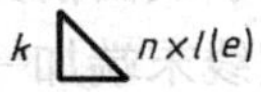
4	交错断续角焊缝	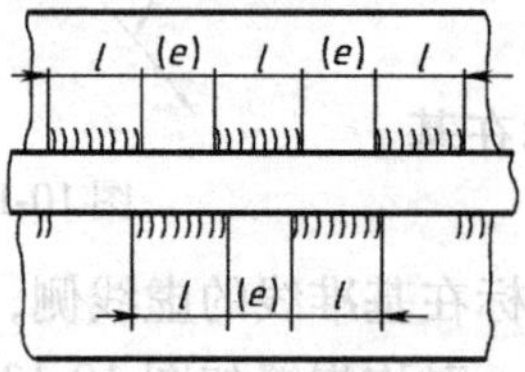	l：焊缝长度 e：间距 n：焊缝段数 k：焊脚尺寸	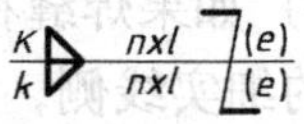
5	塞焊缝或槽焊缝	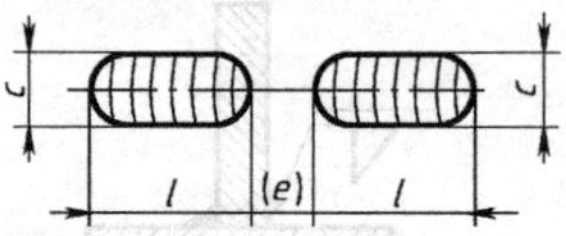	l：焊缝长度 e：间距 n：焊缝段数 c：槽宽	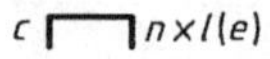
6	塞焊缝或槽焊缝	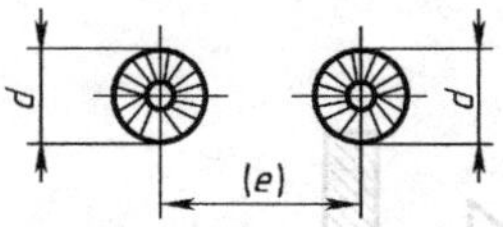	e：间距 n：焊缝段数 d：孔径	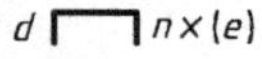
7	点焊缝	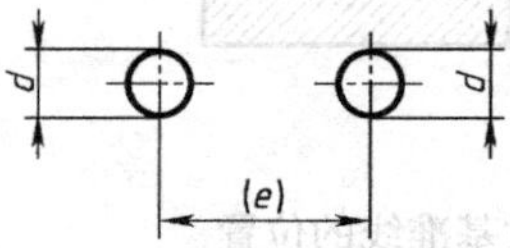	n：焊点数量 e：焊点距 d：熔核直径	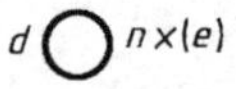
8	缝焊缝	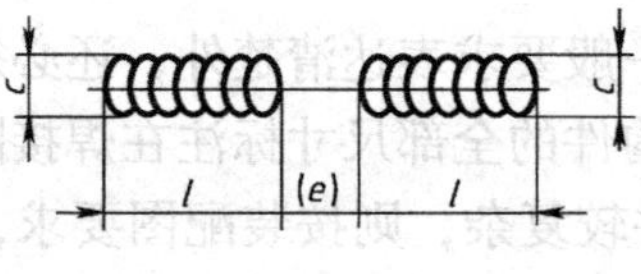	l：焊缝长度 e：间距 n：焊缝段数 c：焊缝宽度	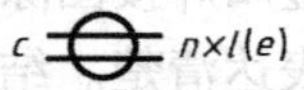

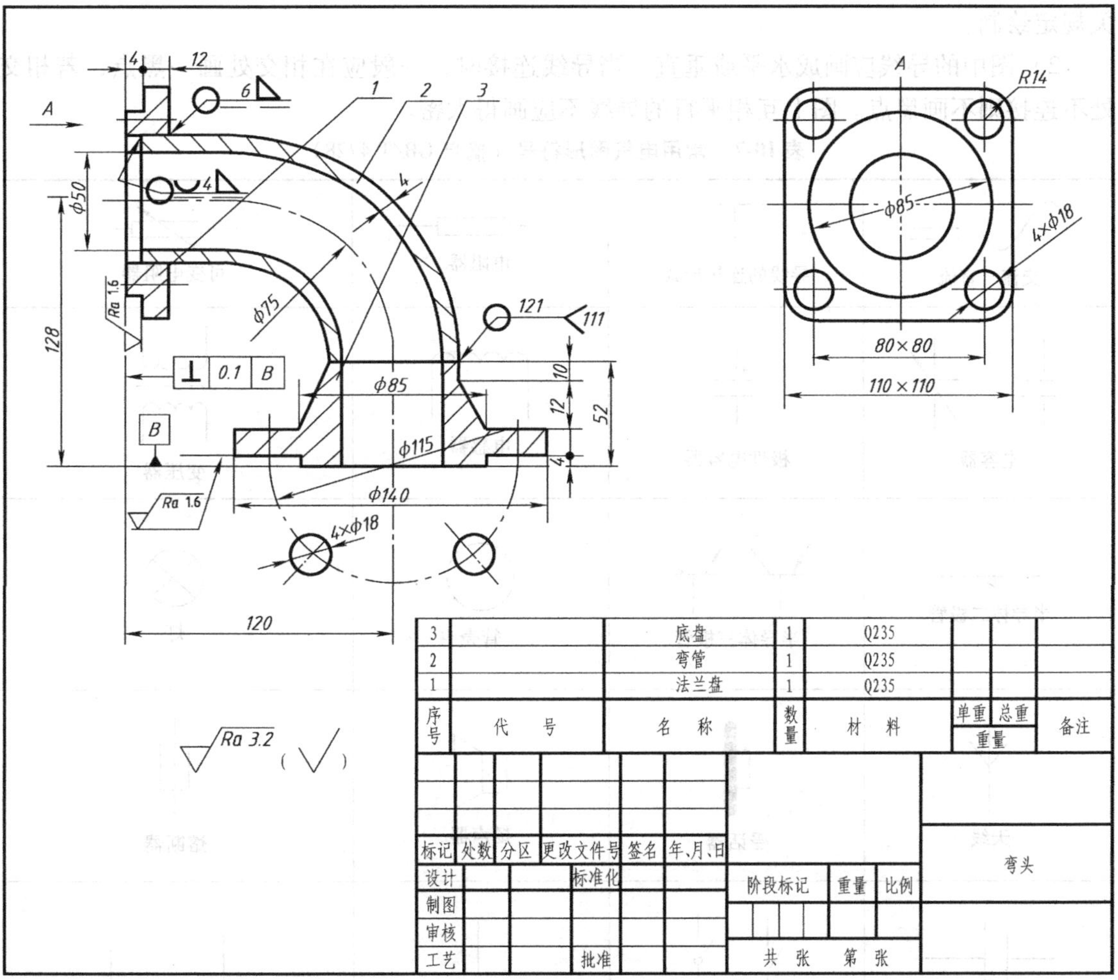

图 10-14　弯头焊接图

第三节　电子线路图

电子线路图的种类很多。设计和制造电子设备时，通常需要绘制系统图、框图、电路原理图、接线图、印制电路板图（简称印制板图）等。这里仅简单介绍电路原理图和印制板图。

一、电路原理图

电路原理图用于详细表示电路、设备或成套装置的全部基本组成部分和连接关系。其用途是详细理解电路、设备或成套装置及其组成部分的原理、作用，用于电路的设计、研制，产品的制造、安装和维修。

电路原理图是用元件的图形符号及它们之间的连线表示的。常用电气图形符号见表 10-7。

图 10-15 为单晶体管收音机电路原理图。

绘制电路原理图时，要求各元器件布局合理，条理清楚，并应遵守电气制图国家标准的如下规定：

1）表示元器件的图形符号，应按照 GB/T4728《电气简图用图形符号》（表 10-7）的有关规定绘制。

2）图中的导线应画成水平或垂直。当导线连接时，一般应在相交处画一黑点，若相交处不连接则不画黑点。图上互相平行的导线不应画得太密。

表 10-7 常用电气图形符号（摘自 GB/T 4728）

二、印制板图

印制电路板（简称印制板）是用照相的方法将电路图案复印在覆铜板上，然后进行蚀制，腐蚀掉线路外的铜箔，留下有线图形部分的铜箔，作为导线和安装元件的连接点。

1. 印制板零件图

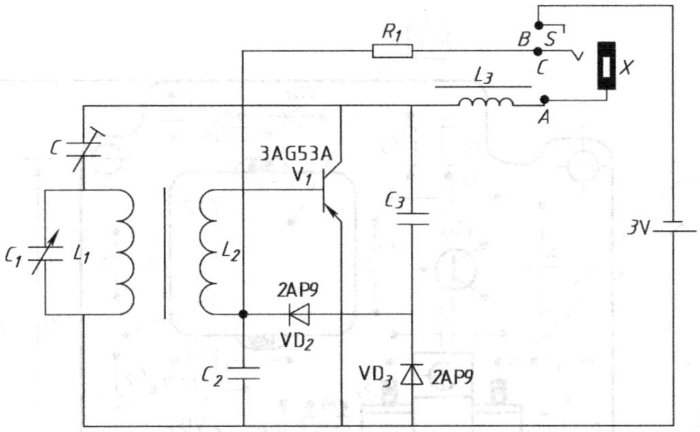

图 10-15　单晶体管收音机电路原理图

印制板零件图是表示导电图形、结构要素、标记符号、技术要求和有关说明的图样，如图 10-16 所示。

绘制印制板零件图要注意以下几点：

1）视图采用正投影法，绘制在坐标网格纸上。

2）布线整齐规则，便于安装测试，拐弯处避免尖角。

3）尺寸注法可以按本书前述尺寸注法中的有关规定标注。但常采用直角坐标网格法，此时应注出网格线数码。数码间距由设计者根据图形的密度和比例确定，如图 10-16 所示。

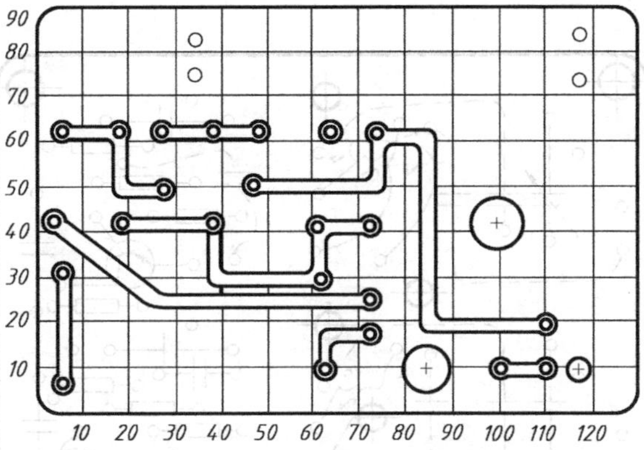

图 10-16　印制板零件图

2. 印制板装配图

印制板装配图是表示各种元器件和结构件等与印制板连接关系的图样，如图 10-17 所示。

绘制印制板装配图应注意以下几点：

1）视图选择应首先考虑看图方便，根据元器件和结构特点，选用恰当的表示方法，在完整、清晰地表达元器件、结构件等与印制板的连接关系的前提下，力求制图简便。

2）各种有极性的元器件，应在图样中标出极性。

3）印制板只有一面装有元器件和结构件时，一般只画一个视图，且以安装元器件的面为主视图。若两面均装有元器件，一般应画两个视图，以元器件和结构件较多的一面为主视

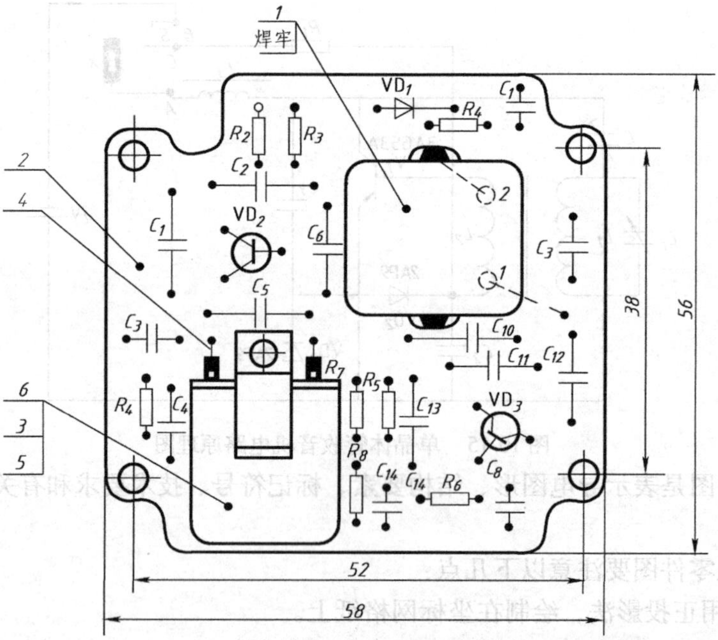

图 10-17　印制板装配图

图，较少的一面为后视图；当一个视图能表达清楚时，也可画一个视图，此时应将反面元器件和结构件用虚线绘制；当元器件采用图形符号绘制时，仅引线用虚线绘制，如图 10-18 所示。

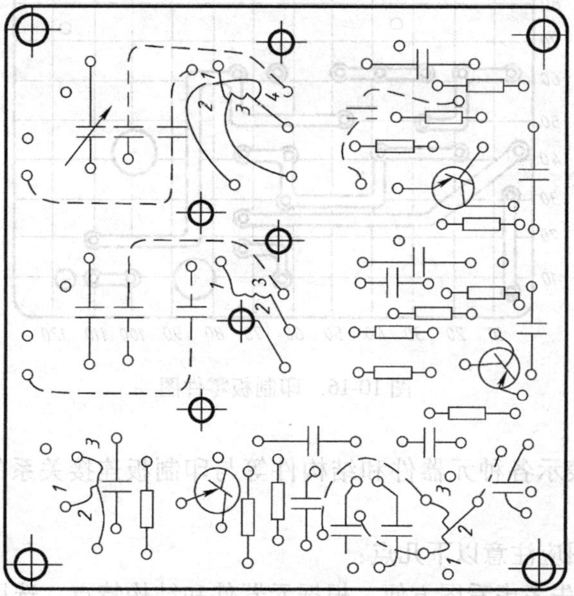

图 10-18　以虚线绘出反面元器件

4）重复出现的单元图形，可以只画出其中一个单元，其余单元可以简化绘制，如图 10-19 所示。

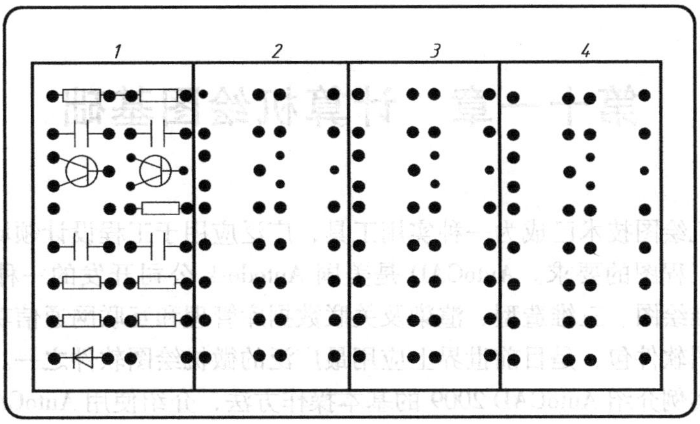

图 10-19　重复单元的简化画法

第十一章　计算机绘图基础

交互式计算机绘图技术已成为一种实用工具，广泛应用于工程设计领域。目前许多软件都可以满足绘制工程图的要求。AutoCAD 是美国 Autodesk 公司开发的一种功能强大的绘图软件，它是集二维绘图、三维造型、渲染及关联数据库管理和互联网通信功能为一体的计算机辅助设计与绘图软件包，是目前世界上应用最广泛的微机绘图软件之一。

本章将通过实例介绍 AutoCAD 2009 的基本操作方法，介绍使用 AutoCAD 2009 绘制二维图形和三维实体造型。

第一节　AutoCAD 2009 工作空间

一、启动 AutoCAD 2009

当 Windows 启动后，用户可以双击桌面上的 AutoCAD 2009 图标或单击桌面左下角“开始”/“程序”/“AutoCAD 2009”，启动 AutoCAD 2009。

二、AutoCAD 2009 工作空间

AutoCAD 2009 提供了“二维草图与注释”（图 11-1）、“三维建模”和“AutoCAD 经典”工作空间。要在三种工作空间模式中进行切换，只需单击“菜单浏览器”按钮，在弹出的

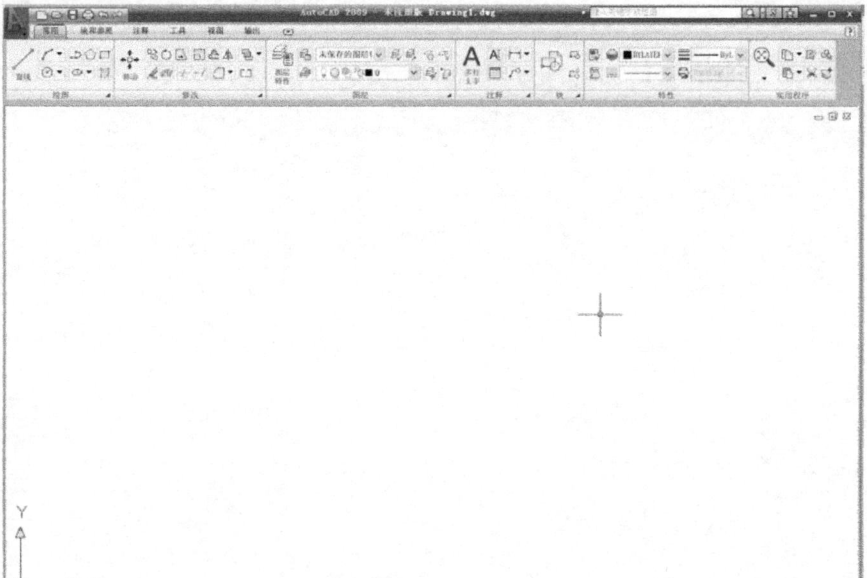

图 11-1　“二维草图与注释”空间

菜单中选择“工具”/“工作空间”子菜单中的子命令即可。下面分别介绍“二维草图与注释”工作空间中的标题栏、菜单浏览器、快速访问工具栏、“功能区”选项板、绘图窗口、命令行与文本窗口及状态栏等。

1. 标题栏

标题栏位于应用程序主窗口顶部，显示当前应用程序名称“Drawing1”，标题栏的最右侧是 Windows 的三个标准按钮，分别为最小化窗口、最大化或还原窗口、关闭窗口，还有快速访问工具栏以及信息中心。

2. 菜单浏览器

菜单浏览器是 AutoCAD 2009 新增的功能按钮，位于界面左上角，单击该按钮，将弹出 AutoCAD 菜单，其中几乎包含了 AutoCAD 全部功能和命令，用户选择命令后即可执行相应的操作。

3. 快速访问工具栏

快速访问工具栏位于菜单浏览器的右侧，它包含六个快捷按钮，分别为“新建”、“打开”、“保存”、“打印”、“放弃”、“重做”按钮。

4. “功能区”选项板

“功能区”选项板是一种特殊的选项板，位于绘图窗口的上方，默认状态下“功能区”选项板有六个选项卡：常用、块和参照、注释、工具、视图、输出。每个选项卡包含若干个面板，每个面板又包含许多由图标表示的命令按钮。

5. 绘图窗口

绘图窗口是绘图工作区域。初进入绘图状态时，在绘图窗口显示十字光标，在绘图区左下角显示坐标系图标，图标左下角为坐标系原点。

6. 命令行与文本窗口

命令行窗口位于绘图窗口的底部，是显示用户与 AutoCAD 对话的地方。文本窗口是记录 AutoCAD 命令的窗口，是放大的“命令行”窗口。

7. 状态栏

状态栏位于用户界面的最下面，用于显示用户的工作状态。状态行最左边是坐标显示区，右边是显示并控制工作状态的十个按钮。在 AutoCAD 2009 状态栏中还包括一个图形状态栏，含有“注释比例”、“注释可见性”和“自动缩放”按钮等。

第二节 AutoCAD 的基本操作

一、点的坐标输入

1. 直角坐标

用点的 X、Y、Z 坐标值表示的坐标叫做直角坐标。

如图 11-2 所示，当用绘制直线命令 LINE 绘制直线 AB 时，首先在命令行窗口中的命令提示符“命令：”后输入 LINE，然后按 Enter 键，此时系统执行 LINE 命令绘制直线，系统提示为“指定第一点：”，此时输入坐标“90，60”，然后按 Enter 键，即表示输入了一个 X、Y 坐标值分别为 90、60 的点，即 A 点。此为绝对坐标输入方式，表示 A 点的坐标是相对于当前坐标原点的坐标值。接着系统提示“指定下一点或［放弃（U)]”，即要求输入 B 点的坐标，如果仍然用绝对坐标输入方式，则输入 *B* 点的坐标为“210，150”，按 Enter 键后，直线 *AB* 绘制完成。如果输入“@120，90”，则为相对坐标输入方式，表示 *B* 点的坐标是相对于 *A* 点的坐标值。

2. 极坐标

用长度和角度表示的坐标叫做极坐标。

在绝对坐标输入方式下，表示为“长度＜角度”，例如，“100＜30”。其中长度为该点到坐标原点的距离，角度为该点至坐标原点的连线与 *X* 轴正向的夹角。

在相对坐标输入方式下，表示为“@长度＜角度”。如图 11-2 所示，在绘制直线 *AB* 的过程中，当要求输入 *B* 点坐标时，可以输入 *B* 点的相对极坐标，即“@150＜37”，其中 150 为 *B* 点到 *A* 点的距离，37 为 *B* 点至 *A* 点的连线与 *X* 轴正向的夹角（°）。

常用点的输入方法还有：在绘图区单击鼠标，直接点取；利用对象捕捉方式捕捉已有图形的特征点，例如，线段的端点、中点、交点、圆心、垂足点、切点等；用鼠标导向，从键盘直接输入相对前一点的距离，按 Enter 键确定。

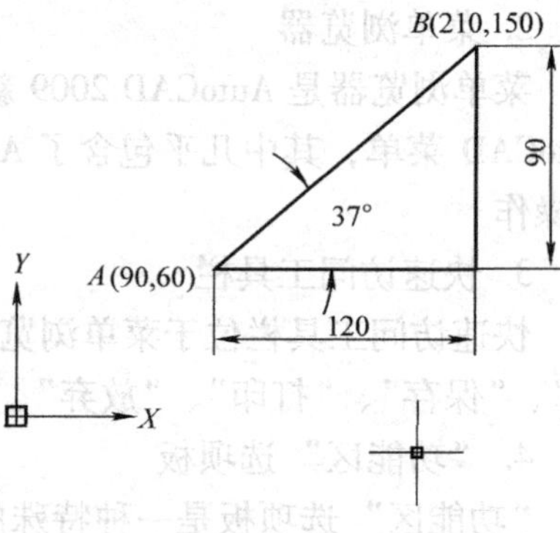

图 11-2　坐标输入方式

二、AutoCAD 2009 命令调用方式

进入 AutoCAD 2009 用户界面后，在命令行窗口中将显示“命令:”提示，此时，即可通过执行一系列的命令来完成图形的绘制。下面以绘制直线为例，介绍在 AutoCAD 2009 中常用的命令调用方式。

1. 命令行方式

将光标移动到命令行窗口中，在命令提示符“命令:”后输入命令名字符串（如绘制直线命令 LINE）或命令的缩写（如绘制直线命令 LINE 的缩写 L），然后按 Enter 键，即可执行该命令。

2. 菜单浏览器

“菜单浏览器”按钮内容见前述。

3. “功能区”选项板

“功能区”选项板内容见前述。

4. 工具栏方式

单击工具栏中的图标，即可执行相应的命令。在 AutoCAD 2009 的用户界面中，如果没有显示某种工具栏，则可以通过选择“菜单浏览器”中的“工具”/“工具栏”/“AutoCAD”来选择所需工具栏。

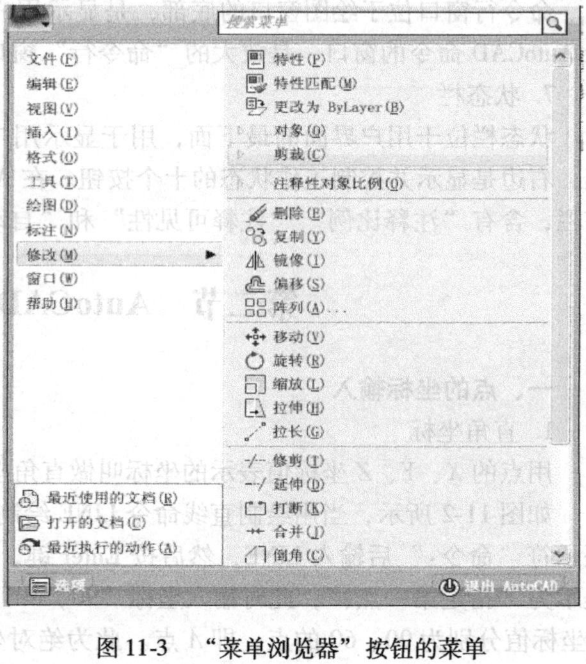

图 11-3　“菜单浏览器”按钮的菜单

三、图形的显示控制

1. 设置图形界限

在利用 AutoCAD 绘制图形时，设置图形界限可以控制绘图的范围。一般来说，设置图形界限有以下两种方式：

1）按图纸的幅面来设置图形界限，如对于 A2 图幅，图形界限可以设置为 594、420。

2）按物体的实际尺寸所占用的绘图区域设置图形界限。在这种方式下，可以按 1∶1 的比例绘制图形，但在图形输出时需要设置适当的比例系数。其操作方法如下：

命令：LIMITS↙

重新设置模型空间界限：

指定左下角点或［开（ON）/关（OFF）］〈0．0000，0．0000〉：↙（接受默认值，确定图幅左下角坐标）

指定右上角点〈420．0000，297．0000〉：594，420↙

2. 图形的缩放和平移

在绘图过程中，经常需要对图形的局部进行放大，以便观察它的细节部分；或对图形进行缩小，以便浏览它的整体；有时还需要移动图形，观察它的不同部分。

（1）图形的缩放　通过缩放视图，可以放大或缩小图形的屏幕显示尺寸，而图形的真实尺寸保持不变。单击“菜单浏览器”按钮，在弹出的菜单中选择“视图”/“缩放”命令中的子命令或单击图 11-4 所示状态栏中的“缩放”按钮，都可以缩放视图。

（2）图形的平移　单击“菜单浏览器”按钮，在弹出的菜单中选择“视图”/“平移”命令中的子命令或单击图 11-4 中的“平移”按钮，都可以实现图形的实时平移。

图 11-4　显示操纵工具栏

四、辅助绘图工具

在利用 AutoCAD 绘图时，经常需要将光标定位在某些直线或曲线的特征点上，例如端点、中点、切点、交点、圆心等。但是用光标很难准确地定位于对象上这些特定的点。为了解决快速精确定点的问题，AutoCAD 提供了一些辅助绘图工具，例如对象捕捉、对象捕捉追踪、正交模式、光标捕捉、显示栅格等。利用这些辅助绘图工具，可以提高绘图精度，加快绘图速度。下面介绍两种常用的辅助绘图工具。

1. 对象捕捉

（1）设置对象捕捉模式

命令：OSNAP↙

启动该命令后，将打开图 11-5 所示的“草图设置”对话框，单击“对象捕捉”标签，打开“对象捕捉”选项卡。AutoCAD 提供了 13 种对象捕捉模式。如果用户在绘图过程中，选择启动了某些对象捕捉模式，即可捕捉到图形对象上相应的特征点。

（2）使用快捷菜单和工具栏进行对象捕捉

1）“对象捕捉”快捷菜单。在命令要求输入点时，按住 Shift 键再单击鼠标右键，即可打开“对象捕捉”快捷菜单，如图 11-6 所示。选择相应的选项，即可执行相应的对象捕捉功能。

2）“对象捕捉”工具栏。“对象捕捉”工具栏如图 11-7 所示。打开“对象捕捉”工具

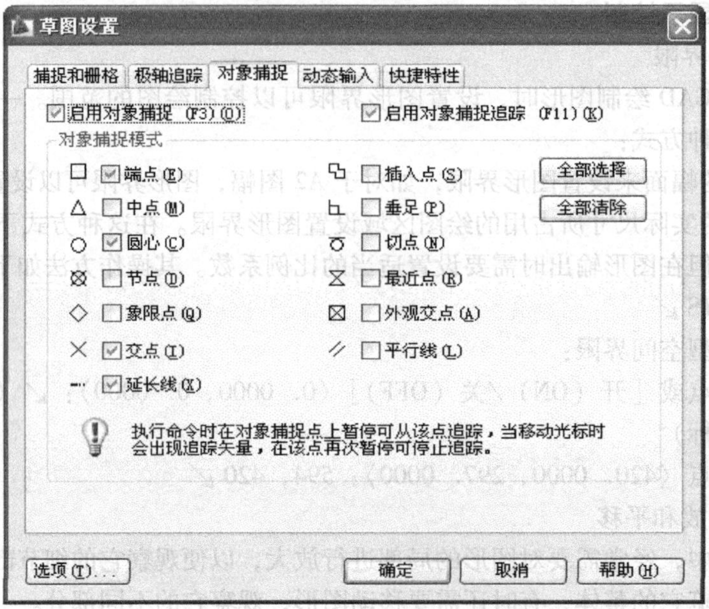

图 11-5 “草图设置”对话框

栏的方法：单击“菜单浏览器”按钮，在弹出的菜单中选择“工具”/“工具栏”/“AutoCAD”/“对象捕捉”，即可打开“对象捕捉”工具栏，单击相应的按钮，即可执行相应的对象捕捉功能。

2. 正交模式

在绘制工程图时，为保证绘制出精确的水平线或垂直线，系统设置了绘制水平线或垂直线的方式，这种方式称为正交模式。

五、设置图层、颜色、线型和线宽

图层（LAYER）是 AutoCAD 中非常重要的一个图形管理工具。AutoCAD 图形对象必须绘制在某一图层上。图层可以被想象为一张没有厚度的透明纸，上边绘制着属于该层的图形对象，图形中的所有图层叠放在一起，就组成了一个 AutoCAD 的完整图形。

1. 设置图层

单击“菜单浏览器”按钮，在弹出的菜单中选择“格式”/“图层”命令，或在“功能区”选项板中选择“常用”选项卡，在“图层”面板中单击“图层特性”按钮，打开图 11-8 所示的“图层特性管理器”。单击“新建”按钮便可建立新的图层。每一层对应一个图层名。当前使用的图层称为当前层，当前层只有一个，用户可以在定义好的图层中切换当前层；每一图层对应一种颜色和线型，新建的图层颜色和线型，系统默认为白色、连续线（实线），图层的颜色和线型等可以修改。

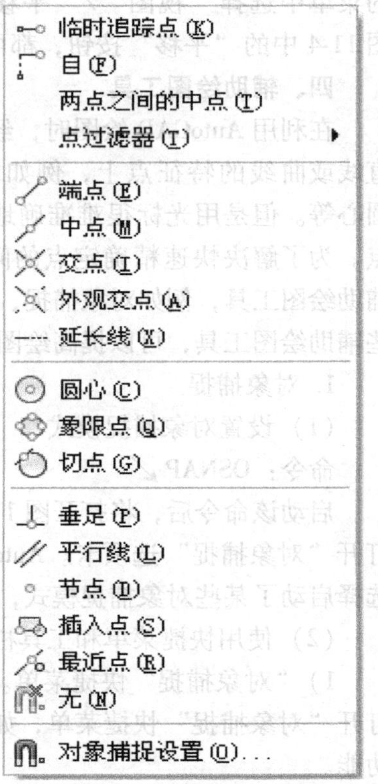

图 11-6 “对象捕捉”快捷菜单

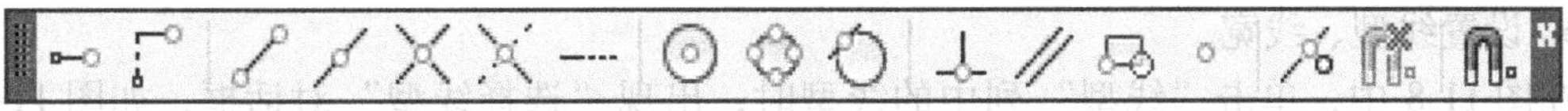

图 11-7　“对象捕捉”工具栏

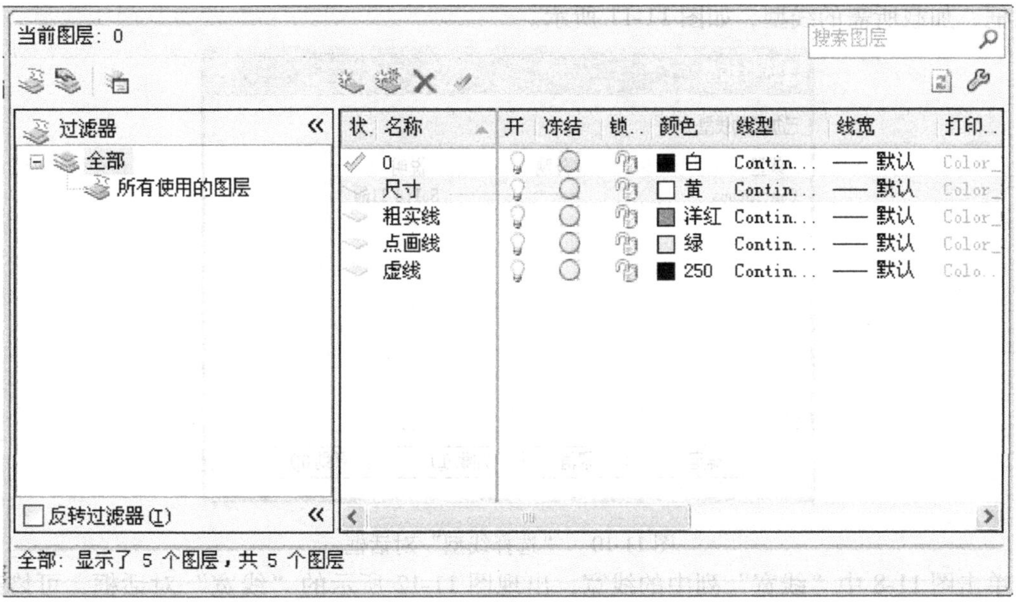

图 11-8　图层、颜色、线型、线宽设置

2. 设置颜色

在图 11-8 中，单击“颜色”列中的颜色块，可在出现的“选择颜色”对话框中选择一种颜色，如图 11-9 所示。

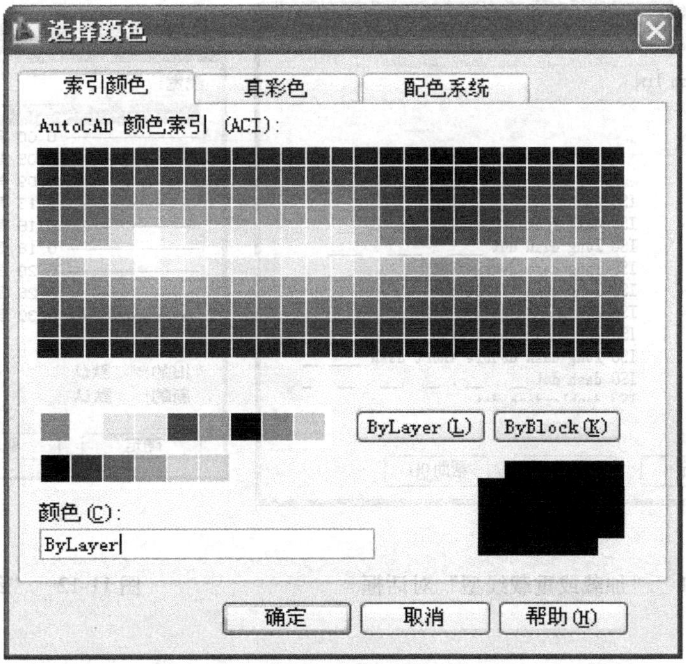

图 11-9　“选择颜色”对话框

3. 设置线型、线宽

在图 11-8 中，单击“线型”列中的线型时，出现“选择线型”对话框，如图 11-10 所示。若该对话框中的列表中没有所需线型，可单击“加载”按钮，打开“加载或重载线型”对话框，加载所需的线型，如图 11-11 所示。

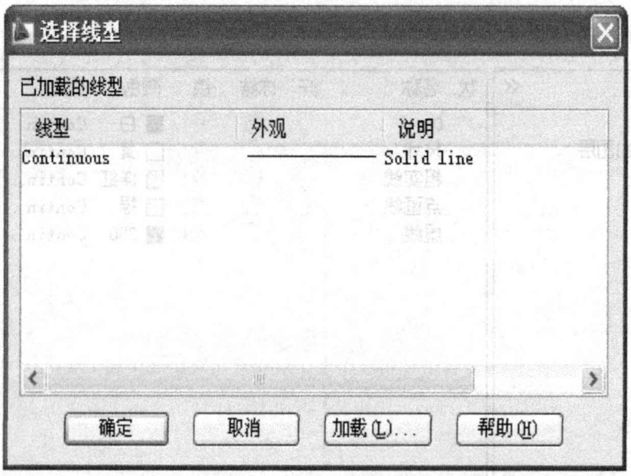

图 11-10 “选择线型”对话框

单击图 11-8 中“线宽”列中的线宽，出现图 11-12 所示的“线宽”对话框，可修改图层中的线宽。

注意：在图层中有三个图标，其中图标控制图层的可见性；图标为冻结开关，图层被冻结时不可修改，也不可见；图标为锁定开关，图层被锁定时可见，但不可修改。

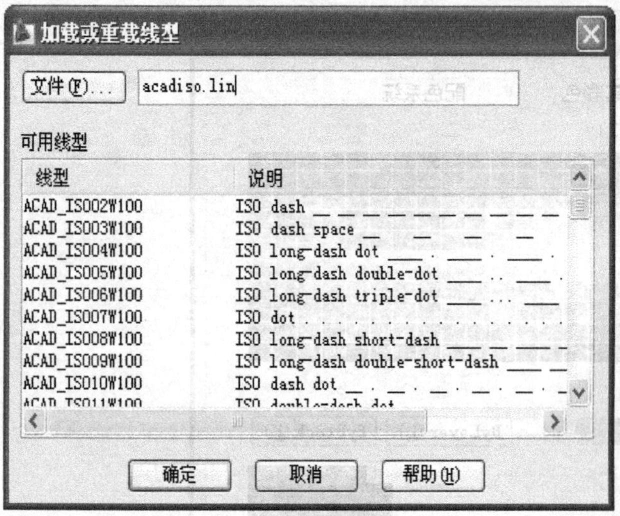

图 11-11 “加载或重载线型”对话框

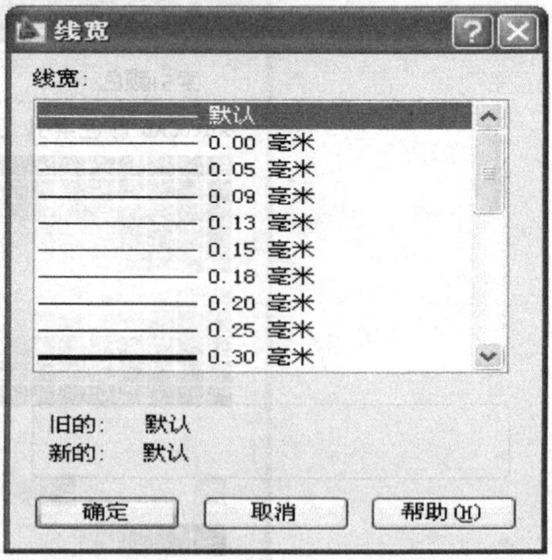

图 11-12 “线宽”对话框

第三节　常用的绘图命令

绘图菜单是绘制图形最基本、最常用的方法，其中包含了 AutoCAD 2009 的大部分绘图命令。选择该菜单中的命令或子命令，可绘制出相应的二维图形。

一、直线 LINE

单击“菜单浏览器”按钮，在弹出的菜单中选择“绘图”/“直线”命令，或在“功能区”选项板中选择“常用”选项卡，在“绘图”面板中单击“直线”按钮，就可以绘制直线。

用户可以用 LINE 命令画直线段或折线，例如画一个图 11-13 所示的四边形，其命令输入形式及执行过程如下：

命令：LINE↙（输入命令或从“菜单浏览器”、“功能区”选项板中选取）

指定第一点：100，100↙（或用鼠标任意单击一点）

指定下一点或［放弃（U）］：@100<0↙

指定下一点或［放弃（U）］：@60<90↙

指定下一点或［闭合（C）/放弃（U）］：@100<180↙

指定下一点或［闭合（C）/放弃（U）］：C↙

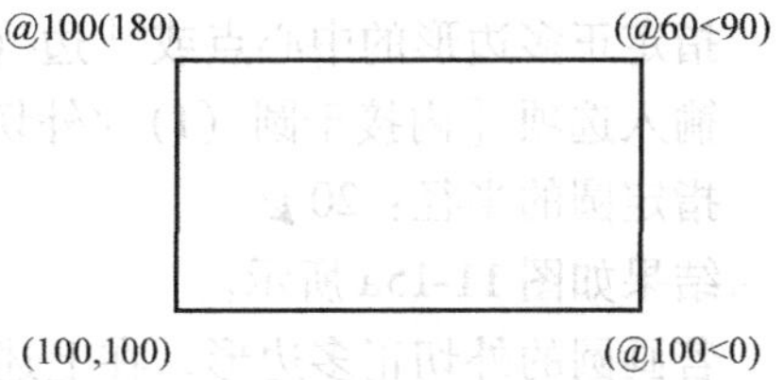

图 11-13　四边形

二、圆 CIRCLE

用 CIRCLE 命令可以用不同的方式画圆。最常用的形式是给出圆心，再输入半径或直径。命令输入形式及执行过程如下：

命令：CIRCLE↙

指定圆的圆心或［三点（P）/两点（2P）/ 切点、切点、半径（T）］：（捕捉点画线交点）

指定圆的半径或［直径（D）］：20↙（给定半径，结果如图 11-14a 所示）

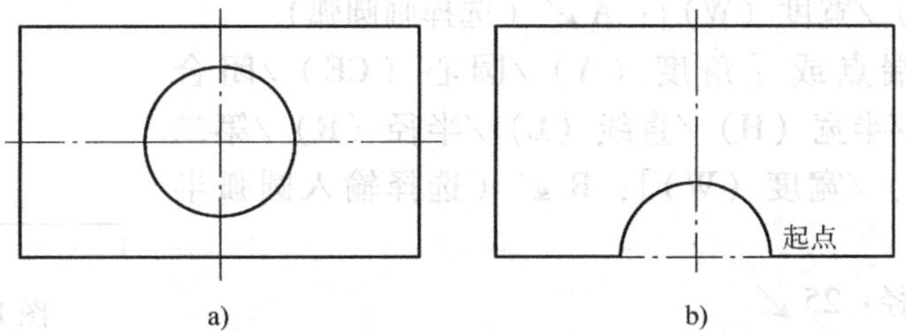

图 11-14　圆和圆弧

a）画圆　b）画圆弧

三、圆弧 ARC

圆弧是圆的一部分，为满足不同的要求，AutoCAD 提供了多种画圆弧的方式，用户可以根据不同的情况选择所需的方式。下面介绍给定起点、圆心和角度的画弧方法。

命令：ARC↙

指定圆弧的起点或［圆心（C）］:（捕捉图11-14b中的“起点”）

指定圆弧的第二点或［圆心（C）/端点（E）］:_c 指定圆弧的圆心:（捕捉点画线的交点）

指定圆弧的端点或［角度（A）/弦长（L）］:_a 指定包含角: 180↙（输入角度180°，其结果如图11-14b所示）

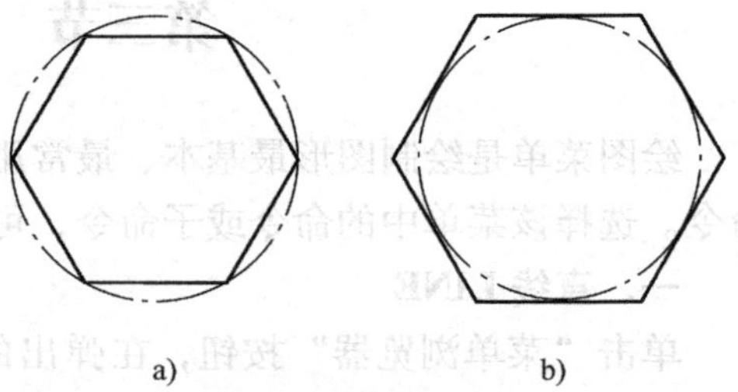

图11-15　正多边形

a）圆内接正多边形　b）圆外切正多边形

四、多边形 POLYGON

用POLYGON命令可以绘制正多边形。多边形有圆内接多边形和圆外切多边形两种。

命令: POLYGON↙

输入边的数目<4>: 6↙

指定正多边形的中心点或［边（E）］:（单击鼠标左键或输入坐标）

输入选项［内接于圆（I）/外切于圆（C）］: <I>↙

指定圆的半径: 20↙

结果如图11-15a所示。

若画圆的外切正多边形，在上述输入选项中输入C，按Enter键确认，结果如图11-15b所示。

五、多段线 PLINE

用PLINE命令可绘制由直线段、圆弧段组成的多段线。各段线段可以有不同的宽度。下面以图11-16为例介绍多段线的画法。

命令: PLINE↙

指定起点: 150, 100↙（输入图11-16所示“1”点的坐标，或单击鼠标）

当前线宽为0. 0000（默认线宽）

指定下一个点或［圆弧（A）/半宽（H）/长度（L）/放弃（U）/宽度（W）］: @60<0↙（输入“2”点的坐标）

指定下一个点或［圆弧（A）/闭合（C）/半宽（H）/长度（L）/放弃（U）/宽度（W）］: A↙（选择画圆弧）

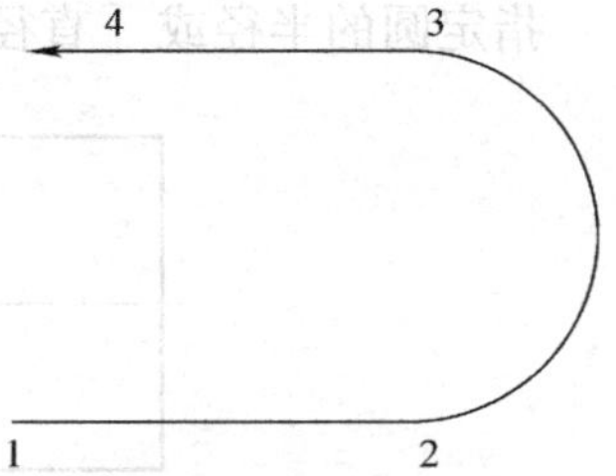

图11-16　多段线

指定圆弧的端点或［角度（A）/圆心（CE）/闭合（CL）/方向（D）/半宽（H）/直线（L）/半径（R）/第二点（S）/放弃（U）/宽度（W）］: R↙（选择输入圆弧半径）

指定圆弧的半径: 25↙

指定圆弧的端点或［角度（A）］: @50<90↙（输入“3”点的坐标）

指定圆弧的端点或［角度（A）/圆心（CE）/闭合（CL）/方向（D）/半宽（H）/直线（L）/半径（R）/第二点（S）/放弃（U）/宽度（W）］: L↙（选择画直线）

指定下一个点或［圆弧（A）/闭合（C）/半宽（H）/长度（L）/放弃（U）/宽度（W）］: @50<180↙（或打开状态行中的“正交”，向左拖动鼠标后输入50，按Enter键，可确定“4”点坐标）

指定下一点或［圆弧（A）/闭合（C）/半宽（H）/长度（L）/放弃（U）/宽度（W）］：W↙（选择直线段“宽度（W）”）

指定起点宽度 <0．0000>：2↙

指定端点宽度 <2．0000>：0↙

指定下一点或［圆弧（A）/闭合（C）/半宽（H）/长度（L）/放弃（U）/宽度（W）］：@10<180↙

指定下一点或［圆弧（A）/闭合（C）/半宽（H）/长度（L）/放弃（U）/宽度（W）］：↙（按Enter键，多段线结果如图11-16所示）

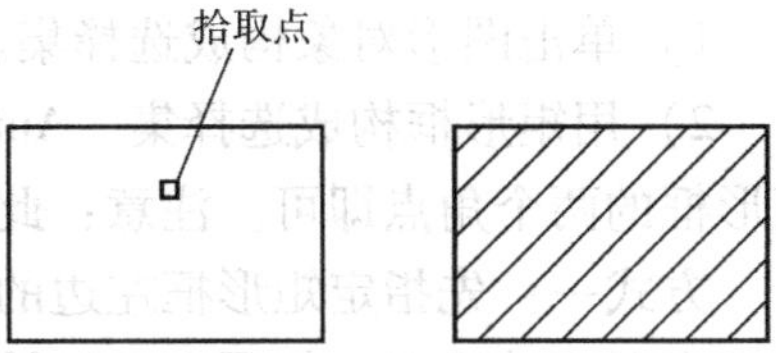

图11-17　图案填充

六、图案填充HATCH

用HATCH命令可向某选定的区域填充图案，可用于画剖面线、填充颜色或图案等。欲得到图11-17所示图案，操作如下：

命令：HATCH↙

启动该命令后，打开图11-18所示“图案填充和渐变色”对话框。首先在“图案”下拉列表框或“样例”列表中，选择要填充的图案；在“角度和比例”选项组中设置图案比例、角度；然后单击“拾取点”按钮返回绘图工作区，选择填充区域，如图11-17所示，在要填充的区域内单击，再单击右键返回“图案填充和渐变色”对话框，经反复预览、修改，直到所填充图案符合要求，按“确定”按钮确认。

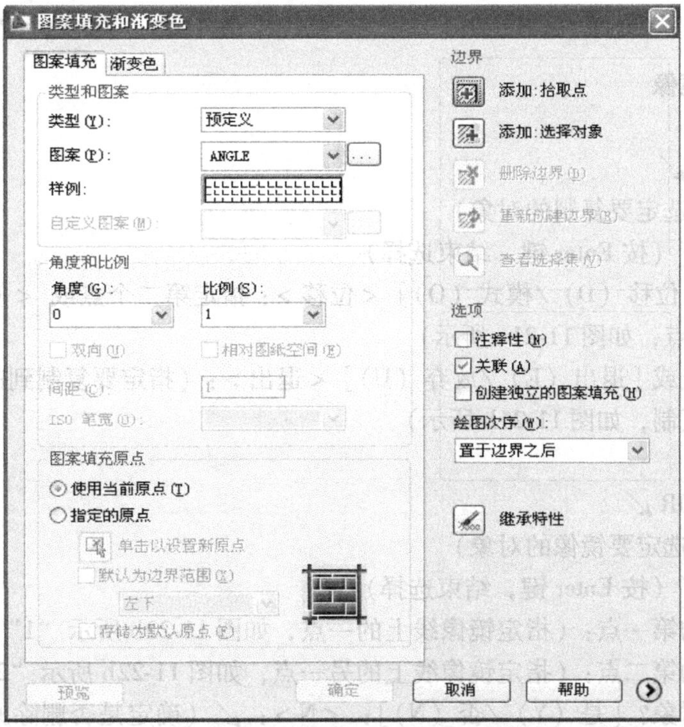

图11-18　“图案填充和渐变色”对话框

第四节　常用的图形编辑命令

一、图形对象的选择方式

对已有对象进行编辑、修改操作时，必须首先对图形进行选择，即构成选择集。图形对象的选择方式很多，下面介绍常用的两种选择方式。

1）单击图形对象构成选择集。对多个对象逐一单击，构成选择集。

2）用矩形框构成选择集。AutoCAD 能用矩形框来同时选择多个编辑对象。用光标确定矩形框的两个角点即可。注意：此方法有两种不同的选择方式。

方式一：先指定矩形框左边的角点，称为“窗口”方式。只有当图形对象全部处于矩形框内时才被选中，如图 11-19 所示。

方式二：先指定矩形框右边的角点，称为“交叉窗口”方式。只要图形对象有一部分在矩形框内即被选中，如图 11-20 所示。

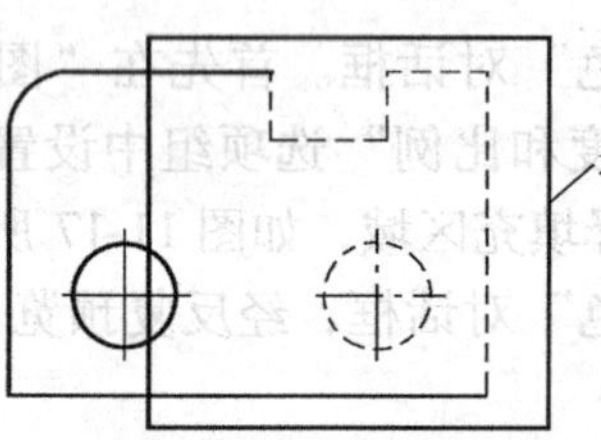

图 11-19　“窗口”选择方式

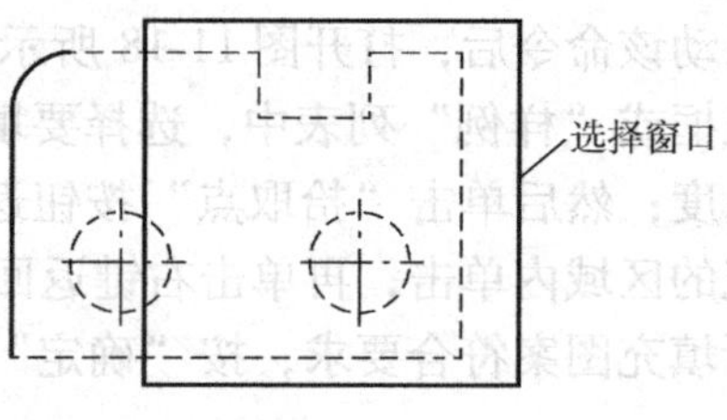

图 11-20　“交叉窗口”选择方式

二、复制和镜像

1. 复制图形

命令：COPY↙

选择对象：(选定要复制的对象)

选择对象：↙（按 Enter 键，结束选择）

指定基点或［位移（D）/模式（O）］＜位移＞：指定第二个点或 ＜使用第一个点作为位移＞：(指定基点，如图 11-21a 所示)

指定第二个点或［退出（E）/放弃（U）］＜退出＞：(指定要复制到的位置，可以对同一对象进行多重复制，如图 11-21b 所示)

2. 镜像图形

命令：MIRROR↙

选择对象：(选定要镜像的对象)

选择对象：↙（按 Enter 键，结束选择）

指定镜像线的第一点：(指定镜像线上的一点，如图 11-22b 所示“1”点)

指定镜像线的第二点：(指定镜像线上的另一点，如图 11-22b 所示“2”点)

是否删除源对象？［是（Y）/否（N）］：＜N＞：↙（确定是否删除原图形。默认为不删除原图形，如图 11-22b 、c 所示）

三、偏移和阵列

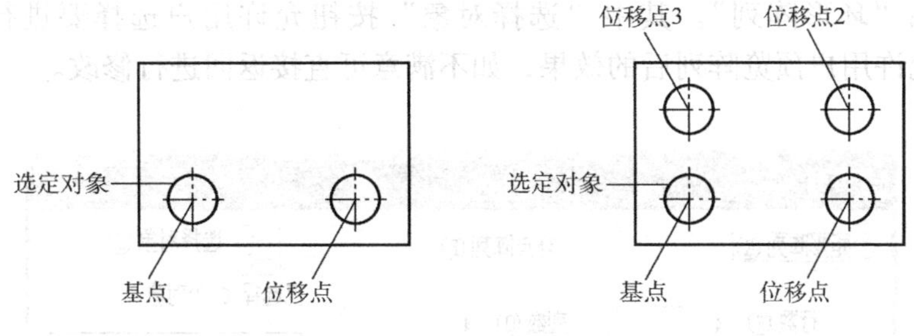

a)　　b)

图 11-21　复制图形

a）单一复制　b）多重复制

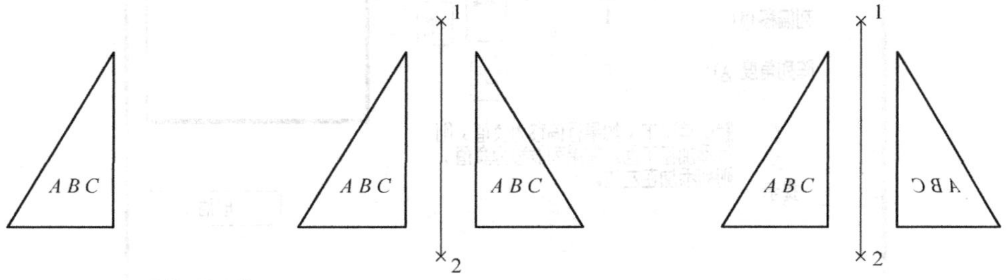

a)　　b)　　c)

图 11-22　镜像图形

a）镜像前　b）文本可读镜像　c）文本完全镜像

1. 偏移图形（图 11-23）

命令：OFFSET↙

指定偏移距离或［通过（T）/删除（E）/图层（L）］<通过>：　10↙

选择要偏移的对象，或［退出（E）/放弃（U）］<退出>：（选择要偏移的对象）

指定要偏移的那一侧上的点，或［退出（E）/多个（M）/放弃（U）］<退出>：（通过指定点来确定往哪一侧偏移）

选择要偏移的对象，或［退出（E）/放弃（U）］<退出>：（继续进行偏移操作，或按 Enter 键结束）

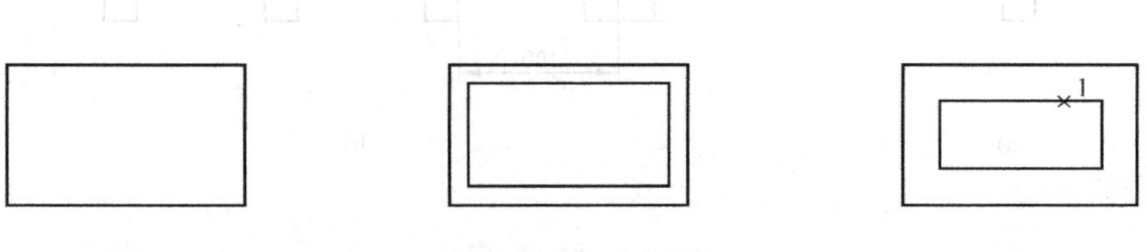

a)　　b)　　c)

图 11-23　偏移图形

a）偏移前　b）指定偏移距离 10　c）指定通过点“1”

2. 阵列图形

命令：ARRAY↙

启动该命令后，打开图 11-24 所示的“阵列”对话框。该对话框包括两种阵列方式：

“矩形阵列”和“环形阵列”。其中“选择对象”按钮允许用户选择要进行阵列的对象；“预览”按钮允许用户预览阵列后的效果，如不满意可直接返回进行修改。

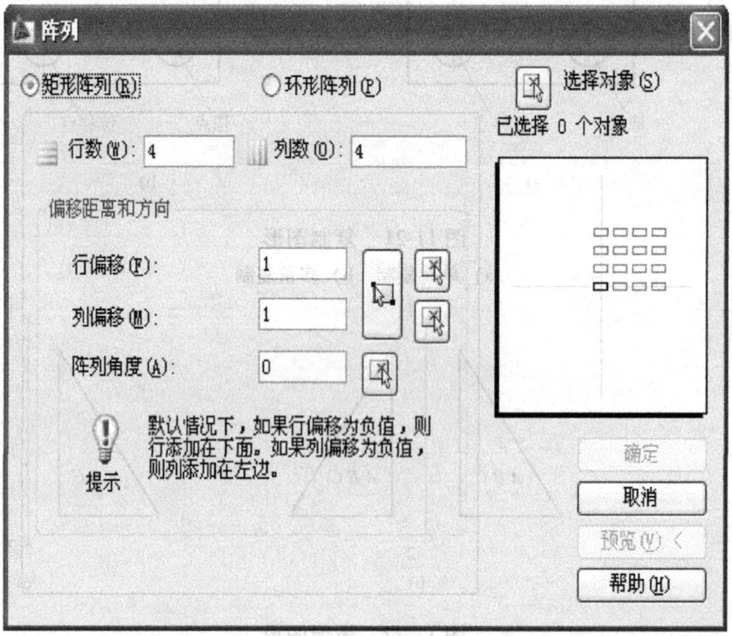

图 11-24 “阵列”对话框

（1）矩形阵列 通过设置行、列的数目以及行、列偏移量控制复制的效果，如图 11-25 所示。

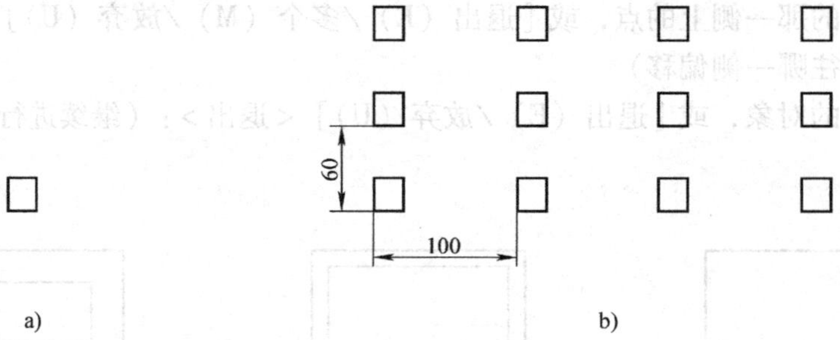

图 11-25 矩形阵列

a）阵列前 b）阵列后，行间距 60，列间距 100

（2）环形阵列 通过设置阵列中心点、阵列数目和角度，控制复制效果。选中“环形阵列”单选按钮，对话框变为图 11-26 所示的形式。

其中，“中心点”用于设置环形阵列的中心坐标，可以直接输入或用鼠标拾取，再对“项目总数”、“填充角度”、“项目间角度”进行设置，最后选中“复制时旋转项目”复选框，则阵列后对象按照一定角度旋转复制，反之则不旋转，如图 11-27 所示。

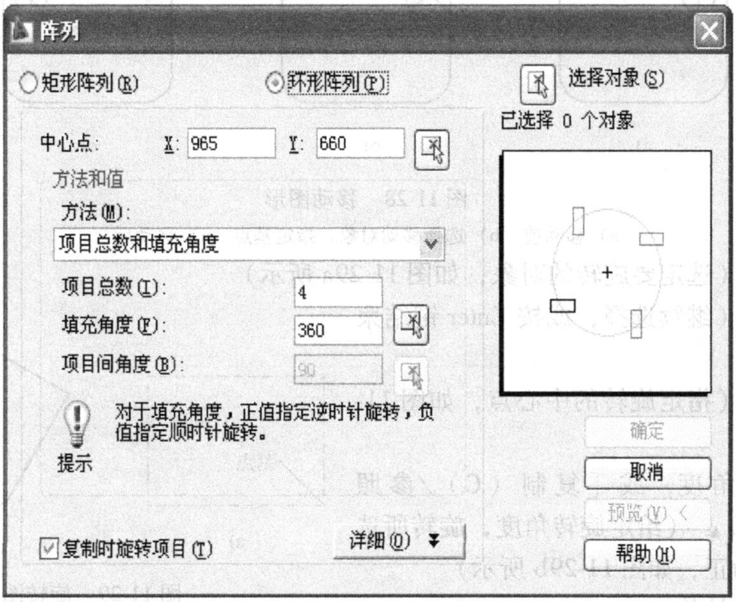

图 11-26　“环形阵列”对话框

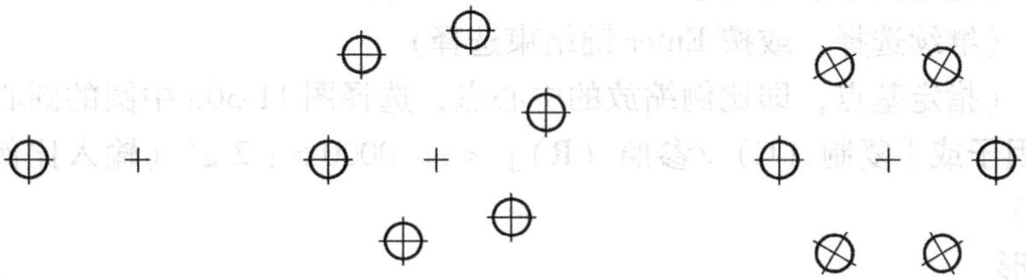

a)　　b)　　c)

图 11-27　环形阵列

a）阵列前　b）阵列对象不旋转　c）阵列对象旋转

四、移动和旋转

1. 移动图形

命令：MOVE ↙

选择对象：（选定要移动的对象，如图 11-28a 所示，选择圆）

选择对象：（继续选择，或按 Enter 键结束选择）

指定基点或［位移（D）］<位移>：（指定基点，如图 11-28b 所示）指定第二个点或<使用第一个点作为位移>：（指定要移动到的位置，如图 11-28c 所示）

2. 旋转图形

命令：ROTATE ↙

USC 当前的正角方向：ANGDIR = 逆时针　ANGBASE = 0

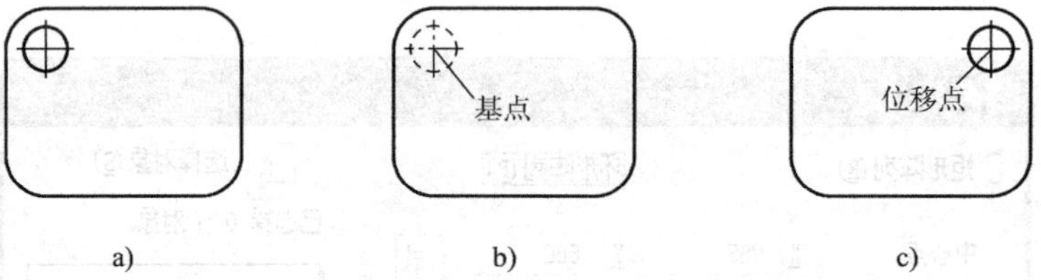

图 11-28 移动图形

a）移动前 b）选择移动对象，指定基点 c）移动后

选择对象：（选定要旋转的对象，如图 11-29a 所示）

选择对象：（继续选择，或按 Enter 键结束选择）

指定基点：（指定旋转的中心点，如图 11-29a 所示）

指定旋转角度，或［复制（C）/参照（R）］<0>：30↙（给定旋转角度，旋转所选图形，逆时针为正，如图 11-29b 所示）

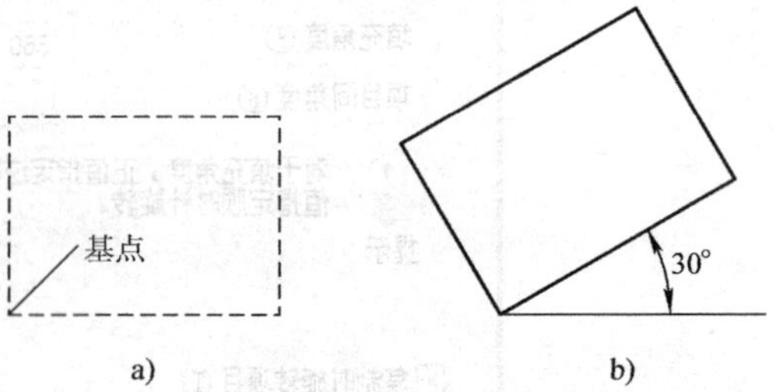

图 11-29 旋转图形

a）选择对象指定基点 b）旋转后，旋转角为 30°

五、比例和拉伸

1. 比例缩放图形

命令：SCALE↙

选择对象：（选定要缩放的对象）

选择对象：（继续选择，或按 Enter 键结束选择）

指定基点：（指定基点，即比例缩放的中心点，选择图 11-30a 中圆的圆心）

指定比例因子或［复制（C）/参照（R）］<1. 0000>：2↙（输入比例因子，结果如图 11-30b 所示）

2. 拉伸图形

命令：STRETCH↙

以交叉窗口或交叉多边形选择要拉伸的对象…

选择对象：C↙（以交叉窗口方式选择对象）

指定第一个角点：（指定选取区域的第一个角点，如图 11-31a 所示“1”点）

指定对角点：（指定选取区域的第二个角点，如图 11-31a 所示“2”点）

找到 12 个

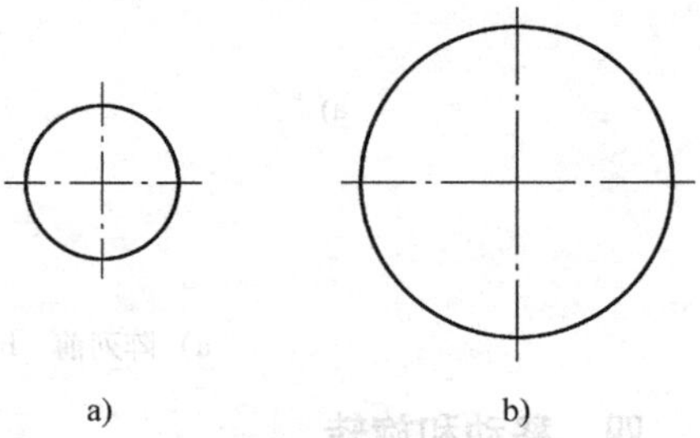

图 11-30 比例缩放

a）缩放前 b）缩放后，比例因子为 2

选择对象：（继续选择，或按 Enter 键结束选择）

指定基点或［位移（D）］<位移>：（指定基点，如图 11-31a 所示右边圆的圆心）

指定第二个点或 <使用第一个点作为位移>：（指定基点要拉伸到的位置点，如图 11-31b 所示）

六、修剪和延伸

1. 修剪图形

命令：TRIM↙

当前设置：投影 = UCS，边 = 无

选择剪切边…

选择对象或 < 全部选择 >：(选取剪切边，如图 11-32a 所示。可连续选取)

选择对象：↙（按 Enter 键结束选择）

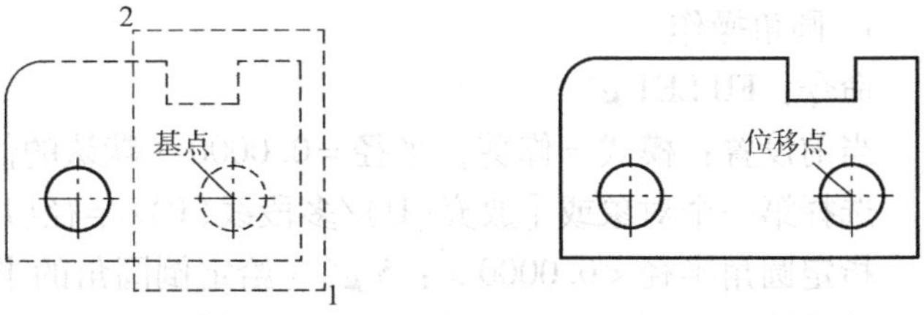

a)　　b)

图 11-31　拉伸图形

a）选择对象及基点　b）拉伸后

选择要修剪的对象，或按住 Shift 键选择要延伸的对象，或［栏选（F）/窗交（C）/投影（P）/边（E）/删除（R）/放弃（U）］：(选择要修剪的部分，改变修剪模式或取消当前操作。如图 11-32b 所示，选择修剪的对象)

选择要修剪的对象，或按住 Shift 键选择要延伸的对象，或［栏选（F）/窗交（C）/投影（P）/边（E）/删除（R）/放弃（U）］：(继续选择，或按 Enter 键结束修剪，如图 11-32c 所示)

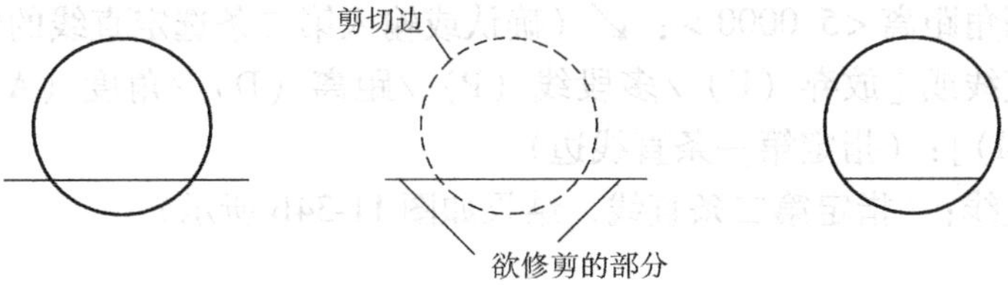

a)　　b)　　c)

图 11-32　修剪图形

a）修剪前　b）修剪操作　c）修剪结果

2. 延伸图形

命令：EXTEND↙

当前设置：投影 = UCS，边 = 无

选择边界的边…

选择对象或 < 全部选择 >：(选择要延伸到的边界对象，如图 11-33a 所示)

选择对象：(继续选择，或按 Enter 键结束选择)

选择要延伸的对象，或按住 Shift 键选择要修剪的对象，或［栏选（F）/窗交（C）/投影（P）/边（E）/放弃（U）］：(选择要延伸的对象，如图 11-33b 所示)

选择要延伸的对象，或按住 Shift 键选择要修剪的对象，或［栏选（F）/窗交（C）/投影（P）/边（E）/放弃（U）］：(继续选择、改变延伸模式或取消当前操作。按 Enter 键结束命令)

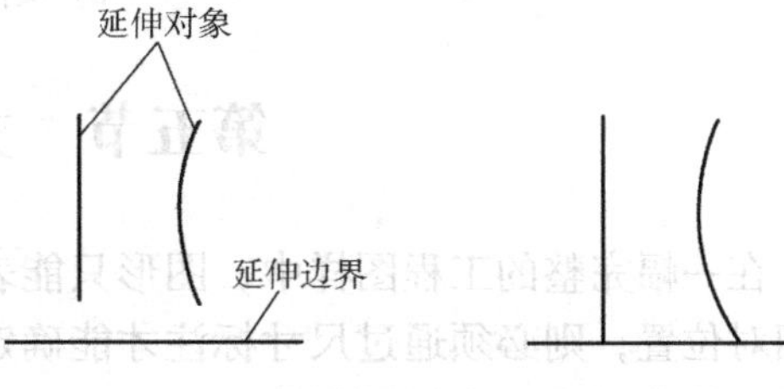

a)　　b)

图 11-33　延伸图形

a）延伸前　b）延伸后

七、圆角和倒角

1. 圆角操作

命令：FILLET↙

当前设置：模式 = 修剪，半径 = 0.0000（默认的修剪模式及圆角半径）

选择第一个对象或［放弃(U)/多段线(P)/半径(R)/修剪(T)/多个(M)］：R↙

指定圆角半径 <0.0000>：5↙（给定倒圆角的半径）

选择第一个对象或［放弃（U）/多段线（P）/半径（R）/修剪（T）/多个（M）］：（选择倒圆角的第一个对象）

选择第二个对象，或按住 Shift 键选择要应用角点的对象：（选择倒圆角的第二个对象，结果如图 11-34b 所示）

2. 倒角操作

命令：CHAMFER↙

（“修剪”模式）当前倒角距离 1 = 0.0000，距离 2 = 0.0000

选择第一条直线或［放弃（U）/多段线（P）/距离（D）/角度（A）/修剪（T）/方式（E）/多个（M）］：D↙（设置倒角距离）

指定第一个倒角距离 <0.0000>：5↙（输入第一条选定直线的倒角距离）

指定第二个倒角距离 <5.0000>：↙（确认或输入第二条选定直线的倒角距离）

选择第一条直线或［放弃（U）/多段线（P）/距离（D）/角度（A）/修剪（T）/方式（E）/多个（M）］：（指定第一条直线边）

选择第二条直线：（指定第二条直线，结果如图 11-34b 所示）

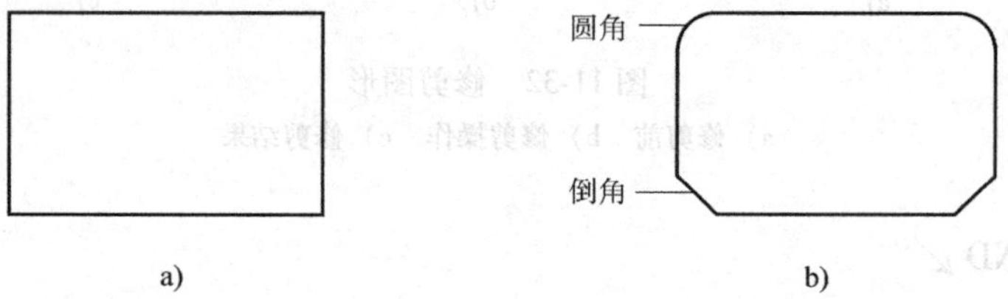

图 11-34 圆角和倒角

a）操作前 b）操作后

第五节 文本与尺寸标注

在一幅完整的工程图样中，图形只能表达物体的形状结构，而物体的真实大小和各部分的相对位置，则必须通过尺寸标注才能确定。另外，图样中还要有必要的文字，例如，注释说明、技术要求以及标题栏等。

一、设置文字样式

1. 设置文字样式的方法

命令：STYLE↙

启动该命令，打开图 11-35 所示的“文字样式”对话框。利用该对话框，可以建立或修改文字样式。

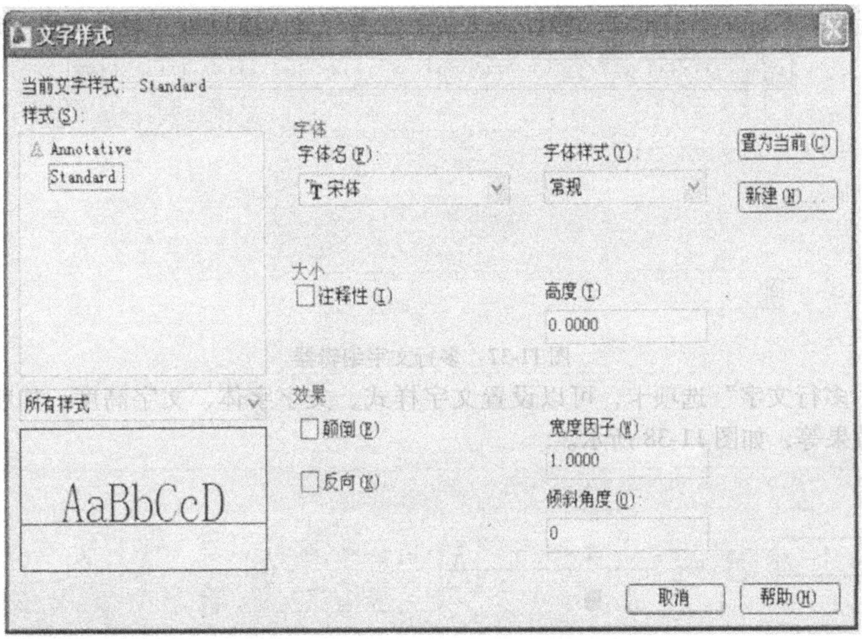

图 11-35　“文字样式”对话框

设置顺序为：单击“新建”按钮；在“样式名”文本框中输入“HZ”；在“字体名”下拉列表框中选择“仿宋—GB2312”；在“大小”选项组中确定文字高度；在“效果”选项组中输入宽度因子 0.7；单击“应用”按钮，则一种文字样式创建完成。

这样可用自己创建的文字样式“HZ”注写汉字或字母，用系统默认样式“Standard”注写字母等。

2. 单行文本

命令：TEXT↙

当前文字样式：HZ；当前文字高度：2.5000

指定文字的起点或［对正（J）/样式（S）］：（在适当位置处单击鼠标，确定注写文字的起点）

指定高度 <2.5000>：10↙（指定文字的高度）

指定文字的旋转角度 <0>：↙（指定文字的倾斜角度）

输入文字：工程图学↙（输入文字的内容）

输入文字：↙（继续输入下一行文字，或按 Enter 键结束命令，结果如图 11-36 所示）

3. 书写多行文本

命令：MTEXT↙

当前文字样式：Standard；当前文字高度：2.5

指定第一点：（指定代表文字位置的矩形框左上角点的位置）

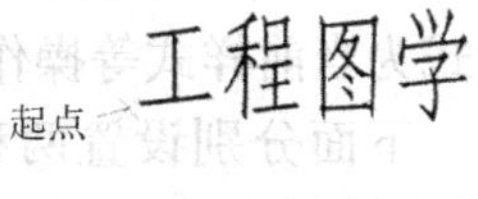

图 11-36　单行文字

指定对角点或［高度（H）/对正（J）/行距（L）/旋转（R）/样式（S）/宽度（W）/栏（C）］：（指定矩形框右下角点位置，确定多行文字对象中段落的宽度）

在指定矩形框右下角点时，屏幕上动态显示一个矩形框。指定完右下角点后，系统弹出

图 11-37 所示的多行文字编辑器，将打开“文字格式”输入窗口和“多行文字”选项卡。

图 11-37　多行文字编辑器

使用“多行文字”选项卡，可以设置文字样式、文字字体、文字高度、加粗、倾斜或加下划线效果等，如图 11-38 所示。

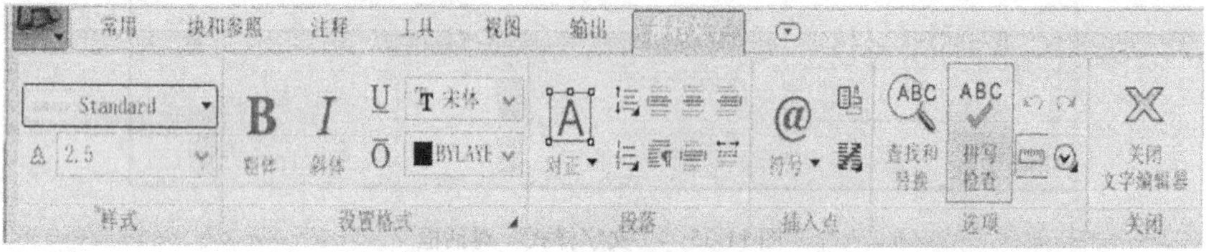

图 11-38　“多行文字”选项卡

二、使用 DDEDIT 命令编辑文字

选择该命令，然后在绘图窗口中单击需要编辑的单行或多行文字，进入文字编辑状态，可以重新输入文本内容。

命令：DDEDIT↙

选择注释对象或［放弃（U）］：（选择要编辑的文字对象）

这样用户即可以对所选文字对象进行编辑。

三、尺寸标注

1. 设置尺寸标注样式

命令：DIMSTYLE↙

启动该命令后，打开图 11-39 所示的“标注样式管理器”对话框。在该对话框中可以完成尺寸标注样式的新建、修改、替代、比较和设置某一样式为当前样式等操作。

下面分别设置两种尺寸标注样式 ISO-1、ISO-2。

（1）设置标注样式 ISO-1

单击图 11-39 中的“新建”按钮，打开图 11-40 所示的“创建新标注样式”对话框。

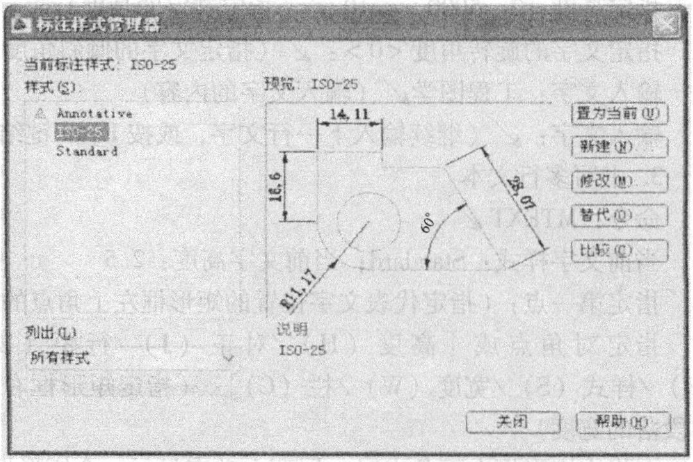

图 11-39　“标注样式管理器”对话框

其中在“新样式名”文本框中，用户可以输入新建标注样式的名称，例如 ISO-1；“基础样式”下拉列表框用于选择当前使用的样式，例如“ISO-25”；“用于”下拉列表框允许定义该新建样式的应用范围，例如“所有标注”或者只用于“线性标注”。

单击“继续”按钮，将打开图 11-41a 所示的“新建标注样式：ISO-1”对话框，该对话框共有 7 个选项用于定义标注样式的不同状态和参数。

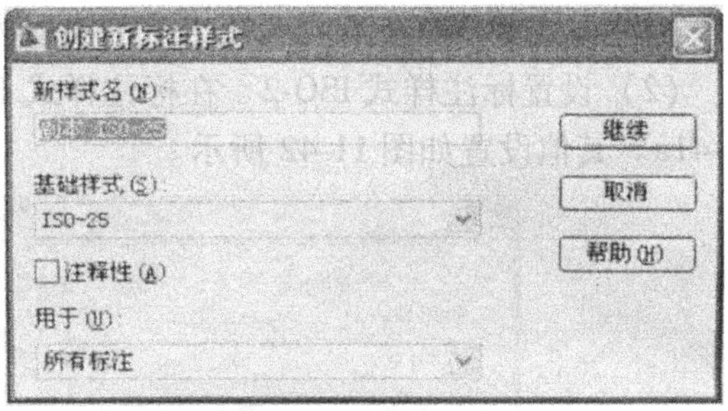

图 11-40　“创建新标注样式”对话框

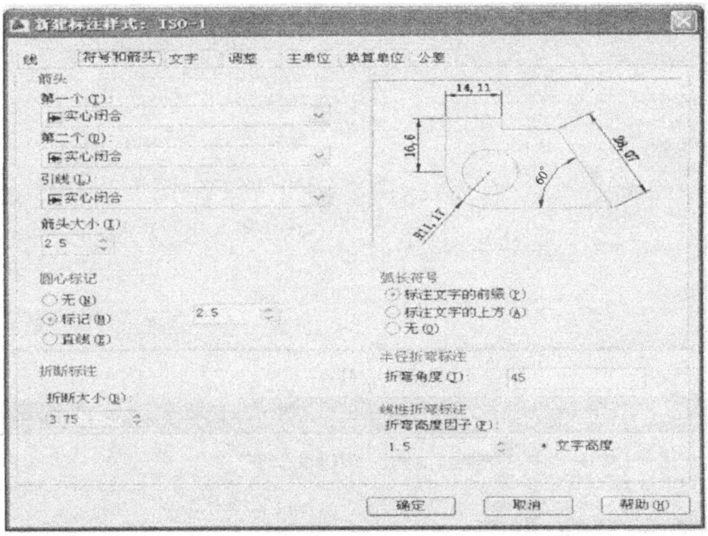

a)

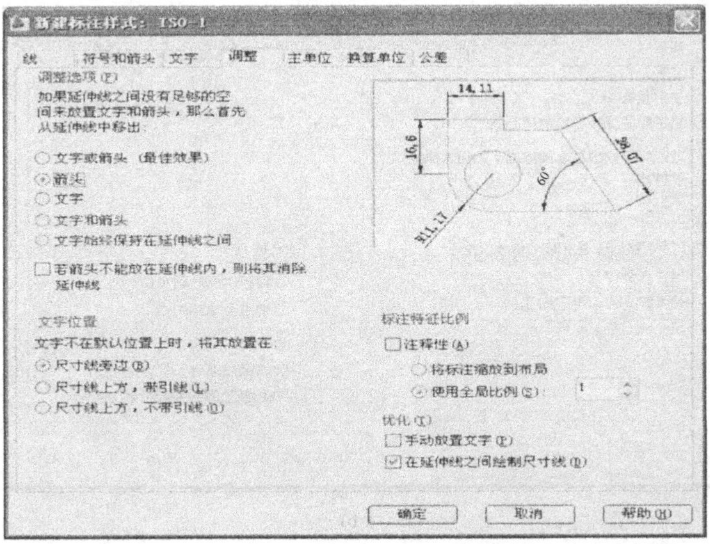

b)

图 11-41　设置标注样式 ISO-1

标注样式ISO-1在不同选项卡下的设置内容如图11-41a、b所示。

（2）设置标注样式ISO-2　在标注样式ISO-2中，“符号和箭头”选项卡下的设置同图11-41a。其他设置如图11-42所示。

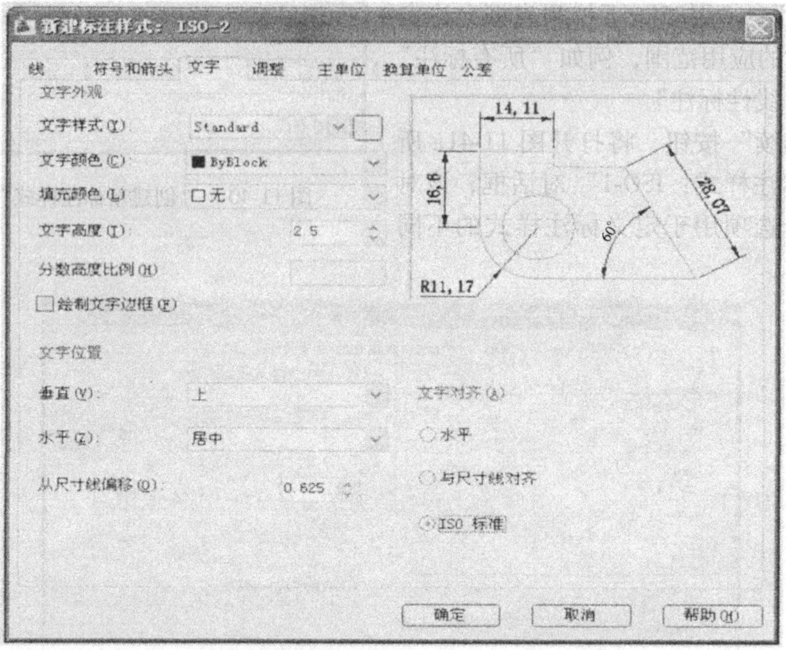

a)

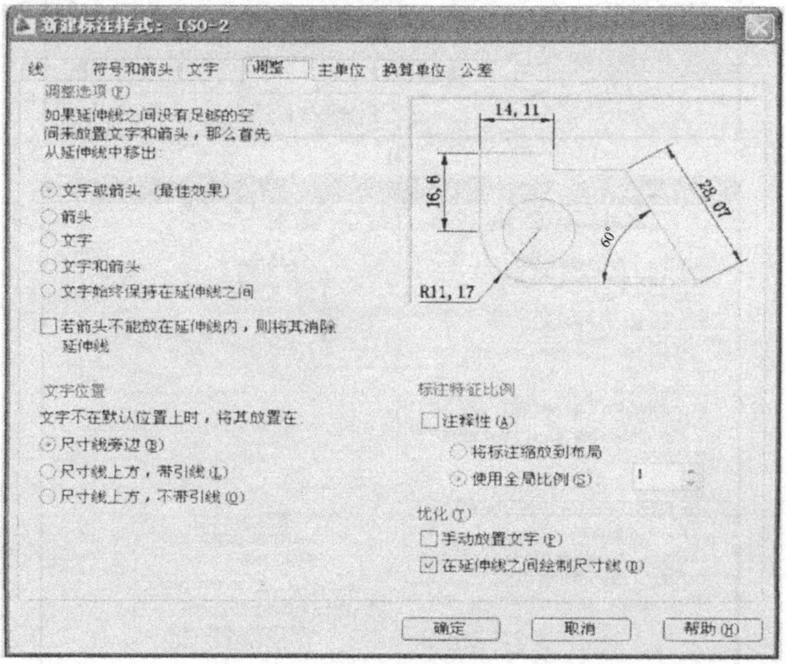

b)

图11-42　设置标注样式ISO-2

注意：图11-41b中的“使用全局比例”默认值为1，这时尺寸数字字高、箭头长度均为2.5mm。若该项设置为2，则尺寸数字字高、箭头长度均放大两倍，即5mm。用户可根据需要设置合适的比例因子。

两种标注样式的标注结果，如图11-43所示。

2. 尺寸标注举例

根据设置的标注样式ISO-1、ISO-2，标注图11-44所示平面图形的尺寸。标注尺寸命令从“菜单浏览器”弹出的菜单中选择“标注”，或在“功能区”选项板中选择“注释”/“标注”，或键盘输入。

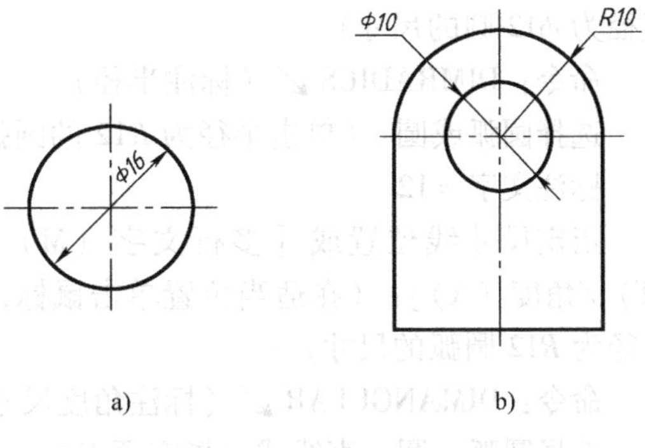

图11-43　两种标注样式的标注结果
a) ISO-1　b) ISO-2

(1) 在“标注样式管理器”中将标注样式ISO-1置为当前标注样式

命令：DIMLINEAR↙（标注线性尺寸）

指定第一条延伸线原点或 ＜选择对象＞：（打开“对象捕捉”，捕捉图中左下角点）

指定第二条延伸线原点：（捕捉图中右下角点）

指定尺寸线位置或［多行文字（M）/文字（T）/角度（A）/水平（H）/垂直（V）/旋转（R）］：（在适当位置单击鼠标，标出长度为95的尺寸）

标注文字＝95

用上述方法可标出高度方向尺寸50、38、20、10。然后标注长度方向的连续尺寸25、15和46、12。

命令：DIMLINEAR↙（标注线性尺寸）

指定第一条延伸线原点或＜选择对象＞：（捕捉图中下边凹槽的左端点）

指定第二条延伸线原点：（捕捉图中下边凹槽的右端点）

指定尺寸线位置或［多行文字（M）/文字（T）/角度（A）/水平（H）/垂直（V）/旋转（R）］：（在适当位置单击鼠标，标出长度为25的尺寸）

标注文字＝25

命令：DIMCONTINUE↙（标注连续尺寸）

指定第二条延伸线原点或［放弃（U）/选择（S）］＜选择＞：（捕捉图形右下角点）

标注文字＝15

指定第二条延伸线原点或［放弃（U）/选择（S）］：↙（按Enter键结束操作）

用同样的方法可标出尺寸46、12。

命令：DIMDIAMETER↙（标注直径）

选择圆弧或圆：（单击直径为$\phi 18$的圆）

标注文字＝18

指定尺寸线位置或［多行文字（M）/文字（T）/角度（A）］：（在适当位置单击鼠标，标出直径为$\phi 18$圆的尺寸）

(2) 在“标注样式管理器”中将标注样式ISO-2置为当前标注样式

命令：DIMDIAMETER↙（标注直径）

选择圆弧或圆：（单击直径为$\phi 12$的圆）

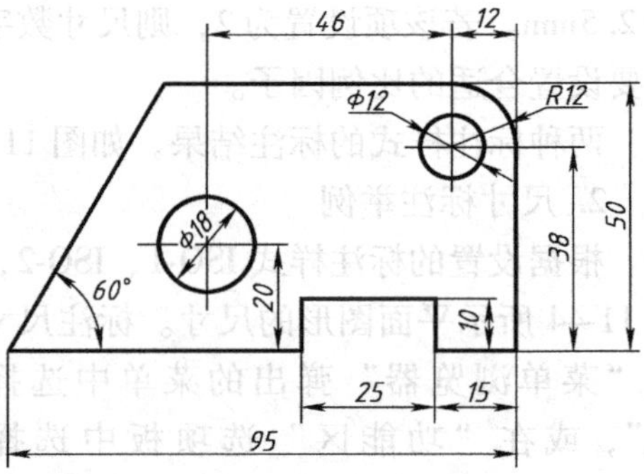

图 11-44　平面图形

标注文字 =12

指定尺寸线位置或［多行文字（M）/文字（T）/角度（A）］:（在适当位置单击鼠标，标出直径为 $\phi12$ 圆的尺寸）

命令：DIMRADIUS ↙（标注半径）

选择圆弧或圆:（单击半径为 $R12$ 的圆弧）

标注文字 =12

指定尺寸线位置或［多行文字（M）/文字（T）/角度（A）］:（在适当位置单击鼠标，标出半径为 $R12$ 圆弧的尺寸）

命令：DIMANGULAR ↙（标注角度尺寸）

选择圆弧、圆、直线或 <指定顶点>：（单击图形中左边斜线）

选择第二条直线:（单击图形底边）

指定标注弧线位置或［多行文字（M）/文字（T）/角度（A）/象限点（Q）］:（在适当位置单击鼠标）

标注文字 =60

通过以上操作，便可标注出图 11-44 所示尺寸。

第六节　二维图形绘图实例

按图 11-45 给定的尺寸画出组合体的主、俯视图，并标注尺寸。

画图步骤如下：

1）设置图层、颜色、线型、线宽和图形界限，参见本章第二节。

2）将“粗实线”层置为当前层，绘制主视图。

命令：LA ↙（输入命令 LAYER 或 LA，将当前层设置为“粗实线”）

命令：LINE ↙（绘制主视图中的组合体底板）

指定第一点:（在绘图区适当处单击鼠标，确定底板左上角点的位置）

指定下一点或［放弃（U）]：@50 <0 ↙

指定下一点或［放弃（U）]：@10 <270 ↙

指定下一点或[闭合(C)/放弃(U)]:@50 <180 ↙

指定下一点或［闭合（C）/放弃（U）]：C ↙

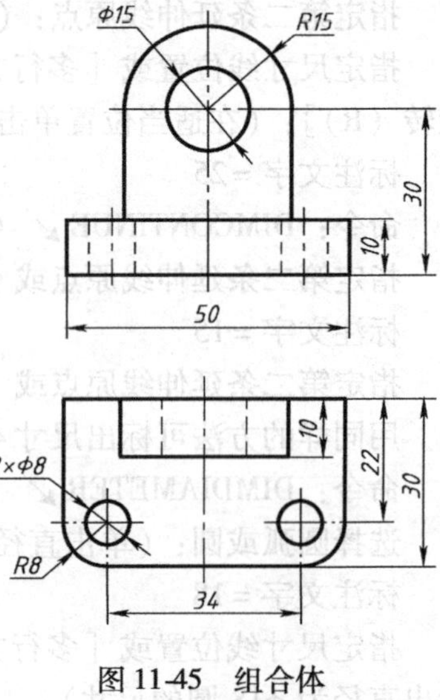

图 11-45　组合体

命令：LA ↙（将当前层设置为“点画线”）

命令：LINE ↙（绘制主视图中的对称中心线）

指定第一点：（打开对象捕捉、对象捕捉追踪及正交模式，捕捉绘制的底板下边的中点，并向下拖动鼠标，此时出现一条闪动的虚线，并且虚线上有一个小叉随着光标的移动而移动，小叉即代表当前点的位置，在适当位置处单击鼠标，确定竖直中心线的下端点）

指定下一点或［放弃（U）］：（向上拖动鼠标，在适当位置处单击鼠标，确定对称中心线的上端点）

指定下一点或［放弃（U）］：↙

命令：LA↙（将当前层设置为“粗实线”）

命令：CIRCLE↙（绘制主视图中 ϕ15 圆）

指定圆的圆心或［三点（3P）/两点（2P）/切点、切点、半径（T）］：from 基点：（打开“捕捉自”功能捕捉对称中心线与底板底边的交点作为基点，单击鼠标）

<偏移>：@30<90↙

指定圆的半径或［直径（D）］：D↙

指定圆的直径：15↙（绘制 ϕ15 的圆，结果如图 11-46a 所示）

命令：CIRCLE↙（先将主视图中 R15 的圆弧绘制成 ϕ30 圆，如图 11-46b 所示，绘制方法同上）

命令：LA↙（将当前层设置为“点画线”）

命令：LINE↙（绘制 ϕ15 和 ϕ30 圆的水平中心线）

指定第一点：（利用对象捕捉追踪功能捕捉 ϕ30 圆左端象限点，向左拖动鼠标到适当位置，单击鼠标）

指定下一点或［放弃（U）］：（向右拖动鼠标到适当位置，单击鼠标）

指定下一点或［放弃（U）］：↙

命令：LA↙（将当前层设置为“粗实线”）

命令：LINE↙（绘制主视图中支撑板左边的直线）

指定第一点：（捕捉 ϕ30 圆左端象限点）

指定下一点或［放弃（U）］：（捕捉底板上边直线的垂足点，单击鼠标）

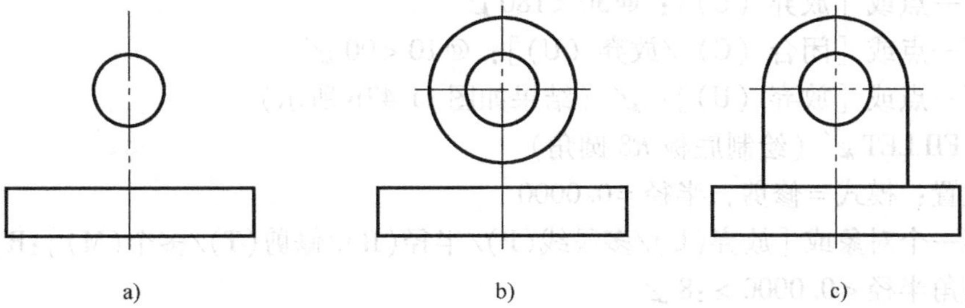

图 11-46　绘制组合体主视图

指定下一点或［放弃（U）］：↙

用同样的方法，绘制主视图中支撑板右边的直线。

命令：TRIM↙（剪切 ϕ30 圆的下半部分）

当前设置：投影 = UCS，边 = 无

选择剪切边…

选择对象或 <全部选择>：找到 1 个（选择与 ϕ30 圆相切的左边直线）

选择对象：找到 1 个，共计 2 个（选择与 ϕ30 圆相切的右边直线）

选择对象：↙

选择要修剪的对象，或按住 Shift 键选择要延伸的对象，或［栏选（F）/窗交（C）/投影（P）/边（E）/删除（R）/放弃（U）］：（选择 $\phi30$ 圆的下半部分，结果如图 11-46c 所示）

至此，主视图已基本绘制完成。

3）绘制俯视图。

命令：LINE↙（绘制俯视图中组合体底板的轮廓线）

指定第一点：（利用对象捕捉追踪功能，捕捉主视图中底板的右下角点，向下拖动鼠标，在适当处单击鼠标，确定底板右上角点的位置）

指定下一点或［放弃（U）］：（向左拖动鼠标到主视图中底板的左下角点处，在该点出现小叉，向下拖动鼠标，当小叉出现在两条闪动虚线的交点处时，单击鼠标，即可绘制出一条与主视图底板长对正的直线，如图 11-47a 所示）

指定下一点或［放弃（U）］：@30<270↙

指定下一点或［放弃（U）］：@50<0↙

指定下一点或［闭合（C）/放弃（U）］：C↙（俯视图中底板的轮廓线绘制完成）

命令：LA↙（将当前层设置为“点画线”）

命令：LINE↙（方法同前，绘制俯视图中的对称中心线）

……

命令：LA↙（将当前层设置为“粗实线”）

命令：LINE↙（绘制俯视图中支撑板的轮廓线）

指定第一点：（利用对象捕捉追踪功能，捕捉主视图中 $R15$ 圆弧的右端点，向下拖动鼠标，在与俯视图中底板的后边相交后，单击鼠标，确定支撑板右上角点的位置）

指定下一点或［放弃（U）］：@10<270↙

指定下一点或［放弃（U）］：@30<180↙

指定下一点或［闭合（C）/放弃（U）］：@10<90↙

指定下一点或［放弃（U）］：↙（结果如图 11-47b 所示）

命令：FILLET↙（绘制底板 $R8$ 圆角）

当前设置：模式 = 修剪，半径 = 0.0000

选择第一个对象或［放弃(U)/多段线(P)/半径(R)/修剪(T)/多个(M)］:R↙

指定圆角半径 <0.0000> :8↙

选择第一个对象或［多段线(P)/半径(R)/修剪(T)/多个(U)］:U↙

选择第一个对象或［多段线(P)/半径(R)/修剪(T)/多个(U)］:(选择底板左边)

选择第二个对象，或按住 Shift 键选择要应用角点的对象：（选择底板下边）

选择第一个对象或［多段线（P）/半径（R）/修剪（T）/多个（U）］：（继续选择）

……

命令：CIRCLE↙（绘制俯视图中左边 $\phi8$ 圆）

指定圆的圆心或［三点（3P）/两点（2P）/切点、切点、半径（T）］：（捕捉左边圆角的圆心）

指定圆的半径或［直径（D）］：D↙

指定圆的直径：8↙

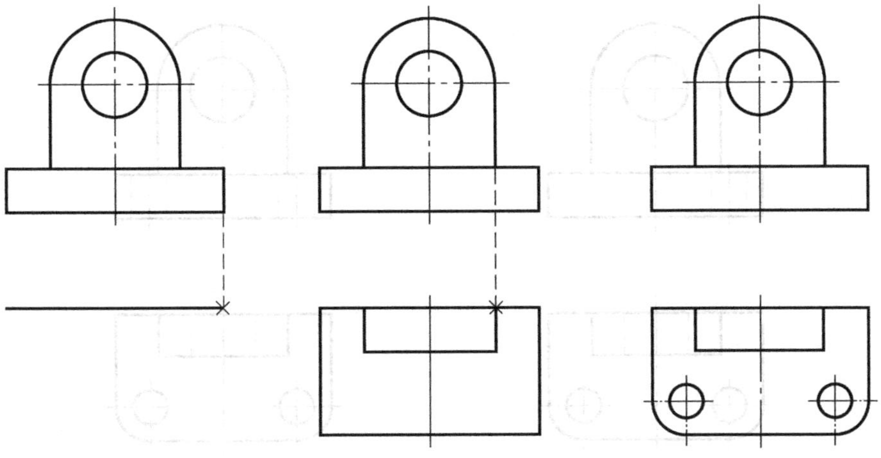

a)　b)　c)

图 11-47　绘制组合体俯视图

（用前面的方法画出 $\phi8$ 圆和 $R8$ 圆弧的中心线）

命令：MIRROR↙（镜像绘制 $\phi8$ 圆和中心线）

选择对象：（利用交叉窗口选择绘制的 $\phi8$ 圆和中心线）

找到 3 个

选择对象：↙

指定镜像线的第一点：（捕捉对称中心线的上端点）

指定镜像线的第二点：（捕捉对称中心线的下端点）

是否删除源对象？[是（Y）/否（N）]：<N>↙（结果如图 11-47c 所示）

命令：LA↙（将当前层设置为"虚线"）

命令：LINE↙（绘制主视图中 $\phi8$ 圆孔的虚轮廓线）

指定第一点：（利用对象捕捉追踪功能，捕捉俯视图中 $\phi8$ 圆左端象限点，向上拖动鼠标至主视图底板下边，单击鼠标）

指定下一点或［放弃（U）］：（向上拖动鼠标，捕捉底板上边垂足点，单击鼠标）

指定下一点或［放弃（U）］：↙

方法同上，捕捉俯视图中 $\phi8$ 圆右端象限点，绘制 $\phi8$ 圆孔在主视图中的虚轮廓线，并绘制 $\phi15$ 圆孔在俯视图中的虚轮廓线。

命令：LA↙（将当前层设置为"点画线"）

命令：LINE↙（绘制主视图中 $\phi8$ 圆孔的轴线）

与前面介绍画点画线的方法相同，利用对象捕捉追踪功能，捕捉俯视图中 $\phi8$ 圆的圆心，绘制 $\phi8$ 圆孔在主视图中的轴线，结果如图 11-48a 所示。

命令：MIRROR↙（镜像绘制 $\phi8$ 圆孔的虚轮廓线和轴线，使其左右对称，结果如图 11-48b 所示）

……

4）标注尺寸。将当前层设置为"尺寸"，利用"菜单浏览器"中的"标注"菜单，标注组合体的尺寸，结果如图 11-45 所示。

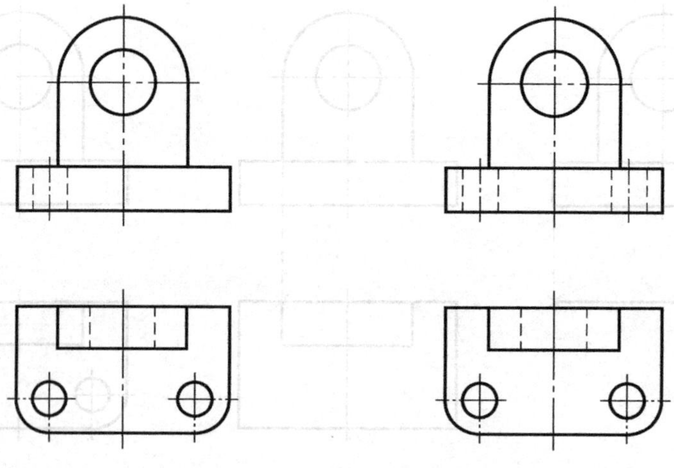

a) b)

图 11-48 组合体主、俯视图

第七节 实体造型

AutoCAD 不仅具备二维绘图功能，而且还拥有强大的三维绘图能力。本节将结合实例介绍 AutoCAD 常用三维实体造型的创建与编辑命令。

一、三维实体的创建

1. 创建三维基本体

AutoCAD 提供了若干三维基本体的创建命令，即长方体、球体、圆柱体、圆锥体、楔体和圆环体的创建命令。下面具体介绍它们的创建方法：把 AutoCAD 2009 工作空间切换至“三维建模”空间，在“功能区”选项板中选择“常用”选项卡，在“三维建模”面板中单击相应的按钮，或单击“菜单浏览器”按钮，选择“绘图”/“建模”子命令来创建。

单击“菜单浏览器”按钮，选择“视图”/“三维视图”/“西南等轴测图”命令，将视图设置为西南等轴测图。

(1) 创建长方体

命令：BOX↙

指定第一个角点或［中心（C）］：（单击鼠标，或输入三维坐标）

指定其他角点或［立方体（C）/长度（L）］：L↙

指定长度：100↙（给定长方体长度）

指定宽度：60↙（给定长方体宽度）

指定高度或［两点（2P）］：40↙（给定长方体高度，结果如图 11-49 所示）

(2) 创建球体

命令：SPHERE↙

绘制球体时可以通过改变 ISOLINES 变量来确定每个面上的密度。

指定中心点或［三点（3P）/两点（2P）/切点、切点、半径（T）］：（单击鼠标，或输入三维坐标）

指定半径或［直径（D）］：50↙（给定球体半径，结果如图11-50所示）

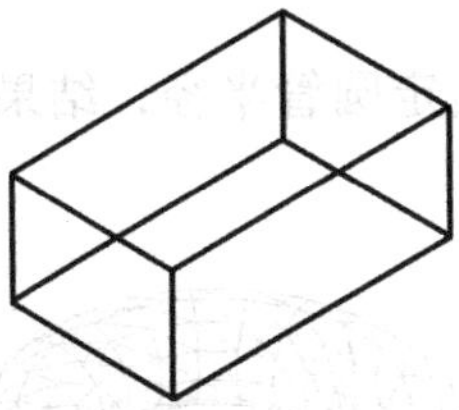

图11-49　长方体

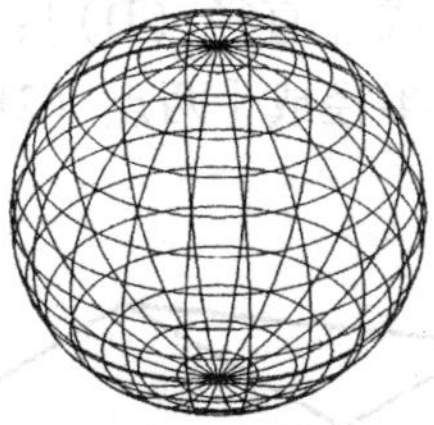

图11-50　球体（ISOL INES＝20）

（3）创建圆柱体

命令：CYLINDER↙

指定底面的中心点或［三点（3P）/两点（2P）/切点、切点、半径（T）/椭圆（E）］：（单击鼠标，或输入三维坐标）

指定底面的半径或［直径（D）］：50↙（给定圆柱体底面半径）

指定高度或［两点（2P）/轴端点（A）］：100↙（给定圆柱体高度，结果如图11-51所示）

（4）创建圆锥体

指定底面的中心点或［三点（3P）/两点（2P）/切点、切点、半径（T）/椭圆（E）］：（单击鼠标，或输入三维坐标）

指定底面的半径或［直径（D）］：50↙（给定圆锥体底面半径）

指定高度或［两点（2P）/轴端点（A）/顶面半径（T）］：100↙（给定圆锥体高度，结果如图11-52所示）

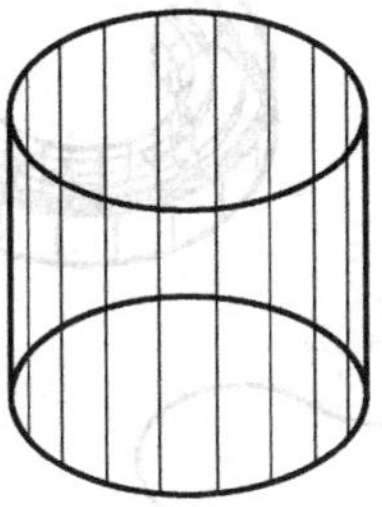

图11-51　圆柱体（ISOL INES＝20）

图11-52　圆锥体（ISOL INES＝20）

（5）创建楔体

命令：WEDGE↙

指定第一个角点或［中心（C）］：（单击鼠标，或输入三维坐标）

指定其他角点或［立方体（C）/长度（L）］：L↙

指定长度：100↙（给定楔体长度）

指定宽度：60↙（给定楔体宽度）

指定高度或［两点（2P）］：40↙（给定楔体高度，结果如图11-53所示）

（6）创建圆环体

命令：TORUS↙

指定中心点或［三点（3P）/两点（2P）/切点、切点、半径（T）］：（单击鼠标，或输

入三维坐标）

指定半径或［直径（D）］：50↙（给定圆环体半径）

指定圆管半径或［两点（2P）/直径（D）］：15↙（给定圆管半径，结果如图 11-54 所示）

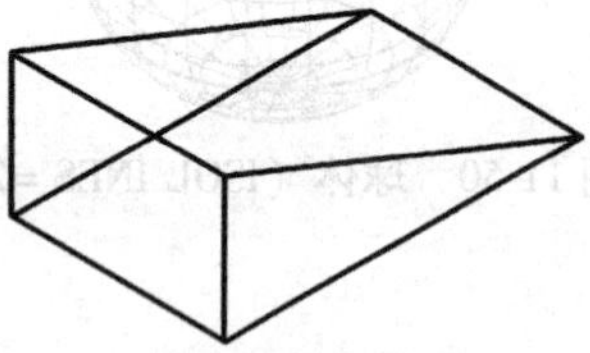

图 11-53 楔体

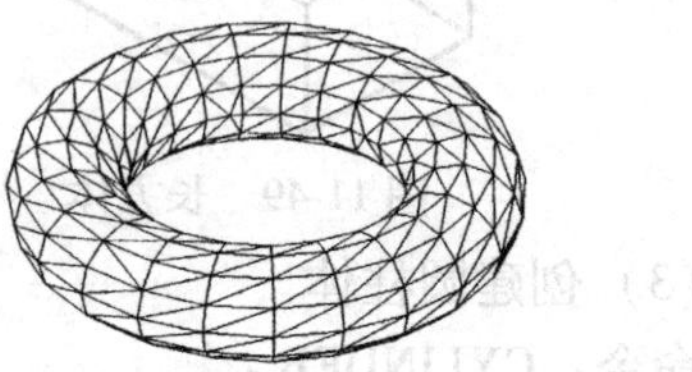

图 11-54 圆环体（ISOLINES＝20）

2. 将二维对象转换为三维实体

（1）拉伸

命令：EXTRUDE↙

当前线框密度： ISOLINES＝20

选择要拉伸的对象：找到 1 个（选择“东南等轴测图”方式下用多段线绘制的六边形）

选择要拉伸的对象：↙（继续选择，或按 Enter 键结束选择）

指定拉伸的高度或［方向（D）/路径（P）/倾斜角（T）］：50↙（给出拉伸高度，则沿轴方向拉伸所选二维图形，或输入“路径（P）”，指定拉伸路径，如图 11-56 所示）

指定拉伸的倾斜角度＜0＞：↙（给定拉伸角度，默认值为 0，拉伸结果如图 11-55 所示）

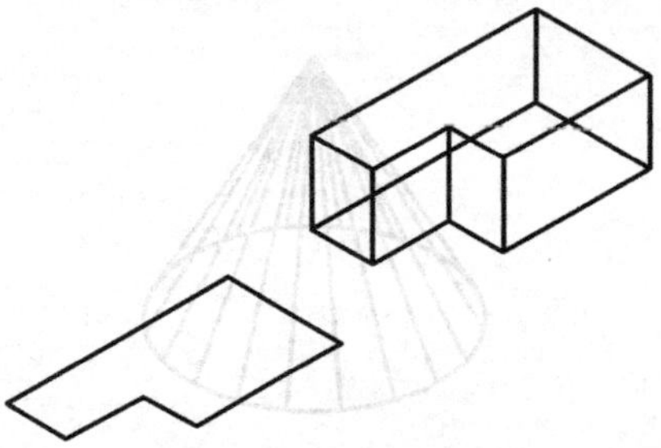

图 11-55 拉伸六边形

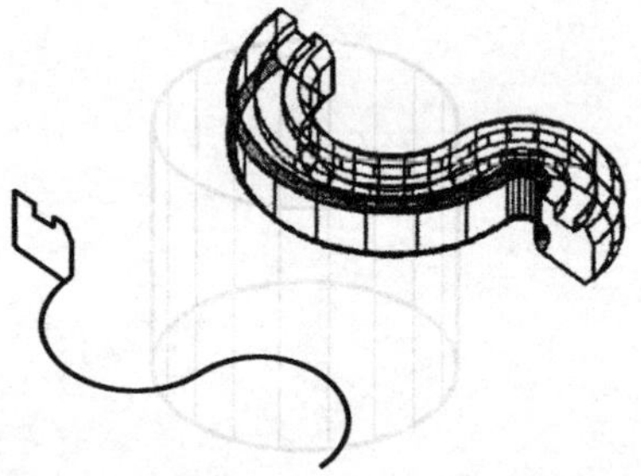

图 11-56 沿路径曲线拉伸（ISOL INES＝20）

注意：当选择“路径（P）”时，路径曲线不能和拉伸轮廓共面；选择“路径”拉伸时，需把拉伸所需的二维图形转换为面域。

（2）旋转

命令：REVOLVE↙

当前线框密度：ISOLINES＝20

选择要旋转的对象：找到 1 个（选择“西北等轴测图”方式下用多段线绘制的六边形）

选择要旋转的对象：↙（继续选择，或按 Enter 键结束选择）

指定轴起点或根据以下选项之一定义轴［对象（O）/

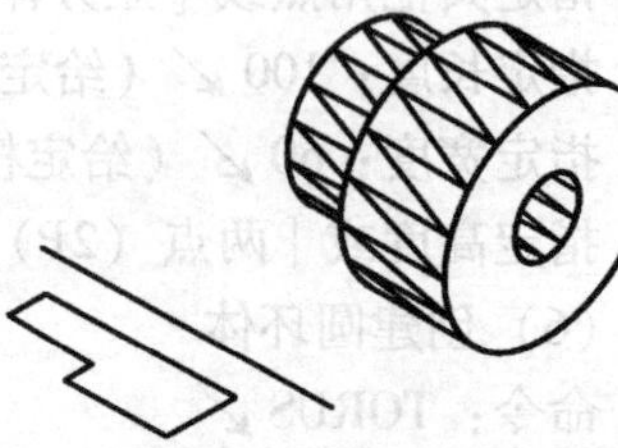

图 11-57 创建回转体

X/Y/Z］<对象>：O↙（选择选项"对象（O）"，绕指定的对象旋转）

选择对象：（选择"西北等轴测图"方式下的直线作为旋转轴）

指定旋转角度或［起点角度（ST）］<360>：↙（给定旋转角度，旋转结果如图11-57所示）

二、三维实体的编辑

二维编辑中的多数常用命令，同样也适用于三维实体，另外，AutoCAD还提供了比较齐全的针对三维实体编辑的功能，下面介绍一些常用的三维实体编辑命令。

1. 三维实体的布尔运算

由AutoCAD生成的三维基本实体，它们之间经过布尔运算后，可以生成复杂的组合体。布尔运算包括：实体之间的并运算、实体之间的差运算和实体之间的交运算等。

（1）布尔并运算

命令：UNION↙

UNION命令可使两个或多个实体合并为单个实体。这种方法适用于组合体中基本体之间的叠加。如图11-58所示，为一四棱柱与一圆柱体进行布尔并运算后的图例。

（2）布尔差运算

命令：SUBTRACT↙

SUBTRACT命令可使第一个选择集减去第二个选择集中的三维实体，最后得到新的组合体。如图11-59所示，四棱柱减去圆柱体后，结果在四棱柱上产生了一个圆柱孔。

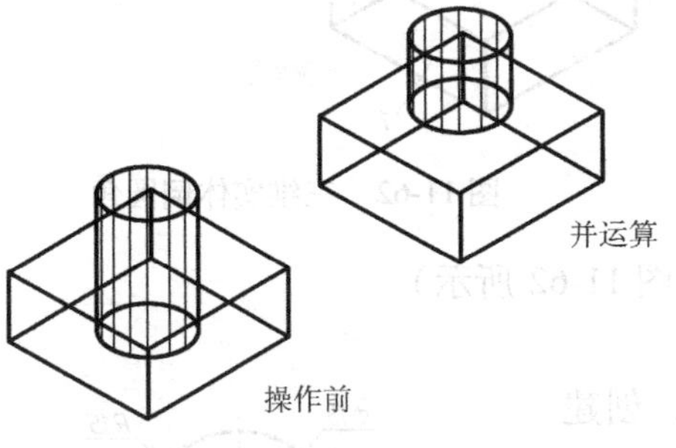

图11-58　布尔并运算

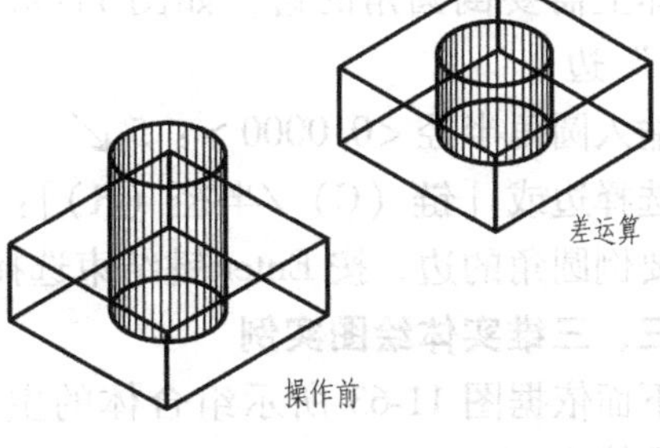

图11-59　布尔差运算

（3）布尔交运算

命令：INTERSET↙

INTERSET命令可将所选的三维实体的公共部分保留下来而成为新的三维实体，如图11-60所示。

2. 三维实体的倒角

命令：CHAMFER↙

（"修剪"模式）当前倒角距离1=0.0000，距离2=0.0000

选择第一条直线或［放弃（U）/多段线（P）/距离（D）/角度（A）/修剪（T）/方式（E）/多个（M）］：（选择实体的一条边，则该边所在的一个面高亮显示。如图11-61所示，选择"1"边）

基面选择…

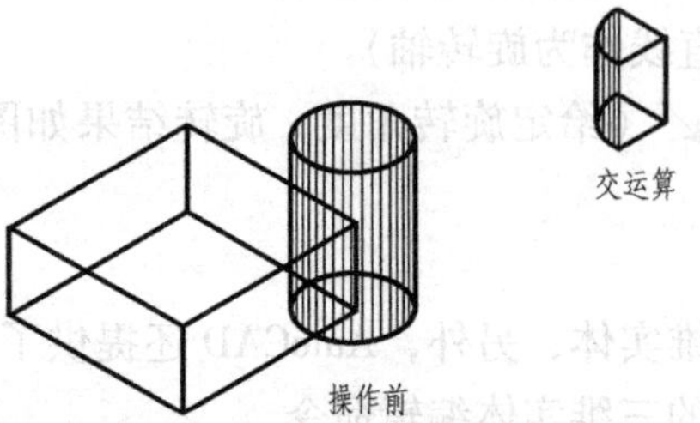

图 11-60　布尔交运算

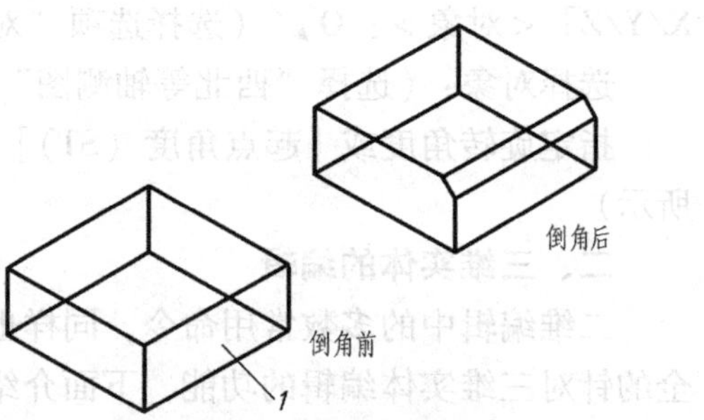

图 11-61　三维实体倒角

输入曲面选择选项［下一个（N）/当前（OK）］<当前>：↙（选择基准面。按 Enter 键，则以当前面作为基准面）

指定基面的倒角距离：5↙

指定其他曲面的倒角距离<5.0000>：↙（给定其他面的倒角距离，按 Enter 键取默认值）

选择边或［环（L）］：（选择“1”边，结果如图 11-61 所示）

3. 三维实体的圆角

命令：FILLET↙

当前设置：模式=修剪，半径= 0.0000

选择第一个对象或［放弃（U）/多段线（P）/半径（R）/修剪（T）/多个（M）］：（选择实体上需要倒圆角的边，如图 11-62 所示，选择“1”边）

输入圆角半径<0.0000>：5↙

选择边或［链（C）/半径（R）］：（继续选择需要倒圆角的边，按 Enter 键结束选择，结果如图 11-62 所示）

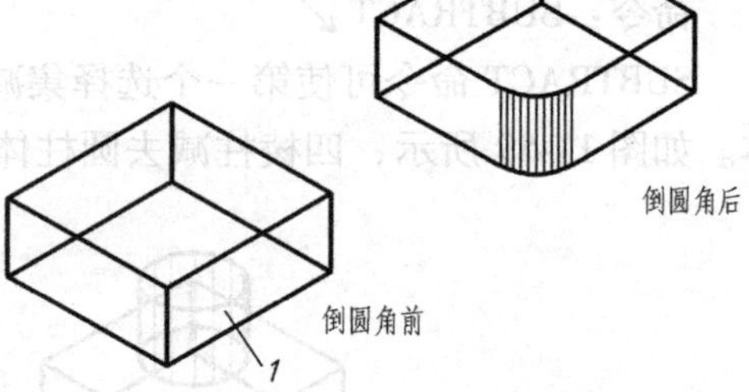

图 11-62　三维实体倒圆角

三、三维实体绘图实例

下面依据图 11-63 所示组合体的主、俯视图，创建它的实体模型。

1. 分析

如图 11-63 所示，组合体由两个基本形体构成，即底板和支撑板。因此，可分别绘制这两个基本形体。

组合体的底板为四棱柱（长方体），可以用创建基本三维实体命令中的长方体命令 BOX 创建，然后用倒圆角命令 FILLET 作出两个 $R8$ 的圆角，绘制 $\phi8$ 的圆柱体，并与长方体进行“差集”运算减去两个 $\phi8$ 的圆柱体；支撑板三维实体可利用拉伸二维图形创建，并进行“差集”运算减去 $\phi15$ 的圆柱体。

2. 步骤

（1）设置绘图环境

1）使用 LIMITS 命令设置图幅：420×297。

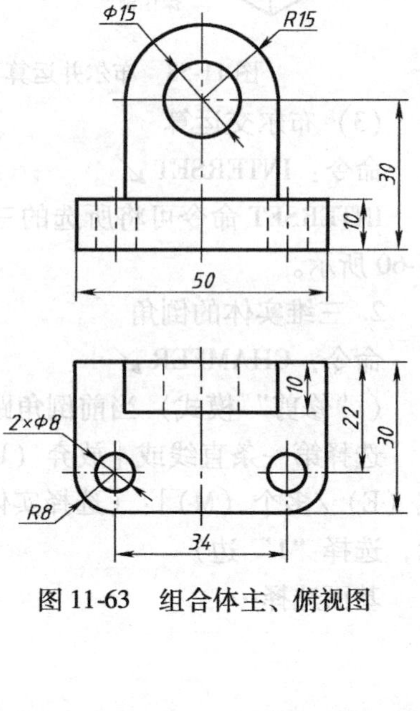

图 11-63　组合体主、俯视图

2）用 LAYER 命令创建图层 ZHT，颜色为白色，线宽为 0.3mm，并将其设置为当前层。

3）单击“菜单浏览器”按钮，选择“视图”/“三维视图”/“西南等轴测图”命令，将视图设置为西南等轴测图。

（2）绘制底板

1）用创建长方体命令 BOX 绘制长方体。

命令：BOX↙

指定第一个角点或［中心（C）］：(单击鼠标，或输入三维坐标)

指定其他角点或［立方体（C）/长度（L）］：L↙（通过输入长方体长、宽、高的方式绘制长方体）

指定长度：50↙

指定宽度：30↙

指定高度：10↙（结果如图 11-64a 所示）

2）用倒圆角命令 FILLET 对长方体倒圆角 $R8$。

命令：FILLET↙

当前设置：模式 = 修剪，半径 = 0.0000

选择第一个对象或［放弃（U）/多段线（P）/半径（R）/修剪（T）/多个（M）］：(选择实体上需要倒圆角的边，如图 11-64a 所示，选择“1”边)

输入圆角半径：8↙

选择边或［链（C）/半径（R）］：(继续选择需要倒圆角的边，如图 11-64a 所示，选择“2”边，按 Enter 键结束选择，结果如图 11-64b 所示)

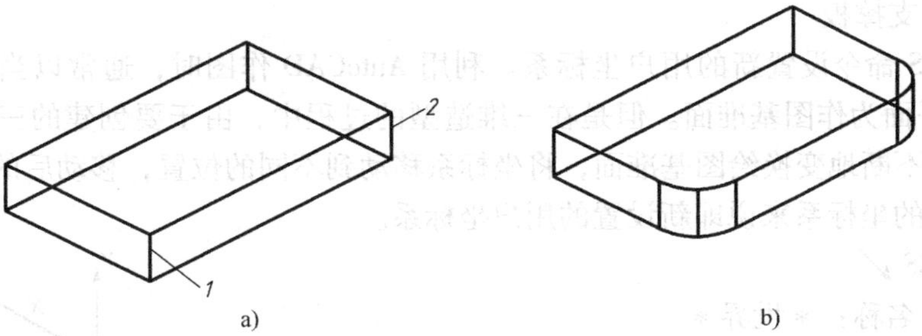

图 11-64　对长方体倒圆角

a）选择欲倒圆角的边　b）倒圆角结果

3）用创建圆柱体命令 CYLINDER 及“差集”命令 SUBTRACT 绘制两个 $\phi 8$ 圆柱孔。

命令：CYLINDER↙

当前线框密度：ISOLINES = 4

指定底面的中心点或［三点（3P）/两点（2P）/切点、切点、半径（T）/椭圆（E）］：(捕捉长方体底面左端圆角的圆心作为圆柱体的圆心，如图 11-65a 所示“1”点)

指定底面半径或［直径（D）］：4↙（给定半径）

指定高度或［两点（2P）/轴端点（A）］：10↙（给定圆柱体高度，结果如图 11-65b 所示）

命令：↙（按 Enter 键继续执行绘制圆柱体命令，捕捉长方体底面右端圆角的圆心作为圆柱体的圆心，如图 11-65a 所示“2”点，绘制一个半径为 4、高度为 10 的圆柱体，结果如

图 11-65b 所示)

……

命令：SUBTRACT↙

选择要从中减去的实体或面域…

选择对象：(选择长方体)

找到 1 个

选择对象：↙（按 Enter 键结束选择）

选择要减去的实体或面域…

选择对象：(选择绘制的两个圆柱体)

找到 1 个，总计 2 个

……

选择对象：↙（按 Enter 键结束选择，结果如图 11-65b 所示）

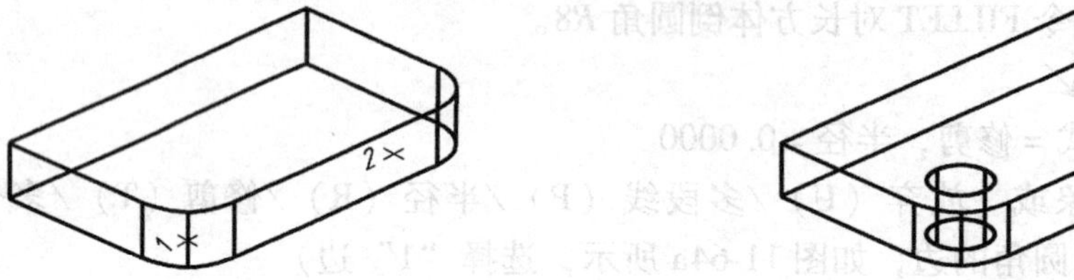

a)　　　　b)

图 11-65　底板

a）捕捉底板圆柱孔的圆心　b）绘制完成的底板

（3）绘制支撑板

1）用 UCS 命令设置新的用户坐标系。利用 AutoCAD 作图时，通常以当前用户坐标系 UCS 的 *XOY* 平面为作图基准面。但是在三维造型的过程中，由于要创建的三维形体千差万别，往往需要不断地变换绘图基准面，将坐标系移动到不同的位置，移动后的坐标系相对于 AutoCAD 默认的坐标系来说即新设置的用户坐标系。

命令：UCS↙

当前 UCS 名称：*世界*

指定 UCS 的原点或［面（F）/命名（NA）/对象（OB）/上一个（P）/视图（V）/世界（W）/X/Y/Z/Z 轴（ZA）］<世界>：za↙

在正 *Z* 轴范围上指定点 <0.0000，0.0000，1.0000>：(第 1 点捕捉底板顶面后边的中点作为新的坐标原点，第 2 点决定 *Z* 轴的正向，结果如图 11-66 所示)

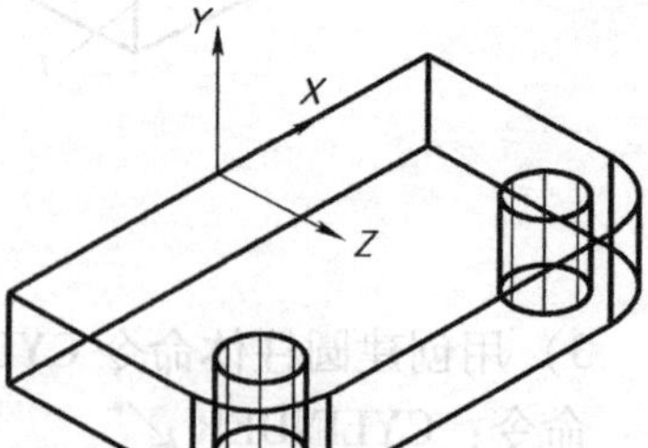

图 11-66　绘制支撑板的用户坐标系

2）使用二维绘图命令绘制支撑板的二维拉伸图形。

命令：PLINE↙

指定起点：(打开对象捕捉、对象捕捉追踪及正交模式，捕捉绘制的底板顶面后边右端点，并沿 -*X* 向拖动鼠标，此时出现一条闪动的虚线，并且虚线上有一个小叉随着光标的移动而移动，小叉即代表当前点的位置，输入 10，按 Enter 键确定支撑板背面右下角点)

当前线宽为 0.0000（默认线宽）

指定下一个点或［圆弧（A）/半宽（H）/长度（L）/放弃（U）/宽度（W）］：20↙（沿 *Y* 向拖动鼠标，输入 20，按 Enter 键确认）

指定下一个点或［圆弧（A）/闭合（C）/半宽（H）/长度（L）/放弃（U）/宽度（W）］：A↙（选择画圆弧）

指定圆弧的端点或［角度（A）/圆心（CE）/闭合（CL）/方向（D）/半宽（H）/直线（L）/半径（R）/第二点（S）/放弃（U）/宽度（W）］：R↙（选择输入圆弧半径）

指定圆弧的半径：15↙

指定圆弧的端点或［角度（A）］：30（沿 -*X* 向拖动鼠标后输入 30）

指定圆弧的端点或［角度（A）/圆心（CE）/闭合（CL）/方向（D）/半宽（H）/直线（L）/半径（R）/第二点（S）/放弃（U）/宽度（W）］：L↙（选择画直线）

指定下一个点或［圆弧（A）/闭合（C）/半宽（H）/长度（L）/放弃（U）/宽度（W）］：20↙（沿 -*Y* 向拖动鼠标后输入 20）

指定下一个点或［圆弧（A）/闭合（C）/半宽（H）/长度（L）/放弃（U）/宽度（W）］：C↙

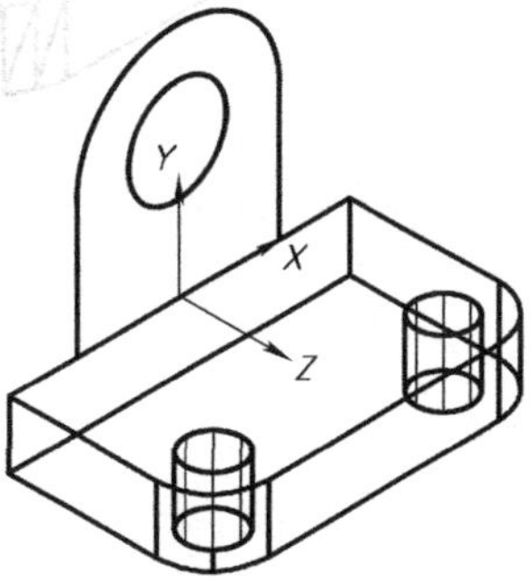

图 11-67　支撑板二维拉伸图形

命令：CIRCLE↙（绘制 ϕ15 圆）

指定圆的圆心或［三点（3P）/两点（2P）/切点、切点、半径（T）］：（捕捉 *R*15 圆弧的圆心）

指定圆的半径或［直径（D）］：D↙

指定圆的直径：15↙（结果如图 11-67 所示）

3）使用拉伸命令 EXTRUDE 生成支撑板。

命令：EXTRUDE↙

当前线框密度：ISOLINES = 8

选择要拉伸的对象：找到 1 个（选择绘制的支撑板二维拉伸图中的多段线）

选择要拉伸的对象：找到 1 个，总计 2 个（选择绘制的支撑板二维拉伸图中的 ϕ15 圆）

选择要拉伸的对象：↙（继续选择，或按 Enter 键结束选择）

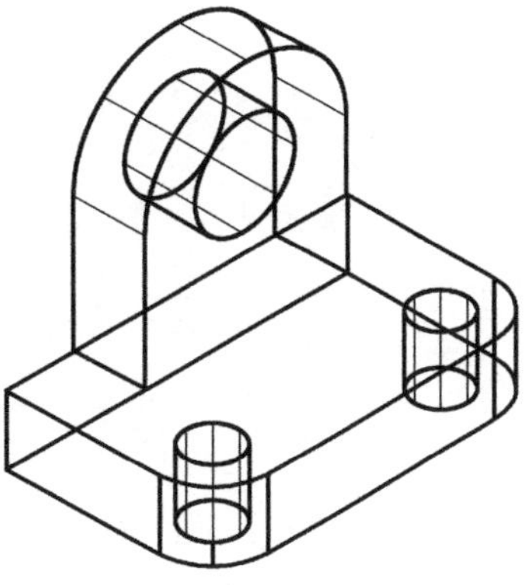

图 11-68　组合体绘制完成

指定拉伸的高度或［方向（D）/路径（P）/倾斜角（T）］：10↙（输入拉伸高度）

命令：SUBTRACT↙

选择要从中减去的实体或面域…

选择对象：找到 1 个（选择支撑板中的 U 形板）

选择对象：↙

选择要减去的实体或面域…

选择对象：找到 1 个（选择绘制的 ϕ15 圆柱体）

选择对象：↙（按 Enter 键结束选择，结果如图 11-68 所示）

消隐、渲染后的组合体如图 11-69 所示。

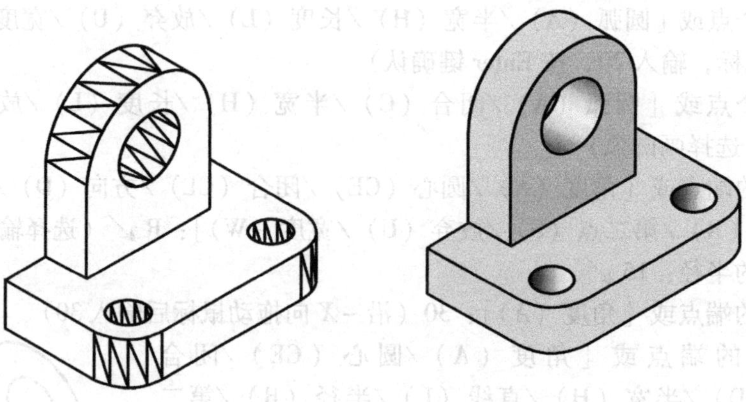

a)　　　　　　　　　　b)

图 11-69　组合体三维实体

a）消隐后的组合体　b）渲染后的组合体

附　　录

为了突出重点，减少篇幅，便于查阅，本附录仅摘录了一些常用标准中的部分内容。

附录A　螺　　纹

表 A-1　普通螺纹直径与螺距（GB/T 193—2003，GB/T 196—2003）

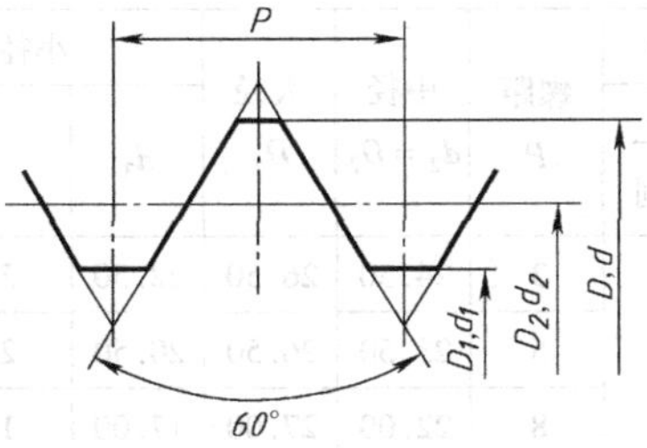

标记示例

公称直径 24mm、螺距为 3mm 的右旋粗牙普通螺纹，公差带代号 6g：M24

公称直径 24mm、螺距为 1.5mm 的左旋细牙普通螺纹，公差带代号 7H：M24×1.5-7H-LH

（单位：mm）

公称直径 D、d		螺距 P		粗牙小径 D_1、d_1	公称直径 D、d		螺距 P		粗牙小径 D_1、d_1
第一系列	第二系列	粗牙	细牙		第一系列	第二系列	粗牙	细牙	
3		0.5	0.35	2.459	20		2.5	2、1.5、1	17.294
	3.5	0.6		2.850		22	2.5		19.294
4		0.7	0.5	3.242	24		3		20.752
	4.5	0.75		3.688		27	3		23.752
5		0.8		4.134	30		3.5	(3)、2、1.5、1	26.211
6		1	0.75	4.917		33	3.5	(3)、2、1.5	29.211
	7	1		5.917	36		4	3、2、1.5	31.670
8		1.25	1、0.75	6.647		39	4		34.670
10		1.5	1.25、1、0.75	8.376	42		4.5	4、3、2、1.5	37.129
12		1.75	1.25、1	10.106		45	4.5		40.129
	14	2	1.5、1.25、1	11.835	48		5		42.587
16		2	1.5、1	13.835		52	5		46.587
	18	2.5	2、1.5、1	15.294	56		5.5		50.046

注：1. 优先选用第一系列，括号内尺寸尽可能不用。第三系列未列入。

2. M14×1.25 仅用于发动机的火花塞。

表 A-2　梯形螺纹直径与螺距（GB/T 5796.2～5796.3—2005）

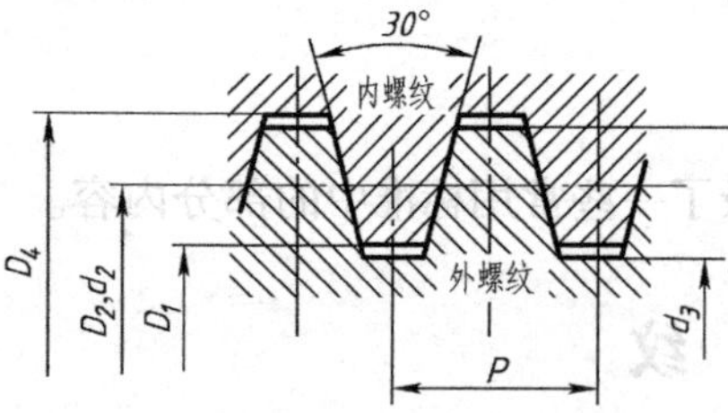

标 记 示 例

公称直径为40mm、螺距为7mm、中径公差带代号为7H的单线右旋梯形内螺纹：Tr40×7-7H

公称直径为40mm、导程为14mm、螺距为7mm、中径公差带代号为8e的双线左旋梯形外螺纹：Tr40×14（P7）LH-8e

（单位：mm）

公称直径 d		螺距	中径	大径	小径	
第一系列	第二系列	P	$d_2=D_2$	D_4	d_3	D_1
8		1.5	7.25	8.30	6.20	6.50
	9	1.5	8.25	9.30	7.20	7.50
		2	8.00	9.50	6.50	7.00
10		1.5	9.25	10.30	8.20	8.50
		2	9.00	10.50	7.50	8.00
	11	2	10.00	11.50	8.50	9.00
		3	9.50	11.50	7.50	8.00
12		2	11.00	12.50	9.50	10.00
		3	10.50	12.50	8.50	9.00
	14	2	13.00	14.50	11.50	12.00
		3	12.50	14.50	10.50	11.00
16		2	15.00	16.50	13.50	14.00
		4	14.00	16.50	11.50	12.00
	18	2	17.00	18.50	15.50	16.00
		4	16.00	18.50	13.50	14.00
20		2	19.00	20.50	17.50	18.00
		4	18.00	20.50	15.50	16.00
	22	3	20.50	22.50	18.50	19.00
		5	19.50	22.50	16.50	17.00
		8	18.00	23.00	13.00	14.00
24		3	22.50	24.50	20.50	21.00
		5	21.50	24.50	18.50	19.00
		8	20.00	25.00	15.00	16.00

公称直径 d		螺距	中径	大径	小径	
第一系列	第二系列	P	$d_2=D_2$	D_4	d_3	D_1
	26	3	24.50	26.50	22.50	23.00
		5	23.50	26.50	20.50	21.00
		8	22.00	27.00	17.00	18.00
28		3	26.50	28.50	24.50	25.00
		5	25.50	28.50	22.50	23.00
		8	24.00	29.00	19.00	20.00
	30	3	28.50	30.50	26.50	29.00
		6	27.00	31.00	23.00	24.00
		10	25.00	31.00	19.00	20.00
32		3	30.50	32.50	28.50	29.00
		6	29.00	33.00	25.00	26.00
		10	27.00	33.00	21.00	22.00
	34	3	32.50	34.50	30.50	31.00
		6	31.00	35.00	27.00	28.00
		10	29.00	35.00	23.00	24.00
36		3	34.50	36.50	32.50	33.00
		6	33.00	37.00	29.00	30.00
		10	31.00	37.00	25.00	26.00
	38	3	36.50	38.50	34.50	35.00
		7	34.50	39.00	30.00	31.00
		10	33.00	39.00	27.00	28.00
40		3	38.50	40.50	36.50	37.00
		7	36.50	41.00	32.00	33.00
		10	35.00	41.00	29.00	30.00

表 A-3 管螺纹

55°密封管螺纹（GB/T 7306.2—2000）

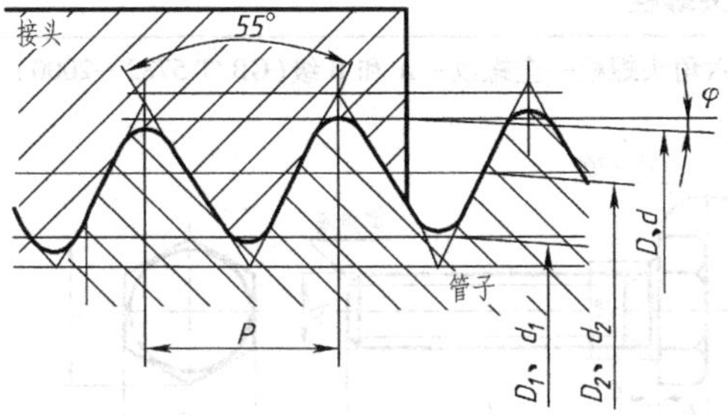

55°非密封管螺纹（GB/T 7307—2001）

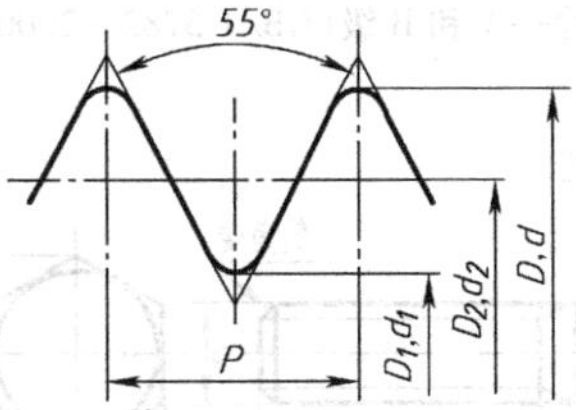

标记示例

尺寸代号为 1/2 的右旋圆锥外螺纹：R_2 1/2

尺寸代号为 1/2 的右旋圆锥内螺纹：R_c 1/2

标记示例

尺寸代号为 1/2 的右旋内螺纹：G1/2

尺寸代号为 1/2 的 A 级右旋外螺纹：G1/2A

（单位：mm）

尺寸代号	25.4mm 内的牙数 n	螺距 P	基本直径			基准距离
			大径 $d=D$	中径 $d_2=D_2$	小径 $d_1=D_1$	
1/8	28	0.907	9.728	9.147	8.566	4.0
1/4	19	1.337	13.157	12.301	11.445	6.0
3/8			16.662	15.806	14.950	6.4
1/2	14	1.814	20.955	19.793	18.631	8.2
3/4			26.441	25.279	24.117	9.5
1	11	2.309	33.249	31.770	30.291	10.4
1¼			41.910	40.431	38.952	12.7
1½			47.803	46.324	44.845	12.7
2			59.614	58.135	56.656	15.9
2½			75.184	73.705	72.226	17.5
3			87.884	86.405	84.926	20.6
4			113.030	111.551	110.072	25.4
5			138.430	136.951	135.472	28.6
6			163.830	162.351	160.872	28.6

注：1. 55°密封圆锥管螺纹大径、小径是指基准平面上的尺寸。圆锥内螺纹的端面向里 0.5P 处即为基面，而圆锥外螺纹的基准平面与小端相距一个基准距离。

2. 55°密封管螺纹的锥度为 1:16，即 $\varphi=1°47'24''$。

附录B 常用标准件

表B-1 六角头螺栓

六角头螺栓—A 和 B 级(GB/T 5782—2000)

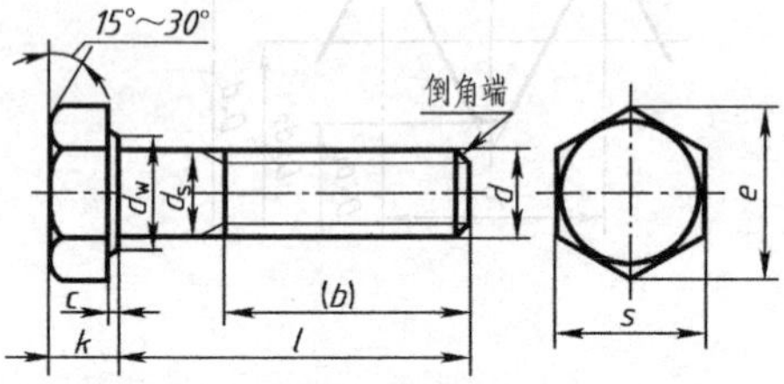

六角头螺栓—全螺纹—A 和 B 级(GB/T 5783—2000)

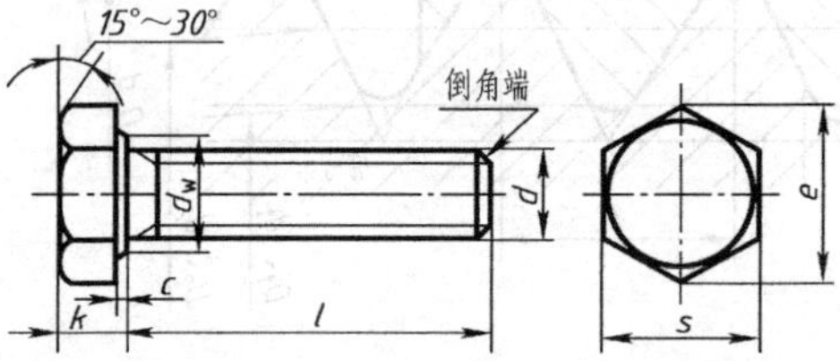

标 记 示 例

螺纹规格 d = M12、公称长度 l = 80 mm、性能等级为 8.8 级、表面氧化、产品等级为 A 级的六角头螺栓：

螺栓 GB/T 5782 M12×80

螺纹规格 d = M12、公称长度 l = 80 mm、性能等级为 8.8 级、表面氧化、全螺纹、产品等级为 A 级的六角头螺栓：螺栓 GB/T 5783 M12×80

(单位：mm)

螺纹规格 d		M4	M5	M6	M8	M10	M12	M16	M20	M24	M30	M36	M42	M48
b（参考）	$l \leqslant 125$	14	16	18	22	26	30	38	46	54	66	—	—	—
	$125 < l \leqslant 200$	20	22	24	28	32	36	44	52	60	72	84	96	108
	$l > 200$	33	35	37	41	45	49	57	65	73	85	97	109	121
c_{max}		0.4	0.5		0.6			0.8					1	
k		2.8	3.5	4	5.3	6.4	7.5	10	12.5	15	18.7	22.5	26	30
d_{smax}		4	5	6	8	10	12	16	20	24	30	36	42	48
s_{max}		7	8	10	13	16	18	24	30	36	46	55	65	75
e_{min}	A	7.66	8.79	11.05	14.38	17.77	20.03	26.75	33.53	39.98	—	—	—	—
	B	7.50	8.63	10.89	14.2	17.59	19.85	26.17	32.95	39.55	50.85	60.79	71.3	82.6
$d_{w\ min}$	A	5.88	6.88	8.88	11.63	14.63	16.63	22.49	28.19	33.61	—	—	—	—
	B	5.74	6.74	8.74	11.47	14.47	16.47	22	27.7	33.25	42.75	51.11	59.95	69.45
l 范围	GB/T 5782	25~40	25~50	30~60	40~80	45~100	50~120	65~160	80~200	90~240	110~300	140~360	160~440	180~480
	GB/T 5783	8~40	10~50	12~60	16~80	20~100	25~120	30~150	40~150	50~150	60~200	70~200	80~200	90~200
l 系列	GB/T 5782	25~65(5 进位)、70~160(10 进位)、180~480(20 进位)												
	GB/T 5783	8、10、12、16、18、20~65(5 进位)、70~160(10 进位)、180、200												

注：1. 末端按 GB/T2—2001 规定。

2. 螺纹公差：6g。

3. 产品等级：A 级用于 d = 1.6~24mm 和 $l \leqslant 10d$ 或 $l \leqslant 150$ mm(按较小值)；B 级用于 d > 24 mm 或 $l > 10d$ 或 $l > 150$ mm(按较小值)。

表 B-2　双头螺柱

$b_m = 1d$(GB/T 897—1988)　$b_m = 1.25d$(GB/T 898—1988)　$b_m = 1.5d$(GB/T 899—1988)　$b_m = 2d$(GB/T 900—1988)

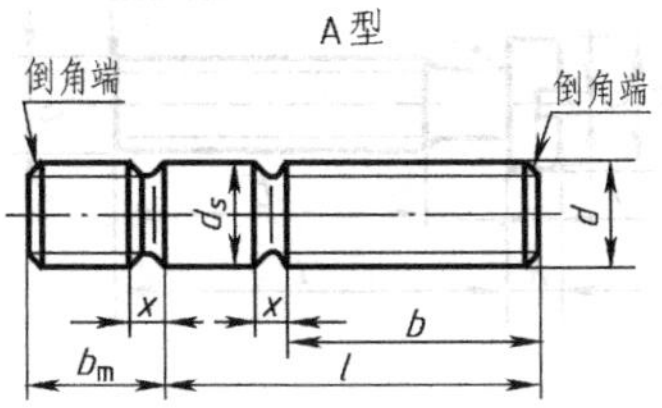

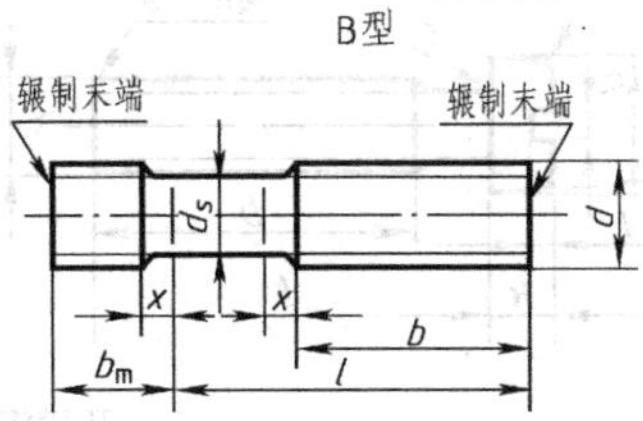

标 记 示 例

两端均为粗牙普通螺纹、$d = 10$ mm、$l = 50$ mm、性能等级为 4.8 级、B 型、$b_m = 1d$ 的双头螺柱：

螺柱　GB/T897 M10 × 50

旋入一端为粗牙普通螺纹、旋螺母一端为螺距 $P = 1$ mm 的细牙普通螺纹、$d = 10$ mm、$l = 50$ mm、性能等级为 4.8 级、A 型、$b_m = 1d$ 的双头螺柱：螺柱　GB/T 897　AM10—M10 × 1 × 50

（单位：mm）

螺纹规格 d		M4	M5	M6	M8	M10	M12	M16	M20	M24	M30	M36	M42	M48
b_m	GB/T897	—	5	6	8	10	12	16	20	24	30	36	42	48
	GB/T898	—	6	8	10	12	15	20	25	30	38	45	52	60
	GB/T899	6	8	10	12	15	18	24	30	36	45	54	63	72
	GB/T900	8	10	12	16	20	24	32	40	48	60	72	84	96
d_s		A 型 d_s = 螺纹大径　B 型 d_s ≈ 螺纹中径												
x		1.5P												
$\frac{l}{b}$		$\frac{16\sim22}{8}$	$\frac{16\sim22}{10}$	$\frac{20\sim22}{10}$	$\frac{20\sim22}{12}$	$\frac{25\sim28}{14}$	$\frac{25\sim30}{16}$	$\frac{30\sim38}{20}$	$\frac{35\sim40}{25}$	$\frac{45\sim50}{30}$	$\frac{60\sim65}{40}$	$\frac{65\sim75}{45}$	$\frac{70\sim80}{50}$	$\frac{80\sim90}{60}$
		$\frac{25\sim40}{14}$	$\frac{25\sim50}{16}$	$\frac{25\sim30}{14}$	$\frac{25\sim30}{16}$	$\frac{30\sim38}{16}$	$\frac{32\sim40}{20}$	$\frac{40\sim55}{30}$	$\frac{45\sim65}{35}$	$\frac{55\sim75}{45}$	$\frac{70\sim90}{50}$	$\frac{80\sim110}{60}$	$\frac{85\sim110}{70}$	$\frac{95\sim110}{80}$
				$\frac{32\sim75}{18}$	$\frac{32\sim90}{22}$	$\frac{40\sim120}{26}$	$\frac{45\sim120}{30}$	$\frac{60\sim120}{38}$	$\frac{70\sim120}{46}$	$\frac{80\sim120}{54}$	$\frac{95\sim120}{60}$	$\frac{120}{78}$	$\frac{120}{90}$	$\frac{120}{102}$
						$\frac{130}{32}$	$\frac{130\sim180}{36}$	$\frac{130\sim200}{44}$	$\frac{130\sim200}{52}$	$\frac{130\sim200}{60}$	$\frac{130\sim200}{72}$	$\frac{130\sim200}{84}$	$\frac{130\sim200}{96}$	$\frac{130\sim200}{108}$
											$\frac{210\sim250}{85}$	$\frac{210\sim300}{97}$	$\frac{210\sim300}{109}$	$\frac{210\sim300}{121}$
l 系列		16、(18)、20、(22)、25、(28)、30、(32)、35、(38)、40、45、50、(55)、60、(65)、70、(75)、80、(85)、90、(95)、100、110、120、130、140、150、160、170、180、190、200、210、220、230、240、250、260、280、300												

注：1. 括号内规格尽可能不采用。

2. P 为螺距。

表 B-3 螺钉

开槽圆柱头螺钉(GB/T 65—2000)

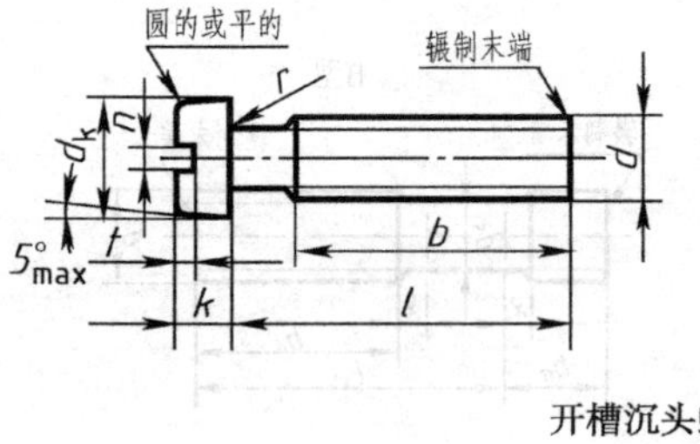

开槽盘头螺钉(GB/T 67—2008)

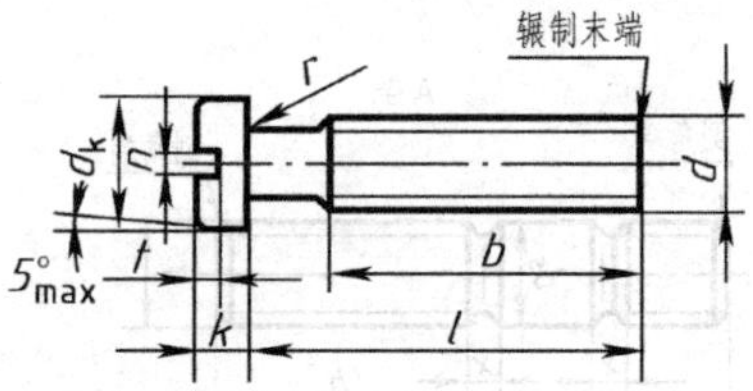

开槽沉头螺钉(GB/T 68—2000)

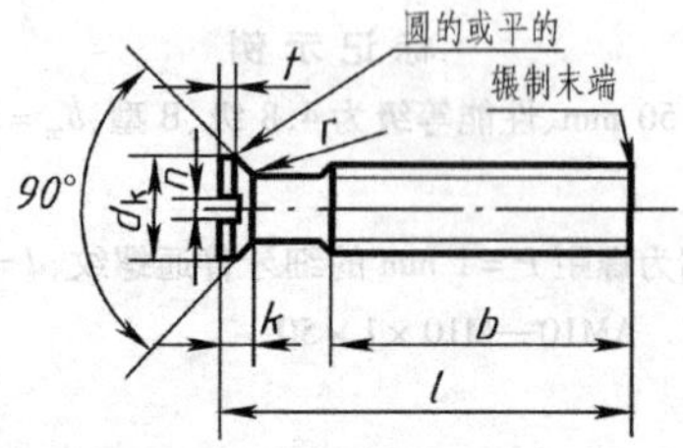

无螺纹部分杆径约等于螺纹中径或允许等于螺纹大径

标 记 示 例

螺纹规格 d = M5、公称长度 l = 20 mm、性能等级为 4.8 级、不经表面处理的开槽沉头螺钉：

螺钉 GB/T 65 M5×20

(单位:mm)

螺纹规格 d	螺距 P	b_{min}	n (公称)	k_{max} GB/T 65	k_{max} GB/T 67	k_{max} GB/T 68	d_{kmax} GB/T 65	d_{kmax} GB/T 67	d_{kmax} GB/T 68	t_{min} GB/T 65	t_{min} GB/T 67	t_{min} GB/T 68	r	l 范围
M3	0.5	25	0.8	2	1.8	1.65	5.5	5.6	5.5	0.85	0.7	0.6	0.1	4(5)~30
M4	0.7	38	1.2	2.6	2.4	2.7	7	8	8.4	1.1	1	1	0.2	5(6)~40
M5	0.8	38	1.2	3.3	3.0	2.7	8.5	9.5	9.3	1.3	1.2	1.1	0.2	6(8)~50
M6	1	38	1.6	3.9	3.6	3.3	10	12	11.3	1.6	1.4	1.2	0.25	8~60
M8	1.25	38	2	5	4.8	4.65	13	16	15.8	2	1.9	1.8	0.4	10~80
M10	1.5	38	2.5	6	6	5	16	20	18.3	2.4	2.4	2	0.4	12~80
l 系列			4、5、6、8、10、12、(14)、16、20、25、30、35、40、45、50、(55)、60、(65)、70、(75)、80											

注：1. l 范围中，括号内规格为 GB/T 68—2000 的尺寸规格。

2. l 系列中，括号内规格尽可能不采用。

表 B-4 紧定螺钉

开槽锥端紧定螺钉（GB/T 71—1985）

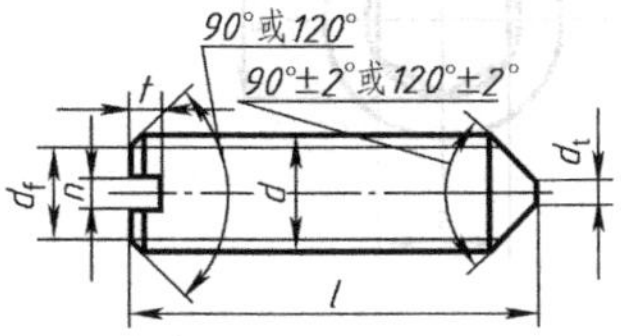

开槽平端紧定螺钉（GB/T 73—1985）

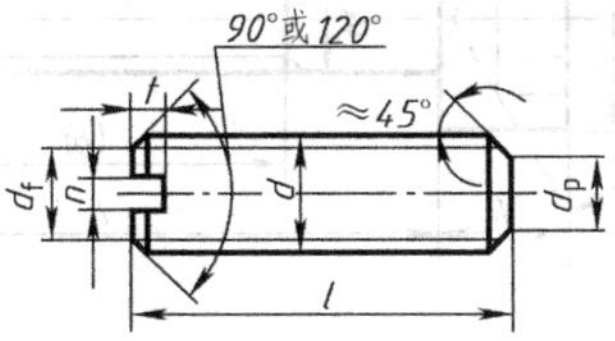

开槽长圆柱端紧定螺钉（GB/T 75—1985）

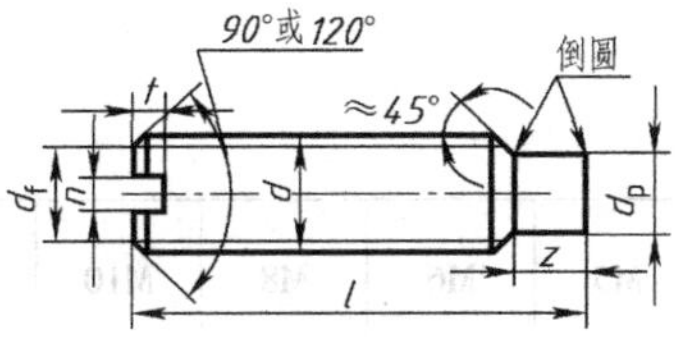

标 记 示 例

螺纹规格 d = M10、公称长度 l = 20 mm、性能等级为 14H 级、表面氧化的开槽锥端紧定螺钉：

螺钉 GB/T71 M10 × 20

（单位：mm）

螺纹规格 d	螺距 P	$d_f \approx$	d_{tmax}	d_{pmax}	n	t_{max}	z_{max}	l（公称）		
								GB/T 71	GB/T 73	GB/T 75
M3	0.5	螺纹小径	0.3	2	0.4	1.05	1.75	4 ~ 16	3 ~ 16	5 ~ 16
M4	0.7		0.4	2.5	0.6	1.42	2.25	6 ~ 20	4 ~ 20	6 ~ 20
M5	0.8		0.5	3.5	0.8	1.63	2.75	8 ~ 25	5 ~ 25	8 ~ 25
M6	1		1.5	4	1	2	3.25	8 ~ 30	6 ~ 30	8 ~ 30
M8	1.25		2	5.5	1.2	2.5	4.3	10 ~ 40	8 ~ 40	10 ~ 40
M10	1.5		2.5	7	1.6	3	5.3	12 ~ 50	10 ~ 50	12 ~ 50
M12	1.75		3	8.5	2	3.6	6.3	14 ~ 60	12 ~ 60	14 ~ 60
l 系列	3、4、5、6、8、10、12、(14)、16、20、25、30、40、45、50、(55)、60									

注：括号内规格尽可能不采用。

表 B-5 内六角圆柱头螺钉（GB/T 70.1—2008）

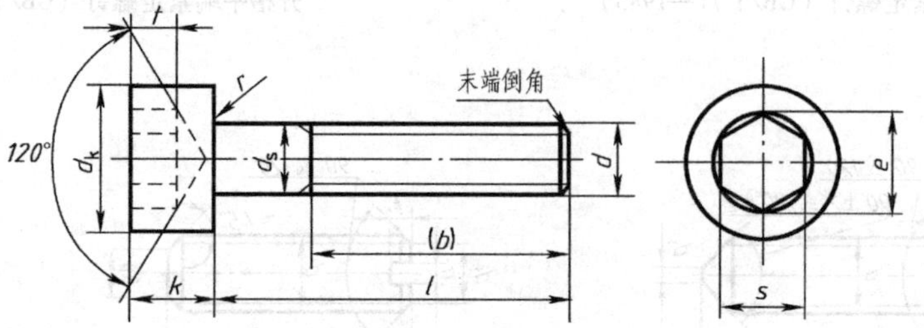

标 记 示 例

螺纹规格 d = M5、公称长度 l = 20 mm、性能等级为 8.8 级、表面氧化的 A 级内六角圆柱头螺钉：

螺钉 GB/T 70.1 M5 × 20

（单位：mm）

螺纹规格 d	M3	M4	M5	M6	M8	M10	M12	(M14)	M16	M20	M24
螺距 P	0.5	0.7	0.8	1	1.25	1.5	1.75	2	2	2.5	3
b（参考）	18	20	22	24	28	32	36	40	44	52	60
$d_{k\ max}$	5.5	7	8.5	10	13	16	18	21	24	30	36
k_{max}	3	4	5	6	8	10	12	14	16	20	24
t_{min}	1.3	2	2.5	3	4	5	6	7	8	10	12
s（公称）	2.5	3	4	5	6	8	10	12	14	17	19
e_{min}	2.87	3.44	4.58	5.72	6.86	9.15	11.43	13.72	16.00	19.44	21.73
d_{smax}	= d										
r_{min}	0.1	0.2	0.2	0.25	0.4	0.4	0.6	0.6	0.6	0.8	0.8
l 范围	5 ~ 30	6 ~ 40	8 ~ 50	10 ~ 60	12 ~ 80	16 ~ 100	20 ~ 120	25 ~ 140	25 ~ 160	30 ~ 200	40 ~ 200
l 系列	5、6、8、10、12、16、20、25、30、35、40、45、50、55、60、65、70、80、90、100、110、120、130、140、150、160、180、200										

注：括号内规格尽可能不采用。

表 B-6 六角螺母

Ⅰ型六角螺母—A 和 B 级（GB/T 6170—2000）

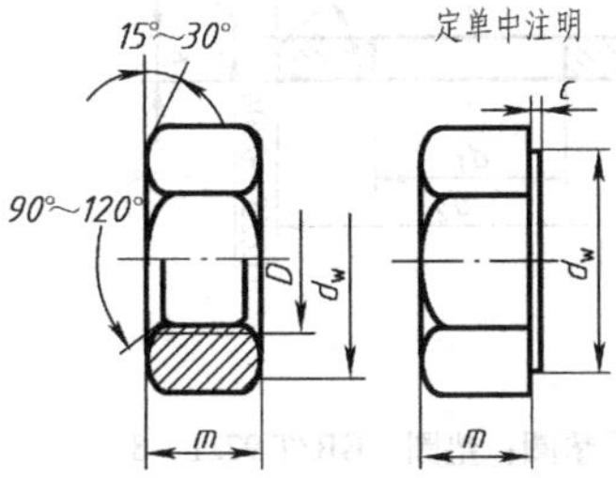

六角螺母—C 级（GB/T 41—2000）

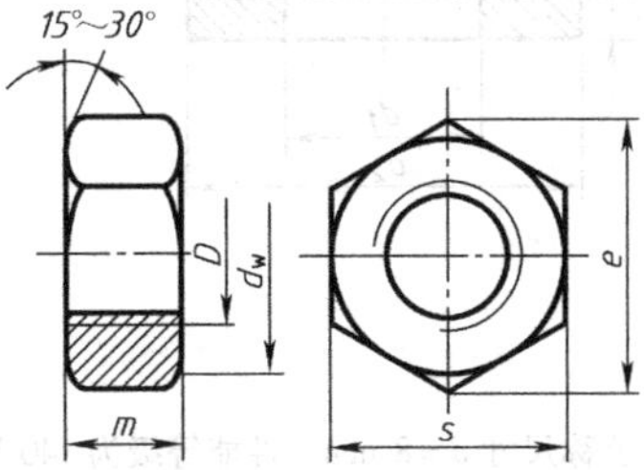

标 记 示 例

螺纹规格 D = M12、性能等级为 8 级、不经表面处理、产品等级为 A 级的Ⅰ型六角螺母：

螺母 GB/T 6170 M12

螺纹规格 D = 12、性能等级为 5 级、不经表面处理、产品等级为 C 级的六角螺母：螺母 GB/T 41 M12

（单位：mm）

螺纹规格 D		M4	M5	M6	M8	M10	M12	M16	M20	M24	M30	M36	M42	M48
螺距 P		0.7	0.8	1	1.25	1.5	1.75	2	2.5	3	3.5	4	4.5	5
c_{max}		0.4	0.5		0.6			0.8					1	
s_{max}		7	8	10	13	16	18	24	30	36	46	55	65	75
e_{min}	GB/T 6170	7.66	8.79	11.05	14.38	17.77	20.03	26.75	32.95	39.55	50.85	60.79	71.3	82.6
	GB/T41	—	8.63	10.89	14.2	17.59	19.85	26.17	32.95	39.55	50.85	60.79	71.3	82.6
m_{max}	GB/T 6170	3.2	4.7	5.2	6.8	8.4	10.8	14.8	18	21.5	25.6	31	34	38
	GB/T41	—	5.6	6.4	7.9	9.5	12.2	15.9	19	22.3	26.4	31.9	34.9	38.9
$d_{w\,min}$	GB/T 6170	5.9	6.9	8.9	11.6	14.6	16.6	22.5	27.7	33.3	42.8	51.1	60	69.5
	GB/T41	—	6.7	8.7	11.5	14.5	16.5	22	27.7	33.3	42.8	51.1	60	69.5

注：1. A 级用于 $D \leqslant 16$ 的螺母；B 级用于 $D > 16$ 的螺母；C 级用于 M5 ~ M64 的螺母。

2. 螺纹公差：A、B 级为 6H，C 级为 7H；力学性能等级：A、B 级为 6、8、10 级，C 级为 4、5 级。

表 B-7 平垫圈

平垫圈—A 级（GB/T 97.1—2002）

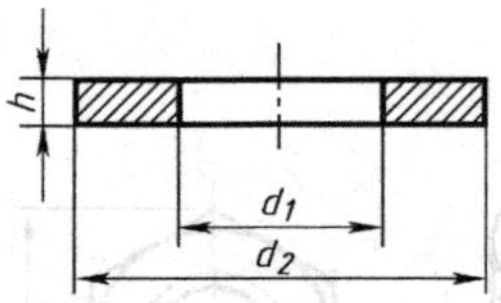

平垫圈 倒角型—A 级（GB/T 97.2—2002）

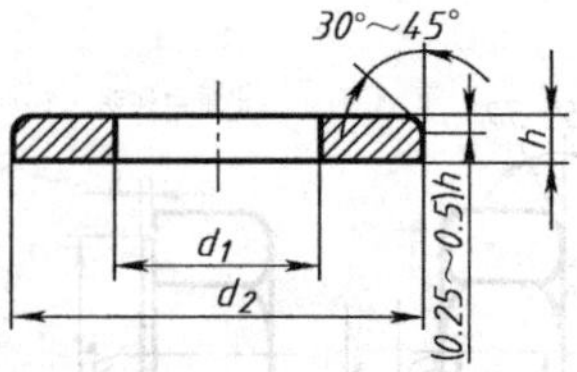

标 记 示 例

标准系列、公称尺寸 $d=8$ mm、性能等级为 140 HV 级、不经表面处理的平垫圈：垫圈 GB/T 97.1 8

（单位：mm）

公称规格（螺纹规格 d）	3	4	5	6	8	10	12	14	16	20	24	30	36
内径 d_1	3.2	4.3	5.3	6.4	8.4	10.5	13	15	17	21	25	31	37
外径 d_2	7	9	10	12	16	20	24	28	30	37	44	56	66
厚度 h	0.5	0.8	1	1.6	1.6	2	2.5	2.5	3	3	4	4	5

表 B-8 标准型弹簧垫圈（GB/T 93—1987）

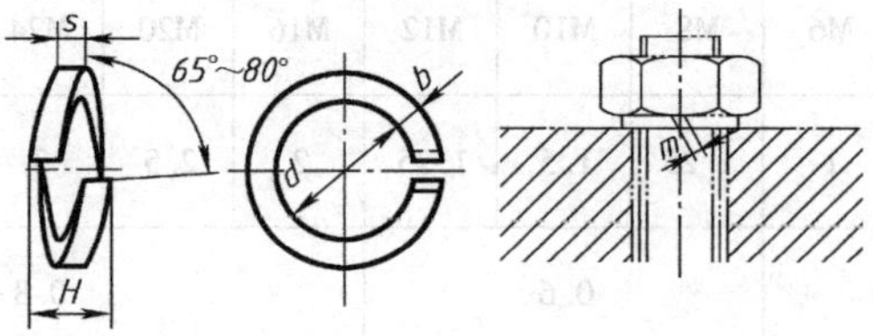

标 记 示 例

规格 16mm、材料为 65Mn、表面氧化的标准型弹簧垫圈：垫圈 GB/T93 16

（单位：mm）

规格（螺纹大径）	4	5	6	8	10	12	16	20	24	30	36	42	48
d_{min}	4.1	5.1	6.1	8.1	10.2	12.2	16.2	20.2	24.5	30.5	36.5	42.5	48.5
$s=b$（公称）	1.1	1.3	1.6	2.1	2.6	3.1	4.1	5	6	7.5	9	10.5	12
$m \leqslant$	0.55	0.65	0.8	1.05	1.3	1.55	2.05	2.5	3	3.75	4.5	5.25	6
H_{max}	2.75	3.25	4	5.25	6.5	7.75	10.25	12.5	15	18.75	22.5	26.25	30

表 B-9 普通平键

GB/T 1095—2003 平键 键槽的剖面尺寸

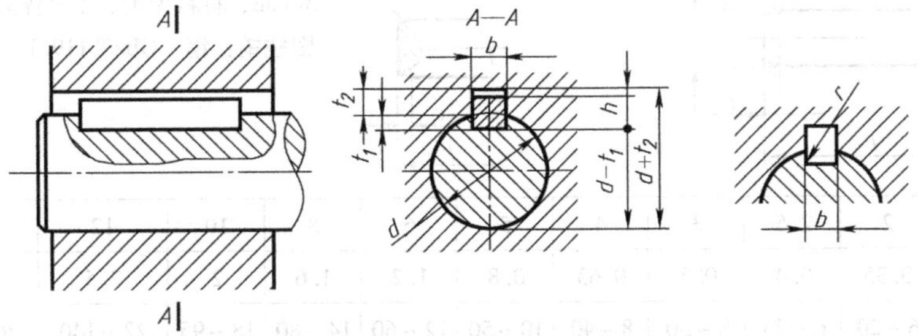

GB/T 1096—2003 普通平键的型式尺寸

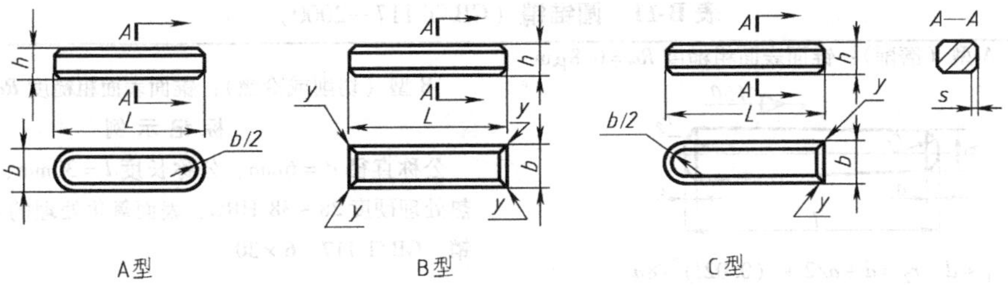

注：$y \leqslant s_{max}$，$s = r$。

标 记 示 例

宽度 $b = 16$mm、高度 $h = 10$mm、长度 $L = 100$mm 的普通 A 型平键：GB/T 1096 键 16×10×100

（单位：mm）

键尺寸		键槽											
		宽度 b						深度				半径 r	
		基本尺寸	极限偏差					轴 t_1		毂 t_2			
$b \times h$	L 范围		正常连接		紧密连接	松连接		基本尺寸	极限偏差	基本尺寸	极限偏差		
			轴 N9	毂 JS9	轴和毂 P9	轴 H9	毂 D10					min	max
2×2	6~20	2	-0.004	±0.0125	-0.006	+0.025	+0.060	1.2	+0.1 0	1.0	+0.1 0	0.08	0.16
3×3	6~36	3	-0.029		-0.031	0	+0.020	1.8		1.4			
4×4	8~45	4	0 -0.030	±0.015	-0.012 -0.042	+0.030 0	+0.078 +0.030	2.5		1.8		0.16	0.25
5×5	10~56	5						3.0		2.3			
6×6	14~70	6						3.5		2.8			
8×7	18~90	8	0 -0.036	±0.018	-0.015 -0.051	+0.036 0	+0.098 +0.040	4.0	+0.2 0	3.3	+0.2 0	0.25	0.40
10×8	22~110	10						5.0		3.3			
12×8	28~140	12	0 -0.043	±0.0215	-0.018 -0.061	+0.043 0	+0.120 +0.050	5.0		3.3			
14×9	36~160	14						5.5		3.8			
16×10	45~180	16						6.0		4.3			
18×11	50~200	18						7.0		4.4			
L 系列		6、8、10、12、14、16、18、20、22、25、28、32、36、40、45、50、56、63、70、80、90、100、110、125、140、160、180、200											

表 B-10　圆柱销　不淬硬钢和奥氏体不锈钢（GB/T 119.1—2000）

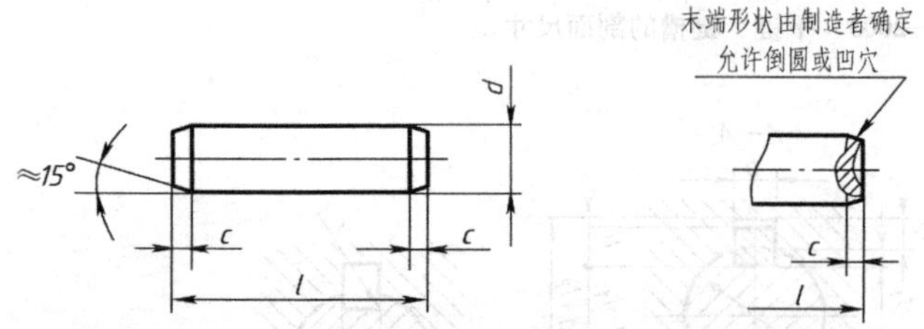

标 记 示 例

公称直径 $d=6$ mm、公差 m6、公称长度 $l=$ 30mm、材料为钢、不经淬火、不经表面处理的圆柱销：销　GB/T 119.1　6m6×30

（单位：mm）

d（m6/h8）	2	2.5	3	4	5	6	8	10	12	16	20
c≈	0.35	0.4	0.5	0.63	0.8	1.2	1.6	2	2.5	3	3.5
l 范围	6~20	6~24	8~30	8~40	10~50	12~60	14~80	18~95	22~140	26~180	35~200
l 系列	6、8、10、12、14、16、18、20、22、24、26、28、30、32、35、40、45、50、55、60、65、70、75、80、85、90、95、100、120、140、160、180、200										

表 B-11　圆锥销（GB/T 117—2000）

A 型（磨削）：锥面表面粗糙度 $Ra=0.8\mu m$

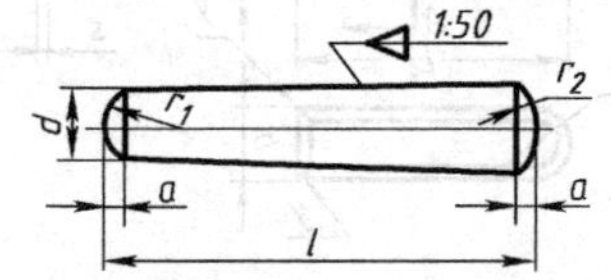

$r_1\approx d$　$r_2=d+a/2+\ (0.02l)^2/8a$

B 型（切削或冷镦）：锥面表面粗糙度 $Ra=3.2\mu m$

标 记 示 例

公称直径 $d=6$mm、公称长度 $l=30$mm、材料 35 钢、热处理硬度 28~38 HRC、表面氧化处理的 A 型圆锥销：销　GB/T 117　6×30

（单位：mm）

d（h10）	2	2.5	3	4	5	6	8	10	12	16	20
a≈	0.25	0.3	0.4	0.5	0.63	0.8	1	1.2	1.6	2	2.5
l 范围	10~35		12~45	14~65	18~60	22~90	22~120	26~160	32~180	40~200	45~200
l 系列	10、12、14、16、18、20、22、24、26、28、30、32、35、40、45、50、55、60、65、70、75、80、85、90、95、100、120、140、160、180、200										

表 B-12　开口销（GB/T 91—2000）

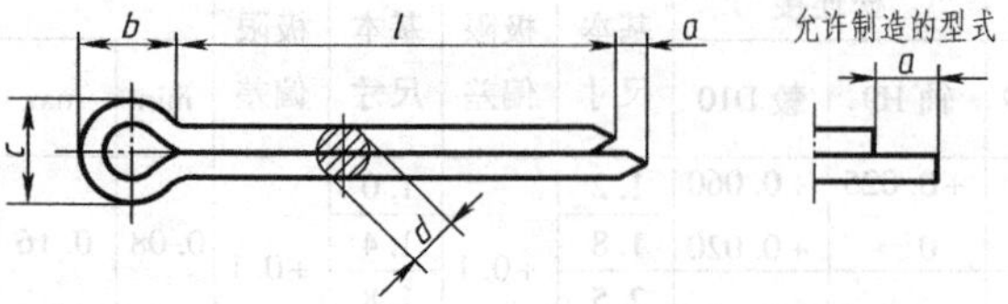

标 记 示 例

公称规格为 5mm、长度 $l=50$mm、材料为 Q215 或 Q235、不经表面处理的开口销：销　GB/T 91　5×50

（单位：mm）

公称规格		2	2.5	3.2	4	5	6.3	8	10	13
d_{max}		1.8	2.3	2.9	3.7	4.6	5.9	7.5	9.5	12.4
c	max	3.6	4.6	5.8	7.4	9.2	11.8	15.0	19.0	24.8
	min	3.2	4.0	5.1	6.5	8.0	10.3	13.1	16.6	21.7
b≈		4	5	6.4	8	10	12.6	16	20	26
a_{max}		2.5		3.2	4				6.3	
l 范围		10~40	12~50	14~63	18~80	22~100	32~125	40~160	45~200	71~250
l 系列		10、12、14、16、18、20、22、25、28、32、36、40、45、50、56、63、71、80、90、100、112、125、140、160、180、200、224、250								

表 B-13　滚动轴承　　（单位：mm）

深沟球轴承
（GB/T 276—1994）

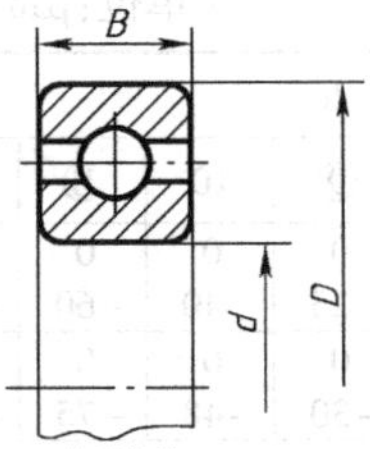

类型代号 6

标记示例

尺寸系列代号为（02）、内径代号为 06 的深沟球轴承：滚动轴承　6206　GB/T 276—1994

圆锥滚子轴承
（GB/T 297—1994）

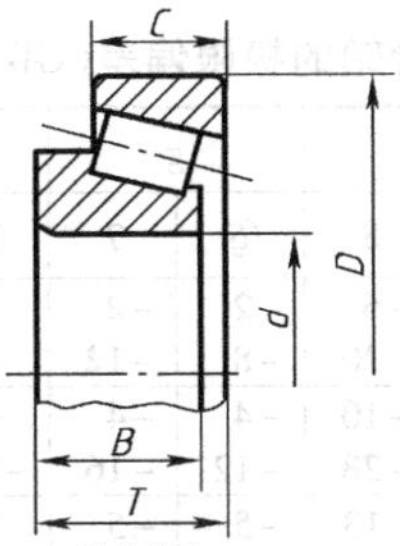

类型代号 3

标记示例

尺寸系列代号为 03、内径代号为 12 的圆锥滚子轴承：

滚动轴承　30312　GB/T 297—1994

推力球轴承
（GB/T 301—1995）

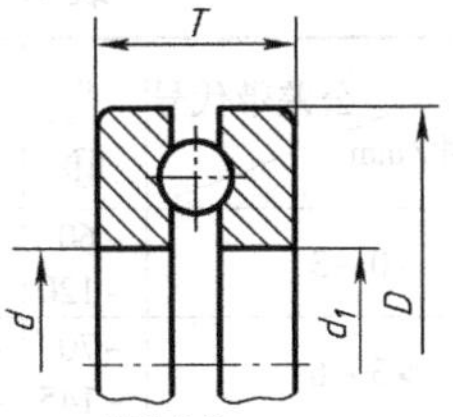

类型代号 5

标记示例

尺寸系列代号为 13、内径代号为 10 的推力球轴承：滚动轴承 51310　GB/T 301—1995

轴承代号	尺寸			轴承代号	尺寸					轴承代号	尺寸			
	d	D	B		d	D	T	B	C		d	D	T	d_1
（0）2 系列				02 系列						12 系列				
6204	20	47	14	30204	20	47	15.25	14	12	51204	20	40	14	22
6205	25	52	15	30205	25	52	16.25	15	13	51205	25	47	15	27
6206	30	62	16	30206	30	62	17.25	16	14	51206	30	52	16	32
6207	35	72	17	30207	35	72	18.25	17	15	51207	35	62	18	37
6208	40	80	18	30208	40	80	19.75	18	16	51208	40	68	19	42
6209	45	85	19	30209	45	85	20.75	19	16	51209	45	73	20	47
6210	50	90	20	30210	50	90	21.75	20	17	51210	50	78	22	52
6211	55	100	21	30211	55	100	22.75	21	18	51211	55	90	25	57
6212	60	110	22	30212	60	110	23.75	22	19	51212	60	95	26	62
（0）3 系列				03 系列						13 系列				
6304	20	52	15	30304	20	52	16.25	15	13	51304	20	47	18	22
6305	25	62	17	30305	25	62	18.25	17	15	51305	25	52	18	27
6306	30	72	19	30306	30	72	20.75	19	16	51306	30	60	21	32
6307	35	80	21	30307	35	80	22.75	21	18	51307	35	68	24	37
6308	40	90	23	30308	40	90	25.25	23	20	51308	40	78	26	42
6309	45	100	25	30309	45	100	27.25	25	22	51309	45	85	28	47
6310	50	110	27	30310	50	110	29.25	27	23	51310	50	95	31	52
6311	55	120	29	30311	55	120	31.50	29	25	51311	55	105	35	57
6312	60	130	31	30312	60	130	33.50	31	26	51312	60	110	35	62

附录 C　极限与配合

表 C-1　常用及优先配合轴的极限偏差（GB/T 1800.2—2009）　　（单位：μm）

公差带代号 / 公称尺寸/mm	c	d	f			g		h						
	⑪	⑨	6	⑦	8	⑥	7	⑥	⑦	8	⑨	10	⑪	12
>0~3	-60 -120	-20 -45	-6 -12	-6 -16	-6 -20	-2 -8	-2 -12	0 -6	0 -10	0 -14	0 -25	0 -40	0 -60	0 -100
>3~6	-70 -145	-30 -60	-10 -18	-10 -22	-10 -28	-4 -12	-4 -16	0 -8	0 -12	0 -18	0 -30	0 -48	0 -75	0 -120
>6~10	-80 -170	-40 -76	-13 -22	-13 -28	-13 -35	-5 -14	-5 -20	0 -9	0 -15	0 -22	0 -36	0 -58	0 -90	0 -150
>10~18	-95 -205	-50 -93	-16 -27	-16 -34	-16 -43	-6 -17	-6 -24	0 -11	0 -18	0 -27	0 -43	0 -70	0 -110	0 -180
>18~30	-110 -240	-65 -117	-20 -33	-20 -41	-20 -53	-7 -20	-7 -28	0 -13	0 -21	0 -33	0 -52	0 -84	0 -130	0 -210
>30~40	-120 -280	-80 -142	-25 -41	-25 -50	-25 -64	-9 -25	-9 -34	0 -16	0 -25	0 -39	0 -62	0 -100	0 -160	0 -250
>40~50	-130 -290													
>50~65	-140 -330	-100 -174	-30 -49	-30 -60	-30 -76	-10 -29	-10 -40	0 -19	0 -30	0 -46	0 -74	0 -120	0 -190	0 -300
>65~80	-150 -340													
>80~100	-170 -390	-120 -207	-36 -58	-36 -71	-36 -90	-12 -34	-12 -47	0 -22	0 -35	0 -54	0 -87	0 -140	0 -220	0 -350
>100~120	-180 -400													
>120~140	-200 -450													
>140~160	-210 -460	-145 -245	-43 -68	-43 -83	-43 -106	-14 -39	-14 -54	0 -25	0 -40	0 -63	0 -100	0 -160	0 -250	0 -400
>160~180	-230 -480													
>180~200	-240 -530													
>200~225	-260 -550	-170 -285	-50 -79	-50 -96	-50 -122	-15 -44	-15 -61	0 -29	0 -46	0 -72	0 -115	0 -185	0 -290	0 -460
>225~250	-280 -570													
>250~280	-300 -620	-190 -320	-56 -88	-56 -108	-56 -137	-17 -49	-17 -69	0 -32	0 -52	0 -81	0 -130	0 -210	0 -320	0 -520
>280~315	-330 -650													
>315~355	-360 -720	-210 -350	-62 -98	-62 -119	-62 -151	-18 -54	-18 -75	0 -36	0 -57	0 -89	0 -140	0 -230	0 -360	0 -570
>355~400	-400 -760													
>400~450	-440 -840	-230 -385	-68 -108	-68 -131	-68 -165	-20 -60	-20 -83	0 -40	0 -63	0 -97	0 -155	0 -250	0 -400	0 -630
>450~500	-480 -880													

（续）

公差带代号 公称尺寸/mm	j	js	k		m		n		p		r	s	t	u
	7	6	⑥	7	6	7	⑥	7	⑥	7	6	⑥	6	⑥
>0~3	+6 -4	±3	+6 0	+10 0	+8 +2	+12 +2	+10 +4	+14 +4	+12 +6	+16 +6	+16 +10	+20 +14		+24 +18
>3~6	+8 -4	±4	+9 +1	+13 +1	+12 +4	+16 +4	+16 +8	+20 +8	+20 +12	+24 +12	+23 +15	+27 +19		+31 +23
>6~10	+10 -5	±4.5	+10 +1	+16 +1	+15 +6	+21 +6	+19 +10	+25 +10	+24 +15	+30 +15	+28 +19	+32 +23		+37 +28
>10~18	+12 -6	±5.5	+12 +1	+19 +1	+18 +7	+25 +7	+23 +12	+30 +12	+29 +18	+36 +18	+34 +23	+39 +28		+44 +33
>18~24	+13 -8	±6.5	+15 +2	+23 +2	+21 +8	+29 +8	+28 +15	+36 +15	+35 +22	+43 +22	+41 +28	+48 +35		+54 +41
>24~30													+54 +41	+61 +48
>30~40	+15 -10	±8	+18 +2	+27 +2	+25 +9	+34 +9	+33 +17	+42 +17	+42 +26	+51 +26	+50 +34	+59 +43	+64 +48	+76 +60
>40~50													+70 +54	+86 +70
>50~65	+18 -12	±9.5	+21 +2	+32 +2	+30 +11	+41 +11	+39 +20	+50 +20	+51 +32	+62 +32	+60 +41	+72 +53	+85 +66	+106 +87
>65~80											+62 +43	+78 +59	+94 +75	+121 +102
>80~100	+20 -15	±11	+25 +3	+38 +3	+35 +13	+48 +13	+45 +23	+58 +23	+59 +37	+72 +37	+73 +51	+93 +71	+113 +91	+146 +124
>100~120											+76 +54	+101 +79	+126 +104	+166 +144
>120~140	+22 -18	±12.5	+28 +3	+43 +3	+40 +15	+55 +15	+52 +27	+67 +27	+68 +43	+83 +43	+88 +63	+117 +92	+147 +122	+195 +170
>140~160											+90 +65	+125 +100	+159 +134	+215 +190
>160~180											+93 +68	+133 +108	+171 +146	+235 +210
>180~200	+25 -21	±14.5	+33 +4	+50 +4	+46 +17	+63 +17	+60 +31	+77 +31	+79 +50	+96 +50	+106 +77	+151 +122	+195 +166	+265 +236
>200~225											+109 +80	+159 +130	+209 +180	+287 +258
>225~250											+113 +84	+169 +140	+225 +196	+313 +284
>250~280	±26	±16	+36 +4	+56 +4	+52 +20	+72 +20	+66 +34	+86 +34	+88 +56	+108 +56	+126 +94	+190 +158	+250 +218	+347 +315
>280~315											+130 +98	+202 +170	+272 +240	+382 +350
>315~355	+29 -28	±18	+40 +4	+61 +4	+57 +21	+78 +21	+73 +37	+94 +37	+98 +62	+119 +62	+144 +108	+226 +190	+304 +268	+426 +390
>355~400											+150 +114	+244 +208	+330 +294	+471 +435
>400~450	+31 -32	±20	+45 +5	+68 +5	+63 +23	+86 +23	+80 +40	+103 +40	+108 +68	+131 +68	+166 +126	+272 +232	+370 +330	+530 +490
>450~500											+172 +132	+292 +252	+400 +360	+580 +540

注：带圈者为优先选用。

表 C-2 常用及优先配合孔的极限偏差(GB/T 1800.2—2009) (单位:μm)

公称尺寸/mm \ 公差带代号	A	B	C	D	E	F	F	G	H	H	H	H	H	H
	11	12	⑪	⑨	8	⑧	9	⑦	6	⑦	⑧	⑨	10	⑪
>0~3	+330 +270	+240 +140	+120 +60	+45 +20	+28 +14	+20 +6	+31 +6	+12 +2	+6 0	+10 0	+14 0	+25 0	+40 0	+60 0
>3~6	+345 +270	+260 +140	+145 +70	+60 +30	+38 +20	+28 +10	+40 +10	+16 +4	+8 0	+12 0	+18 0	+30 0	+48 0	+75 0
>6~10	+370 +280	+300 +150	+170 +80	+76 +40	+47 +25	+35 +13	+49 +13	+20 +5	+9 0	+15 0	+22 0	+36 0	+58 0	+90 0
>10~18	+400 +290	+330 +160	+205 +95	+93 +50	+59 +32	+43 +16	+59 +19	+24 +6	+11 0	+18 0	+27 0	+43 0	+70 0	+110 0
>18~24	+430 +300	+370 +160	+240 +110	+117 +65	+73 +40	+53 +20	+72 +20	+28 +7	+13 0	+21 0	+33 0	+52 0	+84 0	+130 0
>24~30														
>30~40	+470 +310	+420 +170	+280 +120	+142 +80	+89 +50	+64 +25	+87 +25	+34 +9	+16 0	+25 0	+39 0	+62 0	+100 0	+160 0
>40~50	+480 +320	+430 +180	+290 +130											
>50~65	+530 +340	+490 +190	+330 +140	+174 +100	+106 +60	+76 +30	+104 +30	+40 +10	+19 0	+30 0	+46 0	+74 0	+120 0	+190 0
>65~80	+550 +360	+500 +200	+340 +150											
>80~100	+600 +380	+570 +220	+390 +170	+207 +120	+126 +72	+90 +36	+123 +36	+47 +12	+22 0	+35 0	+54 0	+87 0	+140 0	+220 0
>100~120	+630 +410	+590 +240	+400 +180											
>120~140	+710 +460	+660 +260	+450 +200	+245 +145	+148 +85	+106 +43	+143 +43	+54 +14	+25 0	+40 0	+63 0	+100 0	+160 0	+250 0
>140~160	+770 +520	+680 +280	+460 +210											
>160~180	+830 +580	+710 +310	+480 +230											
>180~200	+950 +660	+800 +340	+530 +240	+285 +170	+172 +100	+122 +50	+165 +50	+61 +15	+29 0	+46 0	+72 0	+115 0	+185 0	+290 0
>200~225	+1030 +740	+840 +380	+550 +260											
>225~250	+1110 +820	+880 +420	+570 +280											
>250~280	+1240 +920	+1000 +480	+620 +300	+320 +190	+191 +110	+137 +56	+186 +56	+69 +17	+32 0	+52 0	+81 0	+130 0	+210 0	+320 0
>280~315	+1370 +1050	+1060 +540	+650 +330											
>315~355	+1560 +1200	+1170 +600	+720 +360	+350 +210	+214 +125	+151 +62	+202 +62	+75 +18	+36 0	+57 0	+89 0	+140 0	+230 0	+360 0
>355~400	+1710 +1350	+1250 +680	+760 +400											
>400~450	+1900 +1500	+1390 +760	+840 +440	+385 +230	+232 +135	+165 +68	+223 +68	+83 +20	+40 0	+63 0	+97 0	+155 0	+250 0	+400 0
>450~500	+2050 +1650	+1470 +840	+880 +480											

（续）

公称尺寸/mm ＼ 公差带代号	H	JS		K		M		N		P	R	S	T	U
	12	7	8	⑦	8	7	8	⑦	8	⑦	7	⑦	7	⑦
>0~3	+100 0	±6	±7	0 -10	0 -14	-2 -12	-2 -16	-4 -14	-4 -18	-6 -16	-10 -20	-14 -24		-18 -28
>3~6	+120 0	±6	±9	+3 -9	+5 -13	0 -12	+2 -16	-4 -16	-2 -20	-8 -20	-11 -23	-15 -27		-19 -31
>6~10	+150 0	±7	±11	+5 -10	+6 -16	0 -15	+1 -21	-4 -19	-3 -25	-9 -24	-13 -28	-17 -32		-22 -37
>10~18	+180 0	±9	±13	+6 -12	+8 -19	0 -18	+2 -25	-5 -23	-3 -30	-11 -29	-16 -34	-21 -39		-26 -44
>18~24	+210 0	±10	±16	+6 -15	+10 -23	0 -21	+4 -29	-7 -28	-3 -36	-14 -35	-20 -41	-27 -48		-33 -54
>24~30													-33 -54	-40 -61
>30~40	+250 0	±12	±19	+7 -18	+12 -27	0 -25	+5 -34	-8 -33	-3 -42	-17 -42	-25 -50	-34 -59	-39 -64	-51 -76
>40~50													-45 -70	-61 -86
>50~65	+300 0	±15	±23	+9 -21	+14 -32	0 -30	+5 -41	-9 -39	-4 -50	-21 -51	-30 -60	-42 -72	-55 -85	-76 -106
>65~80											-32 -62	-48 -78	-64 -94	-91 -121
>80~100	+350 0	±17	±27	+10 -25	+16 -38	0 -35	+6 -48	-10 -45	-4 -58	-24 -59	-38 -73	-58 -93	-78 -113	-111 -146
>100~120											-41 -76	-66 -101	-91 -126	-131 -166
>120~140	+400 0	±20	±31	+12 -28	+20 -43	0 -40	+8 -55	-12 -52	-4 -67	-28 -68	-48 -88	-77 -117	-107 -147	-155 -195
>140~160											-50 -90	-85 -125	-119 -159	-175 -215
>160~180											-53 -93	-93 -133	-131 -171	-195 -235
>180~200	+460 0	±23	±36	+13 -33	+22 -50	0 -46	+9 -63	-14 -60	-5 -77	-33 -79	-60 -106	-105 -151	-149 -195	-219 -265
>200~225											-63 -109	-113 -159	-163 -209	-241 -287
>225~250											-67 -113	-123 -169	-179 -225	-267 -313
>250~280	+520 0	±26	±40	+16 -36	+25 -56	0 -52	+9 -72	-14 -66	-5 -86	-36 -88	-74 -126	-138 -190	-198 -250	-295 -347
>280~315											-78 -130	-150 -202	-220 -272	-330 -382
>315~355	+570 0	±28	±44	+17 -40	+28 -61	0 -57	+11 -78	-16 -73	-5 -94	-41 -98	-87 -144	-169 -226	-247 -304	-369 -426
>355~400											-93 -150	-187 -244	-273 -330	-414 -471
>400~450	+630 0	±31	±48	+18 -45	+29 -68	0 -63	+11 -86	-17 -80	-6 -103	-45 -108	-103 -166	-209 -272	-307 -370	-467 -530
>450~500											-109 -172	-229 -292	-337 -400	-517 -580

注：带圈者为优先选用。

表 C-3 标准公差数值

公称尺寸 /mm		标准公差等级																	
		IT1	IT2	IT3	IT4	IT5	IT6	IT7	IT8	IT9	IT10	IT11	IT12	IT13	IT14	IT15	IT16	IT17	IT18
大于	至	μm											mm						
—	3	0.8	1.2	2	3	4	6	10	14	25	40	60	0.1	0.14	0.25	0.4	0.6	1	1.4
3	6	1	1.5	2.5	4	5	8	12	18	30	48	75	0.12	0.18	0.3	0.48	0.75	1.2	1.8
6	10	1	1.5	2.5	4	6	9	15	22	36	58	90	0.15	0.22	0.36	0.58	0.9	1.5	2.2
10	18	1.2	2	3	5	8	11	18	27	43	70	110	0.18	0.27	0.43	0.7	1.1	1.8	2.7
18	30	1.5	2.5	4	6	9	13	21	33	52	84	130	0.21	0.33	0.52	0.84	1.3	2.1	3.3
30	50	1.5	2.5	4	7	11	16	25	39	62	100	160	0.25	0.39	0.62	1	1.6	2.5	3.9
50	80	2	3	5	8	13	19	30	46	74	120	190	0.3	0.46	0.74	1.2	1.9	3	4.6
80	120	2.5	4	6	10	15	22	35	54	87	140	220	0.35	0.54	0.87	1.4	2.2	3.5	5.4
120	180	3.5	5	8	12	18	25	40	63	100	160	250	0.4	0.63	1	1.6	2.5	4	6.3
180	250	4.5	7	10	14	20	29	46	72	115	185	290	0.46	0.72	1.15	1.85	2.9	4.6	7.2
250	315	6	8	12	16	23	32	52	81	130	210	320	0.52	0.81	1.3	2.1	3.2	5.2	8.1
315	400	7	9	13	18	25	36	57	89	140	230	360	0.57	0.89	1.4	2.3	3.6	5.7	8.9
400	500	8	10	15	20	27	40	63	97	155	250	400	0.63	0.97	1.55	2.5	4	6.3	9.7

注：基本尺寸小于 1 mm 时，无 IT14 至 IT18。

附录D　常用材料

表 D-1　常用金属材料

标准	名称	牌号	应用举例	说明
GB/T 700—2006	碳素结构钢	Q215	金属结构构件，如拉杆、套圈、铆钉、螺栓、短轴、心轴、凸轮（载荷不大的）、吊钩、垫圈；渗碳零件及焊接件	Q为钢材屈服点“屈”字汉语拼音首位字母，数字表示屈服强度（MPa），A、B、C、D为质量等级，其中常用A级
		Q235	金属结构构件，心部强度要求不高的渗碳或碳氮共渗零件，如吊钩、拉杆、车钩、套圈、气缸、齿轮、螺栓、螺母、连杆、轮轴、楔、盖及焊接件	
		Q275	转轴、心轴、销轴、链轮、制动杆、螺栓、螺母、垫圈、连杆、吊钩、楔、齿轮、键以及其他强度需较高的零件	
GB/T 699—1999	优质碳素结构钢	15	用于制造受力不大、韧性要求较高的零件，紧固件、冲模锻件及不需热处理的低负荷零件，如螺栓、螺钉、拉条、法兰盘及化工贮器、蒸汽锅炉等	牌号的两位数字表示平均含碳量，45钢即表示平均 w_C =0.45% 含锰量较高的钢，须加注化学元素符号“Mn”
		20	用于不受很大应力而要求很大韧性的各种机械零件，如杠杆、轴套、螺钉、拉杆、起重钩等	
		35	用于制造曲轴、转轴、轴销、杠杆、连杆、横梁、星轮、圆盘、套筒、钩环、垫圈、螺钉、螺母等	
		45	用于强度要求较高的零件，如汽轮机的叶轮，压缩机、泵的零件等	
		60	用于制造轧辊、轴、弹簧圈、弹簧、离合器、凸轮、钢绳等	
		15Mn	用于制造中心部分、力学性能要求较高、且须渗碳的零件	
		65Mn	适用于较大尺寸的各种扁、圆弹簧，以及其他经受摩擦的农机具零件	
GB/T 3077—1999	合金结构钢	30Mn2	起重机行车轴、变速器齿轮、冷镦螺栓及较大截面的调质零件	钢中加入一定量的合金元素，提高了钢的力学性能和耐磨性，也提高了钢的淬透性，保证金属在较大截面上获得高的力学性能
		20Cr	用于要求心部强度较高、承受磨损、尺寸较大的渗碳零件，如齿轮、齿轮轴、蜗杆、凸轮、活塞销等，也用于速度较大、受中等冲击的调质零件	
		40Cr	用于制造重要的齿轮、轴、曲轴、连杆、螺栓、螺母等	
		35SiMn	用于制造中小型轴类、齿轮等零件及430℃以下的重要紧固件等	
		20CrMnTi	用于承受高速、中等或重负荷以及冲击、磨损等的重要零件，如渗碳齿轮、凸轮等	

（续）

标准	名称	牌号	应 用 举 例	说 明
GB/T 11352—2009	铸钢	ZG230—450	用于制造机架、侧梁、机座、箱体、锤轮等	“ZG”表示铸钢。ZG 后的两组数字表示屈服强度和抗拉强度（MPa）
		ZG310—570	用于制造重负荷零件，如联轴器、大齿轮、缸体、机架、轴等	
GB/T 9439—1988	灰铸铁	HT150	中等强度铸铁，用于一般铸件，如机床床身、工作台、轴承座、齿轮、箱体、阀体、泵体等	“HT”是灰铁两字汉语拼音的首位字母。数字表示最低抗拉强度（MPa）
		HT200 HT250	较高强度铸铁，用于较重要铸件，如齿轮、齿轮箱体、机座、床身、阀体、气缸、联轴器盘、凸轮、带轮等	
		HT300 HT350	高强度铸铁，用于制造床身、床身导轨、机座、主轴箱、曲轴、液压泵体、齿轮、凸轮、带轮等	
GB/T 1176—1987	黄铜	ZCuZn38	一般用于制造耐蚀零件，如阀座、手柄、螺钉、螺母、垫圈等	铸黄铜，$w_{Zn}=38\%$
	锡青铜	ZCuSn5Pb5Zn5	耐磨性和耐蚀性能好，用于制造在中等的高速滑动速度下工作的零件，如轴瓦、衬套、缸套、齿轮、蜗轮等	铸锡青铜，$w_{Sn}=5\%$，$w_{Pb}=5\%$，$w_{Zn}=5\%$
		ZCuSn10Pb1		铸锡青铜，$w_{Sn}=10\%$，$w_{Pb}=1\%$
	铝青铜	ZCuAl9Mn2	强度高，耐蚀性好，用于制造衬套、齿轮、蜗轮和气密性要求高的铸件	铸铝青铜，$w_{Al}=9\%$，$w_{Mn}=2\%$
GB/T 1173—1995	铸造铝合金	ZAlSi12（代号 ZL102） ZAlCu10（代号 ZL202）	耐磨性中上等，用于制造负荷不大的薄壁零件	ZL 后第一位数字表示合金系列，第二、三位数字表示顺序号
GB/T 3190—1996	硬铝	2A12（代号 LY12） 2A11（代号 LY11）	焊接性能好，用于制造中等强度零件	含 $w_{Cu}=3.8\%\sim4.9\%$，$w_{Mg}=1.2\%\sim1.8\%$，$w_{Mn}=0.3\%\sim0.9\%$，其余为铝

表 D-2 常用非金属材料

标 准	名 称	牌 号	应 用 举 例
GB/T 5574—2008	耐酸碱橡胶板 耐油橡胶板 耐热橡胶板	2707 3707 4708	冲制各种形状的垫圈、电板、石棉制品
FZ/T 25001—1992	细毛毛毡 半粗毛毛毡 粗毛毛毡	T112-32 ~ 44 T122-30 ~ 38 T132-32 ~ 36	用于密封材料
	尼龙 66 尼龙 1010		用于一般机械零件传动件及耐磨件

参 考 文 献

[1] 刘小年,刘庆国. 工程制图[M]. 北京:高等教育出版社,2004.

[2] 高俊亭,毕万全. 工程制图[M]. 3 版. 北京:高等教育出版社,2008.

[3] 裘文言,张祖继,瞿元赏. 机械制图[M]. 北京:高等教育出版社,2003.

[4] 王巍. 机械制图[M]. 北京:高等教育出版社,2003.

[5] 何铭新,钱可强. 机械制图[M]. 5 版. 北京:高等教育出版社,2004.

[6] 大连理工大学工程图学教研室. 机械制图[M]. 6 版. 北京:高等教育出版社,2007.

[7] 王兰美,殷昌贵. 画法几何及工程制图[M]. 2 版. 北京:机械工业出版社,2008.

[8] 冯秋官. 机械制图与计算机绘图[M]. 4 版. 北京:机械工业出版社,2010.

[9] 朱辉,曹桄,唐保宁,等. 画法几何及工程制图[M]. 5 版. 上海:上海科学技术出版社,2003.

[10] 国家质量监督检验检疫总局,等. 技术制图与机械制图[S]. 北京:中国标准出版社,1993 ~ 2009.

《**工程制图**》(近机类与非机类专业适用)

第 2 版

冯秋官、仝基斌主编

读者信息反馈表

尊敬的老师:

您好:感谢您多年来对机械工业出版社的支持和厚爱!为了进一步提高我社教材的出版质量,更好地为我国高等教育发展服务,欢迎您对我社的教材多提宝贵意见和建议。另外,如果您在教学中选用了本书,欢迎您对本书提出修改建议和意见。

一、基本信息

姓名:________ 性别:______ 职称:________ 职务:__________

邮编:________ 地址:____________________________________

任教课程:____________ 电话:________—________(H)________(O)

电子邮件:____________________________________ 手机:____________

二、您对本书的意见和建议

(欢迎您指出本书的疏误之处)

三、您对我们的其他意见和建议

请与我们联系:

100037 机械工业出版社高等教育分社 刘编辑 收

Tel: 010—88379712,68994030(Fax)

E-mail:lxh_730@126. com